Strategie und Personalmanagement

Christian Lebrenz

Strategie und Personalmanagement

Konzepte und Instrumente zur Umsetzung im Unternehmen

Mit einem Beitrag von Raimund Birri

 Springer Gabler

Christian Lebrenz
Koblenz, Deutschland

ISBN 978-3-658-14329-9   ISBN 978-3-658-14330-5   (eBook)
DOI 10.1007/978-3-658-14330-5

Die Deutsche Nationalbibliothek verzeichnet diese Publikation in der Deutschen Nationalbibliografie;
detaillierte bibliografische Daten sind im Internet über http://dnb.d-nb.de abrufbar.

Springer Gabler
© Springer Fachmedien Wiesbaden GmbH 2017

Springer Gabler ist Teil von Springer Nature
Die eingetragene Gesellschaft ist Springer Fachmedien Wiesbaden GmbH
Die Anschrift der Gesellschaft ist: Abraham-Lincoln-Str. 46, 65189 Wiesbaden, Germany

Danksagung

Ein Buch zu schreiben ist meist eine sehr einsame Angelegenheit. Umso dankbarer bin ich für die Unterstützung durch diejenigen, die mich im Laufe dieser intellektuellen Reise begleitet und unterstützt haben. Nur durch den Input dieser Begleiter ist das Buch zu dem geworden, was es nun endlich ist. Diesen Begleitern möchte ich herzlich für ihre Unterstützung danken. Dies sind zum einen die Kollegen aus der Wissenschaft wie auch aus verschiedenen Personalabteilungen und Beratungen, mit denen ich die Ideen in diesem Buch diskutieren konnte und die mich gezwungen haben, die entwickelten Ideen zu hinterfragen und ihre Formulierung zu schärfen und zu präzisieren. Zum anderen sind es diejenigen Studierenden, die mir kritisches Feedback zu den Teilen des Manuskriptes gegeben haben, die ich im Rahmen meiner Vorlesungen eingesetzt hatte.

Mein Dank gilt auch meinem früheren Arbeitgeber, der Hochschule Augsburg, der es mir im Rahmen eines Forschungsfreisemesters ermöglicht hat, die gesammelten Gedanken und Fragmente in Ruhe zusammenzutragen und in die Form eines Buches zu gießen. Ebenso geht ein großes Dankeschön an meine Familie, die mich einerseits durch Geduld und Verständnis, andererseits aber auch durch Korrekturlesen des Manuskriptes aktiv unterstützt hat.

Einer Person gebührt mein besonderer Dank: Raimund Birri. Er hat sich nicht nur bereit erklärt, Kap. 10 „Human Capital Management" zu schreiben und seine Erfahrungen bei der Entwicklung des Konzeptes bei der Credit Suisse aus erster Hand einzubringen. Mindestens genauso wichtig waren sein ständiger Rat und seine Unterstützung während des Schreibens. Mit geradezu schlafwandlerischer Sicherheit legte er den Finger in die Wunden, die das Manuskript aufwies. Auf die Punkte und Fragen, vor denen ich mich drücken wollte, wies er immer wieder freundlich, aber bestimmt hin und forderte Antworten. Mehr als einmal holte er mich aus Sackgassen heraus oder von Pfaden herunter, auf die ich mich im Eifer des Gefechtes vergaloppiert hatte. Das Buch wäre ohne Raimund Birri nicht das geworden, was es heute – hoffentlich – ist. Dafür kann ich eigentlich gar nicht genug danken.

Es versteht sich von selbst, dass alle verbleibenden Fehler und Irrtümer allein mir anzulasten sind.

Wachtberg
Juni 2016

Inhaltsverzeichnis

Abbildungsverzeichnis

Einführung: Worum es geht – der Faktor 70

1

Zusammenfassung

Seit Jahrzehnten wissen wir, dass das Personalmanagement einen stärkeren Beitrag zum Unternehmenserfolg liefern soll. Doch über die Verringerung der eigenen Kosten kann dieser Beitrag nicht erbracht werden, denn diese sind im Vergleich zu den Gesamtkosten des Unternehmens vernachlässigbar. Der Beitrag zum Unternehmenserfolg ist um den Faktor 70 höher, wenn es dem Personalmanagement gelingt, die Effektivität des Humankapitals im Unternehmen zu erhöhen. Dazu muss das Humankapital konsequent an der Unternehmensstrategie ausgerichtet werden. Dies ist seit vielen Jahren bekannt, doch die Umsetzung gestaltet sich schwierig. Vor allem deswegen, weil die kritische Schnittstelle zwischen Unternehmensstrategie und Personalmanagement selten sauber definiert wird. Die Definition dieser Schnittstelle ist das zentrale Thema dieses Buches. Dabei werden wir nicht nur sehen, auf welche Fragen Antworten gefunden werden müssen, damit die kritische Verbindung gelingen kann, sondern auch untersuchen, welche Instrumente zur Umsetzung der Unternehmensstrategie durch das Personalmanagement zur Verfügung stehen.

Die Lücke zwischen Strategie und Personal

Wir haben ein Problem. Um langfristig überleben zu können, benötigen Unternehmen eine Strategie, wie sich die Organisation von ihren Wettbewerbern positiv abgrenzen und für ihre Kunden einen Mehrwert schaffen kann. Manchmal ist diese Strategie bereits formal beschlossen und wird offen kommuniziert, oft jedoch existiert sie lediglich in den Köpfen der Geschäftsführung als Leitschnur für deren Handeln. Ohne Mitarbeiter[1] kann diese Strategie nicht umgesetzt werden, denn kein Unternehmen kann ohne Mitarbeiter

---

[1]Im Sinne der besseren Lesbarkeit wird auf eine Unterscheidung zwischen männlicher und weiblicher Form des Wortes verzichtet. Grundsätzlich sind aber immer beide Geschlechter gemeint.

© Springer Fachmedien Wiesbaden GmbH 2017
C. Lebrenz, *Strategie und Personalmanagement*,
DOI 10.1007/978-3-658-14330-5_1

existieren. Wir benötigen den Faktor Personal, um Umsätze zu erwirtschaften und Gewinne zu erzielen. Gleichzeitig muss das Personal – unsere Mitarbeiter – für das Unternehmen gewonnen, integriert, gehalten, entlohnt, gefördert und ggf. auch entlassen werden. Dies sind die Aufgaben des Personalmanagements: In größeren Unternehmen werden diese Aufgaben meist durch spezielle Personalabteilungen wahrgenommen, in kleineren Firmen oft von der Geschäftsführung, Assistenten und Dienstleistern mit erledigt.

Und je wichtiger die Mitarbeiter für die Wettbewerbsfähigkeit des Unternehmens sind, desto größer ist auch die Bedeutung des Personalmanagements. Und diese Bedeutung nimmt zu, und zwar aus zwei Gründen: Erstens steigt der Anteil an wissensbasierten Tätigkeiten, bei denen die Wertschöpfung durch die intellektuelle Leistung der Mitarbeiter und nicht durch Maschinen erfolgt. Zweitens geht es um die Bereiche des Unternehmens, in denen wir noch deutlich effektiver werden können. Bei der Steuerung der Ressource Kapital haben wir in den letzten Jahrzehnten große Fortschritte gemacht. Unternehmen haben viel Energie darauf verwendet, Controlling- und Reporting-Systeme aufzubauen, um den Einsatz des Kapitals im Unternehmen zu steuern. Beim Einsatz des Faktors Kapitals sind wir sehr effektiv geworden, und es wird immer schwieriger, diese Effektivität zu steigern: Wir haben hier weitestgehend das Ende der Fahnenstange erreicht. Bei der Ressource Mitarbeiter ist die Lage nicht so eindeutig. Es ist uns zwar gelungen, die *Effizienz* unserer Mitarbeiter deutlich zu steigern. Beispielsweise sorgen flexible Arbeitszeitmodelle und der Einsatz von Leiharbeitern dafür, dass wir heute Auftragsschwankungen viel besser abfedern können als in der Vergangenheit (vgl. Lebrenz 9. August 2010). Aber bei der *Effektivität* unserer Mitarbeiter sieht es in den meisten Fällen anders aus. Haben wir die Mitarbeiter, die wir wirklich brauchen, um unsere Strategie umzusetzen? Verfügen die Mitarbeiter über die notwendigen Kompetenzen, zeigen sie das nötige Engagement und die nötige Leistung, um die Strategie umzusetzen? In den meisten Fällen nicht wirklich. Damit ist die Effektivität des Personals eine der letzten großen Stellschrauben, die wir haben, um die Wettbewerbsfähigkeit des Unternehmens zu steigern oder zumindest zu erhalten. Um an dieser Stellschraube drehen zu können, bräuchten wir idealerweise ein Personalmanagement, das eng mit der Unternehmensstrategie verzahnt ist. Durch diese Verzahnung würde das Personalmanagement das für die Umsetzung der Unternehmensstrategie benötigte Humankapital, sprich unsere Mitarbeiter mit ihrem Wissen und ihren Fähigkeiten, bereitstellen. Und noch besser wäre es, wenn uns unser Personalmanagement helfen würde, unser Humankapital so zu formen, dass unser Personal selbst ein Wettbewerbsvorteil wäre. Das ist der Wunsch.

Die Wirklichkeit sieht oft aber ganz anders aus. Wir finden in den meisten Unternehmen eine tiefe Kluft zwischen der Strategie auf der einen Seite und dem Personalmanagement mit seinen Aktivitäten auf der anderen Seite. Zwar hat sich in den letzten 30 Jahren weitestgehend die Erkenntnis durchgesetzt, dass wir ein strategisches Personalmanagement, sprich die Verzahnung von Unternehmensstrategie und Personalmanagement, benötigen (vgl. z. B. Scholz 2014, S. 33). Gleichzeitig haben wir trotz diverser Bemühungen und auch intensiver Forschung bei der Umsetzung herzlich wenig

Fortschritte gemacht (vgl. Scholz 2014, S. 35). Diverse Studien bescheinigen den Personalern immer wieder eine mangelnde Strategieorientierung (vgl. z. B. Deloitte 2011 oder Beck und Bastians 2013). Es ist geradezu tragisch: Strategie und Personalmanagement sind wie die Königskinder, die einander brauchen, sich nacheinander sehnen, aber nicht zueinander finden.

Wir treffen nicht nur auf die Lücke zwischen Strategie und Personal, sondern gleichzeitig auch noch auf eine verwandte Lücke. Die Lücke zwischen wissenschaftlicher Forschung zum strategischen Personalmanagement und dem, was aus dieser Forschung in der Praxis ankommt und aufgegriffen wird. Während in den letzten 30 Jahren eine Unmenge von wissenschaftlichen Studien zu diesem Thema veröffentlicht worden ist, wird nur ein Bruchteil der Erkenntnisse in den Firmen eingesetzt (vgl. z. B. Rynes et al. 2007; Weckmüller 2013). Einige Autoren argumentieren, dass dies daran liegt, dass die Theorie nichts Relevantes für die Praxis liefert (vgl. Kaufman 2012). Meiner Einschätzung nach liegt es eher daran, dass das in den wissenschaftlichen Veröffentlichungen angehäufte Wissen für die Praktiker viel zu fragmentiert in den Fachzeitschriften behandelt wird und sich damit nur mit einem sehr hohen Zeitaufwand erschließen lässt. Dass ein Großteil der Diskussion in englischsprachigen Zeitschriften stattfindet, macht die Sache auch nicht leichter. Und – last but not least – haben wir es mit einer Vielzahl von Begriffen zu tun, wenn es um die Verbindung von Strategie und Personal geht: strategisches Personalmanagement, strategieorientiertes Human Resource Management, Human-Capital-Strategie, HR Governance, Talent Strategy, um nur einige zu nennen. Es scheint so, als ob jeder Autor, jeder Berater seinen Begriff prägen, sein Konzept positionieren möchte. Diese Begriffsinflation führt letztendlich zu einer Sprachlosigkeit, da wir nie wissen, was denn nun gemeint ist, wenn wir einen dieser Begriffe verwenden.

Warum gestaltet sich die Verbindung von Strategie und Personal so schwierig? Drei Faktoren erschweren die Verzahnung von Strategie und Personal. Der erste Faktor ist das zwiespältige Verhältnis, das Unternehmen zu ihren Mitarbeitern haben. Einerseits bilden die Mitarbeiter einen der größten oder gar den größten Kostenblock des Unternehmens. Um eine überhöhte Kostenstruktur zu vermeiden, die die Wettbewerbsfähigkeit des Unternehmens gefährden würde, müssen die Personalkosten möglichst gering gehalten werden. Andererseits ist es in vielen Fällen das Humankapital, sprich unsere Mitarbeiter, die mit ihrem Wissen, ihren Fähigkeiten und ihrem Engagement für den Erfolg des Unternehmens eine entscheidende Rolle spielen. Dies gilt für wissensbasierte Dienstleistungen aus dem IT-Bereich oder der Rechtsberatung genauso wie für viele der Produktionsunternehmen, die sich auf hochwertige und innovative Produkte spezialisiert haben. Ohne das Know-how der Mitarbeiter in der Entwicklung und Fertigung wäre die Marktposition dieser Unternehmen nicht haltbar. Eine reine Minimierung der Personalkosten wäre daher gefährlich. Das Unternehmen würde Gefahr laufen, die Gans zu schlachten, welche die goldenen Eier legt. Mit der Minimierung der Personalkosten würden die Firmen gleichzeitig einen wichtigen Teil ihres Kapitals, ihr Humankapital, vernichten. Hier eine Balance zu finden, etwas gleichzeitig zu minimieren und andererseits als kritische Ressource zu steuern, ist schwierig. Der zweite Faktor liegt in der

Natur des Humankapitals. Während das Finanzkapital dem Unternehmen gehört, ist dies beim Humankapital nicht der Fall. Mitarbeiter können jederzeit kündigen und würden dann wichtiges Wissen mitnehmen: Ein wichtiger Teil des Unternehmenswertes verlässt allabendlich das Unternehmen und geht nach Hause. Da das Humankapital dem Unternehmen nicht gehört und wir immer wieder verhandeln müssen, inwieweit wir das Humankapital nutzen können, dann gestaltet sich die Nutzung dieser Ressource deutlich schwieriger. Und während sich beim Finanzkapital eine Strategieänderung durch das Verschieben der Budgets aus einer Organisationseinheit in eine andere leicht bewerkstelligen lässt, ist das Humankapital in der Regel so spezifisch, dass wir es nicht einfach aus der einen Abteilung in die andere verschieben können. So wertvoll ein Facharbeiter in der Produktion sein kann, so wenig hilfreich ist er meist als Vertriebler, genauso wie ein Vertriebsmitarbeiter in der Produktion nur bedingt zu gebrauchen ist. Der dritte Faktor, warum sich die Verbindung von Strategie und Personal schwierig gestaltet, liegt in dem Umstand, dass wir beim Humankapital zwar sowohl die Kosten des Humankapitals als auch die Kosten des Personalmanagements in Form von Trainings, Durchführung von Assessment-Centern oder Auswahlverfahren sehr genau bestimmen können, den Nutzen aber, den sowohl das Humankapital als auch das Personalmanagement stiften, kaum. In einigen Fällen sind wir zwar in der Lage, den Deckungsbeitrag, den ein Vertriebsmitarbeiter erwirtschaftet, genau zu bestimmen. In den meisten Fällen können wir aber kaum beziffern, welchen Wertbeitrag ein einzelner Mitarbeiter konkret zum Unternehmenserfolg leistet. Wir kennen zwar die Kosten für das Assessment-Center oder eine Imagekampagne genau, wissen aber nicht, ob die geeignete Kandidatin nicht auch mit einfacheren Mitteln hätte identifiziert werden können. Genauso wenig, wie wir genau sagen können, ob die Bewerberzahlen aufgrund der Imagekampagne oder aufgrund der nachlassenden Konjunktur ansteigen. All dies führt dazu, dass die Steuerung des Humankapitals deutlich schwieriger ist als die Steuerung anderer Ressourcen im Unternehmen. Dies macht das Personalmanagement so anspruchsvoll.

Der Faktor 70
Die mangelnde Verbindung von Strategie und Personal hat weitreichende Folgen für das Unternehmen. Einerseits fühlen sich die Personaler nicht ausreichend in ihrer Rolle ernst genommen, nicht genügend in die Unternehmensentscheidungen eingebunden. Den ersehnten ‚*seat at the table*‘ suchen sie oft vergeblich. Statt dem Personalmanagement eine strategische Rolle einzuräumen, wird sein Beitrag oft auf administrative Prozesse zurückgeführt. Der Grund dafür ist einfach: Wenn der Wertbeitrag des Humankapitals zum Unternehmenserfolg nicht nachgewiesen werden kann, dann erliegen Unternehmen schnell der Versuchung, ihr Augenmerk auf das zu legen, was sie gut messen können. Und gut messen lassen sich die Kosten des Humankapitals und des Personalmanagements. So fordern viele Geschäftsführungen ihre Personaler auf, ihren Beitrag zum Unternehmenserfolg dadurch zu leisten, dass sie ihre Prozesse optimieren und möglichst effizient arbeiten.

Dieser Wertbeitrag liegt aber nicht auf der Kostenseite der Personalarbeit. Wie Huselid und seine Koautoren (vgl. Huselid 2005, S. 10) zeigen, machen die Kosten für das Personalmanagement meist weniger als 1 % der Gesamtkosten des Unternehmens aus. Der Anteil der Personalkosten an den Gesamtkosten liegt hingegen zwischen 20 und 70 % der Gesamtkosten. Diese Zahlen wurden in den USA erhoben. Im deutschsprachigen Raum dürften die Größenordnungen ähnlich sein. Im Vergleich zu den gesamten Personalkosten sind die Kosten des Personalmanagements – salopp gesagt – Peanuts. Durch Kosteneinsparungen, z. B. durch Prozessoptimierungen in der Personalarbeit, kann die Kostenstruktur des Unternehmens nur minimal verbessert werden. Eine Konzentration auf die Effizienz des Personalmanagements ist keine wirkliche Möglichkeit, einen großen Beitrag zum Unternehmenserfolg zu leisten. Dazu müssen wir woanders suchen. Das Personalmanagement kann nur dann einen spürbaren Beitrag zum Unternehmenserfolg leisten, wenn es ihm gelingt, das Personal effektiver zu machen. Dies bedeutet, genau das Humankapital bereitzustellen, das das Unternehmen für die Strategieumsetzung benötigt. Und nur dieses. Um bei den eben genannten Zahlen zu bleiben: Wenn das Personalmanagement aufhört, sich auf die Minimierung der eigenen Kosten zu konzentrieren, und sich stattdessen auf die Steigerung der *Effektivität* des Humankapitals konzentriert, entsteht ein *Faktor 70* bezüglich der Wirkung des Personalmanagements. Hier haben wir den Hebel, mit dem wir den Beitrag des Personalmanagements zum Unternehmenserfolg um ein Vielfaches erhöhen können. Wenn wir die Verbindung des Personalmanagements zur Strategie hinbekommen, dann können wir an der eben diskutierten Stellschraube drehen, um die Wettbewerbsfähigkeit des Unternehmens zu erhöhen. Gelingt uns dies, dann finden auch die Personaler ihren ‚*seat at the table*' und erhalten für ihre Arbeit die Anerkennung, die sie heute oft vermissen. So weit, so gut. Nun bleiben uns zwei Fragen: Woher kommt die Lücke zwischen Strategie und Personal, und wie lässt sich diese Lücke schließen?

Die Lücke als Schnittstellenproblem
Bei der Verbindung zwischen Strategie und Personal haben wir es mit einer Schnittstelle zu tun. Die Anforderungen, die die Unternehmensstrategie an das Humankapital und das Personalmanagement stellt, müssen so sauber definiert sein, dass das Personalmanagement an diese Schnittstelle andocken und das Humankapital auf die Strategie ausrichten kann. Allerdings ist diese Schnittstelle aus einer ganzen Reihe von Gründen viel komplexer und vielschichtiger, als es den Beteiligten in der Regel bewusst ist. Mit der Folge, dass in den meisten Fällen die Schnittstelle zwischen den beiden Bereichen – wenn überhaupt – nur teilweise definiert und bestimmt wird. Dies führt dazu, dass die kritische Verbindung zwischen Strategie und Personal Stückwerk bleibt. Die Hilflosigkeit, die wir vielerorts beobachten können, rührt in erster Linie daher, dass wir diese Verbindung nicht in den Griff kriegen, weil wir das Problem in seiner ganzen Tragweite nicht erkennen und dementsprechend auch nicht angehen. Wir gehen lediglich die Spitze des Eisberges an. Erschwerend kommt noch hinzu, dass es *die* Verbindung zwischen Strategie

und Personal nicht gibt. Genauso wenig wie es eine universelle Strategie gibt, mit der wir den Erfolg des Unternehmens garantieren können. Daher müssen wir die Verbindung immer wieder neu für das eigene Unternehmen entwickeln, unseren Rahmenbedingungen und Zielsetzungen entsprechend anpassen.

Wenn wir an dieser Stelle weiterkommen wollen, dann müssen wir diese kritische Schnittstelle sauber definieren. Das ist Thema des Buches. Dazu werden wir vier Fragen beantworten müssen. Erstens die Frage, welches Humankapital wir für unsere Strategie benötigen. Zweitens, auf welchem Wege wir dieses benötigte Humankapital im Rahmen unseres Personalmanagements bereitstellen. Drittens, wie wir dafür unsere Personalarbeit organisieren und aufstellen müssen. Und schließlich die Frage, welche Rolle das Humankapital bei der Strategieentwicklung spielt: Wird es aktiv im Sinne einer Kernkompetenz als Wettbewerbsvorteil eingesetzt oder wird es passiv nach den Bedürfnissen des Unternehmens ausgerichtet? Wie schon angedeutet, gibt es in der wissenschaftlichen Diskussion zu jedem dieser Fragenbereiche eine Unmenge an Literatur. Im ersten Teil des Buches „Konzeptionelle Grundlagen" wollen wir uns anschauen, welche Lösungsvorschläge zu jeder dieser vier Fragen entwickelt wurden. Was ist Stand der Diskussion, was können wir aus der wissenschaftlichen Diskussion für die Praxis mitnehmen? Zusätzlich werden wir noch auf eine fünfte Frage zu sprechen kommen: Inwieweit können wir den Wertbeitrag des strategischen Personalmanagements messen? Denn wie alle anderen Managementfunktionen auch muss das Personalmanagement seine Aktivitäten und Kosten rechtfertigen können. Anschließend werden wir im zweiten Teil des Buches „Ansätze zur Umsetzung" vier Ansätze untersuchen, die im Laufe der Zeit entwickelt wurden, um die Unternehmensstrategie durch das Personalmanagement zu implementieren: die strategische Personalplanung, das strategische Kompetenzmanagement, HR Scorecards und das Human Capital Management. Was sind die Stärken und Schwächen der jeweiligen Ansätze, inwieweit eignen sich die jeweiligen Ansätze für das eigene Unternehmen?

Um es vorwegzunehmen: Eine universelle Lösung gibt es nicht. Wer auf eine magische Formel, eine Wunderwaffe hofft, der wird enttäuscht sein. Diese existiert nicht. Stattdessen gibt es eine Vielzahl von Entscheidungen, die im Unternehmen getroffen werden, eine Vielzahl von Fragen, auf die für die eigene Organisation Antworten gefunden werden müssen. Die Schnittstelle zwischen Strategie und Personal zu klären, ist eine anspruchsvolle Aufgabe. Trotz aller Bemühungen, die Situation so verständlich wie möglich zu beschreiben, ist die Darstellung der Schnittstelle im zweiten Kapitel keine leichte Kost. Wir müssen erst einige dickere Bretter durchbohren. Diese anfängliche Anstrengung macht sich aber bezahlt, weil wir so die Konzepte und Maßnahmen in den folgenden Kapiteln besser verstehen können. Es lohnt sich, bei der Stange zu bleiben, denn die gute Nachricht ist, dass es möglich ist, die Lücke zwischen Strategie und Personal zu schließen. Die schlechte Nachricht ist: Der Aufwand dafür ist hoch. Aber noch höher ist der Nutzen, den das Unternehmen aus dieser Anstrengung zieht. Es geht schließlich um den Faktor 70 bei der Wirkung des Personalmanagements. Fangen wir an.

Literatur

Beck, C., & Bastians, F. (2013). *HR-Image 2013. Die Personalabteilung: Fremd- und Eigenbild.* Freiburg: Haufe.

Deloitte. (2011). *HR benchmark 2011 – don't miss the train.* Wien: Deloitte Consulting GmbH.

Huselid, M., Becker, B., & Beatty, R. (2005). *The workforce scorecard: Managing human capital to execute strategy.* Boston: Harvard Business School Press.

Kaufman, B. (2012). Strategic human resource management research in the United States. *Academy of Management Perspectives, 26,* 12–36.

Lebrenz, C. (9. August 2010). Der Bäcker und der Investmentbanker. *Frankfurter Allgemeine Zeitung,* Nr. 182, S. 12.

Rynes, S., Giluk, T., & Brown, K. (2007). The very separate worlds of academic and practioner periodicals in human resource management: Implications for evidence-based management. *Academy of Management Journal, 50*(2), 987–1008.

Scholz, C. (2014). Strategielosigkeit als zukünftige Strategie. *Personalwirtschaft, 8*(2014), 33–35.

Weckmüller, H. (2013). *Exzellenz im Personalmanagement: Neue Ergebnisse der Personalforschung für Unternehmen nutzbar machen.* Freiburg: Haufe-Lexware.

Teil I
Konzeptionelle Grundlagen

Strategisches Personalmanagement – das Spannungsfeld zwischen Strategie und Personal

Was macht strategisches Personalmanagement strategisch?

Zusammenfassung

Das strategische Personalmanagement als die Schnittstelle zwischen der Unternehmens-strategie und dem Personalmanagement gestaltet sich meist schwierig. Dies liegt daran, dass es weder *das* strategische Management noch *das* Personalmanagement gibt. Dafür treffen in Theorie und Praxis zu unterschiedliche Auffassungen darüber aufeinander, was unter den jeweiligen Aktivitäten verstanden werden soll. Dies erschwert zwar die Verbindung zwischen Strategie und Personal, macht sie aber nicht unmöglich. Kap. 2 zeigt, dass eine saubere Definition der Schnittstelle möglich ist, wenn wir – unterneh-mensspezifisch – Antworten auf vier Fragen finden. Erstens eine Antwort auf die Frage, welches Humankapital zur Umsetzung der Unternehmensstrategie benötigt wird. Zwei-tens müssen wir die Frage beantworten, wie das Personalmanagement ausgerichtet wer-den soll, um das benötigte Humankapital möglichst effizient bereitstellen zu können. Drittens die Frage, wie sich die HR-Funktion organisiert, damit sie in der Lage ist, die Antwort aus Frage zwei umzusetzen. Viertens suchen wir eine Antwort auf die Frage, wie aktiv das Humankapital in die Strategieentwicklung eingebunden ist. Ein Blick in die Literatur zeigt, dass die verschiedensten Modelle existieren, um eine oder mehrere Fragen zu beantworten, es aber kein Modell gibt – und auch kaum geben kann –, das alle vier Fragen auf einmal beantwortet. Dafür ist die Schnittstelle zu komplex.

2.1   Einleitung

Das strategische Personalmanagement bildet die Schnittstelle zwischen der Unterneh-mensstrategie und dem Personalmanagement. Es ist für das Unternehmen sehr wichtig, dass wir an dieser Schnittstelle Reibungsverluste vermeiden. Wie in der Einführung zu diesem Buch bereits erläutert, gestaltet sich diese Schnittstelle aber in vielen Fällen als sehr problematisch.

© Springer Fachmedien Wiesbaden GmbH 2017   11
C. Lebrenz, *Strategie und Personalmanagement*,
DOI 10.1007/978-3-658-14330-5_2

Um die Ursachen für diese Reibungsverluste zu verstehen, ist es notwendig, dass wir uns die Bereiche, die dort aufeinandertreffen, genauer anschauen: das strategische Management und das Personalmanagement in ihren jeweiligen Ausprägungen. Denn das strategische Management und das Personalmanagement als Teilbereiche der Betriebswirtschaftslehre liefern uns das theoretische Fundament für die Untersuchung der Schnittstelle. Dabei werden wir feststellen, dass es weder *das* strategische Management noch *das* Personalmanagement gibt, sondern unter diesen Begriffen zum Teil sehr verschiedene Dinge und Tätigkeiten verstanden werden. Je nach Denkschule und Autor stehen ganz unterschiedliche Aspekte der Strategieentwicklung und -implementierung im Vordergrund. Die Frage, was denn der Schlüssel zur Erreichung des Wettbewerbsvorsprungs ist, wird immer wieder anders beantwortet. Die Thematik erweist sich als zu vielschichtig, die Interessen der Beteiligten als zu unterschiedlich, als dass wir eine einzelne, allumfassende Antwort finden können. Gleiches gilt auch für das Personalmanagement. Auch hier gibt es kein allgemeingültiges Verständnis, *wie* die Ressource Personal im Unternehmen gemanagt werden soll, *wer* letztendlich das Personalmanagement betreibt und für *wen* es betrieben wird. So werden auch hier je nach Autor unterschiedlichste Vorschläge unterbreitet.

Wenn es eine so große Vielfalt bei den Definitionen des Personalmanagements und des strategischen Managements gibt, dann überrascht es wenig, dass auch die verschiedensten Modelle zur Verknüpfung von Strategie und Personal existieren. Anders gesagt, in der Theorie und in der Praxis gibt es *das* strategische Personalmanagement ebenso wenig, wie es *das* Personalmanagement oder *das* strategische Management gibt. Auch hier ist die Thematik so vielschichtig, dass zwar im Laufe der Zeit eine Vielzahl von Modellen entwickelt wurde[1], es bisher aber nicht gelungen ist, eine schlüssige, allumfassende Antwort zu finden. Wenn wir auf beiden Seiten der Schnittstelle zwischen strategischem Management und Personalmanagement ein hohes Maß an Heterogenität antreffen, wie können wir sicherstellen, dass die beiden Seiten zueinander passen? Letztendlich müssen wir dazu Antworten auf die vier bereits erwähnten Fragen finden.

Im zweiten Teil des Kapitels betrachten wir zunächst das strategische Management. Was macht Management zum strategischen Management, was wird unter strategischem Management verstanden? Wir erfahren, dass es dazu sehr unterschiedliche Antworten gibt. Gleiches gilt für das Personalmanagement, das wir uns im darauffolgenden Abschnitt anschauen. Auch hier treffen wir auf sehr unterschiedliche Auffassungen über Funktion, Aufgaben und Zielgruppen des Personalmanagements. Im Anschluss entwickeln wir die oben angesprochenen Fragen zur Klärung der Schnittstelle und können dann einige der bisher entwickelten Modelle zum strategischen Personalmanagement exemplarisch dahin gehend einordnen, welche Aspekte der Schnittstelle adressiert, welche ausgeklammert werden.

---

[1]Siehe Abschn. 1.5.

Zunächst aber wenden wir uns der Frage zu, warum uns ein einheitliches Verständnis des strategischen Managements fehlt und welche Konsequenzen dies für die Rolle des Humankapitals in der Strategieentwicklung und -umsetzung hat.

2.2   Strategisches Management

Was sind die Ziele einer Strategie?

Die Strategie eines Unternehmens hat ein Minimal- und ein Maximalziel. Das Minimalziel ist, das langfristige Überleben des Unternehmens sicherzustellen (vgl. Marchazina und Wolf 2010, S. 262). Diese Aussage erscheint auf den ersten Blick banal, doch zeigt die Zahl der jährlichen Insolvenzen, dass ein Erreichen des Minimalziels in Anbetracht von Marktdynamik und Wettbewerbsdruck alles andere als selbstverständlich ist. Seine Daseinsberechtigung erhält ein Unternehmen erst, wenn es ihm gelingt, für seine Kunden nachhaltig einen Mehrwert zu schaffen (vgl. Lynch 2012). Dazu steht das Unternehmen vor der Herausforderung, sich so aufzustellen, dass es bestimmte Kundenbedürfnisse besser erfüllt als seine Wettbewerber. Dieses ‚besser‘ kann ganz unterschiedlicher Natur sein: z. B. ein Produkt bei gleicher Qualität zu einem niedrigeren Preis anzubieten als die Wettbewerber, eine Dienstleistung schneller zu erbringen oder ein einzigartiges Produkt auf den Markt zu bringen, für das die Kunden bereit sind, einen ausreichend hohen Preis zu zahlen. So haben Porschekäufer kein Problem damit, für ihren Wagen deutlich mehr Geld hinzulegen als für ein vergleichbares Auto der Konkurrenz, da bei Porsche die Leistung höher und der Mythos der Marke größer ist. Ziel ist es, gegenüber dem Wettbewerb einen möglichst nachhaltigen Wettbewerbsvorteil zu erlangen (vgl. Lynch 2012, S. 11). Allerdings sind wir mit der Situation konfrontiert, dass jeder Wettbewerbsvorteil grundsätzlich erst einmal vorübergehend ist. Aktuelle Kundenbedürfnisse werden bedient, aktuelle Lücken im Angebot der Wettbewerber werden ausgenutzt. Aber sowohl Kundenbedürfnisse als auch Lücken im Angebot ändern sich ständig. So genial der ursprüngliche VW Käfer auch war, so groß der Wettbewerbsvorteil, den dieses Auto dem Volkswagen-Konzern lange Zeit beschert hat, so wenig wettbewerbsfähig wäre dieses Auto heute. Dies gilt sowohl für die Technik als auch für die Kundenanforderungen. Mit jeder Neuauflage des Golfs als Nachfolger des Käfers kämpft Volkswagen darum, diesen Wettbewerbsvorteil zu verteidigen. Erst wenn dieses Minimalziel erfüllt ist, kann sich das Management eines Unternehmens weitere Maximalziele setzen. Diese können finanzieller Natur sein, z. B. Umsatz- oder Gewinnziele, aber auch das Innovationstempo oder die Qualitätsführerschaft betreffen.

Was macht eine Entscheidung zu einer strategischen Entscheidung?

Das Management eines Unternehmens trifft tagtäglich eine Vielzahl von Entscheidungen. Doch nur ein Bruchteil dieser Entscheidungen gehört in den Bereich des strategischen Managements. Pearce und Robinson schlagen sechs Kriterien vor, die eine

Differenzierung zwischen Entscheidungen des operativen und des strategischen Managements erleichtern (vgl. Pearce und Robinson 2007, S. 4):

1. Strategische Fragestellungen bedürfen der Entscheidung des Topmanagements
   Da die Fragen das gesamte Unternehmen betreffen, ist es notwendig, dass das oberste Management und oft auch die Eigentümer zu diesen Fragen explizit Stellung nehmen. Dies bedeutet nicht zwingend, dass die Strategie vom Topmanagement entwickelt wird. Strategische Entscheidungen können auch an anderen Stellen der Organisation getroffen bzw. durch den Einsatz externer Berater outgesourct werden. Wichtig ist aber, dass das Topmanagement zu diesen Fragen eine Entscheidung fällt.
2. Strategische Fragestellungen bedürfen eines beträchtlichen Anteils der Ressourcen des Unternehmens
   Da es um eine grundlegende Ausrichtung des Unternehmens geht, muss das Unternehmen sowohl bei der Strategieentwicklung als auch bei der Umsetzung der Strategie viel Zeit und Geld aufbringen. Nicht nur für den etwaigen Erwerb anderer Unternehmen. Auch der interne Aufbau einer Marke, von Kompetenzen, die Bearbeitung bestimmter Märkte binden oft umfangreiche Ressourcen. Gerade wenn Investitionen mit Sprungfixkosten verbunden sind, einen langen Vorlauf haben oder nur schwer reversibel sind, ist ein häufiger Strategiewechsel für das Unternehmen nicht realistisch, da die benötigten Ressourcen die Möglichkeiten des Unternehmens übersteigen würden.
3. Strategische Fragestellungen betreffen oft das langfristige Wohlergehen des Unternehmens
   Bei strategischen Fragen geht es nicht darum, wie das Unternehmen sich in den nächsten sechs oder zwölf Monaten aufstellt, sondern wie das Überleben bzw. die Erreichung bestimmter Maximalziele mittel- und langfristig sichergestellt werden kann.
4. Strategische Fragestellungen sind zukunftsgerichtet
   Da strategische Fragestellungen die Zukunft des Unternehmens betreffen, sind diese Fragestellungen mit einem hohen Maß an Unsicherheit und mangelnder Prognostizierbarkeit verbunden. Je volatiler die Märkte, auf denen ein Unternehmen aktiv ist, desto kürzer der Zeitraum, über den Entwicklungen noch halbwegs genau abgeschätzt werden können. D. h., Entscheidungen, die für das langfristige Wohlergehen des Unternehmens ausschlaggebend sind, müssen mit sehr unvollständigen Informationen getroffen werden. Da die Informationen lückenhaft sind und die Unsicherheit bezüglich der zukünftigen Entwicklung groß ist, spielen die Wertvorstellungen der Entscheider eine zentrale Rolle (vgl. Müller-Stewens und Lechner 2005, S. 15 ff.).
5. Strategische Fragestellungen betreffen oft mehrere Einheiten des Unternehmens
   Besteht ein Unternehmen aus mehreren Einheiten, so hat die Entscheidung, den einen Bereich auszubauen, oft Konsequenzen für andere Unternehmensbereiche. So wird etwa der Cashflow, der in einem Geschäftsfeld erwirtschaftet wird, in einem anderen Geschäftsfeld investiert, da sich das Unternehmen in diesem anderen Geschäftsfeld

größere Wachstumschancen ausrechnet. Aber auch in einem Unternehmen mit nur einem Geschäftsfeld kann die Entscheidung, in der Produktion auf neue Technologien zu setzen, für die Personalabteilung die Konsequenz haben, dass neue Kompetenzen am Arbeitsmarkt akquiriert bzw. intern aufgebaut werden müssen.

6. Strategische Fragestellungen müssen das externe Umfeld des Unternehmens berücksichtigen

   Da der Wettbewerbsvorteil eines Unternehmens davon abhängt, dem Kunden einen Mehrwert zu generieren, den die Wettbewerber nicht bieten (können), ist es notwendig, dass das Unternehmen die Reaktion der Wettbewerber bzw. auch die Veränderungen der Kundenbedürfnisse, der rechtlichen Rahmenbedingungen oder auch der einsetzbaren Technologien berücksichtigt. Nur so kann sichergestellt werden, dass dieser Mehrwert auch nachhaltig geliefert werden kann.

Erst wenn eine Entscheidung diese Kriterien erfüllt, macht es Sinn, von einer strategischen Entscheidung zu sprechen. Natürlich lassen sich diese Fragen in den seltensten Fällen nur mit einem klaren ‚Entweder-oder' beantworten. So ist in der Praxis der Übergang zwischen der operativen Ebene und der strategischen Ebene fließend und man trifft in gewissem Umfang immer wieder auf ein ‚Sowohl-als-auch'. Dies ist besonders dann der Fall, wenn ein Unternehmen aus verschiedenen Geschäftsfeldern besteht.

Welche unterschiedlichen Strategieebenen sind zu berücksichtigen?
Grundsätzlich können wir für ein Unternehmen drei Ebenen unterscheiden, auf denen strategische Entscheidungen getroffen werden. Auf der Ebene des gesamten Unternehmens ist dies die *Unternehmensstrategie*. Falls das Unternehmen aus mehreren Geschäftsfeldern besteht, benötigt das Unternehmen für jedes einzelne Geschäftsfeld eine separate *Geschäftsfeldstrategie*. So stellt z. B. die Oetker-Gruppe nicht nur Backzutaten und Tiefkühlpizzen her, sondern betreibt neben Brauereien auch eine Reederei und mehrere Luxushotels. Da die Marktlogik und die Anforderungen, mit denen eine Reederei zu tun hat, zu verschieden sind von denen im Markt für Tiefkühlkost, reicht eine einzige Strategie für das Unternehmen nicht aus. Die Entscheidung, wie sich das Unternehmen im schrumpfenden deutschen Biermarkt positioniert, ist ein Aspekt der Geschäftsfeldstrategie dieses Unternehmensteiles. Die Frage, ob das Unternehmen überhaupt im Brauereibereich tätig sein will, ist allerdings eine Frage der Unternehmensstrategie. Hat ein Unternehmen nur ein einziges Geschäftsfeld, sind Unternehmens- und Geschäftsfeldstrategie identisch. Neben Unternehmensstrategie und Geschäftsfeldstrategie gibt es für jeden der betriebswirtschaftlichen Teilbereiche wie Produktion, Entwicklung und Marketing eine separate *Funktionalstrategie* (vgl. Welge und Al-Halam 2012, S. 456). Falls ein Unternehmen mehrere Geschäftsfelder hat, kann es auch notwendig sein, dass die Funktionalstrategien pro Geschäftsfeld unterschiedlich sind (vgl. Schuler und Jackson 1987). Dies gilt auch für die Personalstrategie. Im Falle der Oetker-Gruppe ist nachvollziehbar, dass die Art und Weise, wie Mitarbeiter für Luxushotels rekrutiert, entlohnt und entwickelt werden, sich deutlich von der Art und Weise unterscheiden muss, wie die Mitarbeiter einer Reederei eingestellt, bezahlt und betreut werden.

Welche Ansätze des strategischen Managements existieren?

Die Entwicklung einer Strategie und ihre Umsetzung, das ist ein vielschichtiger Prozess – in der Theorie und erst recht in der Praxis. Die Literatur dazu und die darin entwickelten Ansätze zur Strategieentwicklung sind umfangreich und teilweise mehr als unübersichtlich bzw. widersprüchlich. Jeder Autor möchte der Diskussion seinen Stempel aufdrücken, jeder Berater sein Produkt verkaufen. Einen exzellenten Überblick über diesen Wildwuchs bieten Mintzberg und seine Koautoren in ihrem Klassiker ‚Strategy Safari‘, den sie zu Recht als eine Reise durch die Wildnis des strategischen Managements bezeichnen (vgl. Mintzberg et al. 1998). Aber selbst dieser Überblick deckt nicht alle Facetten der Strategiediskussion ab. Betrachtet man die Literatur des strategischen Managements, so sind es in erster Linie folgende Paare von Gegenpolen bzw. Dimensionen des strategischen Managements, die diskutiert werden:

1. Was beeinflusst die Strategie in erster Linie – das Marktumfeld des Unternehmens oder seine internen Ressourcen?
2. Steht der Prozess der Strategieentwicklung im Vordergrund oder der Inhalt?
3. Sind Strategien zentral geplant oder sind sie emergent?
4. Liegt das Hauptaugenmerk auf der Formulierung einer Strategie oder auf ihrer Umsetzung?
5. Wessen Interessen werden im Strategieprozess in erster Linie berücksichtigt?
6. In welcher Phase des Lebenszyklus befindet sich das Produkt bzw. die Branche?

Diese Gegenpole sind in Abb. 2.1 zusammengefasst. Dabei wird kein Anspruch darauf erhoben, alle Ansätze vollständig zu erfassen. Die Literatur ist dafür einfach zu umfangreich. Diese Unvollständigkeit wird durch die Platzhalter auf der einen Achse angedeutet, in der je nach Bedarf weitere Aspekte der Strategiediskussion aufgegriffen werden können. Dabei kann es um den Einfluss der Unternehmensgröße auf die Strategiewahl oder auch die Frage gehen, inwieweit der Fokus auf bestehende Märkte oder auf den Eintritt in neue Märkte (vgl. z. B. Roberts und Berry 1985) bzw. die Schaffung von neuen (Teil-)Märkten (vgl. Kim und Mauborgne 2005) gelegt wird.

Im Folgenden wollen wir uns die in Abb. 2.1 dargestellten Gegenpole kurz anschauen.

1. Was beeinflusst die Strategie in erster Linie – das Marktumfeld des Unternehmens oder seine internen Ressourcen?

   Die erste Dimension greift die Frage auf, welche die Hauptdeterminanten bei der Strategieentwicklung sind: externe Faktoren im Unternehmensumfeld oder die internen Ressourcen des Unternehmens? Der Hauptvertreter des auf die externen Faktoren fokussierenden *market based view* (MBV) ist Michael Porter (vgl. Porter 1980). Der MBV geht von der Beobachtung aus, dass sich die Profitabilität und die Erfolgsfaktoren der unterschiedlichen Branchen stark unterscheiden. Um erfolgreich am Markt agieren zu können, muss sich ein Unternehmen an die Gegebenheiten des jeweiligen Marktes anpassen und sich positionieren. Dazu schlägt Porter die generischen

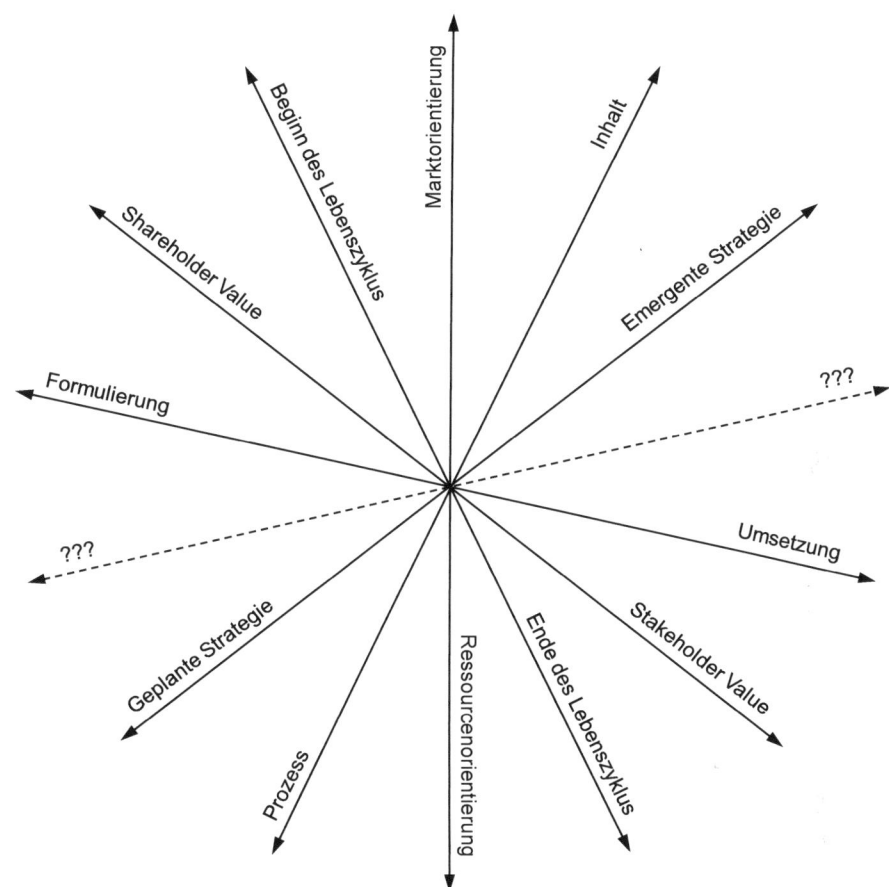

Abb. 2.1 Ansätze/Schulen im strategischen Management

Strategien der Kostenführerschaft, Differenzierung bzw. Fokussierung vor, die später auch von weiteren generischen Strategien, wie z. B. dem Outpacing, ergänzt wurden (vgl. Gilbert und Strebel 1987). Der MBV ist in verschiedene Richtungen erweitert bzw. ergänzt worden. So kritisieren z. B. Autoren wie Brandenburger und Nalebuff den Ansatz von Porter als zu antagonistisch im Verhältnis zwischen den einzelnen Beteiligten. Statt auf reine Konfrontation zu setzen, schlagen Brandenburger und Nalebuff eine Kombination aus selektiver Kooperation und Wettbewerb zwischen den Playern unter dem Stichwort *coopetition* vor (vgl. Brandenburger und Nalebuff 1997).

Dem MBV steht der *resource based view* (RBV) gegenüber. Der RBV argumentiert, dass die Betonung der Industrie- und Branchenfaktoren für die Erklärung des Unternehmenserfolges im MBV zu kurz greift. Da sich die Profitabilität innerhalb einer Branche teilweise sehr stark unterscheidet, müssen es Faktoren sein, die bei den Unternehmen unterschiedlich stark ausgeprägt sind, sprich, es müssen die materiellen und immateriellen Ressourcen der jeweiligen Unternehmen sein, die im Wettbewerb entscheidend sind. Hier spielen besonders die Kernkompetenzen eine entscheidende Rolle (vgl. Wernerfeldt 1984; Prahalad und Hamel 1990 oder auch Barney 1995).

Nach dem VRIO-Ansatz von Barney und Wright führen Ressourcen, die aus Sicht der Kunden wertvoll *(valuable)* und selten *(rare)* sind, aus Sicht des Wettbewerbs nicht oder nur schwer imitierbar sind *(inimitable)* und durch die Organisation des Unternehmens unterstützt werden *(organized),* zu nachhaltigen Wettbewerbsvorteilen (vgl. Barney 1995; Barney und Wright 1998). Aus Sicht des Personalmanagements ist der RBV von besonderem Interesse, da die Ressource Humankapital eine Kernkompetenz sein kann und damit die strategische Bedeutung des Personalmanagements für die Wettbewerbsfähigkeit des Unternehmens unterstreicht (vgl. Wright und McMahan 1992; Wright et al. 2001).

Bei der Frage, ob nun der RBV oder der MBV der entscheidende Ansatz ist, setzt sich zunehmend in der Praxis die Erkenntnis durch, dass es hier nicht um ein dogmatisches ‚Entweder-oder‘, sondern um ein ‚Sowohl-als-auch‘ geht (vgl. Macharzina und Wolf 2010, S. 305 oder auch Peteraf und Bergen 2003, S. 1028). Sowohl die internen Ressourcen als auch die externen Anforderungen müssen berücksichtigt werden, wenn ein Unternehmen im Wettbewerb erfolgreich bestehen will.

2. Steht der Prozess der Strategieentwicklung im Vordergrund oder der Inhalt?

Bei der zweiten Frage geht es darum, inwieweit der Prozess der Strategieentwicklung formalisiert werden sollte. In den 1970er-Jahren war die Antwort ganz klar: Für die erfolgreiche Strategieentwicklung musste eine sehr detaillierte Planung ausgearbeitet und dazu ein genau definierter Prozess eingehalten werden. Große Unternehmen hatten umfangreiche Stabsabteilungen für die strategische Planung. Die Befürworter eines solch aufwendigen Planungsprozesses argumentierten, dass die Komplexität des Unternehmens und seines Umfeldes eine detaillierte Planung erforderlich mache. Demgegenüber argumentierten viele Gegner der strategischen Planung, dass in diesem stark formalisierten Prozess das Management zu wenig in den Strategieprozess eingebunden und der aufwendige Prozess zu wenig flexibel sei, um schnell auf Veränderungen im Umfeld des Unternehmens reagieren zu können (vgl. Mintzberg 1994).

Während in den späten 1980er- und den 1990er-Jahren die strategische Planung aus der Mode kam, hat mit der Verbreitung von Scorecards seit der Jahrhundertwende der Formalisierungsgrad des strategischen Managements – dieses Mal allerdings mit dem Schwerpunkt auf der Implementierung – wieder zugenommen. Diesen Fokus auf der Implementierung werden wir uns unter Punkt vier noch näher anschauen.

3. Sind Strategien zentral geplant oder sind sie emergent?

Neben der Frage, *welche* Strategien entwickelt bzw. implementiert werden, wird auch die Frage diskutiert, *wo* im Unternehmen die Strategien entstehen. Ist die Strategieentwicklung ein geplanter Prozess, der zentral gesteuert wird, oder entstehen die Strategien dezentral in der Organisation? Mintzberg stellt hier zwei Modelle gegenüber: Im *‚Hothouse‘*-Modell ist die Strategieentwicklung stark zentralisiert und wird durch den Vorstandsvorsitzenden wahrgenommen. Die Strategieentwicklung läuft nach einem klar strukturierten, geplanten Prozess ab. Am Ende des Prozesses werden die fertigen Strategien vorgestellt, kommuniziert und implementiert. Mintzberg vergleicht diesen Ansatz mit dem Anbau von Tomaten im Gewächshaus, die sorgfältig kultiviert werden. Der sorgfältig kontrollierten Umgebung des Gewächshauses stellt Mintzberg das ‚*Grassroot*'-Modell gegenüber. Hier werden Strategien nicht Top-down geplant und implementiert, sondern entstehen Bottom-up. Überall im Unternehmen können die verschiedensten Personen Strategien entwickeln. Die Aufgabe des Topmanagements ist hier weniger die Strategieentwicklung, sondern die Auswahl von vielversprechenden Strategien und die Bereitstellung von Ressourcen, um diese Strategien im Unternehmen zu verbreiten. Wie auf einer Wiese voller Wildblumen kommen die unterschiedlichsten Pflanzen vor, und es werden die interessantesten bzw. vielversprechendsten Sorten gepflückt. Dies setzt ein vollkommen anderes Rollenverständnis und Vorgehen des Topmanagements voraus, als das ‚Houthouse'-Modell es vorsieht (vgl. Mintzberg 1989, S. 214 ff.).

4. Liegt das Hauptaugenmerk auf der Formulierung einer Strategie oder auf der Umsetzung?

Während der größte Teil der Literatur, egal ob MBV, RBV, Inhalt oder Prozess, den Schwerpunkt auf die Strategieentwicklung legt, betonen andere Autoren den Aspekt der Strategieimplementierung. So argumentieren z. B. Kaplan und Norton, dass viele Strategien nicht daran scheitern, dass sie schlecht entwickelt sind, sondern dass sie schlecht umgesetzt werden (vgl. Kaplan und Norton 1996, 2001, 2004; Pfeffer und Sutton 1999 argumentieren ähnlich). Bei vielen Unternehmen besteht die Gefahr, dass bei aller Konzentration auf die Entwicklung geeigneter Strategien der Frage der Umsetzung zu wenig Aufmerksamkeit geschenkt wird. Wenn selbst das Topmanagement nicht in der Lage ist, die Strategie des Unternehmens einheitlich zu formulieren (vgl. Collis und Rukstad 2008), ist es nicht verwunderlich, dass auf den unteren Managementebenen und bei den Mitarbeitern die eingeschlagene Marschrichtung unklar bleibt und eine effektive Strategieumsetzung behindert wird. Durch den Einsatz von Balanced Scorecards bzw. auch Strategy Maps soll die Unternehmensstrategie auf (Teil-)Ziele heruntergebrochen werden und es sollen konkrete Messgrößen für die Zielerreichung hinterlegt werden. Dadurch handelt es sich letztendlich sowohl um Kommunikations- als auch Kontrollinstrumente zur Strategieimplementierung.

Aus Sicht des Personalmanagements ist beim Balanced-Scorecard-Ansatz besonders interessant, dass neben ‚harten' finanziellen Kennzahlen auch ‚weiche' Faktoren bezüglich des institutionellen Lernens aufgegriffen werden (vgl. Kaplan und Norton 1996), die sehr stark Personalthemen betreffen. Damit schafft die Balanced Scorecard einen Rahmen für die Verknüpfung von Strategie und Personalmanagement, der auch später durch verschiedene Autoren aufgegriffen und zu speziellen HR Scorecards weiterentwickelt wurde (vgl. Becker et al. 2001; Philips et al. 2001; Paauwe 2004; auch Huselid et al. 2005).

5. Wessen Interessen werden im Strategieprozess in erster Linie berücksichtigt?

Für viele ist die Strategieentwicklung eine der Hauptaufgaben der Unternehmensleitung. Die Unternehmensleitung ist sicher in den meisten Fällen der Hauptakteur bei der Bestimmung der Strategie. Doch handelt sie nicht in einem luftleeren Raum. Externe Rahmenbedingungen wie die Wettbewerbssituation in der jeweiligen Branche und in den Beschaffungsmärkten, staatliche Regelungen sowie die Interessen der verschiedensten Stakeholder beeinflussen die Strategieentwicklung – teilweise massiv. Wir brauchen nur an die Situation der deutschen Energieunternehmen nach dem Reaktorunfall in Fukushima im Jahr 2011 und die im Anschluss beschlossene Energiewende in Deutschland zu denken. Die Stromerzeuger waren durch öffentlichen Druck und dadurch geänderte gesetzliche Vorgaben gezwungen, innerhalb kürzester Zeit ihre Strategie komplett zu überarbeiten.

Neben den Eigentümern und dem Staat gehören Kunden, Lieferanten, Mitarbeiter, Management, Gläubiger und Kommunen zu den Stakeholdern, mit teilweise sehr unterschiedlichen Interessen (vgl. Macharzina und Wolf 2010, S. 13 oder auch Müller-Stewens und Lechner 2005, S. 181). In einer koalitionstheoretischen Interpretation des Unternehmens haben alle diese Stakeholder Einfluss auf die Strategieentwicklung und sind bereit, diesen auch auszuüben (vgl. Hungenberg 2011, S. 28). Das Machtverhältnis zwischen den einzelnen Stakeholdern kann sehr unterschiedlich ausgeprägt sein und sich auch im Laufe der Zeit bzw. durch das Eingehen unterschiedlicher Koalitionen ändern. Autoren wie Rappaport fordern, dass sich ein Unternehmen bei der Strategieentwicklung allein auf die Interessen der Aktionäre und damit auf die Steigerung des Unternehmenswertes konzentrieren solle (vgl. Rappaport 1997). Die Interessen aller anderen Stakeholder haben sich diesem Interesse unterzuordnen. Dieser als Shareholder-Value benannte Ansatz ist heftig kritisiert worden, gerade wenn er so interpretiert wurde, dass es in erster Linie um die kurzfristige Steigerung des Unternehmenswertes geht, nicht um seine langfristige Erhöhung (vgl. Lynch 2006, S. 292).

6. In welcher Phase des Lebenszyklus befindet sich das Produkt bzw. die Branche?

Die Strategie des Unternehmens wird auch davon beeinflusst, wo sich die Branche bzw. auch das Produkt auf dem Produktlebenszyklus befindet (vgl. Porter 1980, S. 159 ff. bzw. Macharzina und Wolf 2010, S. 354). Je nach Phase bestehen unterschiedlich Anforderungen an das Unternehmen (vgl. u. a. Schuler und Jackson 1987). So ist in früheren Phasen des Lebenszyklus die Rolle von Forschung und Entwicklung meist deutlich höher (vgl. Baden-Fuller und Stopford 1992) bzw. benötigen Unternehmen in reifen Märkten viel größere Marketingaktivitäten als in der Wachstumsphase, um sich vom Wettbewerb zu differenzieren.

Betrachtet man die Diskussion zu den verschiedenen Ansätzen, so fällt auf, dass in der Regel nur ein Aspekt angesprochen wird. Beispielsweise wird in der Diskussion um die Positionierung auf dem Markt die Frage nach dem Lebenszyklus oder die Dimension der Stakeholder ausgeblendet. Ggf. wird auf den anderen Gegenpol eingegangen, aber meist, um darzulegen, warum der eigene Aspekt, z. B. die Marktorientierung, wichtiger ist als die Ressourcenorientierung. Diese Einseitigkeit in der

Diskussion wird in Abb. 2.2 dargestellt. In der Literatur ist zu beobachten, dass sich der Fokus in der Diskussion im Laufe der Zeit von einer zu anderen Dimension verändert. Während z. B. der Lebenszyklus in den 1970er- und 1980er-Jahren stark diskutiert wurde, nimmt er in der aktuellen Diskussion einen deutlich geringeren Raum ein. Ein anderes Beispiel ist der Shareholder-Value nach Rappaport (vgl. Rappaport 1997). Während der Ansatz um die Jahrtausendwende sehr populär war, ist die Präsenz des Themas in den letzten Jahren deutlich zurückgegangen. Dies zeigt sich auch in der Behandlung in den Lehrbüchern. In der vierten Ausgabe des Standardwerks Corporate Strategy von Lynch nimmt die Diskussion des Konzepts gut drei Seiten ein (vgl. Lynch 2006). In der sechsten Auflage wird das Thema nur noch auf einer halben Seite behandelt (vgl. Lynch 2012). Wie andere Bereiche des Managements ist auch das strategische Management gewissen Moden unterworfen. Nur weil eine Dimension derzeit nicht im Fokus steht, bedeutet dies aber noch lange nicht, dass diese Dimension aufhört zu existieren und relevant zu sein.

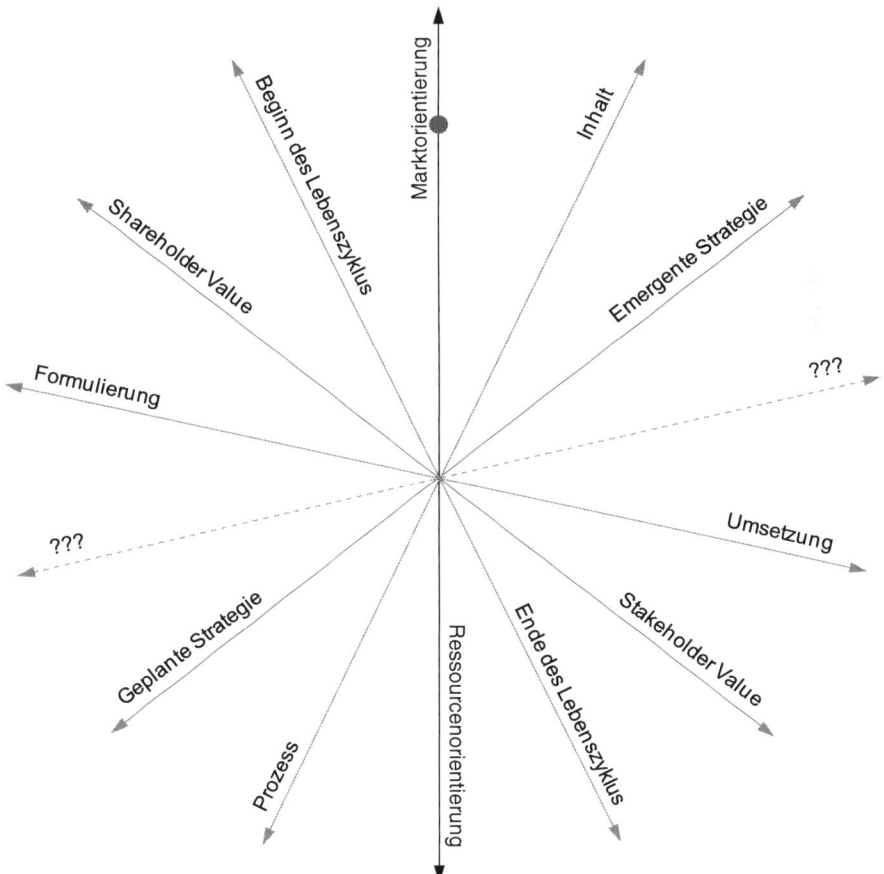

Abb. 2.2   Die Diskussion in der Literatur beschränkt sich meist auf eine Dimension

Bei der Diskussion der einen Dimension werden gleichzeitig Annahmen zu den anderen Dimensionen getroffen. Das ist an sich unproblematisch. Problematisch ist aber, dass die Annahmen über die anderen Dimensionen implizit bleiben. Denn wenn nun einzelne Autoren Empfehlungen geben, wie eine Strategie nach dem von ihnen bevorzugten Ansatz entwickelt und umgesetzt werden soll, bleibt für den Leser nicht nachvollziehbar, ob die Rahmenbedingungen der Strategiediskussion mit den anderen Dimensionen vergleichbar sind. Aber dies ist nicht nur in der theoretischen Behandlung des Themas problematisch, sondern noch viel mehr bei der Umsetzung im Unternehmen. Unternehmen berücksichtigen bei ihrer Strategiediskussion alle Dimensionen, die jeweils unterschiedlich stark ausgeprägt sind. Die Summe der einzelnen Dimensionen und der Grad, in dem die einzelnen Dimensionen berücksichtigt werden, ergeben das individuelle Strategieprofil des Unternehmens. Für jede der oben diskutierten Gegenpole wird dabei auf der Achse aufgetragen, wie stark dieser Aspekt im jeweiligen Unternehmen ausgeprägt ist. Abb. 2.3 zeigt exemplarisch die

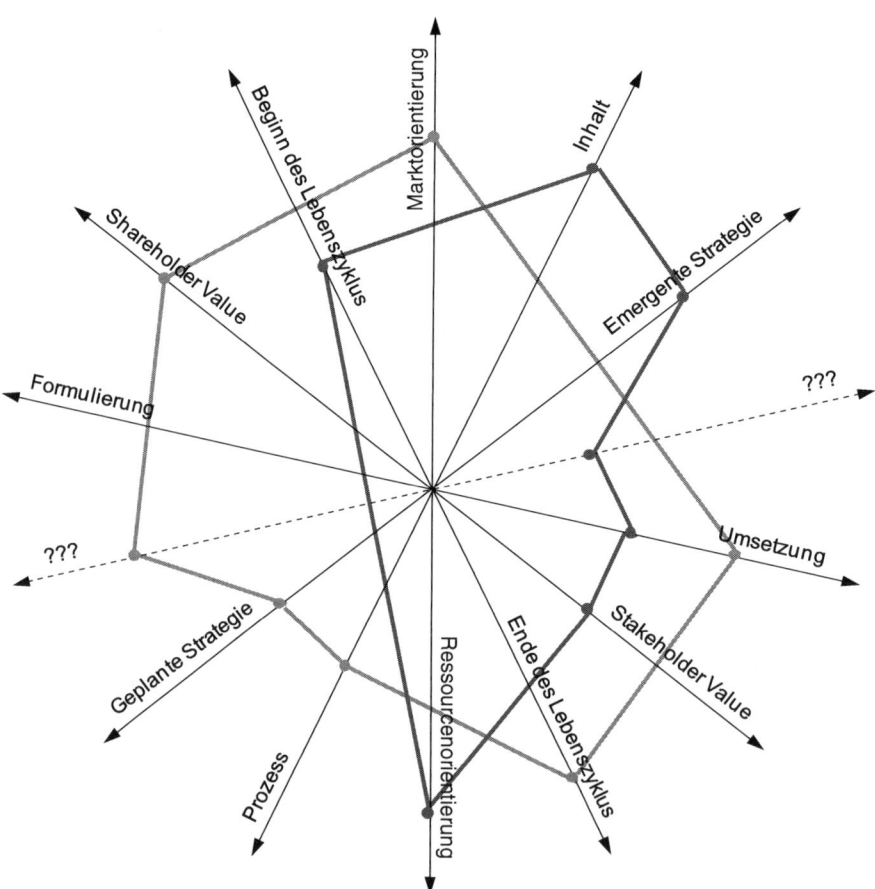

Abb. 2.3 Unterschiedliche Strategieprofile einzelner Firmen – schematische Darstellung

Strategieprofile zweier Unternehmen. Aber in der Regel sind sich die Unternehmen ihres eigenen Profils gar nicht vollständig bewusst, da die einzelnen Dimensionen mal mehr, mal weniger explizit angesprochen werden. Hält man sich allein schon die unterschiedlichen Strategieprofile, die sich aus den verschiedenen Ansätzen der Strategieentwicklung ergeben, vor Augen, so wird deutlich, dass Unternehmen zwar alle vom strategischen Management sprechen, dabei aber oft etwas vollkommen anderes meinen und leben. Dies gilt selbst dann, wenn Unternehmen in einzelnen Dimensionen ähnliche Voraussetzungen mitbringen. So haben in Abb. 2.3 Unternehmen 1 und Unternehmen 2 eine ähnlich starke Ausprägung der Dimension ‚Umsetzung‘, unterscheiden sich aber in den anderen Dimensionen deutlich. Dies verdeutlicht, dass wir Ergebnisse und Empfehlungen für ein Unternehmen nur selten ohne größere Anpassungen auf ein anderes Unternehmen übertragen können.

Was sind die Spannungsfelder in der Strategieentwicklung?
Schon in der Theorie ist das strategische Management ein komplexer Prozess. Die Schwierigkeiten nehmen noch einmal zu, wenn es um die Umsetzung in den Unternehmensalltag geht. Dabei erschweren in der Praxis vor allem drei Aspekte die Strategieentwicklung und -implementierung:

1. Die langfristige Strategie und das kurzfristige Tagesgeschäft
   Strategien sind per Definition langfristig. Sie existieren nicht im luftleeren Raum. Ganz im Gegenteil. Denn während eine Strategie entwickelt und umgesetzt wird, gilt es immer noch das Tagesgeschäft zu erledigen. Und dieses Tagesgeschäft hat oft ganz andere Anforderungen als die langfristige Strategie. Falls es beispielsweise die Strategie vorsieht, langfristig eine Marke aufzubauen, erfordert dies hohe und kontinuierliche Marketingaufwendungen. Dieses Geld fehlt dann kurzfristig in anderen Bereichen. So besteht die Versuchung, das Marketingbudget zu kürzen, um kurzfristige Kostenvorgaben einzuhalten. Unterliegt man der Versuchung, ist die Strategieumsetzung gefährdet.
2. Das Auftauchen neuer Informationen während der Strategieumsetzung
   Wie wir eingangs gesehen haben, erfordert die Strategieentwicklung, dass wir oft unter hoher Unsicherheit langfristige Entscheidungen treffen müssen. Falls nun im Laufe der Strategieumsetzung neue Informationen auftauchen, stellt sich die Frage, ob wir vor dem Hintergrund dieser neuen Informationen die Strategie überdenken und ggf. abändern müssen. Je höher die Investitionen in die gewählte Strategie, desto schwieriger wird es, die Strategie nachträglich zu ändern. Je größer die Unsicherheit bezüglich des Marktumfeldes, desto höher die Wahrscheinlichkeit, dass neue Informationen oder Entwicklungen die bisherige Strategie hinfällig machen.
3. Der Widerstand einzelner Stakeholder gegenüber der Strategieimplementierung
   Die Strategie wird oft vom Topmanagement des Unternehmens entwickelt bzw. verabschiedet. Die Umsetzung betrifft aber auch andere Stakeholder, wie z. B. das mittlere Management oder die Mitarbeiter. Deren Interessen werden durch die neue

Strategie ggf. gefährdet, da Arbeitsabläufe und Zuständigkeiten geändert werden, der Einfluss einzelner Gruppen abnehmen kann. Die Betroffenen werden solche Veränderungen nicht passiv hinnehmen, sondern im Rahmen ihrer Möglichkeiten versuchen, ihre eigene Position zu verteidigen (vgl. Neuberger 2007). Nicht umsonst hat sich die Durchsetzung von Veränderungen im Unternehmen, das Change Management, zu einem bedeutenden Thema des Managements entwickelt. Im Rahmen des Change Management kommen Doppler und Lauterburg bei der Diskussion um Veränderungen zu dem Schluss: „Widerstand gegen die geplante Veränderung entwickelt sich als natürlicher Mechanismus zum Schutz des bedrohten Sinnzusammenhangs" (Doppler und Lauterburg 2001, S. 102). Je nach Einflussmöglichkeiten der Beteiligten sind sie in der Lage, eine gewählte Strategie zu verwässern oder gar zu untergraben.

Mintzberg greift die oft diffuse Gemengelage der Strategieentwicklung mit der Unterscheidung von *intended strategy* (beabsichtigter Strategie) und *realized strategy* (umgesetzter Strategie) auf (vgl. Mintzberg et al. 1998, S. 12). Eine *intended strategy* kann wie beabsichtigt umgesetzt werden. Dann nennt Mintzberg sie *deliberate strategy* (planmäßige Strategie). Dieser Fall ist derjenige, der als klassischer Strategieprozess in den Lehrbüchern dargestellt wird. In einigen Fällen führen die oben diskutierten Phänomene dazu, dass die Strategie so, wie sie geplant war, nicht umgesetzt wird. Mintzberg beschreibt dies als *unrealized strategy*. Stattdessen tauchen plötzlich ungeplante Strategien *(emergent strategies)* auf, die ursprünglich gar nicht beabsichtigt waren, aber letztendlich dann umgesetzt werden *(realized strategies)*. Mintzberg betont zu Recht, dass die Umsetzung von ungeplanten Strategien eine sinnvolle Reaktion auf unvorhergesehene Ereignisse darstellen kann. In sehr dynamischen oder unsicheren Märkten können einmal verfasste und geplante Strategien schnell zu Makulatur werden und ungeplante Strategien oft der einzig sinnvolle Ansatz sein, um mit der turbulenten Umwelt umzugehen. Nicht umsonst nimmt im Rahmen der aktuellen digitalen Transformation vieler Wirtschaftsbereiche und der daraus entstehenden Turbulenz der Märkte das Interesse an emergenten Strategien wieder zu. Ungeplante Strategien können aber auch ein Zeichen dafür sein, dass aufgrund von internem Widerstand einzelner Interessengruppen die Umsetzung einer an sich sinnvollen Strategie nicht möglich ist bzw. eine Strategie sich im Lauf der Umsetzung aufgrund von fehlerhaften Prämissen als nicht umsetzbar erweist.

Zwischenfazit
Seit über 50 Jahren ist das strategische Management in der Betriebswirtschaftslehre Gegenstand intensiver Forschung und kontroverser Diskussion. Der kurze Überblick auf den letzten Seiten hat hoffentlich deutlich gemacht, dass wir den aktuellen Stand der Diskussion so zusammenfassen können, dass es *das* strategische Management nicht gibt. Zu unterschiedlich sind in der Literatur die Ansichten darüber, wo die Schwerpunkte in der Strategieentwicklung und der Umsetzung gelegt werden sollten, was die Erfolgsfaktoren für die Erarbeitung eines nachhaltigen Wettbewerbsvorteils sind, welche Akteure

am strategischen Management wie beteiligt werden sollten. In der Praxis wird diese Heterogenität gespiegelt bzw. ist sie noch verstärkt zu beobachten. Kaum ein Unternehmen geht bei der Strategieentwicklung oder -implementierung idealtypisch vor und beschränkt sich auf eine einzelne Vorgehensweise. Meistens findet man Mischformen vor, denn der langfristige Zeithorizont, die Interessenvielfalt der Stakeholder und ein dynamisches und schwer vorhersehbares Umfeld erschweren eine stringente Strategieumsetzung. Wenn es kein einheitliches Verständnis von Strategie gibt, können wir nicht erwarten, dass es ein einheitliches Verständnis des strategischen Personalmanagements gibt. Die erste Seite der Schnittstelle erweist sich dafür als zu heterogen. Dies bedeutet auch, dass wir nicht erwarten können, mit einem einzigen Modell die Schnittstelle zwischen dem strategischen Management und dem Personalmanagement abdecken zu können. Dies gilt selbst dann, wenn es ein einheitliches Verständnis von Personalmanagement gäbe. Wie wir im folgenden Abschnitt sehen werden, ist dies aber nicht der Fall.

2.3   Personalmanagement

Ohne Personen, die in einem Unternehmen arbeiten, gibt es kein Unternehmen. Das Humankapital ist daher zentraler Baustein jeglichen wirtschaftlichen Handelns. So ist es wenig überraschend, dass auch das Managen des Humankapitals in der wirtschaftswissenschaftlichen Literatur eine exponierte Rolle innehat und von verschiedenen Perspektiven her beleuchtet wird. So unterscheidet z. B. Ridder den verhaltenswissenschaftlichen Ansatz, den personalökonomischen Ansatz und das Ressourcenorientierte Human Resource Management (vgl. Ridder 2007, S. 34). Natürlich treffen wir auch hier wieder auf alternative Klassifizierungen. So bezeichnet beispielsweise Ortlieb (2010, S. 10 ff.) letzteren Ansatz als die managementorientierte Perspektive und nennt statt der verhaltenswissenschaftlichen Perspektive die politikorientierte Perspektive als die dritte Perspektive, die zu Analyse und Management des Humankapitals eingesetzt wird. Während in der wissenschaftlichen Literatur die personalökonomischen und politischen Perspektiven einen weiten Raum einnehmen, ist es in der Praktikerliteratur die managementorientierte Perspektive, die am meisten Beachtung findet.

Die Evolution der Personalfunktion

Wie andere Funktionen des Managements auch, so unterlagen die Aufgaben und die Funktion des Personalmanagements in den letzten 100 Jahren einem massiven Wandel. Der Systematik von Ulrich und seinen Koautoren folgend lassen sich mehrere Phasen unterscheiden, die das Personalmanagement durchlaufen hat (vgl. Ulrich et al. 2008, 2012). Dabei sind diese Phasen additiv, das heißt, die Aufgaben und Inhalte der früheren Phasen bleiben auch nach Eintritt einer neuen Phase erhalten. Dies bedeutet aber auch, dass sich das Aufgabenspektrum des Personalmanagements im Laufe der Zeit massiv erweitert hat. In der ersten Phase beschränkte sich das Tätigkeitsspektrum der

Personalabteilung ausschließlich auf administrative Aufgaben wie die Entgeltberechnung und die Führung der Personalakte. In der zweiten Phase, mit dem Aufkommen des Human Resource Management in den 1960er-Jahren, verbreitete sich der Gedanke, dass die Mitarbeiter nicht nur ein Produktionsfaktor sind, der passiv verwaltet, sondern der auch aktiv gemanagt werden muss, um die Effektivität des Unternehmens zu erhöhen. Im deutschen Sprachraum spiegelt sich dieser Wandel auch in der Umbenennung der Personalfunktion wider. Während früher der Begriff ‚Personalwesen' verwendet wurde (vom Altdeutschen ‚wesen' = verwalten), wurde dann zunehmend von Personalmanagement oder – im Rahmen des vermehrten Gebrauchs von Anglizismen im Managementalltag – von Human Resource Management gesprochen. In den 1980er-Jahren kam mit der dritten Phase, der Vernetzung der Personalarbeit mit der Unternehmensstrategie, das strategische Personalmanagement als weitere Dimension hinzu. Stand bisher beim Personalmanagement die Leistungssteigerung des einzelnen Mitarbeiters im Vordergrund, so wurde nun die Frage gestellt, wie die Effektivität der gesamten Organisation durch die Ausrichtung des Humankapitals auf die Unternehmensstrategie gesteigert werden kann (vgl. Becker und Huselid 2006, S. 899). Ulrich und seine Koautoren propagieren nun eine vierte Phase, die sie ‚HR outside in' nennen (vgl. Ulrich et al. 2008, 2012). Allerdings ist hier fraglich, ob es wirklich eine neue Phase oder ob es letztlich ein Wandel im Fokus des strategischen Personalmanagements ist. Während bei Ulrich früher eher die Kompetenzen im Vordergrund standen (vgl. Ulrich et al. 2008), so werden nun auch die externe Umgebung und die Interessen der verschiedenen internen und externen Stakeholder stärker berücksichtigt.

Die Zunahme der Aufgaben des Personalmanagements im Laufe der Zeit führt natürlich auch dazu, dass die Anforderungen an die Qualifikationen und Kompetenzen der Personaler massiv gestiegen sind (vgl. Ulrich et al. 2008). Gerade wenn wir fordern, dass die Personalarbeit an der Unternehmensstrategie ausgerichtet sein soll, benötigen wir ganz andere Kompetenzen als für die eher administrativ ausgerichteten Tätigkeiten eines klassischen Personalmanagements (vgl. Alfes 2009).

Unterschiedliche Ansätze im Umgang mit dem Produktionsfaktor Personal
Wie wir oben gesehen haben, gibt es im strategischen Management unterschiedliche Ansätze, wie ein Unternehmen einen Wettbewerbsvorteil erarbeiten und erhalten kann. Auch beim Personalmanagement gehen die Auffassungen darüber auseinander, wie mit dem Produktionsfaktor Personal umgegangen werden sollte. Dabei lassen sich zwei grundsätzliche Gegenpole aufzeigen, die Bloisi basierend auf Marchington und Parker als Investment-Ansatz *(investment approach)* und Markt-Ansatz *(cost-minimization approach)* darstellt (vgl. Bloisi 2007, S. 290 basierend auf Marchington und Parker 1990). Andere Autoren sprechen bei dieser Gegenüberstellung der beiden Ansätze von ‚control' und ‚commitment' (vgl. Arthur 1994, S. 671) oder der Gegenüberstellung des ‚Erhaltungsziels des Personalstamms' und des Ziels der maximalen Flexibilität des Personals (vgl. Gmür und Thommen 2014, S. 21). Die beiden Ansätze spiegeln gut das zwiespältige Verhältnis im Unternehmen gegenüber dem Faktor Personal wider. Der

Investment-Ansatz betrachtet die Mitarbeiter nicht nur als Kostenblock, sondern in erster Linie als Ressource, die entscheidend zur Erlangung und Erhaltung eines Wettbewerbsvorteils ist (vgl. auch Greer 2001). Da die Mitarbeiter als eine wichtige Ressource angesehen werden, ist dem Unternehmen einerseits daran gelegen, diese Ressource längerfristig an sich zu binden. Dies geschieht zum einen durch das Angebot von größtmöglicher Arbeitsplatzsicherheit, zum anderen durch die Zahlung von eher überdurchschnittlichen Gehältern. Andererseits ist das Unternehmen bereit, durch eine intensive Aus- und Weiterbildung langfristig in die Mitarbeiter zu investieren. Im Gegenzug stehen dem Unternehmen produktivere Mitarbeiter zur Verfügung. Da aber viel Geld und Zeit in die Mitarbeiter investiert werden soll, macht es aus Sicht des Unternehmens Sinn, die Mitarbeiter vor Eintritt ins Unternehmen sorgfältig auszuwählen. Der Investment-Ansatz ist auch dadurch gekennzeichnet, dass das Management bereit ist, Mitarbeiter in die Entscheidungen des Unternehmens einzubinden. Die Einbindung kann auf individueller Ebene stattfinden, aber auch auf kollektiver Ebene in der Diskussion mit Betriebsräten bzw. Gewerkschaften. Das Miteinander zwischen Management und Mitarbeitern ist oft vertraglich geregelt, wie z. B. in Form von Betriebsvereinbarungen (vgl. Bloisi 2007, S. 290 ff.). Die intensive Einbindung der Mitarbeiter und ihre damit relativ aktive Rolle entspricht auch dem Konzept des Soft-HRM von Beer und seinen Koautoren (vgl. Beer et al. 1984).

Dem Investment-Ansatz steht der Markt-Ansatz gegenüber, der die Mitarbeiter in erster Linie als einen Kostenblock betrachtet, den es so weit wie möglich zu reduzieren gilt. Mitarbeiter werden nach Bedarf kurzfristig eingestellt, aber auch genauso kurzfristig wieder entlassen. Da nicht damit zu rechnen ist, dass die Mitarbeiter länger im Unternehmen bleiben werden, lohnen sich aus Sicht des Unternehmens Investitionen in die Fähigkeiten der Mitarbeiter nicht. Da das Unternehmen auch kein größeres Interesse daran hat, die Mitarbeiter an sich zu binden, sind die gezahlten Gehälter nicht überdurchschnittlich, Investitionen in die Auswahl der Mitarbeiter sind gering, da man sich bei Fehlentscheidungen bei der Einstellung schnell wieder von Mitarbeitern trennen kann. Die Rolle der Mitarbeiter im Unternehmen wird als passiv gesehen. Sie haben die erhaltenen Instruktionen auszuführen. Im Sinne des Taylorismus wird nicht von ihnen erwartet, dass sie sich an den Entscheidungen des Unternehmens beteiligen. Im Gegenteil, solchen Versuchen, sich entweder individuell oder kollektiv in die Entscheidungen des Unternehmens einzubringen, steht das Management ablehnend gegenüber (vgl. Bloisi 2007, S. 290 ff.). Die passive Rolle der Mitarbeiter entspricht auch dem Hard-HRM-Ansatz (vgl. Tichy et al. 1984; Fombrum et al. 1984).

In den seltensten Fällen wird man den einen oder den anderen Ansatz in reiner Ausprägung beobachten. In der Regel werden im Unternehmen Mischformen praktiziert. Wichtig ist aber auch, dass innerhalb eines einzigen Unternehmens verschiedene Mitarbeitergruppen ganz unterschiedlich behandelt werden (vgl. Schuler und Jackson 1987; Lepak und Snell 2007). In vielen Firmen gibt es eine Kerngruppe an Beschäftigten, deren Wissen und Fähigkeiten für die Strategieumsetzung von besonders hoher Bedeutung sind. Diese Segmentierung des Humankapitals werden wir uns im vierten Kapitel noch vertieft anschauen.

Selbstverständnis der Personalfunktion

Die Art und Weise, wie die Mitarbeiter behandelt werden sollen, ist nicht der einzige Punkt, bei dem im Personalmanagement unterschiedliche Auffassungen anzutreffen sind. Zum einen gehen die Auffassungen darüber auseinander, wessen Interessen die Personalabteilung im Unternehmen vertreten soll. Auch auf die Frage, wer alles im Unternehmen die Funktion des Personalmanagements ausübt, finden wir ganz unterschiedliche Antworten. Wenden wir uns aber erst der Frage zu, wessen Interessen die Personalabteilung vertritt.

Am einen Ende des Spektrums steht die Auffassung, dass die Personalabteilung vorrangig die Interessen des Managements zu vertreten hat (vgl. Birri und Lebrenz 2013). Am anderen Ende des Spektrums herrscht die Sichtweise vor, dass die Personalabteilung auch – oder auch vorrangig – die Aufgabe hat, die Interessen der Belegschaft gegenüber dem Management zu vertreten (vgl. Ulrich 1997; Paauwe 2004; Stickling 2013). Soll die Personalabteilung sowohl die Interessen des Managements als auch die der Mitarbeiter vertreten, kommen die Mitarbeiter der Personalabteilung schnell in ein Dilemma, denn bei den oft entgegengesetzten Interessen der beiden Gruppen sind Konflikte vorprogrammiert. Dieses Dilemma werden wir uns später noch genauer anschauen.

Nicht nur bei der Frage der Interessenvertretung gehen die Auffassungen auseinander. Ebenso herrscht – meist unausgesprochen – ein unterschiedliches Selbstverständnis darüber, wer das Personalmanagement durchführt. In vielen Fällen ist ein Selbstverständnis bei den Mitarbeitern der Personalabteilung zu beobachten, dass das Personalmanagement allein durch die Personalabteilung und ihre Mitarbeiter ausgeführt werden soll (vgl. Birri und Lebrenz 2013). In diesem Fall wird die Funktion des Personalmanagements eng definiert und die Personalabteilung ist synonym mit dem Personalmanagement. In der weiten Definition wird das Personalmanagement sowohl von der Personalabteilung als auch von den Führungskräften im Linienmanagement durchgeführt (vgl. Scholz 2013, S. 1; Ulrich 1997, S. 42). In diesem Fall ist die Personalabteilung nicht die ‚Hüterin' der Ressource Personal im Unternehmen, sondern ein Dienstleister, der den Führungskräften in der Linie diejenigen Instrumente und Systeme zur Verfügung stellt, die die Führungskräfte zum effektiven Management des ihnen unterstellten Humankapitals benötigen. Das Rollenverständnis der Personaler in dieser weiten Definition setzt aber voraus, dass die Personaler sich nicht auf ihre Rolle als Spezialisten beschränken, sondern sich intensiv mit den Bedürfnissen des Linienmanagements beschäftigen. Sonst besteht die Gefahr, dass die Personalabteilung Instrumente entwickelt und implementiert, die an den Bedürfnissen der Führungskräfte in der Linie vorbeigehen. Schon vor über 15 Jahren stellten Barney und Wright lakonisch fest: „It appears that there are far too many HR executives who view themselves as Human Resource people who happen to work in a business, rather than as business people who happen to work in the Human Resource function" (Barney und Wright 1998, S. 44). Betrachtet man die andauernde Diskussion um die Akzeptanz der Personaler beim Linienmanagement, so entsteht der Eindruck, dass sich die Situation in vielen Fällen nicht grundlegend verbessert hat (vgl. Birri und Lebrenz 2013). Dieses unterschiedliche Rollenverständnis drückt sich auch darin aus, wie aktiv die Personalfunktion Themen vorantreibt. Einige Personaler verstehen sich in dem Sinne als Dienstleister, dass sie versuchen, die von den Fachseiten gestellten Anforderungen möglichst schnell zu bedienen, beispielsweise die angeforderten neuen Mitarbeiter möglichst schnell zu rekrutieren. Es wird darauf gewartet, dass die Fachseiten bestimmte Dinge thematisieren. Andere Personalabteilungen interpretieren ihre Rolle so, dass sie von sich aus Themen aktiv aufgreifen und mit diesen Themen auf die Fachbereiche zugehen.

Spannungsfelder und Zielkonflikte des Personalmanagements
Wie andere Managementfunktionen im Unternehmen hat auch das Personalmanagement – hier ausdrücklich weit definiert – eine ganze Reihe von Zielen zu verfolgen. Leider sind diese Ziele nicht nur vielfältig, sondern oft auch widersprüchlich (vgl. Boxall und Purcell 2016, S. 7 ff.).

Wie bereits angesprochen, muss das Personalmanagement auf der einen Seite dafür sorgen, dass das Humankapital so kostengünstig wie möglich bereitgestellt wird, um die Wettbewerbsfähigkeit des Unternehmens zu gewährleisten. Diese Aufgabe steht aber tendenziell mit zwei anderen Zielen des Personalmanagements im Widerspruch. Wenn das Humankapital auf absolute Kosteneffektivität getrimmt ist, sind zwar für den Augenblick die Personalkosten minimiert, aber gleichzeitig fehlen der Organisation die personellen Ressourcen, um sich an Veränderungen anzupassen. Viele Unternehmen erlebten dies schmerzhaft, als sie – der Idee des Downsizing folgend – die als ,Lähmschicht' bezeichneten Hierarchieebenen im mittleren Management eliminierten. Das Ziel der Kostenminimierung wurde zwar kurzzeitig erreicht, aber in der Folge bemerkte man, dass der Organisation bei der Anpassung an neue Strategien und äußere Rahmenbedingungen die personellen Ressourcen und das Know-how fehlten, um Veränderungen in der Organisation durchzuführen. Die Kostenminimierung wurde letztendlich durch eine verringerte Flexibilität der Organisation erkauft. Es mag eventuell ein Zufall sein, dass das Thema Change Management mehr oder weniger zeitgleich mit der Welle des Downsizing an Popularität gewann. Je größer die Unsicherheit und Turbulenz im Umfeld des Unternehmens ist, desto wichtiger ist die Flexibilität, die ein Unternehmen an den Tag legen muss, um sich an geänderte Rahmenbedingungen anpassen zu können. Umso größer und teurer ist dann aber auch das Humankapital, das das Unternehmen bereithalten muss, um diese Flexibilität aufbringen zu können.

Wenn das Humankapital nicht nur ein Kostenblock, sondern auch eine der Ursachen der Wettbewerbsfähigkeit sein soll, dann sind in der Regel höhere Investitionen in das Humankapital notwendig. Hier trifft man wieder auf die unterschiedlichen Markt- und Investment-Ansätze, die sich nicht wirklich unter einen Hut bringen lassen. Dieses ist aber nicht der einzige Widerspruch, in dem sich das Ziel der Kostenminimierung bewegt. Ebenso besteht die Gefahr, dass durch einen starken Fokus auf die Minimierung der Personalkosten das Unternehmen personalpolitische Instrumente ergreift, die dem Image des Unternehmens schaden. Wenn ein Unternehmen im großen Maße Mitarbeiter entlässt oder unterdurchschnittlich bezahlt, mag dies kurzfristig die Kosten des Unternehmens senken. Wenn diese Maßnahmen aber nicht den sozialen Normen des Umfeldes entsprechen und das Unternehmen infolgedessen wegen schlechter Behandlung seiner Mitarbeiter in die Schlagzeilen gerät, kann dieser Imageschaden problematisch werden. Nicht nur in Hinsicht auf die Kunden, sondern auch in Hinsicht auf potenzielle Bewerber für das Unternehmen. Je stärker das Unternehmen auf zunehmend knappe Fachkräfte angewiesen ist, desto weniger kann es sich einen schlechten Ruf als Arbeitgeber leisten (vgl. (vgl. Mckinsey und Company 2001; Lebrenz 9. August 2010).

Gleichzeitig ist ein Unternehmen nicht nur eine wirtschaftliche Organisation, sondern auch ein politisches Gebilde (vgl. Neuberger 2007; Boxall und Purcell 2016). Das Management des Unternehmens hat das Interesse, seine Macht zu legitimieren und seinen Einfluss gegenüber anderen Stakeholder-Gruppen zu vergrößern (vgl. Boxall und Purcell 2016, S. 15). Auch gegenüber den Mitarbeitern. Je mehr die Personalabteilung sich auch als Vertreter der Mitarbeiter versteht, desto mehr kommt die Personalabteilung in ein Dilemma. Denn Maßnahmen, die dazu dienen, die Macht des Managements auszuweiten – beispielsweise durch die Beschneidung von Mitwirkungsrechten – würden auf Kosten der Mitarbeiter gehen und damit den Interessen dieses Klientels der Personalabteilung widersprechen.

Neben diesen Zielkonflikten hat das Personalmanagement noch mit einer Reihe von anderen Faktoren zu kämpfen, welche die Arbeit des Personalmanagements generell, besonders aber auch im Sinne einer Implementierung der Strategie, erschweren. Einer davon ist das ‚Sprachproblem' des Personalmanagements. Wenn man von einigen administrativen Aufgaben wie der Entgelt- oder Reisekostenabrechnung absieht, lassen sich die Kosten im Personalmanagement genau beziffern, der Nutzen aber meist nicht. Die Kosten für eine Trainingsmaßnahme sind einfach zu berechnen, ebenso die Kosten für die aufwendigere Selektion eines neuen Mitarbeiters mithilfe eines Assessment-Centers statt eines normalen Interviews. Der Nutzen für die Organisation, der durch einen effektiveren Mitarbeiter oder die Anstellung eines leistungsstärkeren Mitarbeiters entsteht, ist nur sehr schwer bis gar nicht zu quantifizieren. Da Unternehmen immer stärker kennzahlengetrieben agieren, ist es für das Personalmanagement schwierig, die Sinnhaftigkeit bzw. den wirtschaftlichen Nutzen ihrer Maßnahmen zu begründen. Dies bedeutet nicht nur, dass für das Unternehmen sinnvolle Maßnahmen unterbleiben, weil der Business Case dieser Maßnahmen nicht ausreichend präzise gerechnet werden kann. Sondern es führt oft auch noch dazu, dass das Unternehmen sich darauf konzentriert, die Prozesskosten in der Personalabteilung zu verringern, statt daran zu arbeiten, die Effektivität des eingesetzten Humankapitals zu erhöhen (vgl. Lebrenz 22. August 2011).

Zusätzlich zum Sprachproblem hat die Personalarbeit auch mit einem Zeitproblem zu kämpfen. Maßnahmen wie die Rekrutierung und Entwicklung von Mitarbeitern lassen sich vom Nutzen her nicht nur schwer quantifizieren, sondern haben auch einen langen Vorlauf. Oft vergehen Jahre, bis ersichtlich wird, ob die Entscheidung, einen bestimmten Mitarbeiter einzustellen, richtig war oder nicht, oder ob sich eine Qualifizierungsmaßnahme auszahlt. Diese lange Latenz reduziert die Akzeptanz der Personalmaßnahmen umso stärker, je kurzfristiger das Management eines Unternehmens handelt bzw. handeln

muss (vgl. Birri und Lebrenz 2013). Auch dauert es dementsprechend lange, bis Personalmaßnahmen, die im Rahmen eines Strategiewechsels eingeleitet werden, zum Tragen
kommen. Auch dies erschwert die Ausrichtung des Personalmanagements auf die Strategie.

Im Personalmanagement spielen – mehr noch als im strategischen Management –
soziokulturelle Faktoren eine entscheidende Rolle. So führt die Existenz von Firmenge-
werkschaften in Japan zu ganz anderen Formen der Mitbestimmung als in den USA (vgl.
Tsuru 1993; Tabb 1995). In Deutschland, mit seiner ausgeprägten Mitbestimmung, herrschen gänzlich andere institutionelle Rahmenbedingungen für die Personalarbeit als in
den angelsächsischen Ländern. Mit der Folge, dass personalpolitische Konzepte, die in
den USA als Neuheit gefeiert werden, in Deutschland bereits fest etabliert sein können.
So zum Beispiel das Konzept der prozeduralen Gerechtigkeit, das in Deutschland seit
vielen Jahren in Form der betrieblichen Mitbestimmung etabliert ist, aber Mitte des letzten Jahrzehntes als amerikanische Neuerung gepriesen wurde (vgl. Lebrenz 2007). Da
ein sehr großer Teil der Personalmanagement-Literatur aus dem angelsächsischen Raum
kommt und – meist implizit – auf den Werten und Normen dieses Kulturkreises beruht,
müssen wir genau prüfen, ob die direkte Übertragung von Maßnahmen in den eigenen
Kulturkreis sinnvoll und möglich ist oder ggf. sogar kontraproduktiv sein könnte. Den
Einfluss kultureller Faktoren werden wir uns im nächsten Kapitel noch eingehender
anschauen.

Zwischenfazit

Die Diskussion zeigt, dass auch das in Unternehmen praktizierte Personalmanagement
kein homogenes Gebilde ist: *Das* Personalmanagement gibt es nicht. Wie im strategischen Management gibt es auch im Personalmanagement sehr unterschiedliche Auffassungen darüber, wie die eigene Aufgabe wahrgenommen werden soll, also darüber, *wie*
mit der Ressource Personal umgegangen werden soll, *wer* die Akteure des Personalmanagements sind und für *wen* das Personalmanagement betrieben werden soll.

Auch aufgrund der teilweise sehr verschiedenen soziokulturellen Rahmenbedingungen, die für die Personalarbeit herrschen, gibt es kein einheitliches Verständnis über
das Personalmanagement. Beziehungsweise ist es fraglich, ob es vor diesem Hintergrund überhaupt ein einheitliches Verständnis geben kann oder auch darf. Zumindest
nicht in dem Sinne, dass Empfehlungen dazu, wie mit dem Produktionsfaktor Personal
umgegangen werden soll, eins zu eins in einen anderen Kulturkreis übertragen werden
können. Daher können wir die Betrachtungen zum Personalmanagement dahin gehend
zusammenfassen, dass sich auch die zweite Seite unserer Schnittstelle als sehr heterogen erweist. Im folgenden Abschnitt werden wir uns anschauen, wie wir die Schnittstelle
unter diesen schwierigen Rahmenbedingungen gestalten können.

2.4   Strategisches Personalmanagement

Das strategische Personalmanagement soll die Schnittstelle zwischen der Unternehmensstrategie und dem Personalmanagement bilden. In den vorherigen Abschnitten haben wir
festgestellt, dass es weder *das* strategische Management noch *das* Personalmanagement
gibt. Darüber, was Funktion und Inhalte dieser beiden Bereiche sein sollen, herrschen
in Literatur und Praxis sehr unterschiedliche Auffassungen. Wie kann dann das strategische Personalmanagement eine Schnittstelle zwischen zwei so heterogenen Funktionen
sein? Da mit den Begriffen ‚Strategisches Management' und ‚Personalmanagement' so
viel Verschiedenes verbunden wird, überrascht es kaum, dass es auch über das strategische Personalmanagement kein einheitliches Verständnis gibt bzw. auch gar nicht geben
kann. Dazu sind die Anforderungen, die die Unternehmensstrategie bzw. auch die Praxis des Personalmanagements an diese Schnittstelle stellen, zu verschieden. Dies erklärt
zumindest teilweise die Hilf- bzw. Orientierungslosigkeit, die wir eingangs angesprochen
haben.

Erschwerend kommt hinzu, dass es eine geradezu babylonische Sprachverwirrung
gibt, wenn es um die einzelnen Facetten des strategischen Personalmanagements geht.
Dies gilt sowohl für die Ebene der akademischen Forschung als auch für die Ebene der
Praxis. Schon auf der akademischen Ebene verhindert die zunehmende Spezialisierung
der Forschung, dass man sich mit einer gemeinsamen Methodik und Sprache diesem
vielschichtigen Thema nähern kann. Aufgrund der unterschiedlichen Instrumente und
Forschungsansätze laufen die Forscher Gefahr, aneinander vorbeizureden (vgl. Paauwe
et al. 2013, S. 3 f.; Bamberger et al. 2014, S. 9 ff.; Ployart et al. 2014). Bevor wir uns
dieser Sprachverwirrung zuwenden, schauen wir uns aber erst einmal an, wie in der Literatur strategisches Personalmanagement definiert wird.

Wie nicht anders zu erwarten, treffen wir auf unterschiedliche Definitionen, die meist
unterschiedliche Aspekte in den Vordergrund stellen. So betont Ridder den Beitrag des
Personalmanagements zur Steigerung der Wettbewerbsfähigkeit des Unternehmens:
„Unter strategischem Human Resource Management wird in der Regel ein Bezugsrah-
men verstanden, der die personalwirtschaftlichen Aufgaben eng an die strategischen
Ziele des Unternehmens knüpft. Ziel ist es, einen eigenständigen Beitrag zur Begründung oder Ausweitung von Wettbewerbsvorteilen zu leisten" (Vgl. Ridder 2007, S. 83).
Schuler unterstreicht die Notwendigkeit der systematischen Ausrichtung des Personalmanagements an der Strategie: „Strategic human resources management is largely
about integration and adaptation. Its concern is to ensure that: 1) human resources (HR)
management is fully integrated with the strategy and the strategic needs of the firm;
2) HR policies cohere both across policy areas and across hierarchies; and 3) HR practices are adjusted, accepted, and used by line managers and employees as part of their
everyday work" (Vgl. Schuler 1992, S. 18). Auch Scholz stellt die Ausrichtung des Personalmanagements an der Unternehmensstrategie in den Vordergrund: „Strategisches
Personalmanagement folgt bei theoretisch stringenter Umsetzung einer klaren Grundidee, nämlich der expliziten Ausrichtung aller mitarbeiterbezogenen Aktivitäten auf und

deren Integration in die Unternehmensstrategie" (Vgl. Scholz 1995, S. 4). Später ergänzt er noch den Aspekt, dass beim strategischen Personalmanagement weniger die Effektivität der einzelnen Mitarbeiter als vielmehr die Effektivität der gesamten Organisation das Ziel eines strategischen Personalmanagements sein müsse: „Strategisches Personalmanagement bezieht sich auf das gesamte Unternehmen und hat unmittelbaren Bezug zu den Erfolgspotenzialen des Unternehmens. Es abstrahiert von einzelnen Mitarbeitern und Stellen" (Vgl. Scholz 2013, S. 90). Martín-Alcazar und seine Kollegen beschreiben strategisches Personalmanagement „... as the integrated set of practices, policies and strategies through which organizations manage their human capital, that influences and is influenced by the business strategy, the organizational context and the socio-economic context" (vgl. Martín-Alcazar et al. 2005, S. 651). Hier liegt das Augenmerk besonders auf dem Umfeld, in dem das Unternehmen agiert, und der Art und Weise, in der die Unternehmensstrategie entwickelt wird. Bei allen Unterschieden in den Schwerpunkten haben die Definitionen die Verknüpfung von Unternehmensstrategie und Personalmanagement gemeinsam. Die Antworten auf die Frage, wie diese Verknüpfung aber genau aussehen soll, bleiben oft vage bzw. sind – wie wir später sehen werden – sehr unterschiedlich.

Die babylonische Sprachverwirrung

Viele Personaler begegnen der Aussage, dass es sich bei einer Maßnahme um eine strategische Maßnahme handelt, mit gesunder Skepsis. Der eine Grund für diese Skepsis liegt darin, dass es meist nebulös bleibt, was eigentlich genau gemeint ist. Zwar schlägt Schuler ein plausibles und nachvollziehbares Kriterium vor, wann von *strategischem* Personalmanagement gesprochen werden kann: „...categorizing these activities as strategic or not depends upon whether they are *systematically linked to the strategic needs of the business,* not on whether they are done in the long term rather than short term or whether they focus on senior managers rather than nonmanagerial employees" (vgl. Schuler 1992, S. 19). Dennoch beschleicht einen in der Praxis der – oft nicht unbegründete – Verdacht, dass mit dem Adjektiv ‚strategisch' lediglich eine Aktivität aufgewertet oder durchgedrückt werden soll, ohne dass eine wirkliche fachliche Notwendigkeit besteht. Der andere – und letztendlich entscheidende – Grund liegt darin, dass unter dem Begriff strategisches Personalmanagement die verschiedensten Dinge verstanden werden. Um es überspitzt zu sagen: Alle reden vom Gleichen und meinen etwas ganz anderes. Um bei unserer Frage, wie die Schnittstelle zwischen strategischem Management und Personalmanagement zu gestalten ist, weiterzukommen, müssen wir erst einmal den Versuch unternehmen, die benutzten Begriffe zu entwirren. Dazu drei Aspekte, die es auseinanderzuhalten gilt:

Personalstrategie: als Funktionalstrategie Teil der Unternehmens- bzw. Geschäftsfeldstrategie, der definiert, welches Humankapital für die Umsetzung der Unternehmens- bzw. Geschäftsfeldstrategie benötigt wird.

Humankapitalstrategie: die Maßnahmen, die ein Unternehmen ergreift, um sein Personalmanagement (inklusive der HR-Funktion) so auszurichten, dass das in der Personalstrategie definierte Humankapital bereitgestellt wird.

HR-Funktionsstrategie: Wie stellt sich die Personalabteilung bzw. die HR-Funktion auf, damit die HR-Funktion ihren Teil der Humankapitalstrategie umsetzen kann.

Die HR-Funktionsstrategie ist das, woran die meisten Personalmanager zuerst denken, wenn sie den Begriff ‚strategisches Personalmanagement' hören. Im Laufe der folgenden Diskussion wird allerdings deutlich werden, dass die HR-Funktionsstrategie nur einen kleinen Teil des gesamten strategischen Personalmanagements abdeckt. Denn das strategische Personalmanagement ist einerseits die Summe aus der Personalstrategie, der Humankapitalstrategie und der HR-Funktionsstrategie. Wie wir gleich sehen werden, kommt noch ein vierter Aspekt hinzu: die Frage, wie die Wechselwirkungen zwischen Unternehmensstrategie und Personalstrategie auf der einen Seite und der Humankapitalstrategie auf der anderen Seite aussehen. Anders ausgedrückt: Wie stark gibt die Geschäftsfeldstrategie die Humankapitalstrategie vor, wie weit die Humankapitalstrategie die Unternehmensstrategie?

Wir wollen uns die unterschiedlichen Facetten am Beispiel der Firma IBM anschauen. IBM dominierte über Jahrzehnte die Computerbranche. Das Unternehmen bot seinen Kunden sowohl Hardware als auch Software aus einer Hand an. Bei der Hardware verfügte IBM über eine sehr hohe Fertigungstiefe und stellte fast alle seine Komponenten wie Prozessoren, Speichermedien etc. selbst her. Mit dem – ironischerweise von IBM selbst etablierten – Industriestandard für Personalcomputer geriet das Unternehmen in den 1990er-Jahren in eine existenzbedrohende Krise. Als Antwort auf diese Krise entwickelte IBM Ende der 1990er-Jahre eine neue Strategie. Statt wie bisher als Anbieter von Hard- und Software zu fungieren, wollte IBM im stark veränderten Markt Lösungen anbieten, den Kunden dabei helfen, bestimmte Problemstellungen zu bewältigen – ob mit oder ohne IBM-Hardware. Im Zuge dieses Strategiewechsels, der auch den sukzessiven Verkauf vieler Geschäftsbereiche, die Hardware herstellten, mit sich brachte, änderte sich auch die Personalstrategie des Unternehmens grundlegend. Während in der Vergangenheit besonders begnadete Ingenieure und Programmierer für die Entwicklung von Hardware und Software benötigt worden waren, waren auf einmal sehr viele Mitarbeiter mit einer hohen Analytik und einem tiefen Verständnis der Prozesse und Techniken der Kunden erforderlich. Die neue Personalstrategie sah für die Zukunft deutlich weniger Ingenieure, dafür aber viel mehr Berater vor, die es im Unternehmen bisher nicht gegeben hatte. Dies zeigt auch, dass die Unternehmensstrategie unabhängig vom vorhandenen Humankapital entwickelt worden war. IBM musste nun eine Humankapitalstrategie entwickeln, mit der die neue Personalstrategie umgesetzt werden konnte. Bei der Entwicklung dieser Humankapitalstrategie wurde schnell klar, dass es dem Unternehmen kaum gelingen würde, die jetzt benötigten Berater ausreichend schnell und in ausreichender Zahl intern aufzubauen oder auch einzeln am Markt zu akquirieren. Daher lief die Humankapitalstrategie von IBM darauf hinaus, dass das Unternehmen im Jahr 2002 PwC Consulting, die Beratungssparte des Wirtschaftsprüfers PwC, mit 30.000 Mitarbeitern übernahm (vgl. O. V. 31. Juli 2002). Aufgrund dieser Transaktion konnte sich IBM das benötigte Humankapital schnell und in ausreichender Menge sichern. Mit der

Integration des weltweit tätigen Beratungsunternehmens musste IBM natürlich auch die Prozesse und Systeme seiner Personalabteilung anpassen und die bestehenden Personalabteilungen der PwC Consulting einbinden. Dazu war es erforderlich, eine neue HR-Funktionsstrategie auszuarbeiten und umzusetzen.

Die in diesem Abschnitt unterbreitete Terminologie ist lediglich ein Versuch, die unterschiedlichen Dinge, die unter strategischem Personalmanagement verstanden werden, so zu benennen, damit zumindest im Laufe der folgenden Diskussion klar ist, wovon wir genau sprechen. Diese Begriffe und Definitionen sind weder besser noch treffender als die Vielzahl von anderen Definitionen, die in der Literatur verwendet werden. Es spielt auch keine Rolle, welche Begriffe in einer Organisation zum Einsatz kommen. Wichtig sind nur zwei Dinge: Erstens, die verwendeten Begriffe trennen die unterschiedlichen Aspekte sauber, und zweitens, die Begriffe werden einheitlich in der Organisation eingesetzt. Nur so können wir die Sprachverwirrung überwinden – und nur so kann die Auseinandersetzung mit dem strategischen Personalmanagement vorankommen.

Die Definitionen und Unterscheidungen mögen auf den ersten Blick sehr akademisch wirken. Im Folgenden werden wir ein Modell des strategischen Personalmanagements entwickeln, in dem deutlich wird, dass diese Unterscheidungen unerlässlich sind. Nur wenn wir die einzelnen Facetten trennen, können wir vermeiden, dass wir Unterschiedliches meinen, wenn wir vom scheinbar selben reden. Die Geschäftsführung erwartet von der Personalleitung beim Stichwort ‚strategisches Personalmanagement' die Ableitung der Humankapitalstrategie aus der Personalstrategie, die Personalleitung denkt aber an die HR-Funktionsstrategie. Mit dem Ergebnis, dass die Geschäftsführung enttäuscht ist, dass die Verbindung zur Strategie ausbleibt und die Personalabteilung Nabelschau betreibt. Und die Personalleitung fühlt sich in ihren Bemühungen weder verstanden noch gewürdigt. Hierin liegt wohl auch eine Ursache für die oft beschriebene Diskrepanz zwischen Eigen- und Fremdwahrnehmung der strategischen Kompetenz der Personalfunktion (vgl. beispielsweise Jochmann und Faltin 2014).

Die vier zentralen Fragen des strategischen Personalmanagements
Um die Schnittstelle sauber definieren zu können, müssen wir uns die vier verschiedenen Fragen, die es zu beantworten gilt, genauer anschauen. Ausgangspunkt dafür ist die Unternehmensstrategie. Wie eingangs erwähnt, hat die Unternehmensstrategie als Minimalziel das Überleben des Unternehmens, als Maximalziel profitables Überleben bzw. das Erreichen der jeweils gesteckten Ziele (Wachstums-, Rentabilitäts-, Marktanteilsziele etc.). Hat das Unternehmen mehrere Geschäftsfelder, so sollte zusätzlich zur unternehmensweiten Strategie für jedes Geschäftsfeld eine eigene Strategie vorhanden sein. Diese definiert, wie das Unternehmen in dem jeweiligen Geschäftsfeld erfolgreich im Wettbewerb bestehen will. Besteht das Unternehmen aus nur einem Geschäftsfeld, so sind Unternehmensstrategie und Geschäftsfeldstrategie identisch. Für die weitere Diskussion ist es sinnvoll, sich auf die Ebene der Geschäftsfeldstrategie zu konzentrieren, da die Anforderungen in den einzelnen Geschäftsfeldern an das Humankapital zu unterschiedlich sein können.

Diese Geschäftsfeldstrategie hat Implikationen für die jeweiligen Managementfunktionen wie Marketing, Entwicklung sowie Personal und bedingt eine Funktionalstrategie für jede dieser Funktionen. Im Falle des Personalmanagements ist dies in unserer eben eingeführten Terminologie die *Personalstrategie*. Die Personalstrategie legt fest, welches Humankapital für die Umsetzung der Geschäftsfeldstrategie benötigt wird. Wenn wir hier von Humankapital reden, dann sprechen wir nicht nur vom Wissen und den Kompetenzen der einzelnen Mitarbeiter, sondern auch von den Beziehungen der Mitarbeiter untereinander und zu externen Personen (das Sozialkapital) sowie den Prozessen, Strukturen, Technologien und Datenbanken des Unternehmens (das Organisationskapital) (vgl. Snell et al. 1996). Auch wenn diese Unterscheidung sinnvoll und richtig ist, so wollen wir fürs Erste der Einfachheit halber unter Humankapital auch die Fähigkeiten, auf bestimmte Art zusammenzuarbeiten, Prozesse zu entwickeln bzw. am Leben zu halten, verstehen. Im nächsten Kapitel werden wir dann auf die Unterschiede noch näher eingehen. Wie in Abb. 2.4 dargestellt, betrachtet die erste Frage die Schnittstelle von der Strategieseite her. Da wir erfahren haben, dass es die verschiedensten Ansätze des strategischen Managements gibt, wird die Antwort auf die Frage nach dem benötigten Humankapital sehr stark davon abhängen, nach welchem Ansatz die Strategie entwickelt wurde bzw. wer an der Entwicklung der Strategie beteiligt war. Denn die Personalstrategie wird nicht nur davon abhängen, ob eher nach dem MBV- oder dem RBV-Ansatz vorgegangen wird. Auch andere Faktoren, wie z. B. die Phase im Produktlebenszyklus, haben einen starken Einfluss auf die Personalstrategie (vgl. Schuler und Jackson 1987, S. 132).

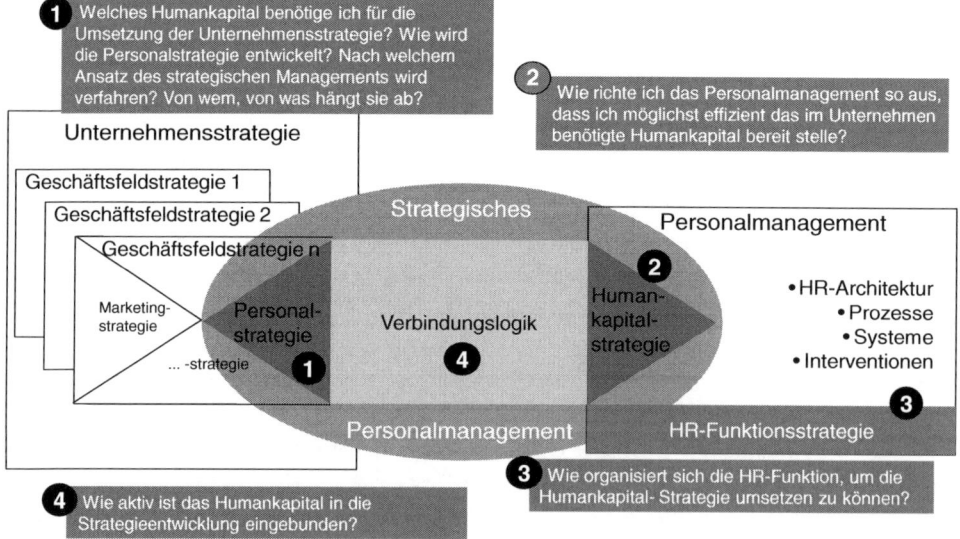

Abb. 2.4 Die Teilbereiche des strategischen Personalmanagements

Im zweiten Schritt nähern wir uns der Schnittstelle vom Personalmanagement her. Während die erste Frage darauf abzielt, was an Humankapital für die Strategieumsetzung benötigt wird, geht es bei der *zweiten* Frage um die Maßnahmen. *Wie* entwickelt das Personalmanagement diese Prozesse, Systeme, Interventionen, und wie werden sie umgesetzt, damit dem Unternehmen das für die Personalstrategie benötigte Humankapital zur Verfügung steht? Nach welcher Systematik, welcher Architektur sollen die einzelnen Instrumente und Interventionen eingesetzt werden? Die Antwort auf diese Frage ist die *Humankapitalstrategie*.

Leider treffen wir auch hier wieder auf die verschiedensten Begrifflichkeiten und sehr unterschiedliche Vorschläge (vgl. die Diskussion in Martín-Alcazar et al. 2005). So nennt z. B. Birri (2013) das, was hier als Humankapitalstrategie bezeichnet wird, Human Capital Management. Inhaltlich sind aber beide Konzepte letztendlich deckungsgleich. Gerade um die Frage, inwieweit die Humankapitalstrategie individuell an das Unternehmen angepasst sein muss, oder ob wir – analog zu Porters generischen Strategien – auch generische Humankapitalstrategien einsetzen können, ist in der Literatur eine intensive Diskussion entbrannt. Diese Debatte läuft unter den Stichworten des ‚Best Fit' und ‚Best Practice' (vgl. Boxall und Purcell 2016; Engelhardt 2010). Während der ‚Best-Fit'-Ansatz dafür plädiert, die Humankapitalstrategie an die Unternehmensstrategie anzupassen (vgl. z. B. Beer et al. 1984; Schuler und Jackson 1987; Schuler 1992), plädieren Autoren wie Pfeffer, Delory und Doty oder Appelbaum für bestimmte Kombinationen an Personalmanagementinstrumenten bzw. Interventionen (vgl. Pfeffer 1994; Delory und Doty 1996; Appelbaum et al. 2000). Diese ‚Best-Practice'-Ansätze sollen – unabhängig von der gewählten Strategie – ein möglichst effektives Humankapital schaffen. Wir werden auf diese Debatte im fünften Kapitel zurückkommen.

Die *dritte* Frage richtet sich an die Personalabteilung bzw. Personalfunktion. Hier muss festgelegt werden, wie sich die Personalfunktion aufstellt und welche Maßnahmen sie ergreift, um bestimmte Kompetenzen zu entwickeln oder auszubauen. Dabei wird über Organisationsformen, IT-Landschaften und Prozesse entschieden. Die Antwort auf diese dritte Frage wollen wir *HR-Funktionsstrategie* nennen. Wie erwähnt denken die meisten Personaler beim Stichwort strategisches Personalmanagement an die HR-Funktionsstrategie. Auch viele Berater setzen in erster Linie hier an (vgl. beispielsweise Werthschütz und Sattler 2010). Dieses Verständnis des strategischen Personalmanagements greift aber deutlich zu kurz. Ohne eine Berücksichtigung der Personalstrategie und eine enge Einbettung der HR-Funktionalstrategie in die Humankapitalstrategie kommt es zu den oft beklagten Reibungsverlusten in der Verzahnung der Personalarbeit mit der Unternehmensstrategie.

Um das Bild des strategischen Personalmanagements zu vervollständigen, brauchen wir daher noch Antworten auf eine *vierte* Frage: Wie aktiv ist das Humankapital in die Strategieentwicklung eingebunden? Was bestimmt, in welchem Maße die Personalstrategie von der Humankapitalstrategie abhängt – bzw. die Humankapitalstrategie von der Personalstrategie? In der bisherigen Argumentation wird davon ausgegangen, dass die Humankapitalstrategie aus der Personalstrategie abgeleitet wird. Aber das Verhältnis zwischen Personalstrategie und Humankapitalstrategie ist weder in der Literatur noch in der Praxis so eindeutig. Wie wir oben gesehen haben, fordert z. B. der RBV, dass die im Unternehmen vorhandenen Ressourcen die Strategieentwicklung bestimmen (vgl. Hamel und Prahalad 1994; Barney 1995; Barney und Wright 1998). Übertragen auf die Mitarbeiter als Ressource bedeutet dies, dass sich die Personalstrategie nach der Humankapitalstrategie richtet und nicht andersherum. Auch beeinflusst – gerade in der Gründungsphase – die Humankapitalstrategie signifikant den Erfolg von Unternehmen, wie dies beispielsweise Baron und Hannan für Start-ups im Silicon Valley beschreiben (vgl. Baron und Hannan 2002).

Unabhängig davon, ob ein Unternehmen explizit einen ressourcenbasierten Ansatz in der Strategieentwicklung wählt oder nicht, gibt es in der Praxis immer wieder starke Wechselbeziehungen zwischen der Personalstrategie und der Humankapitalstrategie. Denn die Personalstrategie definiert Anforderungen an die Qualität und Menge des Humankapitals. Da eine Strategieentwicklung aber nicht im Vakuum geschieht, muss sie immer auch die aktuelle Situation des Unternehmens und damit auch sein aktuelles Humankapital berücksichtigen. Wenn die Lücke zwischen dem von der Strategie geforderten Humankapital und dem aktuell im Unternehmen vorhandenen Humankapital zu groß ist, wird die Strategie unrealistisch. Was für das Finanzkapital gilt, gilt ja auch für das Humankapital. Eine Strategie kann noch so brillant sein, wenn sie die finanziellen Möglichkeiten des Unternehmens übersteigt, ist diese Option hinfällig. Gleiches gilt auch für das Humankapital. Es ist die Aufgabe des Personalmanagements, die Lücke zwischen vorhandenem und benötigtem Humankapital zu schließen. Je größer diese Lücke allerdings ist, desto schwieriger und langwieriger wird dies. Bis zu dem Punkt, wo es für die aktuell angedachte Strategie unrealistisch wird, die Lücke zu schließen.

Anders herum argumentiert: Je stärker das Humankapital einen Engpassfaktor für die Unternehmensstrategie darstellt, desto stärker beeinflusst das Humankapital die Unternehmensstrategie. Die Personaler sind diejenigen, die am besten abschätzen können, welches Humankapital das Unternehmen besitzt und wie es verändert werden kann. Allein schon aus diesem Grund ist es unabdingbar, dass die Personaler den viel diskutierten ‚seat at the table' erhalten. Ohne ihre Expertise dürfte die realistische Diskussion der verschiedenen strategischen Optionen schwer möglich sein. Je stärker die Wettbewerbsfähigkeit vom Wissen und Verhalten der Mitarbeiter abhängt, desto wichtiger ist die Rolle der Personaler in der Strategieentwicklung. Welche Antworten auf die vierte Frage gegeben werden, wie die Verbindung zwischen Personalstrategie und Humankapitalstrategie gestaltet werden kann, ist das zentrale Thema des folgenden Kapitels.

Die Unterscheidung zwischen den einzelnen Begriffen und die Beantwortung der vier Fragen mögen auf den ersten Blick sehr akademisch erscheinen. Dennoch ist diese Unterscheidung aus zwei Gründen wichtig. Erstens können wir durch eine saubere Trennung der einzelnen Facetten vermeiden, dass alle vom strategischen Personalmanagement reden, aber unterschiedliche Dinge meinen und damit aneinander vorbeireden. Noch wichtiger ist letztendlich aber der zweite Punkt, die Konsistenz der einzelnen Elemente. Nur wenn alle Elemente des strategischen Personalmanagements zueinander passen, kann ein strategisches Personalmanagement erfolgreich sein. Um es mit einem Auto zu vergleichen. Wenn der Motor und das Getriebe nicht sauber aufeinander abgestimmt sind, wird es den Konstrukteuren nicht gelingen, die PS auf die Straße zu bringen. Dasselbe gilt für das strategische Personalmanagement. Wird in der Humankapitalstrategie ungenügend auf die Bedürfnisse, die die Personalstrategie an das Humankapital stellt, eingegangen, bleibt ein strategisches Personalmanagement ineffektiv. Genauso wird eine HR-Funktionalstrategie, die nicht die Humankapitalstrategie im Auge behält, ihre Wirkung verfehlen. Gleichgültig, wie ausgefeilt und in sich stimmig sie ist. Ohne eine klare Ausrichtung auf die Bedürfnisse der Geschäftsfeldstrategie bleibt dann der Beitrag der Personalfunktion am Geschäftserfolg hinter seinen Möglichkeiten zurück.

In der Literatur wurden verschiedene Modelle entwickelt, um die Schnittstelle des strategischen Personalmanagements zu definieren. Einige dieser Modelle wollen wir uns im folgenden Abschnitt anschauen. Die Unterschiede zwischen den Empfehlungen dieser Modelle liegen nicht nur in den unterschiedlichen Annahmen bezüglich der Strategieentwicklung und des Personalmanagements, sondern auch darin, welche der Fragen des strategischen Personalmanagements beantwortet werden. Da sich die meisten Autoren auf eine oder maximal zwei der Fragen konzentrieren, werden nicht alle Aspekte beantwortet, die zur sauberen Definition der Schnittstelle notwendig sind. So greifen die meisten dieser Modelle zu kurz. Über die Fragen, die unbeantwortet bleiben, liefern diese Modelle keine bzw. keine expliziten Antworten. Stattdessen treffen sie – auch wieder meist implizite – Annahmen über die Rahmenbedingungen. Mit dem Ergebnis, dass die vorgeschlagenen Modelle fragmentarisch bleiben bzw. die Antworten nur für sehr spezielle Fälle gelten. Die Frage, welche Rahmenbedingungen erfüllt sein müssen, damit die Modelle passen, bleibt aber in der Regel unbeantwortet. So erweisen sich die Modelle für den Einsatz in der Praxis als unbefriedigend: Wann das Modell passt bzw. warum es nicht passt, bleibt unklar.

2.5   Einige Modelle des strategischen Personalmanagements

In der Vergangenheit wurde eine Vielzahl von Modellen für das strategische Personalmanagement entwickelt (siehe beispielsweise Beer et al. 1984; Fombrum et al. 1984; Miles und Snow 1984; Evans 1986; Staffelbach 1986; Hendry et al. 1988; Hendry und Pettigrew 1992; Wright und McMahan 1992; Boudreau und Ramstad 2007; Boselie 2014). In diesem Abschnitt sehen wir uns einige dieser Modelle an. Weitere Modelle, wie etwa die Workforce Scorecard von Huselid und seinen Koautoren und das Human-Capital-Management-Modell von Birri, werden wir in späteren Kapiteln noch intensiver betrachten. Ziel dieses kurzen Überblicks ist es, herauszuarbeiten, welche Annahmen bezüglich des strategischen Managements und des Personalmanagements getroffen werden und welche der vier oben diskutierten Fragen die Modelle jeweils aufgreifen.

Personalstrategien nach Gmür und Thommen (vgl. Gmür und Thommen 2014, S. 19 ff.)

Das Modell:

Das erste Modell lehnt sich an Porters generische Strategien an, um idealtypische Strategien für eine bestimmte Positionierung zu entwickeln. Dabei greift das Modell einerseits direkt die generischen Strategien der Kostenführerschaft (bzw. Qualitätsführerschaft) und der Differenzierung von Porter auf. Diese beiden generischen Strategien bilden als Effizienzstrategie und Innovationsstrategie die Achse der *Marktstrategien* ihres Modells (siehe Abb. 2.5). Die zweite Achse der Personalpolitik beschreibt den Umgang mit dem Produktionsfaktor Personal, mit der maximalen Flexibilität an einem Ende und der langfristigen Bindung der Mitarbeiter am anderen Ende der Achse. Mit diesen beiden Achsen erhalten wir vier generische Personalstrategien. Den Quadranten zwischen langfristiger Bindung und der Effizienzstrategie bezeichnen Gmür und Thommen als *‚das eingespielte Team‘*, in dem eine hoch qualifizierte Stammbelegschaft mit viel Fachwissen und guten Kundenbeziehungen anspruchsvolle Aufgaben mit gleichbleibend hoher Qualität abarbeitet. Bei dieser Strategie werden die Mitarbeiter langfristig beschäftigt und entwickelt. Die Fluktuation ist möglichst gering. Als Beispiel für diese Personalstrategie wird die Stammbelegschaft eines mittelständischen Nischen-Players angeführt. Die Personalstrategie im Quadranten zwischen Effizienzstrategie und kurzzeitiger flexibler Beschaffung ist das *‚perfekte System‘*. Als Beispiel werden Systemgastronomen wie *McDonald's* genannt. Ziel dieser Personalstrategie ist es, eine gleichbleibend hohe Prozess- und Produktqualität sicherzustellen, wobei die Tätigkeiten stark standardisiert und in einzelne – leicht erlernbare – Teilschritte heruntergebrochen sind. Dadurch wird nur eine kurze Einarbeitungszeit benötigt und die einzelnen Mitarbeiter sind schnell

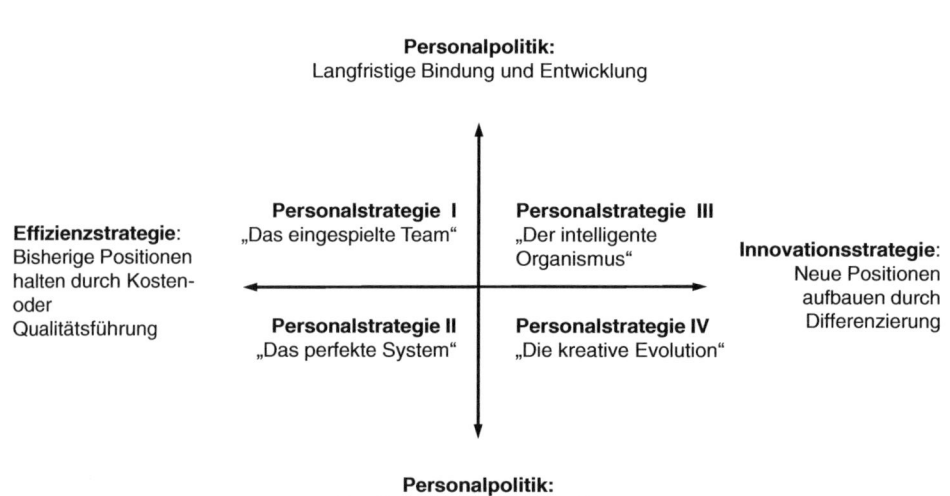

Abb. 2.5 Die vier generischen Personalstrategien von Gmür und Thommen. (2014, S. 23)

austauschbar. Trotz einer hohen Fluktuation kann die Prozessqualität sichergestellt werden, da nicht wie beim ‚eingespielten Team' die einzelnen Mitarbeiter Träger des für das Unternehmen entscheidenden Wissens sind, sondern dieses Wissen in den Systemen und den Prozessen verankert wird. Das Unternehmen macht das Wissen der Mitarbeiter möglichst explizit, damit eine Abhängigkeit vom Know-how einzelner Mitarbeiter vermieden wird. So bleiben einzelne Mitarbeiter austauschbar. Die dritte generische Personalstrategie ist der ‚intelligente Organismus' im Quadranten zwischen langfristiger Bindung und Innovationsstrategie. Beim ‚intelligenten Organismus' steht der Aspekt des organisationalen Lernens im Vordergrund. In Firmen mit langen Entwicklungszyklen – Gmür und Thommen liefern das Beispiel der Entwicklung von Medikamenten – müssen Mitarbeiter Wissen aufbauen und weitergeben können. Während beim ‚eingespielten Team' die effiziente Abarbeitung der Aufgaben im Vordergrund steht, liegt beim ‚intelligenten Organismus' der Schwerpunkt auf der Lernfähigkeit und dem Entwicklungspotenzial der einzelnen Mitarbeiter. Auch hier ist eine langfristige Bindung der Mitarbeiter von hoher Bedeutung. Neben der Entwicklung der einzelnen Mitarbeiter muss aber auch ein Schwerpunkt auf der Entwicklung der jeweiligen Teams liegen, um den Austausch zwischen den Mitarbeitern sicherzustellen. Die letzte generische Strategie ist die ‚kreative Evolution' im Quadranten zwischen Innovationsstrategie und kurzzeitiger flexibler Beschaffung. Während beim ‚intelligenten Organismus' die Entwicklungsprojekte über einen langen Zeitraum verlaufen, sind es bei der ‚kreativen Evolution' kurzfristige Projekte, wie beispielsweise das Erstellen von Kampagnen in einer Werbeagentur. Ein anderes Beispiel wäre die Arbeit vieler Investmentbanker. Während beim ‚intelligenten Organismus' der Erfolg des Teams von entscheidender Bedeutung ist, liegt hier der Schwerpunkt auf der Leistung des Einzelnen. Der Wettbewerb zwischen den einzelnen Mitarbeitern wird offen ausgetragen und zeigt sich z. B. in hohen individuellen Leistungszulagen oder Boni. Mit dieser Personalstrategie ist es für das Unternehmen möglich, kurzfristig auf geänderte Marktbedingungen zu reagieren oder kurzfristig ein hohes Innovationspotenzial zu entwickeln.

Einordnung:
Der Schwerpunkt dieses Modells liegt in der Beantwortung unserer ersten Frage, wie die Personalstrategie entwickelt wird. In diesem Modell ist die gewählte Personalstrategie das Ergebnis der frei gewählten Marktstrategie und der Entscheidung, welches personalpolitische Ziel verfolgt wird (vgl. Gmür und Thommen 2014, S. 30). Das Modell gibt mit der senkrechten Achse, deren Pole weitestgehend den weiter oben diskutierten Markt- und Investment-Ansätzen des Personalmanagements entsprechen, einige Hinweise, wie die Humankapitalstrategie gestaltet werden kann, um die jeweilige der vier generischen Personalstrategien zu gestalten. Damit ist die zweite Frage ansatzweise beantwortet. Allerdings finden wir keinerlei Aussagen dazu, wie die HR-Funktionsstrategie ausgestaltet werden soll. Unsere dritte Frage bleibt damit unbeantwortet. Die vierte Frage nach der Verknüpfung zwischen Personalstrategie und Humankapitalstrategie wird nur implizit beantwortet. Da sich die Personalstrategie aus der gewählten Marktstrategie und dem personalpolitischen Ziel ableitet, wird implizit davon ausgegangen, dass sich die Humankapitalstrategie ausschließlich nach der Personalstrategie richtet.

Das ressourcenbasierte Modell von Wright (vgl. Wright et al. 2001, S. 714 ff.)

Das Modell:

Das Modell von Wright und seinen Koautoren versucht, die Beziehung zwischen den verschiedenen Aktivitäten des Personalmanagements und den Kernkompetenzen des Unternehmens aufzuzeigen. Dabei bilden die verschiedenen Maßnahmen und Aktivitäten des Personalmanagements wie die Planung, Rekrutierung und Entwicklung der Mitarbeiter den Ausgangspunkt der Betrachtung. Diese Aktivitäten beeinflussen in erster Linie das intellektuelle Kapital des Unternehmens. Wright nutzt die schon erwähnte und im RBV gängige Unterteilung des intellektuellen Kapitals in das Humankapital im engeren Sinne (das Wissen und die Fähigkeiten der einzelnen Mitarbeiter), das Sozialkapital (die Beziehungen zwischen den Mitarbeitern und externen Personen) und das Organisationskapital (den Prozessen und Routinen im Unternehmen). Dieser Unterteilung folgend, ist es das Ziel des Personalmanagements, die Mitarbeiter dabei zu unterstützen, Organisationskapital aufzubauen, sprich Routinen und Prozesse aufzubauen, die für Wettbewerber schwer zu kopieren sind. So kann zwar ein einzelner Mitarbeiter mit seinem Wissen ggf. vom Wettbewerber abgeworben werden, das Organisationskapital bleibt aber im Unternehmen. Damit wird das Organisationskapital zu einer Kernkompetenz des Unternehmens, die einen nachhaltigen Wettbewerbsvorteil sicherstellen kann. Um den Aufbau des Organisationskapitals zu unterstützen, spielt das Wissensmanagement innerhalb der Organisation eine große Rolle. Damit der Wettbewerbsvorteil nachhaltig bleibt, betont das Modell die Wandlungsfähigkeit des Unternehmens. Denn der Wettbewerbsvorteil kann nur nachhaltig sein, wenn das Unternehmen über ‚*Dynamic Capabilities*' verfügt, sprich die Fähigkeit, Ressourcen immer wieder neu aufzubauen, zu rekombinieren oder zu integrieren und sich damit sich ändernden Marktbedingungen anzupassen.

Einordnung:

Das Modell ist explizit im ressourcenbasierten Ansatz des strategischen Managements verankert. Damit ist das Modell all den Einschränkungen unterworfen, die aus Sicht der Kritiker auf den RBV zutreffen: Fragen zu Markteinflüssen und zur Positionierung am Markt bleiben außen vor. Dem RBV folgend geben in diesem Modell das vorhandene Human-, Sozial- und gerade das Organisationskapital maßgeblich die Geschäftsfeldstrategie vor. Die zweite Frage nach der Ausrichtung des Personalmanagements wird mit dem Aufbau des intellektuellen Kapitals beantwortet. Die Maßnahmen des Personalmanagements müssen darauf ausgerichtet sein, die gewünschten Kernkompetenzen zu entwickeln. Aufgrund der hohen strategischen Bedeutung des Humankapitals liegt dem Modell implizit der Investment-Ansatz des Personalmanagements zugrunde. Die Frage, welche Kernkompetenzen entwickelt werden sollen, bleibt allerdings unbeantwortet bzw. wird ausgeklammert. Ebenso macht das Modell keinerlei Aussagen zur HR-Funktionsstrategie. Die vierte Frage nach der Verbindungslogik zwischen Personalstrategie und Humankapitalstrategie geht in der Logik der Abb. 2.4 eindeutig von rechts nach links. Die Humankapitalstrategie definiert über die Personalstrategie die Geschäftsfeldstrategie, bei der das Humankapital als Kernkompetenz ein Wettbewerbsvorteil ist.

Das 5-P-Modell von Schuler (vgl. Schuler 1992)

Das Modell:

In seinem Modell geht Schuler davon aus, dass sich die verschiedenen Aktivitäten des Personalmanagements an der Personalstrategie – bei Schuler Strategic Business Needs – ausrichten müssen. Die Personalstrategie leitet sich direkt aus der Unternehmensstrategie ab, wobei sowohl interne Faktoren wie die Unternehmenskultur oder das Geschäftsmodell als auch externe Faktoren wie das Wettbewerbsumfeld die Unternehmensstrategie und damit die Personalstrategie beeinflussen. Aus der Personalstrategie ergeben sich fünf Handlungsfelder für das strategische Personalmanagement. Wie erwähnt, stuft Schuler diejenigen Aktivitäten als strategisch ein, „… whether they are systematically linked to the strategic needs of the business, not on whether they are done in the long term rather than short term or whether they focus on senior managers" (siehe Schuler 1992, S. 19). Für Schuler liegt der Schlüssel für die erfolgreiche Umsetzung der Personalstrategie in der Koordination dieser fünf Bereiche. Der erste dieser fünf Bereiche ist die HR-Philosophie bzw. die Unternehmenskultur, in der mehr oder weniger explizit definiert wird, welche Rolle das Humankapital für den Unternehmenserfolg spielt und wie mit dem Humankapital umgegangen werden soll. Auch wenn Schuler es nicht ausdrücklich aufgreift, ist es die Frage, welches Verständnis des Personalmanagements im Unternehmen gelebt wird. Der zweite Bereich sind die HR Policies, die Leitlinien, an denen sich sowohl die Humankapitalstrategie als auch die einzelnen Aktivitäten und Instrumente der Personalarbeit ausrichten sollen. Der dritte Bereich, die HR-Programme, entsprechen in der hier benutzten Terminologie der Humankapitalstrategie. Aus diesen HR-Programmen leitet sich der vierte Bereich, die HR-Praktiken, ab. Dies sind die einzelnen Aktivitäten und Instrumente, die das für die Personalstrategie benötigte Humankapital dem Unternehmen zur Verfügung stellen soll. Der letzte Bereich, die HR-Prozesse, betrifft die Umsetzung der in den anderen vier Bereichen definierten Aktivitäten. Für Schuler ist ein erfolgreiches strategisches Personalmanagement nur dann möglich, wenn alle fünf Bereiche berücksichtigt und koordiniert werden.

Einordnung:

Wie die Unternehmensstrategie und die Personalstrategie entwickelt werden, bleibt außen vor; die Annahmen für deren Entwicklung bleiben letztendlich implizit. Der Schwerpunkt des Modells liegt auf der Anpassung der Aktivitäten im Personalmanagement an die Geschäftsfeldstrategie. Mit seinem Fokus auf der Integration der einzelnen Bereiche und der konsequenten Ausrichtung auf die Personalstrategie ist Schulers Ansatz ein Ansatz der Best-Fit-Schule, in dem sich die Humankapitalstrategie an die Personalstrategie anpasst. Der Pfeil in Abb. 2.4 geht nur von links nach rechts. Unsere vierte Frage nach der Verbindungslogik ist damit beantwortet, die dritte Frage nach der HR-Funktionsstrategie wird zwar angesprochen, aber nicht konkret beantwortet.

Das Integrationsmodell von Martín-Alcazar, Romero-Fernández und Sanchez-Gardey (vgl. Martín-Alcazar et al. 2005)

Das Modell:

Wie bereits erwähnt, existiert in der Literatur eine Vielzahl von Vorschlägen, wie die Personalstrategie mit der Humankapitalstrategie verbunden werden soll. Dies ist die oben angesprochene ,,Best-Fit'-/,Best-Practice'-Debatte. Martín-Alcazar und seine Koautoren fassen die vier Denkschulen in dieser Debatte in einem in ihren Worten integrativen Modell zusammen. In dem Modell sollen die Vorteile der einzelnen Denkschulen aufgegriffen und durch die Beiträge der jeweils anderen Denkschulen die Einschränkungen der jeweiligen Denkrichtung überwunden werden (vgl. Martín-Alcazar et al. 2005, S. 650). Das Modell zeigt den Zusammenhang zwischen dem im Unternehmen vorhandenen Humankapital und der Humankapitalstrategie (im Modell als HRM Strategy bezeichnet). Die Humankapitalstrategie definiert die einzelnen Instrumente und Praktiken des Personalmanagements. Die Aktivitäten des Personalmanagements wirken nicht nur auf den einzelnen Mitarbeiter, sondern haben Auswirkungen auf das Sozial- und Organisationskapital des Unternehmens. Bis hierher ist dieses Modell dem eben diskutieren Modell von Schuler sehr ähnlich. Die Unterschiede liegen aber in den Wechselwirkungen, die zwischen der Humankapitalstrategie, dem Humankapital und der Geschäftsfeldstrategie existieren. Während bei Schuler die Humankapitalstrategie als Einbahnstraße aus der Geschäftsfeldstrategie abgeleitet wird, wird hier ausdrücklich auf die Möglichkeit eingegangen, dass die Geschäftsfeldstrategie durch das vorhandene Humankapital beeinflusst wird. Darüber hinaus betont das Modell den Kontext, in dem sowohl das strategische Management als auch das Personalmanagement stattfinden. Während Schuler pauschal von externen und internen Faktoren spricht, differenzieren Martín-Alcazar und seine Kollegen den externen Rahmen genauso wie den internen Rahmen, in dem sich das Unternehmen bewegt. Zu den externen, sozioökonomischen Faktoren gehören für die Autoren u. a. die Gesetzgebung, die staatlichen Institutionen, die Gewerkschaften, das Bildungssystem, der Arbeitsmarkt und die Kunden. Sprich alles, was außerhalb des direkten Einflussbereichs des Unternehmens liegt, aber in irgendeiner Form die Handlungen des Unternehmens in Bezug auf das Humankapital beeinflussen könnte. Zu den internen Faktoren, im Modell als *organizational context* bezeichnet, gehören u. a. die Größe, die Kultur, die Struktur, die eingesetzte Technologie, also alle Faktoren, die innerhalb des Unternehmens auf den Umgang mit dem Humankapital einwirken und damit vom Management beeinflusst werden können. Dadurch weisen die Autoren auf die jeweils sehr spezielle Situation hin, in der sich ein Unternehmen bezüglich der sozioökonomischen Rahmenbedingungen und des internen Kontexts bewegt. Dieser besondere Rahmen macht die Übernahme von pauschalen Humankapitalstrategien anderer Unternehmen – frei nach dem Motto: ,One size fits all' – meist unmöglich. Dabei betont das Modell, dass die einzelnen Instrumente und Aktivitäten des Personalmanagements koordiniert werden müssen, um das Humankapital (im weiteren Sinne) in die gewünschte Richtung zu beeinflussen.

Einordnung:

Das Modell basiert nicht auf einem bestimmten Ansatz des strategischen Managements. Durch die Betonung der Wechselwirkung zwischen Humankapitalstrategie und Geschäftsfeldstrategie ist dieses Modell ebenso für einen MBV-Ansatz als auch einen RBV-Ansatz geeignet. Es werden weder Annahmen bezüglich des Lebenszyklus, der Art der Strategieentwicklung noch Annahmen bezüglich anderer Ansätze getroffen. Die Verknüpfung der Humankapitalstrategie mit der Geschäftsfeldstrategie steht im Mittelpunkt des Modells. Dabei ist die wechselseitige Beeinflussung von Geschäftsfeldstrategie (und damit der Personalstrategie) und der Humankapitalstrategie ausdrücklich im Modell integriert. Die einzige unserer vier Fragen, die nicht angesprochen wird, ist die nach der HR-Funktionsstrategie. Das Modell macht keinerlei Aussagen dazu, wie sich das Personalmanagement organisieren muss, um die Humankapitalstrategie erfolgreich umsetzen zu können.

Einige der Modelle legen ihren Fokus auf die Organisation bzw. strategische Positionierung der Personalabteilung. Wir schauen uns ein Beispiel an, wie es oft von Unternehmensberatungen propagiert wird.

Das 4-Ebenen-Modell von Kienbaum Management Consulting (vgl. Werthschütz und Sattler 2010)

Das Modell:

Der Fokus dieses Modells ist die Personalabteilung. Das Modell unterscheidet in Anlehnung an die von Becker und seinen Koautoren entwickelte HR Scorecard (vgl. u. a. Becker et al. 2001) vier Aspekte der strategischen Ausrichtung der Personalabteilung. Die HR Scorecard werden wir uns im neunten Kapitel intensiver anschauen. Wie in Abb. 2.6 dargestellt, ist der erste Aspekt die Frage nach der Positionierung gegenüber den anderen Unternehmensbereichen bzw. die Frage, inwieweit die Humankapitalstrategie aus der

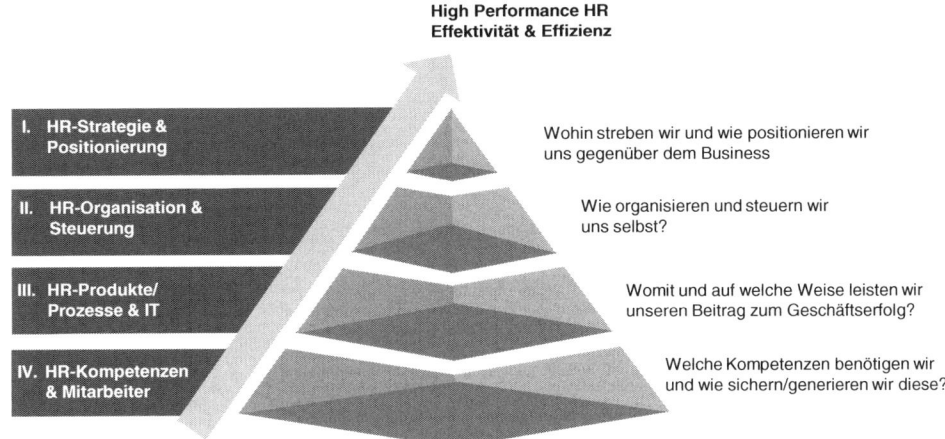

Abb. 2.6   Das 4-Ebenen-Modell von Kienbaum. (Werthschütz und Sattler 2010, S. 4)

Geschäftsfeldstrategie abgeleitet ist. Der zweite Aspekt betrifft die HR-Funktionsstrategie, bei der die Frage gestellt wird, wie sich die Personalabteilung aufstellt. Der dritte
Aspekt beleuchtet die Instrumente, die die Personalabteilung den anderen Unternehmensbereichen zur Verfügung stellt, und die unterstützenden IT-Systeme, die notwendig
sind, um diese Instrumente anbieten zu können. Der letzte Aspekt betrachtet die Kompetenzen, über die Mitarbeiter im Personalmanagement verfügen müssen, um die Produkte
und Personalmanagement-Tools für das Unternehmen anbieten zu können.

Einordnung:
Das Modell folgt dem Ansatz der Balanced Scorecard bzw. der für das Personalmanagement entwickelten HR Scorecard. Der (implizite) Fokus liegt damit auf der Strategieimplementierung. Das Personalmanagement wird hier eng definiert, da sich das
Modell ausschließlich auf die Personalabteilung und ihre Mitarbeiter konzentriert. Wie
die Humankapitalstrategie abgeleitet wird, bleibt offen und wird letztendlich als gegeben angenommen. Im Mittelpunkt des Modells stehen die Instrumente, die die Personalabteilung benötigt, um das erforderliche Humankapital zur Verfügung zu stellen,
sowie die (IT-) Prozesse und die Kompetenzen der Mitarbeiter in der Personalabteilung,
die notwendig sind, um die Instrumente anbieten zu können. Die Frage nach der Verbindung zwischen Personalstrategie und Humankapitalstrategie bleibt offen. Implizit wird
aber davon ausgegangen, dass der Pfeil in Abb. 2.4 von links nach rechts geht und die
Humankapitalstrategie keinen Einfluss auf die Entwicklung der Unternehmens- und Personalstrategie hat.

Die letzte Frage soll klären, inwieweit die Personalstrategie und die Humankapitalstrategie zueinander in Verbindung stehen, wer wen in welchem Umfang beeinflusst. In
Abb. 2.4 ist das die Frage, ob die Beeinflussung in erster Linie von links nach rechts geht
oder ob – von rechts nach links gehend – die Humankapitalstrategie die Personalstrategie
vorgibt. Wir wollen uns zwei der Modelle dazu anschauen.

Das 4-Phasen-Modell von Golden und Ramanujam (vgl. Golden und Ramanujam
1985)
Das Modell:
Dieses Modell entwickelt eine Typologie zur Integration von Geschäftsstrategie und
Personalabteilung. Die Typologie wird als Phasenmodell dargestellt. In der ersten Phase,
die die Autoren *„Administrative Linkage"* nennen, gibt es keine Humankapitalstrategie.
Die Aufgaben der Personalabteilung beschränken sich auf rein administrative Aufgaben.
Dies entspricht der ersten Welle der reinen Personaladministration in der Entwicklung
des Personalmanagements. In der zweiten Phase besteht eine einseitige Verbindung
(*„One-Way-Linkage"*). Die Personalabteilung implementiert die in der Geschäftsfeldstrategie definierte Personalstrategie. Die Personalabteilung ist an der Entwicklung der
Unternehmens- und Personalstrategie nicht beteiligt. Die Einbindung der Personalabteilung in die Entwicklung der Strategieentwicklung erfolgt erst in der dritten Phase

(*„Two-Way-Linkage"*), bei der die Personalabteilung an der Strategieentwicklung und -implementierung des Unternehmens aktiv beteiligt ist. In der vierten Phase (*„Integrative Linkage"*) ist die Personalabteilung in der Person des Personalleiters fest in das Topmanagement-Team integriert und entwickelt gleichberechtigt mit anderen Managementfunktionen die Geschäftsfeldstrategie. Die Autoren beschreiben die vier Phasen als einen Evolutionsprozess, bei dem sich die Unternehmen im Laufe der Zeit von der ersten Phase weiter in Richtung *„Integrative Linkage"* bewegen können. Die Phase der *„Integrative Linkage"* wird eindeutig als aus Sicht der Personalmanagements anzustrebender Zustand beschrieben.

Einordnung:
Das Modell beschränkt sich vollkommen auf die letzte unserer vier Fragen. Die Frage, nach welchem Ansatz des strategischen Managements die Personalstrategie entwickelt wird, bleibt genauso unbeantwortet wie die Frage, wie die Humankapitalstrategie auszusehen hat. Ebenso wird die Frage nach der HR-Funktionsstrategie ausgeklammert. Es geht ausschließlich um die möglichen Verknüpfungen von Personal- und Humankapitalstrategie.

Die vier Alternativen zur Einbindung der Humankapitalstrategie in die Geschäftsfeldstrategie von Scholz (vgl. Scholz 2000, S. 91 ff.)
Das Modell:
   Eine ähnliche Logik wie Golden und Ramanujam wendet Scholz an, wenn er die möglichen Einbindungsformen der Personalstrategie in die Geschäftsfeldstrategie beschreibt. Wie in Abb. 2.7 ersichtlich, stellt auch Scholz vier mögliche Alternativen zur Verbindung von Unternehmens- und Humankapitalstrategie vor. Auch wenn Scholz es

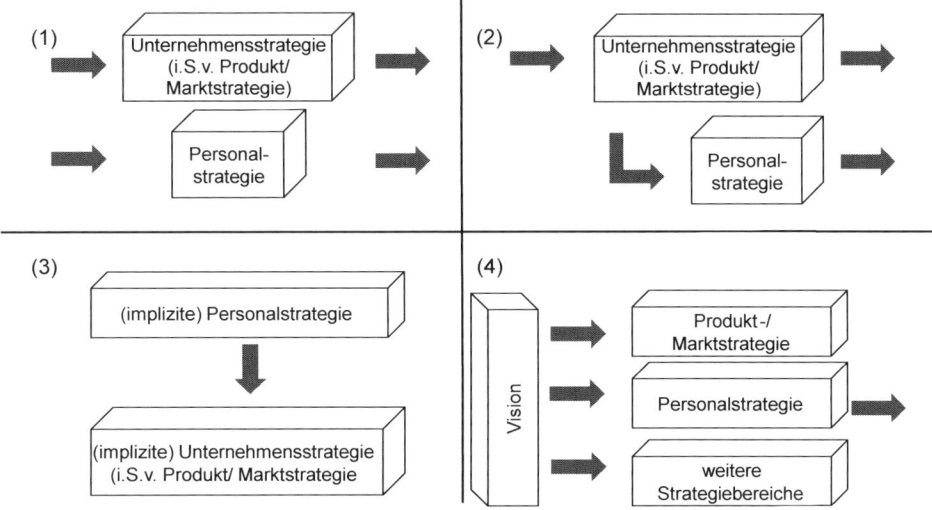

Abb. 2.7   Alternative Einbindungsformen der Personalstrategie nach Scholz. (2013, S. 92)

nicht explizit formuliert, so beschreibt er mit Personalstrategie das, was wir in der hier genutzten Terminologie als Humankapitalstrategie bezeichnen. Dies macht die Diskussion des Modells verwirrend. Die erste Alternative beschreibt den Zustand, in dem die Humankapitalstrategie von der Unternehmens- bzw. Personalstrategie unabhängig ist. Es besteht kein Bezug zur Personalstrategie, sondern: „Es gilt, mit Hilfe der Personalarbeit ein grundsätzliches Klima für die allgemeine Umsetzbarkeit von Strategien zu schaffen" (vgl. Scholz 2013, S. 92). Im Gegensatz zum Modell von Golden und Ramanujam existiert eine Humankapitalstrategie, aber sie ist losgelöst von der Geschäftsfeldstrategie. In der zweiten Alternative folgt die Humankapitalstrategie der Geschäftsfeldstrategie. Diese Alternative entspricht direkt der „One-Way-Linkage" bei Golden und Ramanujam. Die Humankapitalstrategie setzt die in der Personalstrategie definierten Vorgaben an die Entwicklung des Humankapitals um, ohne auf die Entwicklung der Personalstrategie Einfluss zu nehmen. Die dritte Alternative dreht den Pfeil um, und hier folgt die Personalstrategie der Humankapitalstrategie. Das vorhandene Humankapital gibt den Rahmen für mögliche Personal- und Geschäftsfeldstrategien vor. Auf die möglichen Einschränkungen, die dadurch für die Optionen bei der Entwicklung der Geschäftsfeldstrategie auftreten können, wird ausdrücklich hingewiesen. In der vierten Alternative ist die Humankapitalstrategie in die Geschäftsfeldstrategie integriert. Dies entspricht der „Integrative-Linkage"-Phase bei Golden und Ramanujam. Auch bei Scholz ist dies die anzustrebende Alternative, da „nur sie [die vierte Alternative] die notwendige Stimmigkeit innerhalb der funktionalen Teilstrategien garantiert und eine Gesamtstrategie für das Unternehmen zulässt" (siehe Scholz 2013, S. 9).

Einordnung:
Die Alternativen von Scholz basieren letztendlich auf dem MBV des strategischen Managements. Dies wird nicht explizit erwähnt, lediglich die Bezeichnungen ‚Produktstrategie' und ‚Marktstrategie' deuten darauf hin, ebenso wie die Skepsis gegenüber den ggf. eingeschränkten Möglichkeiten der Strategieentwicklung in der dritten Alternative. Die Fragen nach der Humankapitalstrategie und der HR-Funktionsstrategie bleiben unberücksichtigt. Das Modell konzentriert sich ausschließlich auf die Verbindungslogik.

2.6   Strategisches Personalmanagement – ein Fazit

Wie können wir den heutigen Stand bei der Diskussion des strategischen Personalmanagements zusammenfassen? Das Ziel des strategischen Personalmanagements liegt in der Verbindung des strategischen Managements mit dem Personalmanagement. Wie wir gesehen haben, ist die Verbindung an dieser Schnittstelle in der Theorie – und im noch stärkeren Maße – in der Praxis fragmentarisch. Dafür haben wir drei Gründe identifizieren können. Erstens haben wir es mit einer unangemessenen Gleichmacherei zu tun. Sowohl das strategische Management als auch das Personalmanagement werden als zwei homogene Bereiche betrachtet. Allerdings gibt es, wie wir in den Abschn. 2.2 bzw. 2.3 gesehen haben, sehr unterschiedliche Auffassungen darüber, was unter strategischem

Management bzw. Personalmanagement zu verstehen und wie dabei vorzugehen ist. Teilweise werden widersprüchliche Vorgehensweisen favorisiert bzw. beruhen die Ansätze auf sehr unterschiedlichen Annahmen. Solange die verschiedensten Ansätze des strategischen Managements und des Personalmanagements undifferenziert vermengt werden, wird uns eine saubere Verbindung zwischen den Bereichen kaum gelingen. Erschwerend kommt hinzu, dass diese Annahmen nicht nur unterschiedlich sind, sondern in den meisten Fällen auch implizit bleiben. Dies macht die Überprüfung, ob die Annahmen, die den jeweiligen Handlungsempfehlungen zugrunde liegen, überhaupt zu den Rahmenbedingungen eines Unternehmens passen, ungleich schwieriger.

Die zweite Schwierigkeit liegt in der an eine babylonische Sprachverwirrung erinnernden Vielzahl von Begrifflichkeiten bzw. Definitionen. Wie oben schon überspitzt gesagt: Alle reden vom Gleichen und meinen etwas ganz anderes. Mit dem Ergebnis, dass wir eher aneinander vorbei als miteinander reden. Die in Abschn. 2.4 vorgenommene Unterscheidung der einzelnen Begrifflichkeiten ist der Versuch, eine gemeinsame sprachliche Basis für die Diskussion über die Schnittstelle zwischen den beiden Bereichen zu schaffen. Denn nur wenn wir ein gemeinsames Verständnis darüber besitzen, was wir wie mit der Schnittstelle verbinden wollen, kann die Verbindung des strategischen Managements und des Personalmanagements gelingen.

Der dritte Grund liegt in den bisher entwickelten Modellen des strategischen Personalmanagements. Um die Schnittstelle zwischen strategischem Management und Personalmanagement sauber definieren zu können, müssen die in Abschn. 2.4 entwickelten vier Fragen beantwortet werden. Stand heute gibt es in der Wissenschaft kaum Modelle, die alle vier Fragen beantworten. Die meisten Modelle konzentrieren sich auf ein oder zwei der vier Fragen. Bis auf wenige Ausnahmen (vgl. z. B. Wright und McMahan 1992; Wright et al. 2001 oder auch Engelhard 2010) werden die Annahmen, auf denen die Modelle basieren, nicht aufgezeigt. Die anderen Fragen werden meist ausgeklammert, die Annahmen, die bezüglich der ausgeklammerten Fragen getroffen werden, bleiben ebenfalls implizit. Dies grenzt den Nutzen dieser Modelle für die Praxis ein bzw. erschwert die Übertragbarkeit in die Praxis deutlich. Wie ein universelles Modell, das alle vier Fragen des strategischen Personalmanagements beantwortet, aussehen könnte, ist derzeit offen. Ob ein universelles Modell überhaupt Sinn macht, ist ebenfalls offen. Denn bei der Komplexität der Teilbereiche steht zu befürchten, dass ein universelles Modell zwangsläufig so allgemein sein muss, dass es für den Einsatz in der Praxis wenig konkrete Anhaltspunkte liefert. Schon das Modell von Martín-Alcazar und seinen Kollegen (vgl. Martín-Alcazar et al. 2005), das drei der vier Fragen beinhaltet, ist so allgemein, dass es für die Praxis schwierig wird, konkrete Handlungsempfehlungen daraus abzuleiten. Aber die Wissenschaft könnte einen wesentlichen Beitrag zum strategischen Personalmanagement leisten, wenn die Komplexität, mit der wir es an der Schnittstelle zu tun haben, in aller Deutlichkeit angesprochen wird. Erst wenn das Problem offen dargelegt und nicht trivialisiert wird, können wir Lösungen entwickeln, die helfen, diese Schnittstelle effektiver zu gestalten und den Beitrag des Personalmanagements am Unternehmenserfolg zu erhöhen.

Um die Schnittstelle für das eigene Unternehmen sauber definieren zu können, müssen wir Antworten auf die vier in diesem Kapitel vorgestellten Fragen finden. Die Antworten, die in der Literatur auf die jeweiligen Fragen entwickelt worden sind, wollen wir uns in den nächsten Kapiteln anschauen. Wir beginnen in Kap. 3 mit unserer ersten und vierten Frage: Welches Humankapital benötigen wir für die Umsetzung der Geschäftsfeldstrategie und inwieweit bestimmt das bestehende Humankapital die Personalstrategie des Geschäftsfeldes? Dabei werden wir uns intensiv mit dem RBV und seiner Forderung, das Humankapital als Wettbewerbsvorteil einzusetzen, und dem Phänomen der Unternehmenskultur beschäftigen müssen. Im vierten und fünften Kapitel betrachten wir die Antworten auf die Frage nach der Humankapitalstrategie. Im vierten Kapitel geht es dabei einerseits um den Aspekt, inwieweit wir unsere Mitarbeiter – je nach Wichtigkeit für die Geschäftsfeldstrategie – unterschiedlich behandeln wollen und auch müssen. Andererseits darum, welche grundsätzlichen Strukturen, wir werden sie HR-Architekturen nennen, es gibt, um die einzelnen Personalinstrumente zu organisieren und zu koordinieren. Das fünfte Kapitel geht der Humankapitalstrategie auf der Ebene der einzelnen Instrumente nach und greift die bereits erwähnte Debatte zu ‚Best Fit‘ und ‚Best Practice‘ auf. Gleichzeitig greifen wir im fünften Kapitel – wenn auch nur sehr kurz – die Frage nach der HR-Funktionsstrategie auf. Aber beginnen wir mit der Frage: Inwieweit bestimmt unser Humankapital die Personalstrategie?

Literatur

Alfes, K. (2009). *Einfluss der Kompetenzen von Personalverantwortlichen auf die strategische Rolle der Personalabteilung.* Mering: Rainer Hampp.

Appelbaum, E., Bailey, T., Berg, P., & Kalleberg, A. (2000). *Manufacturing advantage: Why high-performance work systems pay off.* Ithaca: Cornell University Press.

Arthur, J. (1994). Effects of human resource systems on manufacturing performance and turnover. *Academy of Management Journal, 37,* 670–687.

Baden-Fuller, C., & Stopford, J. (1992). *Rejuvenating the mature business.* Oxford: Routledge.

Bamberger, P. A., Biron, M., & Meshoulam, I. (2014). *Human resource strategy: Formulation, implementation, and Impact* (2. Aufl.). New York: Routledge.

Barney, J. (1995). Looking inside for competitive advantage. *Academy of Management Executive, 9*(4), 49–61.

Barney, J. B., & Wright, P. M. (1998). On becoming a strategic partner: The role of human resources in gaining competitive advantages. *Human Resource Management, 37,* 31–46.

Baron, J., & Hannan, M. (2002). Organizational blueprints for success in high-tech start-Ups. *California Management Review, 44*(3), 8–37.

Becker, B., Huselid, M., & Ulrich, D. (2001). *The HR scorecard: Linking people, strategy, & performance.* Boston: Harvard Business School Press.

Becker, B., & Huselid, M. (2006). Strategic human resource management – Where do we go from here? *Journal of Management, 32,* 898–925.

Beer, M., Spector, B., Lawrence, P. R., Quinn Mills, D., & Walton, R. E. (1984). *Human resource management.* New York: Free Press.

Birri, R. (2013). *Human Capital Management: Ein praxisorientierter Ansatz mit strategischer Ausrichtung* (2. Aufl.). Wiesbaden: SpringerGabler.

Birri, R., & Lebrenz, C. (2013). Wege aus der Sackgasse. *Personalwirtschaft, 2*(13), 36–39.

Bloisi, W. (2007). *An introduction to human resource management.* London: McGraw-Hill.

Boselie, P. (2014). *Strategic human resource management. A balanced approach* (2. Aufl.). Boston: McGraw-Hill.

Boudreau, J., & Ramstad, P. (2007). *Beyond HR: The new science of human capital.* Boston: Harvard Business School Press.

Boxall, P., & Purcell, J. (2016). *Strategy and human resource management* (4. Aufl.). Basingstoke: Palgrave Macmillan.

Brandenburger, A., & Nalebuff, J. (1997). *Co-opetition.* New York: Crown-Business.

Collis, D., & Rukstad, M. (2008). Can you say what your strategy is. *Harvard Business Review, 86* (4), 82–90.

Delery, J., & Doty, D. (1996). Modes of theorizing in strategic human resource management: Test of universalistic contingency, and configurational performance predictions. *The Academy of Management Journal, 39*(4), 35–802.

Doppler, K., & Lauterburg, C. (2001). *Managing Corporate Change.* Frankfurt: Campus.

Engelhardt, D. (2010). Strategisches Human Resource Management. In B. Werkmann-Karcher & J. Rietiker (Hrsg.), *Angewandte Psychologie für das Human Resource Management* (S. 59–87). Heidelberg: Springer.

Evans, P. (1986). The strategic outcomes of human resource management. *Human Resource Management, 25*(1), 149–167.

Fombrun, C. J., Tichy, N. M., & Devanna, M. A. (Hrsg.). (1984). *Strategic human resource management.* New York: Wiley.

Gilbert, X., & Strebel, P. (1987). Strategies to outpace the competition. *Journal of Business Strategy, 8*(1), 28–36.

Gmür, M., & Thommen, J. P. (2014). Human Resource Management – Strategien und Instrument für Führungskräfte und das Personalmanagement, 4. überarb. und erw. Aufl. Zürich: Versus.

Golden, K. A., & Ramanujam, V. (1985). Between a dream and a nightmare: On the integration of the human resource management and strategic business planning processes. *Human Resource Management, 24*(4), 429–452.

Greer, C. (2001). *Strategy and human resources: A general managerial perspective.* Upper Saddle River: Pearson.

Hamel, G., & Prahalad, C. K. (1994). *Competing for the future.* Boston: Harvard Business School Press.

Hendry, C., & Pettigrew, A. M. (1992). Patterns of strategic change in the development of human resource management. *British Journal of Management, 3,* 137–156.

Hendry, C., Pettigrew, A. M., & Sparrow, P. R. (1988). Changing patterns of human resource management. *Personnel Management, 20*(11), 37–47.

Hungenberg, H. (2011). *Strategisches anagement im Unternehmen: Ziele – Prozesse – Verfahren* (6. Aufl.). Wiesbaden: Gabler.

Huselid, M., Beatty, R., & Becker, B. (2005). "A players" or "A positions?" The strategic logic of workforce management. *Harvard Business Review* 83, 110–117.

Jochmann, W., & Faltin, T. (2014). *Strategische Akzeptanz von HR. Personalführung, 8*(2014), 21–27.

Kaplan, R., & Norton, D. (1996). *The balanced scorecard: Translating strategy into action.* Boston: Harvard Business School Press.

Kaplan, R., & Norton, D. (2001). *The strategy focused organization.* Boston: Harvard Business School Press.

Kaplan, R., & Norton, D. (2004). *Strategy Maps: Der Weg von immateriellen Werten zum materiellen Erfolg.* Stuttgart: Schäffer-Poeschel.

Kim, W. C., & Mauborgne, R. (2005). *Blue ocean strategy.* Boston: Harvard Business School Press.

Lebrenz, C. (2007). *Prozedurale Gerechtigkeit. Personalführung, 4*(2007), 52–57.

Lebrenz, C. (9. August 2010). Der Bäcker und der Investmentbanker. *Frankfurter Allgemeine Zeitung,* Nr. 182, S. 12.

Lebrenz, C. (22. August 2011). Bessere Mitarbeiter als Wettbewerbsvorsprung. *Frankfurter Allgemeine Zeitung,* Nr. 194, S. 12.

Lepak, D., & Snell, S. (2007). Managing the human resource architecture for knowledge based competition. In R. S. Schuler & S. Jackson (Hrsg.), *Strategic human resource management* (2. Aufl., S. 333–351). Malden: Blackwell.

Lynch, R. (2006). *Corporate strategy* (4. Aufl.). Harlow: Prentice Hall.

Lynch, R. (2012). *Corporate strategy* (6. Aufl.). Harlow: Prentice Hall.

Martín-Alcázar, F., Romero-Fernández, P., & Sánchez-Garday, G. (2005). Strategic human resource management: Integrating the universalistic, contingent, configurational and contextual perspectives. *International Journal of Human Resource Management, 16*(5), 633–659.

Macharzina, K., & Wolf, J. (2010). *Unternehmensführung: Das internationale Managementwissen* (7. Aufl.). Wiesbaden: Gabler.

Marchington, M., & Parker, P. (1990). *Changing patterns of employee relations.* New York: Harverster Wheatsheaf.

McKinsey & Company. (2001). The War for Talent. Organization and Leadership Practice. April,1–8.

Miles, R., & Snow, C. (1984). Designing strategic human resources systems. *Operational Dynamics, 13,* 46–52.

Mintzberg, H. (1989). *Mintzberg on management: Inside our strange world of organizations.* New York: Free Press.

Mintzberg, H. (1994). *The rise and fall of strategic planning.* New York: Free Press.

Mintzberg, H., Ahlstrand, B., & Lampel, J. (1998). *Strategy safari. A guided tour through the wilds of strategic management.* London: Prentice Hall.

Müller-Stewens, G., & Lechner, C. (2005). *Strategisches Management: Wie strategische Initiativen zum Wandel führen* (3. Aufl.). Stuttgart: Schäffer-Poeschel.

Neuberger, O. (2007). *Mikropolitik und Moral in Organisationen* (2. Aufl.). Stuttgart: Lucius & Lucius.

Ortlieb, R. (2010). Theoretische Grundlagen des Human Resource Managements. In B. Werkmann-Karcher & J. Rietiker (Hrsg.), *Angewandte Psychologie für das Human Resource Management* (S. 7–23). Heidelberg: Springer.

O. V. (31. Juli 2002). Beratung statt PCs – IBM kauft PwC Consulting. *Frankfurter Allgemeine Zeitung.* www.faz.net/-gqe-3oqs. – Zugriff 10.6.2015.

Paauwe, J. (2004). *HRM and performance: Achieving long-term viability.* Oxford: Oxford University Press.

Paauwe, J., Guest, D., & Wright, P. (2013). *HRM and performance: Achievements and challenges.* Chichester: Wiley.

Pearce, J. A., & Robinson, R. B. (2007). *Strategic management. Formulation, implementation and control.* Boston: McGraw-Hill Irwin.

Peteraf, M., & Bergen, M. (2003). Scanning dynamic competitive landscapes: A market-based and resource-based framework. *Strategic Management Journal, 24*(10), 1027–1041.

Pfeffer, J. (1994). *Competitive advantage through people.* Boston: Harvard Business School Press.

Pfeffer, J., & Sutton, R. (1999). *The knowing-doing gap: How smart companies turn knowledge into action.* Boston: Harvard Business School Press.

Phillips, J., Stone, R., & Philips, P. (2001). *The human resource scorecard: Measuring the return on investment.* Woburn: Butterworth-Heinemann.

Ployart, R., Nyberg, A., Reilly, G., & Maltarich, M. (2014). Human capital is dead – long live human capital resources. *Journal of Management, 40*(2), 371–398.

Porter, M. (1980). *Competitive strategy: Techniques for analyzing industries and competitors.* New York: Free Press.

Prahalad, C. K. & Hamel, G. (1990). The core competence of the corporation. *Harvard Business Review, 68*(3–4), 79–71.

Rappaport, A. (1997). *Creating shareholder value: A guide for managers and investors: The new standard for business performance.* New York: Free Press.

Ridder, (2007). *Personalwirtschaftslehre* (2. Aufl.). Stuttgart: Kohlhammer.

Roberts, E., & Berry, C. (1985). Entering new business: Selecting strategies for success. *Sloan Management Review, 26*(3), 2–17.

Scholz, C. (1995). Personalarbeit in virtualisierenden Unternehmen. In R. Klimecki & A. Remer (Hrsg.), *Personal als Strategie. Mit flexiblen und lernbereiten Human-Ressourcen Kernkompetenzen aufbauen* (S. 418–434). Neuwied: Luchterhand.

Scholz, C. (2013). *Personalmanagement: Informationsorientierte und verhaltenstheoretische Grundlagen* (6. Aufl.). München: Vahlen.

Schuler, R. S. (1992). Linking the people with the strategic needs of the business. *Organizational Dynamics, 21*(1), 18–32.

Schuler, R. S., & Jackson, S. (1987). Organizational strategy and organization level as determinants of human resource management practices. *Human Resource Planning, 10*(3), 125–142.

Snell, S., Youndt, M., & Wright, P. (1996). Establishing a Framework for research in strategic human resource management: Merging resource theory and organizational learning. In G. R. Ferris (Hrsg.), *Research in personnel and human resource management* (S. 61–90). Greenwich: JAI.

Staffelbach, B. (1986). *Strategisches Personalmanagement.* Bern: Haupt.

Stickling, E. (2013). Eine gefährliche Falle für HR. *Personalwirtschaft, 1*(2013), 24–25.

Tabb, W. (1995). *The postwar japanese system. Cultural economy and economic transformation.* Oxford: Oxford University Press.

Tsuru, S. (1993). *Japan's capitalism. Creative defeat and beyond.* Cambridge: Cambridge University Press.

Tichy, N. M.; Fombrun, C. J. & Devanna, M. A. (1984). *Strategic Human Resource Management.* New York: Wiley.

Ulrich, D. (1997). *Human resource champions: The next agenda for adding value and delivering results.* Boston: Harvard Business School Press.

Ulrich, D., Brockbank, W., Johnson, D., Sandholtz, K., & Younger, J. (2008). *HR Competencies: Mastery at the intersection of people and business.* Provo: RBL Institute.

Ulrich, D., Younger, J., Brockbank, W., & Ulrich, M. (2012). *HR from the outside in. Six competencies for the future of human resources.* New York: McGraw-Hill.

Welge, M., & Al-Laham, A. (2012). *Strategisches Management: Grundlagen – Prozess – Implementierung* (6. Aufl.). Wiesbaden: Gabler.

Wernerfelt, B. (1984). A resource based view of the firm. *Strategic Management Journal, 5,* 171–180.

Werthschütz, R., & Sattler, J. (2010). HR Strategie & Organisation. Kienbaum Studie 2010/2011. Berlin: Kienbaum Management Consultants. http://www.kienbaum.de/Portaldata/3/Resources/documents/downloadcenter/K_HR-Startegiestudie_Digital_kurz.pdf.

Wright, P., & McMahan, G. (1992). Theoretical perspectives for strategic human resource management. *Journal of Management, 18*(2), 295–320.
Wright, P., Dunford, B., & Snell, S. (2001). Human resources and the resource based view of the firm. *Journal of Management, 27,* 701–721.

Die Verbindungslogik: Wie aktiv ist das Humankapital in die Strategieentwicklung eingebunden?

3

„Die Mitarbeiter sind unsere wichtigste Ressource." – Bloß wie?

Zusammenfassung

In diesem Kapitel suchen wir Antworten auf unsere vierte Frage, wie aktiv das Humankapital in die Strategieentwicklung eingebunden werden soll. Ist die Rolle des Humankapitals eher aktiv oder passiv? Dies hängt in erster Linie davon ab, ob das Topmanagement den MBV oder den RBV verfolgt. Die Vertreter des Resource Based View argumentieren, dass dieser Ansatz die Möglichkeit bietet, sich nachhaltig vom Wettbewerb zu differenzieren. Die Frage ist, wie dies geschehen kann, da der Resource Based View vage bleibt, wenn es um Vorschläge geht, wie konkret der Wettbewerbsvorsprung auf- bzw. ausgebaut werden soll. Denn wir stehen vor der Aufgabe, aus Mitarbeitern, die an sich austauschbar sind, in Kombinationen mit anderen Mitarbeitern oder Ressourcen eine so firmenspezifische Konstellation an Humankapital zu schaffen, die für den Wettbewerb nur schwer kopierbar ist. Es gibt drei Ansätze, mit denen ein möglichst nachhaltiger Wettbewerbsvorteil durch das Humankapital gestaltet werden kann: die HR-Architektur des Unternehmens, sein Sozial- und Organisationskapital und schließlich die Unternehmenskultur. Die Wechselwirkungen zwischen den drei Faktoren und die Schwierigkeiten, diese drei Bereiche sauber abzugrenzen, erklären, warum es nur relativ wenige Firmen schaffen, das Humankapital zur nachhaltigen Differenzierung im Wettbewerb aufzubauen: Wir haben es mit einem komplexen und damit nur schwer zu steuernden Prozess zu tun.

3.1 Einleitung

Im letzten Kapitel haben wir gesehen, dass es innerhalb des strategischen Managements unterschiedliche Auffassungen darüber gibt, welche Rolle das Humankapital bei der Strategieentwicklung spielen sollte. Auf der einen Seite haben wir die Logik des MBV, die besagt, dass aus der Unternehmens- bzw. Geschäftsfeldstrategie die Personalstrategie

© Springer Fachmedien Wiesbaden GmbH 2017
C. Lebrenz, *Strategie und Personalmanagement*,
DOI 10.1007/978-3-658-14330-5_3

abgeleitet wird. Diese Personalstrategie gibt vor, welche Mitarbeiter wir mit welchen Qualifikationen oder Kompetenzen benötigen. Aufgabe des Personalmanagements ist es dann, dafür zu sorgen, dass dieses Humankapital bereitgestellt wird. Wie dies geschieht, ist nachrangig. Ggf. gibt es eine Rückmeldung seitens der Personalfunktion, ob es realistisch ist, das durch die Personalstrategie benötigte Humankapital während des Planungszeitraumes aufzubauen, bzw. wie hoch der Aufwand wäre, dieses Humankapital zu beschaffen. Aber dieser Plausibilitätscheck ist im MBV der einzige Input, den das Personalmanagement für den Strategieprozess liefert. Diese Rolle des Personalmanagements wird in der Literatur als der ‚Michigan-Ansatz‘ (vgl. Tichy et al. 1984; Fombrum et al. 1984) oder auch als ‚Hard HRM‘ (vgl. Ortlieb 2010, S. 16 f.) beschrieben. Der Grundgedanke dieses Ansatzes basiert auf der Forderung von Chandler, dass die Struktur des Unternehmens an die Strategie des Unternehmens angepasst werden muss (vgl. Chandler 1962). Diese Idee wird auf das Personalmanagement ausgeweitet, das genauso wie die Struktur zur Strategie passen muss. Das Humankapital übernimmt in diesem Falle eine *passive Rolle* im Strategieprozess.

Dieser passiven Rolle des Humankapitals steht der RBV mit der Überlegung gegenüber, dass bestimmte Ressourcen des Unternehmens einen nachhaltigen Wettbewerbsvorteil liefern können. Neben Ressourcen wie Patenten oder Marken können dies auch die Mitarbeiter des Unternehmens sein. Die in vielen Unternehmen mit zahlreichen Variationen existierende Aussage: „Unsere Mitarbeiter sind unsere wichtigste Ressource" basiert auf diesem ressourcenorientierten Ansatz. In diesem Fall spielt das Humankapital eine *aktive Rolle* im Strategieprozess. Hier müssen wir aufpassen: Wenn das Humankapital im MBV eine passive Rolle spielt, dann heißt dies aber noch lange nicht, dass das Humankapital für das Unternehmen unwichtig ist. Ganz im Gegenteil. Auch bei einer marktbasierten Strategie kann das Humankapital eine zentrale Rolle spielen. Es heißt lediglich, dass das bestehende Humankapital nicht als Ausgangspunkt für die Strategieentwicklung genutzt wird, wie das beim RBV der Fall ist. Hier bilden bestimmte Ressourcen – in unserem Falle das Humankapital – den Ausgangspunkt für die Strategieentwicklung: Wie kann das Humankapital eingesetzt werden, um einen möglichst nachhaltigen Wettbewerbsvorteil zu erlangen?

Das Topmanagement eines Unternehmens muss entscheiden, ob das Humankapital eine aktive oder passive Rolle in der Strategieentwicklung spielen soll. Einerseits wird die Geschäftslogik diese Entscheidung stark beeinflussen: Wie wichtig ist das Humankapital für den Geschäftserfolg? In Branchen wie der Systemgastronomie oder der Fertigung von T-Shirts in Schwellenländern dürfte das Humankapital kaum ein Ansatzpunkt sein, sich erfolgreich zu differenzieren. Andererseits ist diese Entscheidung auch Geschmackssache: Sie basiert auf den Überzeugungen, den Wertvorstellungen und Erfahrungen der beteiligten Manager. Diese Frage können wir hier nicht beantworten. Aber auf eine andere Frage wollen wir in diesem Kapitel eine Antwort suchen. Nach dem RBV sollen unsere Mitarbeiter die Basis für unseren Wettbewerbsvorteil bilden. Wie, bitte schön, können wir dies konkret bewerkstelligen? Und welchen Beitrag kann die Personalfunktion dabei leisten? Denn die Bereitschaft, diesen Weg zu gehen, ist in

vielen Fällen gepaart mit Hilflosigkeit, was konkret zu tun ist. Dies fängt oft schon damit
an, dass viele Geschäftsleitungen weder eine kohärente Strategie der Personalfunktion
wahrnehmen (vgl. Müller 2014, S. 5) noch das Gefühl haben, die für sie entscheidungs-
relevanten Daten aus der Personalabteilung zu bekommen (vgl. PWC 2012, S. 24). So
haben Unternehmen oft nur einen ungenauen Überblick darüber, welches Know-how und
welche Kompetenzen im Hause vorhanden sind[1]. Es gibt zwar verschiedenste Ansätze,
das Humankapital zu bilanzieren, aber leider sind diese für die Strategiediskussion meist
wenig geeignet (vgl. die Auflistung der verschiedensten Ansätze des Humankapitalma-
nagements in Scholz et al. 2011, die aber bis auf wenige Ausnahmen kaum Verbreitung
in der Praxis gefunden haben). Darum stehen das Topmanagement und die Personalfunk-
tionen oft sehr ratlos vor der Frage, was genau es ist, das unser Humankapital tun kann,
um Wettbewerbsvorteile zu erzielen. Sind es die besseren oder kreativeren Mitarbeiter?
Effizientere Prozesse, mit denen die Mitarbeiter arbeiten? Eine Kombination von beiden?

Um diese Frage zu beantworten, wollen wir uns in diesem Kapitel als ersten Schritt
den RBV noch einmal genauer anschauen. Im zweiten Schritt kommen wir dann zu
der Frage, welche Ansatzpunkte wir haben, das Humankapital als nachhaltigen Wettbewerbsvorteil auf- bzw. auszubauen. Hier gelangen wir zur Gretchenfrage des gesamten
RBV. Kaudela-Baum beschreibt sie folgendermaßen: „… wie es ein Unternehmen schaffen kann, Ressourcen aufzubauen, die einerseits nach ‚außen‘ einzigartig, wertvoll, nicht
imitierbar und nicht substituierbar erscheinen sowie nach ‚innen‘ eine verallgemeinerbare, regelmäßig wiederholbare, routinemäßige Unternehmenspraxis darstellen" (Kaudela-Baum 2006, S. 129, sich auf Duschek 2001 beziehend). Wie kann dieser scheinbare
Widerspruch überbrückt werden? Dabei werden wir drei Ansatzpunkte diskutieren. Der
erste Ansatzpunkt sind die HR-Architekturen des Unternehmens. Der zweite Punkt ist
das Sozial- und Organisationskapital des Unternehmens. Der dritte Ansatzpunkt ist die
Unternehmenskultur. Man kann sich trefflich darüber streiten, ob es sich hier wirklich
um drei verschiedene Ansätze handelt oder ob es alles Facetten ein und desselben Phä-
nomens sind. In der Tat ist es oft sehr schwierig, diese Dinge voneinander zu trennen,
da sie – wenn auch nicht identisch – doch sehr eng miteinander verknüpft sind und sich
gegenseitig bedingen. Die Frage, inwieweit wir diese drei Ansatzpunkte unterscheiden
können bzw. auch müssen, werden wir zum Schluss des Kapitels noch einmal aufgreifen.

3.2   Wie schaffen wir mit unserem Humankapital einen nachhaltigen Wettbewerbsvorteil?

Der ressourcenbasierte Ansatz
Wie wir schon im letzten Kapitel gesehen haben, wurde der RBV in den 1990er-Jah-
ren populär. Vorläufer gab es schon deutlich früher, wie beispielsweise Penrose (1959).

---

[1]Auf diesen Punkt werden wir im siebten Kapitel zur strategischen Personalplanung noch genauer
eingehen.

Autoren wie Hamel und Prahalad kritisierten am MBV, dass dieser die großen Gewinnunterschiede innerhalb einer Branche nicht erklären könne (vgl. Hamel und Prahalad 1994). Denn nach der Logik des MBV sind ja die Branche und ihre Geschäftslogik die Haupttreiber der Profitabilität. Der RBV lenkt den Blick nach innen, um innerhalb der Organisation Faktoren zu identifizieren, welche die Unterschiede in der Profitabilität erklären können. Fündig wird der RBV bei Kompetenzen bzw. bei den durch Hamel und Prahalad populär gemachten *Kernkompetenzen.* Die Argumentation des RBV ist, dass diejenigen Firmen erfolgreicher – sprich profitabler – sind, die sich ihrer Kernkompetenzen bewusst sind und diese auch aktiv einsetzen (vgl. Wernerfelt 1984; Prahalad und Hamel 1990 oder auch Barney 1995). Was Kernkompetenzen von anderen Fähigkeiten und Ressourcen unterscheidet, lässt sich ganz gut an der Klassifizierung in Abb. 3.1 darstellen. Jedes Unternehmen besitzt eine Reihe von *Ressourcen,* um Dinge zu produzieren bzw. Dienstleistungen zu erbringen. Dies können materielle Ressourcen wie Gebäude, Maschinen oder auch Rechner sein, genauso wie bestimmte Patente, Marken oder das Image des Unternehmens, sprich immaterielle Ressourcen. Diese Ressourcen bilden die Basis: Ohne sie funktioniert das Unternehmen nicht, aber nur die Ressourcen alleine reichen nicht aus, um zu produzieren und Leistungen zu erbringen oder gar wettbewerbsfähig zu sein.

Zusätzlich benötigt das Unternehmen noch *Fähigkeiten,* mit deren Hilfe das Unternehmen diese Ressourcen auch anwenden und einsetzen kann. Denn die Ressourcen müssen in irgendeiner Form koordiniert werden. Dies geschieht erstens durch bestimmte Strukturen, also die Aufbau- und Ablauforganisation des Unternehmens. Ist das Unternehmen funktional gegliedert oder prozessorientiert? Ist es stark zentralisiert oder werden Entscheidungen dezentralisiert? *Prozesse* sind der zweite Weg, die Ressourcen zu

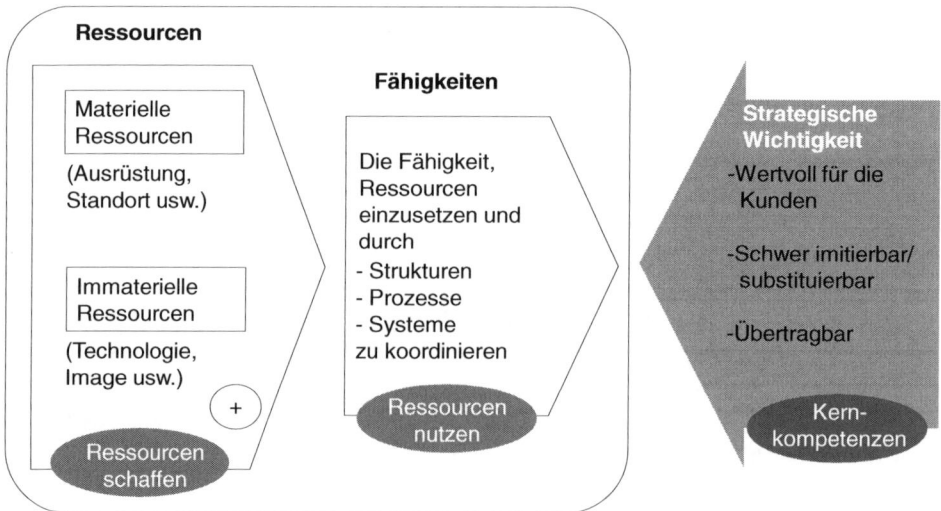

Abb. 3.1 Ressourcen, Fähigkeiten und Kernkompetenzen nach Hungenberg. (2006, S. 143)

koordinieren. Hier geht es um mehr oder weniger stark definierte und standardisierte Abläufe, wie beispielsweise Fertigungsprozesse oder auch Prozesse für die Auswahl und Einstellung von Mitarbeitern. Drittens helfen *Systeme* bei der Koordination. Dies sind in erster Linie IT-gestützte Systeme, die die für die Leistungserbringung benötigten Informationen bereitstellen. Bis hierhin unterscheiden sich die Sichtweisen des MBV und des RBV auf Ressourcen nicht groß. Entscheidend wird ein anderer Aspekt. Wenn ein Unternehmen über Ressourcen verfügt, die für den Kunden wertvoll, seitens der Konkurrenz nur schwer nachzuahmen oder zu ersetzen sind, und diese Ressourcen schließlich auf andere Bereiche übertragbar sind, dann verfügt das Unternehmen über die viel zitierten *Kernkompetenzen*. Natürlich gehören dazu auch die Strukturen, Prozesse und Systeme, um diese Ressourcen auch koordinieren und einsetzen zu können. Wichtig aus Sicht des RBV ist es, dass alle drei Kriterien erfüllt sind.

Beispiel

Ein gutes Beispiel bietet die englische Firma Dyson, die durch ihre beutellosen Staubsauger bekannt geworden ist. Damit die Staubsauger den Staub ohne klassischen Beutel nicht nur einsaugen, sondern auch im Staubsauger behalten, muss die eingesaugte Luft so stark verwirbelt werden, dass der Staub in einen Auffangbehälter geschleudert wird. Dyson spricht von einer ‚Zyklon'-Technologie[2]. Diese Zyklon-Technologie ist die Kernkompetenz des Unternehmens. Erstens ist sie aus Sicht der Kunden wertvoll, da man keine Staubsaugerbeutel nachkaufen muss. Zweitens ist die Technologie durch Patente geschützt, sodass es lange Zeit für die Wettbewerber schwierig war, die Technologie zu kopieren. Drittens hat Dyson es verstanden, diese für Staubsauger entwickelte Technologie auf andere Produktgruppen zu übertragen. Mittlerweile bietet die Firma Händetrockner, Ventilatoren und Heizlüfter an, die auf derselben Technologie basieren.

Bei der Diskussion der Kernkompetenzen neigt der RBV zu einer Schwarz-Weiß-Malerei, wenn er fordert, dass eine Ressource dauerhaft nicht imitiert oder ersetzt werden kann. Im Beispiel von Dyson ist die Technologie durch Patente geschützt. Aber auch ein Patentschutz währt nicht ewig und Wettbewerber finden früher oder später meist eine Möglichkeit, die Technologie oder den Prozess zu kopieren. Realistischer ist die Einschätzung, dass eine Kernkompetenz so gestaltet ist, dass sie ein Wettbewerber nur mit sehr hohem Ressourceneinsatz und zeitlicher Verzögerung kopieren kann.

Die Fokussierung auf die eigenen Stärken und der systematische Auf- und Ausbau dieser Stärken sind die zentralen Themen des RBV. Boxall und Purcell (2016, S. 91) weisen zu Recht darauf hin, dass bei aller Diskussion über die Stärken eines Unternehmens auch seine Schwächen nicht in Vergessenheit geraten dürfen. Denn – wo

---

[2]Vgl. http://www.dyson.de/community/dyson-story.aspx – [Zugriff 3.3.2015].

viel Licht, da auch viel Schatten – ausgeprägte Stärken in einem Bereich bedeuten ja auch oft deutliche Schwächen in anderen Bereichen. Im Beispiel von Dyson sind es bestimmte Technologien, welche die Kernkompetenzen ausmachen. In anderen Fällen, wie z. B. Werbeagenturen oder Ingenieurdienstleistern, sind es die Mitarbeiter. Viel stärker als beim MBV nimmt beim RBV das Humankapital eine entscheidende Rolle für die Unternehmensstrategie ein. Allerdings tun sich viele Unternehmen sehr schwer damit, ihr Humankapital als Wettbewerbsvorteil einzusetzen. Es ist zwar schon gut 20 Jahre her, dass Hamel und Prahalad bemerkten: „We find it ironic that top management devotes so much attention to the capital budgeting process yet typically has no comparable mechanism for allocation the human skills that embody core competencies" (Hamel und Prahalad 1994, S. 87). Aber, wie wir im zweiten Teil des Buchs sehen werden, sind auch heutzutage die Prozesse dafür längst noch nicht so verbreitet und ausgereift, wie wir es erwarten könnten. Auch verläuft aktuell in den meisten Unternehmen der Budgetierungsprozess für Kapital deutlich professioneller und erfährt einen merklich höheren Stellenwert im Management als der vergleichbare Prozess für die Budgetierung des Humankapitals. Bartlett und Ghosal führen dies darauf zurück, dass in den Köpfen der meisten Topmanager immer noch das Geld und nicht das Humankapital der erfolgskritische Engpassfaktor ist (vgl. Bartlett und Ghosal 2002, S. 35).

Mit der Bedeutung des Humankapitals für die Unternehmensstrategie steigt auch die Bedeutung der für das Humankapital zuständigen Spezialisten – der Personaler. Darum lieben die Personaler den RBV. Er macht sie – im Gegensatz zum MBV – wichtig und sexy. Allerdings währt diese Freude oft nur kurz. Denn mit gestiegener Bedeutung des Humankapitals und der Personaler nehmen auch die Erwartungen an die Personaler zu. Sie sollen das Humankapital im Unternehmen so formen, dass es – um wieder auf die Terminologie des im letzten Kapitel diskutieren VRIO-Ansatzes von Barney und Wright zurückzukommen – *wertvoll, selten, nicht (oder nur sehr schwer) nachahmbar* und *durch die Organisation des Unternehmens unterstützt* ist (vgl. Barney und Wright 1998). Natürlich gibt es auch verschiedene andere Klassifizierungen von Ressourcen. So unterscheidet beispielsweise Leonard (1998) zwischen ‚*supplemental'*, ‚*enabling'*, und ‚*core' competences* oder Chaharbaghi und Lynch (1999) zwischen ‚*peripheral' ,base'* und ‚*core'* und ‚*breakthrough resources'*. Gemeinsam ist allen diesen Klassifizierungen die Überlegung, dass sich die verschiedenen Ressourcen im Unternehmen in ihrer Wichtigkeit unterscheiden. Eine Übersicht über einige der wichtigsten alternativen Ansätze liefert Führing (2006, S. 80). Hier werden wir nämlich mit zwei Problemen konfrontiert. Erstens, *wie* wir es anstellen, dass unser Humankapital überhaupt einen Wettbewerbsvorteil darstellt, und zweitens, wie dieser Wettbewerbsvorteil *nachhaltig* gestaltet werden kann. Hier ist der RBV nämlich leider sehr einsilbig und gibt uns auf diese entscheidenden Fragen wenig konkrete Antworten (vgl. Delery 1998, S. 290).

Nachhaltiger Wettbewerbsvorteil

Aber fangen wir mit der Frage an, wie unser Humankapital einen Wettbewerbsvorteil darstellen kann. Der eine – und wohl auch der erst einmal nahe liegende – Weg ist es, ‚bessere' Mitarbeiter einzustellen. Der viel zitierte ‚War for Talent' (vgl. McKinsey und Company 2001) ist dafür ein typisches Beispiel. Alle Unternehmen versuchen, die besten Mitarbeiter, die *A-Player*, für sich zu gewinnen und zu halten. ‚Besser' kann je nach Unternehmen und Kontext intelligenter, ambitionierter, kreativer oder auch schöner sein. Am Beispiel der amerikanischen Restaurantkette ‚Hooters' können wir diesen Ansatz gut verdeutlichen.

Beispiel

Hooters ist eine amerikanische Restaurantkette, die sich als ‚Sportsbar' auf ein junges und überwiegend männliches Publikum spezialisiert hat. Auf großen Bildschirmen werden Sportveranstaltungen übertragen, das gastronomische Angebot ist einfach und besteht in erster Linie aus Snacks und Bier. Hier unterscheidet sich Hooters nicht von vielen anderen Sportsbars. Das Alleinstellungsmerkmal von Hooters sind die Bedienungen, die klar nach ihrem Aussehen ausgewählt werden – die Hooters-Uniform aus knappen orangefarbenen Hotpants und weißen Tops stellt sicher, dass die Figur der Damen auch ausreichend zur Geltung kommt. Der Name ‚Hooters' – amerikanischer Slang für weibliche Brüste – unterstreicht den Anspruch, den das Unternehmen an seine Mitarbeiterinnen stellt. Die Bedienungen sind eindeutig der Wettbewerbsvorteil des Unternehmens.

So nahe liegend und reizvoll der Ansatz von Hooters auch ist, die Mitarbeiter als Wettbewerbsvorteil einzusetzen, so wenig nachhaltig ist er aber auch. Denn das Modell von Hooters ist relativ einfach zu kopieren. Eine andere Restaurantkette braucht nur seine Bedienungen nach ähnlichen Kriterien wie Hooters auszuwählen und statt in Hotpants in ein ähnlich knappes Outfit zu stecken, und schon wäre das Modell kopiert. Wenn es nur einzelne Mitarbeiter sind – egal, wie viel besser sie auch als andere Mitarbeiter sein mögen –, dann bilden sie zumindest langfristig keinen nachhaltigen Wettbewerbsvorteil. Erstens kann ein finanzkräftiger Konkurrent diese Spitzenleute abwerben. Zweitens sind auch brillante und loyale Mitarbeiter – das zeigt das Beispiel von Steve Jobs bei Apple – sterblich. Sich nur auf bessere Mitarbeiter als Wettbewerbsvorteil zu verlassen, reicht nicht aus. Hier ist das Beispiel der Unternehmensberatung McKinsey hilfreich. Auch McKinsey baut seinen Wettbewerbsvorteil auf seinen Mitarbeitern auf, setzt hier aber eindeutig auf Intelligenz und analytische Brillanz seiner Mitarbeiter statt auf deren attraktives Äußeres. Unabhängig von der eigentlichen Ausbildungsrichtung stellt McKinsey Personen ein, die in der Lage sind, Prozesse und Situationen sehr gut analysieren und so den Unternehmenskunden Lösungen für verschiedenste Managementprobleme entwickeln zu können. McKinsey zieht aber einerseits seinen Wettbewerbsvorteil aus der Qualität seiner Berater und andererseits aus dem Beziehungsnetz, das diese Berater im Laufe der Zeit in die unterschiedlichsten Unternehmen hinein entwickelt haben.

Im Vergleich zum Ansatz von Hooters ist das Geschäftsmodell von McKinsey deutlich schwieriger zu kopieren. Ein anderes Beratungsunternehmen kann zwar auch Spitzenabsolventen rekrutieren. Das Beziehungsgeflecht zu den aktuellen und potenziellen Kunden aufzubauen – die oft noch ehemalige Mitarbeiter von McKinsey sind –, ist aber ungleich schwieriger und langwieriger, sodass McKinsey seine Wettbewerbsposition viel leichter als Hooters verteidigen kann. Nur auf ‚bessere' Mitarbeiter allein zu setzen, genügt nicht. Gleichzeitig kann auch nicht jedes Unternehmen den Kampf um den ‚War for Talents' gewinnen. Nicht nur die ‚Stars' unter den Unternehmen mit einer attraktiven Arbeitgebermarke, sondern auch ganz ‚normale' Firmen stehen ja vor der Frage, wie es ihnen gelingen kann, mit ‚normalen' Mitarbeitern einen Wettbewerbsvorsprung aufzubauen. Dies ist nicht nur möglich, sondern interessanterweise ist die Antwort auf diese Frage dieselbe Antwort wie auf unsere zweite Frage, wie ein einmal gewonnener Wettbewerbsvorsprung durch die Mitarbeiter auch langfristig aufrechterhalten werden kann.

Imitationsbarrieren

Um den Dingen auf den Grund zu kommen, lohnt es sich, noch einmal auf die eben schon zitierte Aussage von Kaudela-Baum zurückzukommen: „… wie es ein Unternehmen schaffen kann, Ressourcen aufzubauen, die einerseits nach ‚außen' einzigartig, wertvoll, nicht imitierbar und nicht substituierbar erscheinen sowie nach ‚innen' eine verallgemeinerbare, regelmäßig wiederholbare, routinemäßige Unternehmenspraxis darstellen" (Kaudela-Baum 2006, S. 129, sich auf Duschek 2001 beziehend). Um den Wettbewerbsvorsprung durch das Humankapital aufzubauen bzw. zu erhalten, muss dieser Widerspruch zwischen Einzigartigkeit nach außen und routinemäßiger Reproduzierbarkeit nach innen gelöst werden. Im Kern geht es um die Nichtimitierbarkeit – oder um genauer zu sein: um das Hinauszögern des Kopierens – der Ressourcen.

In der Literatur finden wir drei Barrieren, die als Ursache für die Nichtimitierbarkeit von Ressourcen angeführt werden: kausale Ambiguität, (soziale) Komplexität und Pfadabhängigkeit von Entwicklungen (vgl. Wright et al. 2001, S. 709). Die erste Barriere, die *kausale Ambiguität,* sagt letztendlich, dass wir nicht wissen, warum etwas funktioniert. Analog zu dem Henry Ford zugeschriebenen Satz, dass die Hälfte der Werbeausgaben zum Fenster rausgeschmissen wäre, aber er leider nicht wisse, welche Hälfte dies sei, steht bei kausaler Ambiguität das Management vor einer Blackbox: Gewisses Humankapital und andere Ressourcen werden eingesetzt, es werden bestimmte Strukturen, Prozesse und Systeme angewandt, aber was *genau* davon nun zum Erfolg führt, ahnt man vielleicht, weiß es aber auch nicht wirklich. Wenn man selbst nicht weiß, was genau von seinem Tun einen erfolgreich macht, dann ist es natürlich für die Wettbewerber sehr schwer, diesen Erfolgsfaktor zu kopieren. Das ist der Vorteil der kausalen Ambiguität. Ihr Nachteil ist, dass wir aber auch selbst diesen Erfolgsfaktor nur schwer oder gar nicht auf andere Produkte oder Dienstleistungen übertragen können, da wir ihn ja auch nicht wirklich verstehen.

Die zweite Barriere ist die (soziale) Komplexität, und zwar hier bezogen darauf, wie die Mitarbeiter im Unternehmen zusammenarbeiten. Wie wird im Unternehmen mit

Wissen – gerade auch implizitem Wissen – umgegangen, wie groß ist die Bereitschaft, mit anderen zusammenzuarbeiten, sein Wissen zu teilen? Wer arbeitet mit wem wie zusammen? Da die soziale Komplexität einer der Ansatzpunkte ist, die uns helfen, das Humankapital als langfristigen Wettbewerbsvorteil aufzubauen, werden wir sie uns unter den Stichworten Sozialkapital und Organisationskapital gleich noch genauer anschauen. Die dritte Barriere ist die *Pfadabhängigkeit*. Dieses Konzept basiert auf der Beobachtung, dass einmal getroffene Entscheidungen sich nicht ohne Kosten rückgängig machen lassen bzw. Chancen, gewisse Dinge zu tun, nur zu einer bestimmten Zeit bestehen. Ende der 1990er-Jahre war der Markt für den Online-Handel von Büchern noch voll im Fluss, und es gab eine Vielzahl von Unternehmen, die eine Chance hatten, in diesem Markt erfolgreich zu sein. Heute dagegen dominiert Amazon diesen Markt so stark, dass es für andere Wettbewerber kaum eine realistische Chance geben dürfte, erfolgreich in dieses Marktsegment neu einzusteigen. In Kap. 5 werden wir detaillierter erläutern, warum es für Aldi heute kaum noch realistisch wäre, sich in einen Feinkost-Händler zu verwandeln. Das ‚Discount-Gen' ist so tief in dem Unternehmen eingepflanzt und verinnerlicht, dass der Versuch, auf Feinkost umzusatteln, kaum erfolgreich sein dürfte. Dies ist aus heutiger Sicht so. Als die Gebrüder Albrecht Mitte des letzten Jahrhunderts das Unternehmen aufbauten, hätten sie damals auch den anderen Weg gehen können – sind es aber nicht. Die in der Vergangenheit getroffenen Entscheidungen wirken bis heute und engen die zur Verfügung stehenden Optionen ein. Nicht nur für das Unternehmen selbst, sondern auch für Wettbewerber, die die Kernkompetenzen des Unternehmens kopieren wollen.

Diese Imitationsbarrieren erschweren es Wettbewerbern, die Ressourcen einer anderen Firma zu kopieren. Wenn wir also unser Humankapital nachhaltig als Wettbewerbsvorteil einsetzen wollen, dann bieten diese Imitationsbarrieren Ansatzpunkte, um uns nachhaltig von den Wettbewerbern zu differenzieren. Wir werden dazu drei Ansatzpunkte näher betrachten. Wie schon erwähnt, sind diese drei nicht überschneidungsfrei. Fangen wir mit dem Konzept der HR-Architekturen an.

HR-Architekturen

Der erste Ansatzpunkt ist im Personalmanagement zu suchen. Wenn wir uns über unser Humankapital differenzieren wollen, dann brauchen wir auch eine einzigartige Logik, nach der wir aus der Vielzahl von möglichen Personalinstrumenten diejenigen heraussuchen, die zum Unternehmen und seiner Strategie passen. Diese Logik ist die HR-Architektur. Sie dient als Bindeglied zwischen dem benötigten Humankapital und den einzelnen Instrumenten. Diese HR-Architektur fungiert als Strukturierungshilfe unserer einzelnen Personalinstrumente bzw. -maßnahmen. Birri beschreibt die HR-Architektur so: „Eine Architektur stellt auch sicher, dass die Entwicklung eines Systems in geordneten Bahnen erfolgt und den zur Verfügung stehenden Ressourcen Rechnung trägt. Analog zu einem Bebauungsplan gibt eine Architektur eine Leitlinie für alle an der Planung und dem Betrieb des Systems Beteiligten" (Birri 2013, S. 53). Lepak und Snell beschreiben die Aufgabe der HR-Architektur als Strukturierungshilfe in ähnlicher Weise: „… a

HR architecture that aligns different employment modes, employment relationships, HR configurations, and criteria for competitive advantage. We use the term architecture to describe this framework because it is based on a set of fundamental parameters that, once established, allow us to draw inferences about both the form and function of the entire system" (Lepak und Snell 1999, S. 32). Aus beiden Definitionen wird ersichtlich, dass es sich bei der HR-Architektur um einen grundlegenden Rahmen handelt, der es uns ermöglicht, die einzelnen Instrumente nicht nur auszuwählen, sondern auch zu koordinieren. Die HR-Architektur ist aber kein Standard-Plan, der allen Unternehmen und Situationen übergestülpt werden soll. Im Gegenteil, die HR-Architektur sollte genauso unternehmensspezifisch sein wie die Unternehmensstrategie. Die Entwicklung der HR-Architektur ist keine einfache Sache. Besonders, da wir im Unternehmen oft nicht mit einer einzigen HR-Architektur auskommen, sondern das Humankapital unseres Unternehmens ggf. noch segmentieren und für jedes Segment eine eigene HR-Architektur aufbauen müssen. Wie dies geschehen kann, was berücksichtigt werden muss, ist das Thema des folgenden Abschnitts.

Sozialkapital und Organisationskapital

Schauen wir uns den zweiten Ansatzpunkt an, das Sozialkapital und das Organisationskapital. Wie im letzten Kapitel schon erwähnt, werden unter Humankapital meist auch die Fähigkeiten, auf bestimmte Art zusammenzuarbeiten, Prozesse zu entwickeln bzw. am Leben zu halten, subsumiert[3]. Für die folgende Diskussion ist es allerdings notwendig, dass wir die beiden Facetten des Sozialkapitals und des Organisationskapitals getrennt unter die Lupe nehmen. Wir wollen der Definition von Wright und seinen Kollegen folgen und unter Sozialkapital ‚wertvolle Beziehungen', unter Organisationskapital ‚die Prozesse und Routinen in der Firma' verstehen (vgl. Wright et al. 2001, S. 716). Ulrich (2013) führt als weitere Kategorie noch die Kompetenzen der Führungskräfte als separate Kategorie auf, aber diese kann der Einfachheit halber in die anderen Kategorien mit integriert werden. Auch hier sind wir wieder mit dem Problem konfrontiert, dass die Grenzen zwischen Sozial- und Organisationskapital oft zerfließen. Doch hilft hier eine Abgrenzung. Organisationskapital zeichnet sich nämlich dadurch aus, dass es nicht von einer einzelnen Person abhängt (vgl. Schneider 2008, S. 14).

Dass Wissen eine zunehmend wichtige Rolle für die Wettbewerbsfähigkeit spielt, wird immer wieder betont. Aus Sicht eines nachhaltigen Wettbewerbsvorteils geht es dabei nicht nur um das explizite Wissen, das in irgendeiner Form dokumentiert ist, sondern gerade auch um das implizite Wissen, das in erste Linie als Erfahrungsschatz in den Köpfen der einzelnen Mitarbeiter existiert. Solange es nur dort in den Köpfen bleibt, können wir es nicht als Wettbewerbsvorteil einsetzen. Erst die Fähigkeit, dieses implizite Wissen mit anderen Ressourcen – auch dem Wissen anderer Mitarbeiter – zu bündeln, schafft den Wettbewerbsvorteil (vgl. Mildenberger 2002). Wenn wir es bewerkstelligen

---

[3]Vgl. Abschn. 2.4.

können, Strukturen und eine Atmosphäre zu schaffen, in der Mitarbeiter sich freimütig austauschen, dann hat das Unternehmen eine Chance, dieses Wissen für sich einzusetzen. Bartlett und Ghosal sehen genau darin eine der Hauptaufgaben der Personalleitung eines Unternehmens (vgl. Bartlett und Ghosal 2002, S. 39). Dies kann einerseits über physische Strukturen geschehen, wie etwa die Kaffeeküchen oder andere Orte, die für spontane und ungeplante Treffen zum Gespräch und Ideenaustausch geschaffen werden. Genauso können dies Wissensmanagementsysteme sein, in denen Mitarbeiter möglichst viel ihres impliziten Wissens offenlegen. Der Erfolg vieler Unternehmensberater, Headhunter oder ähnlicher Dienstleister basiert oft zum großen Teil auf dem umfangreichen, geteilten und in Systemen hinterlegten Wissen. Doch leiden viele dieser Wissensmanagementsysteme darunter, dass sie nicht wirklich mit Leben erfüllt werden; viele Mitarbeiter ziehen es aus verschiedenen Gründen vor, ihr Wissen für sich zu behalten.

Wichtiger also als eine physische Infrastruktur ist die Bereitschaft der Mitarbeiter, sich überhaupt untereinander auszutauschen. Und die Grundvoraussetzung dafür ist gegenseitiges Vertrauen (vgl. Boselie 2014, S. 90 und die dort zitierte Literatur). Nur wenn die Mitarbeiter das Gefühl haben, dass das von ihnen preisgegebene Wissen nicht von anderen genutzt wird, um sich auf ihre Kosten einen Vorteil zu verschaffen, sind Mitarbeiter bereit, ihr Wissen zu teilen. Herrscht ein dysfunktionaler Führungsstil, der sehr stark auf ‚Teilen und Herrschen‘ basiert, dann werden die Mitarbeiter sich hüten, ihr Wissen mit anderen zu teilen (vgl. Connif 2008). In einem Unternehmen bekam ein Mitarbeiter auf die Frage, warum er denn trotz guter Bewertungen nicht befördert würde, nach wiederholter Nachfrage schließlich die Antwort, dass er keine Führungskraft werden könne, da ihm das ‚Killer-Gen‘ fehle: Wer morgens über den Flur laufe, ohne sich dabei zu überlegen, welchen Kollegen er heute zur Strecke bringen könne, hätte keine Chance, aufzusteigen. Dass Mitarbeiter in solch einem Unternehmen nur das Notwendigste preisgeben, dürfte uns nicht überraschen. Wer liefert seinen Kollegen, seinen Konkurrenten, schon gerne die Waffen, mit denen man möglicherweise selbst niedergestreckt werden soll? Stattdessen wird nicht nur das eigene Wissen gehütet, sondern viel Zeit und Energie darauf verwendet, sich abzusichern, sich abzuschirmen. Da sich Firmen bewusst sind, dass Vertrauen eine Grundvoraussetzung für den internen Informationsfluss ist, ist es ein Punkt, der unter dem Stichwort der ‚vertrauensvollen Zusammenarbeit‘ in vielen Unternehmens- bzw. Führungsleitlinien auftaucht. Aber die Aufnahme in die Führungsleitlinien allein drückt lediglich den Wunsch aus, dass so zusammengearbeitet wird. Ob es dann wirklich geschieht, steht dann wieder auf einem ganz anderen Blatt.

Neben einer Atmosphäre des Vertrauens und des Vertrauen-Könnens spielen aber zusätzlich noch einzelne Mitarbeiter eine besondere Rolle beim Austausch von Wissen. Grigoriou und Rothaermel sprechen von ‚*relational stars*‘. Dies sind keine Mitarbeiter, die durch besonders große Leistungen auffallen oder die besonders produktiv sind, sondern Mitarbeiter, die es schaffen, verschiedene Leute innerhalb der Firma zusammenzubringen und zu vernetzen (vgl. Grigoriou und Rothaermel 2014, S. 607). Gerade weil diese Leute nach außen nicht so sichtbar sind wie beispielsweise Entwicklungsingenieure mit vielen Patenten, läuft eine Firma weniger Gefahr, dass diese *relational stars* abgeworben werden. Diese Netzwerker sind aber nicht nur für Kontakte innerhalb der Firma nützlich, sondern auch für Kontakte nach außen. Wir hatten eben das Beispiel von McKinsey. Hier sind ja gerade die Kundenkontakte eine wichtige Grundlage für den Wettbewerbsvorteil. Nicht umsonst bindet McKinsey – wie viele andere Beratungsunternehmen und Anwaltskanzleien auch – die Träger dieser Kundenkontakte als Partner und damit Miteigentümer an die Firma.

Dieses Sozialkapital ist nicht greifbar – und damit für die Firma umso wertvoller. Für einzelne Mitarbeiter – auch für Personen auf Schlüsselpositionen – lässt sich der Marktwert recht gut bestimmen. Der ‚richtige' Preis, für den man einen solchen Mitarbeiter beim Wettbewerber als *generische* Ressource abwerben kann, ist schnell ermittelt. Aber für die *komplexe* Ressource, die aus dem Zusammenspiel der verschiedenen Mitarbeiter untereinander besteht, gibt es keinen Markt, der den angemessenen Preis festlegt (vgl. Barney 1986; Ployart et al. 2014, S. 382). Und in Unkenntnis des angemessenen Preises lässt sich diese Ressource auch viel schwieriger einkaufen bzw. transferieren (vgl. Colbert 2004, S. 348).

Neben dem Sozialkapital ist das Organisationskapital, die Art und Weise, wie bestimmte Prozesse und Routinen implementiert und gelebt werden, der zweite Faktor, der uns hilft, uns über unser Humankapital zu differenzieren. Warum sind Prozesse so wichtig? Teece und seine Koautoren unterscheiden drei Funktionen von Prozessen, einer *statischen*, einer *dynamischen* und einer *transformationalen* Funktion (vgl. Teece et al. 1997, S. 518). Die *statische* Funktion von Prozessen ist die Integration und Koordination der verschiedenen Beteiligten. Während auf dem externen Markt der Preismechanismus die Akteure koordiniert, geschieht dies innerhalb der Organisation über Prozesse. Diese stellen sicher, dass der Status quo aufrechterhalten wird. Der *dynamische* Aspekt ist das Lernen: Wie werden neue Ideen entwickelt, aufgegriffen und verbreitet? Welche Routinen bestimmen dieses Vorgehen? Die *transformationale* Funktion von Prozessen besteht darin, dass der Prozess vorgibt, wie stark sich eine Organisation verändern und umbauen kann. Was bestimmt, wie flexibel die Organisation ist? Entscheidend bei den Prozessen ist weniger, wie sie auf dem Papier definiert sind, sondern wie sie in einer Organisation gelebt werden. Eine lernende und flexible Organisation will fast jedes Unternehmen sein. Ernsthaft von sich behaupten können es aber nur die wenigsten. Nicht umsonst hat Toyota keine Probleme damit, Wettbewerber durch ihre Werke zu führen und ihnen ihr berühmtes Produktionssystem zu zeigen. Denn die Logik bei Toyota ist, dass es Jahre dauern wird, bis die Wettbewerber die Prozesse kopiert haben und diese Prozesse auch wirklich gelebt werden, das heißt von den Mitarbeitern verinnerlicht sind. Bis dahin ist man bei Toyota schon wieder viel weiter. Man verschenkt also nichts, wenn man den Wettbewerber Einblicke in die eigene Produktion gewährt.

Da die Prozesse und Routinen eines Unternehmens sowohl helfen, den Status quo aufrechtzuerhalten, als auch darüber entscheiden, wie im Unternehmen gelernt werden und wie stark sich das Unternehmen verändern kann, betreffen sie fast jeden Aspekt des Unternehmens. Gleichzeitig sind die meisten Prozesse das Ergebnis eines langjährigen Lernprozesses und lassen sich dementsprechend nur sehr langsam kopieren. Während es ein Unternehmen wie Zara geschafft hat, den Design- und Produktionsprozess so zu beschleunigen, dass zwischen dem Zeitpunkt, an dem ein Kleidungsstück entworfen wird, und dem Tag, an dem es in den Filialen auf den Bügeln hängt, gerade einmal zwei Wochen vergehen, nimmt es für die Wettbewerber viel Zeit in Anspruch, diesen Prozess zu kopieren und ihn genauso zu leben, wie wie er bei Zara gelebt wird. Mit diesen Prozessen, diesem Organisationskapital hat das Unternehmen zwar keinen Wettbewerbsvorteil, der für alle Zeiten bestehen bleibt, aber er schirmt das Unternehmen für längere Zeit vom Wettbewerb ab. Und das ist viel wert.

Da Prozesse – und gerade das alltägliche Leben dieser Routinen – einen intensiven Austausch zwischen den Mitarbeitern voraussetzen, kann man sich natürlich trefflich streiten, ob Sozial- und Organisationskapital nicht zwei Seiten ein und derselben Medaille sind. Sie stehen auf jeden Fall in einem engen Verhältnis und bedingen sich gegenseitig, zielen aber auf unterschiedliche Dinge ab. Ein entscheidender Unterschied ist allerdings, dass das Sozialkapital im Gegensatz zum Organisationskapital nicht dem Unternehmen, sondern dem Mitarbeiter gehört und mit diesem Mitarbeiter das Unternehmen verlässt (vgl. Youndt und Snell 2004, S. 342). Ein gutes Beispiel dafür sind Politiker, die aus der Regierung in die Wirtschaft wechseln und dort als Lobbyisten arbeiten. Die Unternehmen kaufen diese ehemaligen Politiker in erster Linie wegen ihrer Kontakte in die Politik und Verwaltung – also wegen ihres Sozialkapitals – ein. Hier wird auch die Abgrenzung zum Organisationskapital deutlich: Diese Kontakte des ehemaligen Politikers sind unabhängig von der Organisation, für die er tätig wird. Würde der Politiker von der einen zu einer anderen Firma wechseln, wäre sein Sozialkapital davon nicht berührt. Wichtiger als die Frage, inwieweit sich die beiden Aspekte unterscheiden, ist, dass die Bedeutung des Sozial- und Organisationskapitals überhaupt im Unternehmen erkannt und berücksichtigt wird. Das Sozialkapital und das Organisationskapital des Unternehmens gehören zu den immateriellen Vermögenswerten des Unternehmens. Wie wir eben gesehen haben, besteht kein funktionierender Markt für Sozialkapital. Auch tun sich Unternehmen schwer, einen angemessenen Preis für das Organisationskapital zu finden. Mit dem Ergebnis, dass Unternehmen Gefahr laufen, nicht ausreichend Zeit und Geld für den Aufbau des Organisationskapitals zur Verfügung zu stellen. Der Return on Investment lässt sich ja kaum berechnen. Aber in vielen Fällen sind es gerade das Sozialkapital und das Organisationskapital, die die Grundlage für die Wettbewerbsfähigkeit des Unternehmens bilden. Auf diesen Punkt der Berechenbarkeit kommen wir im fünften Kapitel noch einmal ausführlicher zurück.

Während sich in Wirtschaftsunternehmen viele Manager mit dem Konzept des Sozial- und Organisationskapitals schwertun, ist dieses Konzept in anderen Organisationen – wenn auch nicht unter diesem Namen – sehr geläufig. Sportmannschaften leben davon genauso wie die Kampfverbände der verschiedenen Armeen.

Beispiel

Ein deutscher Infanterieoffizier verdeutlichte in einer Diskussion die Bedeutung des Sozial- und Organisationskapitals am Beispiel von armenischen Soldaten, die dieser

Offizier für die Sicherung von Stellungen in Afghanistan ausgebildet hatte. Die Ausrüstung und die Bewaffnung der deutschen und der armenischen Soldaten unterschieden sich nicht oder kaum, sodass hier nicht die Ursache für die höhere Kampfkraft der deutschen Verbände zu suchen war. Der Grund lag woanders, nämlich in einer Kombination aus höherem Sozialkapital und höherem Organisationskapital. Da sich die Soldaten in den deutschen Verbänden länger kannten als die in den armenischen Verbänden, herrschte nicht nur ein größeres Vertrauensverhältnis zwischen den einzelnen Soldaten und ihren Vorgesetzten, sondern auch das Organisationskapital in Form von eingespielten Routinen war bei den Bundeswehrsoldaten entsprechend höher. So hatte bei den deutschen Verbänden jeder Soldat klar definierte Rollen: Wer ist für welches Feuerfeld zuständig? Im Falle eines Rückzuges: Wer sichert, wer zieht sich zurück? Wie werden die Hauptwaffen eingesetzt, damit unter Feindbeschuss nicht einfach wild um sich geschossen, sondern Munition gespart wird, man sich gleichzeitig gegenseitig sichert und die Hauptwaffen koordiniert auf die Hauptziele einsetzt? Dank des größeren Organisationskapitals, dass sich in höherem Vertrauen, besserer Prozesse und Routinen ausdrückte, war die Effektivität der deutschen Verbände bei ähnlicher Zahl der Soldaten und Qualität der Waffen höher.

Was wir an Firmen mit Vorbildfunktionen bewundern, sind – bis auf wenige Ausnahmen – nicht einzelne Mitarbeiter oder Manager, sondern das Sozialkapital und das Organisationskapital des Unternehmens: das Talentmanagement und die Führungskräfteentwicklung bei GE, Apples Fähigkeit, technisch halb fertige Produkte so zu gestalten, dass sie intuitiv zu bedienen sind und zu begehrten Statussymbolen werden, die Fähigkeit der deutschen Premiumhersteller, die Grenzen des Autofahrens immer wieder neu auszuloten. Wie kann die Personalfunktion den Auf- und Ausbau von sozialem und organisationalem Kapital unterstützen? Das Personalmanagement, so wird gefordert, soll nicht nur für den Aufbau und die Betreuung des Wissensmanagements zuständig sein, sondern die Personaler sollen gleichzeitig als Change Agents agieren. Interessanterweise definieren beispielsweise Ulrich und seine Koautoren in ihrer Auflistung an Kompetenzen für Personaler die Kompetenz des Change Agents direkt zusammen mit der Kompetenz des Kulturmanagements, wenn sie diese Kompetenz als ‚Culture & Change Steward' zusammenfassen (vgl. Ulrich et al. 2008, S. 79 ff.). Denn die Veränderung des Sozial- und Organisationskapitals hat – je nach Lesart – entweder indirekt Auswirkungen auf die Unternehmenskultur oder verändert direkt die Unternehmenskultur. Damit sind wir beim dritten Ansatzpunkt, mit dem wir uns nachhaltig mit unserem Humankapital vom Wettbewerb differenzieren können: dem wenig griffigen Phänomen der Unternehmenskultur.

3.3   Unternehmenskultur

Was ist Unternehmenskultur? Unternehmenskulturen – genauso wie Landeskulturen – sind leicht zu erkennen, aber schwer zu beschreiben. Dass Amerikaner anders sind als Österreicher oder Chinesen, erkennt man sehr schnell. Warum sie anders sind, lässt sich aber deutlich schwieriger erklären. Genauso erkennt man auch, dass die Art und Weise, wie zusammengearbeitet, wie miteinander umgegangen wird – was wichtig, was unwichtig ist –, in einer Großbank anders ist als in einem Handwerksbetrieb, in einer IT-Schmiede anders als in einem Krankenhaus. Was genau es aber ist, was diese Unterschiede ausmacht, lässt sich nicht so schnell erklären. Aber da die Unternehmenskultur einen wichtigen – vielleicht sogar den wichtigsten – Ansatzpunkt bietet, das eigene Humankapital als Wettbewerbsvorteil einzusetzen, lohnt es sich, diesem auf den ersten Blick schwer greifbaren Phänomen auf den Grund zu gehen. Dabei wollen wir im ersten Schritt Unternehmenskulturen anhand von Modellen greifbarer machen. Im zweiten Schritt gehen wir der Frage nach, wie Unternehmenskulturen wirken, konkret für unseren Fall: wie Unternehmenskulturen dazu führen, dass das Humankapital einen nachhaltigen Wettbewerbsvorteil darstellt. Die dritte Frage zielt darauf ab, ob sich Unternehmenskulturen managen lassen. Und entscheidend: wenn ja, wie? Diese Frage ist deswegen relevant, da die Unternehmenskultur für uns nur dann ein gangbarer Weg ist, die Wettbewerbsfähigkeit zu erhöhen, wenn wir auf die Unternehmenskultur auch gezielt Einfluss nehmen und sie in unserem Sinne verändern können.

Modelle von Unternehmenskulturen

Wenden wir uns der ersten Frage zu und machen wir den Versuch einer Definition. Versuch deswegen, da es auch in diesem Falle eine Vielzahl von Vorschlägen gibt. Kutschker und Schmid grenzen die Unternehmenskultur folgendermaßen ein: „Unternehmenskultur ist die Gesamtheit der Grundannahmen, Werte, Normen, Einstellungen und Überzeugungen einer Unternehmung, die sich in einer Vielzahl von Verhaltensweisen und Artefakten ausdrückt und sich als Antwort auf die vielfältigen Anforderungen, die an diese Unternehmung gestellt werden, im Laufe der Zeit herausgebildet hat" Kutschker und Schmid (2006, S. 678). Schein, dessen Name in besonderem Maße mit dem Konzept der Unternehmenskultur verbunden wird, definiert sie so: „The Culture of a group can now be defined as a pattern of shared basic assumptions learned by a group as it solved its problems of external adaption and internal integration, which has worked well enough to be considered valid and, therefore, to be taught to new members as the correct way to perceive, think, and feel in the relation to those problems" (Schein 2010, S. 18). In beiden Fällen geht es darum, wie eine Gruppe, in diesem Fall eine Firma, sich intern so aufstellt, dass sie sich eine gemeinsame Sichtweise auf sich selbst und ihre Umwelt verschafft, die ihr hilft, auf die Anforderungen der Umwelt einzugehen, und damit langfristig bestehen kann. Während Kutschker und Schmid den Fokus stärker darauf legen, *woran* sich diese Unternehmenskultur ausdrückt, betont Schein noch zusätzlich das Element, wie diese Unternehmenskultur weitergegeben und damit stabilisiert wird.

Eine kürzere und im Alltag eher anzutreffende Definition ist die von Deal & Kennedy: „The way we do things around here" (Deal und Kennedy 1984, S. 4). Interessanterweise deckt sich diese Definition fast eins zu eins mit der Beschreibung von Managementprozessen, die wir eben in der Diskussion des Organisationskapitals hatten. Teece und seine Koautoren definieren diese Prozesse nämlich so: „By managerial and organizational processes, *we refer to the way things are done in the firm* [Hervorhebung hinzugefügt], …" Teece et al. (1997, S. 518). Hier wird deutlich, dass die Übergänge zwischen Sozial- und Organisationskapital und Unternehmenskultur mehr als fließend sind.

Wie können wir diese Unternehmenskultur greifbar machen? Im Laufe der Zeit ist dazu eine Vielzahl von Vorschlägen gemacht worden (vgl. Kutschker und Schmid 2006, S. 678 ff. oder auch Wien und Franzke 2014 für einen Überblick über die verschiedenen Modelle). Manchmal tauchen diese Modelle auch unter anderem Namen auf, wie beispielsweise dem Konzept des ‚organizational health' von De Smet et al. (2014). Gemeinsam ist den meisten dieser Modelle die Unterscheidung zwischen denjenigen Aspekten der Kultur, die wir direkt beobachten können, und jenen, die nicht direkt beobachtbar sind und somit tiefer liegen. Osgood prägte für diese Unterscheidung die Begriffe ‚Percepta' für die direkt beobachtbaren Elemente, ‚Concepta' für die tiefer liegenden Elemente (vgl. Osgood 1951). Das wohl einflussreichste der vielen Modelle zur Unternehmenskultur ist das von Schein (vgl. Schein 2010). Es erweitert Osgoods Unterscheidung zwischen Percepta- und Concepta-Ebene auf die drei Ebenen der Artefakte *(artefacts),* der Werte *(espoused beliefs and values)* und der Grundannahmen *(basic underlying assumptions)*. Die Ebene der Artefakte deckt sich weitestgehend mit der Percepta-Ebene Osgoods. Hier werden all die Dinge und Verhaltensweisen zusammengefasst, die direkt zu beobachten sind. Das kann die Architektur der Firmenzentrale oder der Büros sein. Glas, Stahl, nüchterne Kühle und Bauhaus-Möbel im Eingangsbereich vieler Konzernzentralen, der Kicker und die Bean-Bags in den Büros eines Internet-Start-ups. Dies setzt sich in der Kleidung der Mitarbeiter fort: dunkle Anzüge und Kostüme bei Großbanken und Unternehmensberatungen, Freizeitlook bzw. Arbeitskleidung im Handwerksbetrieb. Genauso gehören zur Ebene der Artefakte die Zahl der Hierarchiestufen und die Strenge, mit der diese Hierarchien betont und eingehalten werden. Wird über die Hierarchieebenen hinweg geduzt oder herrscht das formelle Sie vor? Viele der Artefakte sind an sich – ohne Kenntnis der zugrunde liegenden Werte und Annahmen – nicht unbedingt selbsterklärend. Warum kleiden sich Menschen, die sonst sehr großen Wert auf ihre Individualität legen, für die Arbeit in der Uniform eines dunklen Anzuges mit den großen Wahlmöglichkeiten zwischen Dunkelblau und lebensbejahendem Anthrazit? Offensichtlich nicht, weil ihnen dieser Kleidungsstil so gut gefällt. Sonst würden wir am Wochenende in der Fußgängerzone deutlich mehr Anzugträger beim Einkaufsbummel treffen. Für diese Artefakte muss es tiefer liegende Gründe geben.

Während all diese Artefakte gut zu beobachten sind, gilt dies für die Ebene der Werte nur indirekt. Die Werte werden – vielleicht mit der Ausnahme von veröffentlichten Unternehmensleitbildern und Wertesammlungen – nur indirekt durch das Handeln der Mitarbeiter sichtbar. Zu den Werten, die eine Unternehmenskultur ausmachen und die Mitglieder dieser Organisation verbinden, gehört in erster Linie die Frage nach dem Zweck der Organisation. Wozu sind wir hier in dieser Firma zusammengekommen? Geht es darum, das beste Auto der Welt zu bauen? Oder eher darum, dass unsere Kunden bei uns im Restaurant einen schönen Abend verbringen und gut essen können? Oder bietet uns das Unternehmen die Möglichkeit, hier Karriere zu machen, Macht zu gewinnen und sehr viel Geld zu verdienen? Geht es eher darum, dass wir zusammenarbeiten, oder ist es ein Wettbewerb zwischen den Mitarbeitern, wer letztendlich einen der wenigen Plätze auf den oberen Karrierestufen ergattert? Es geht auch um das Selbstverständnis, welche Aufgaben Mitarbeiter übernehmen, wie bestimmte Rollen ausgefüllt werden sollen. So ist es beispielsweise dem Chef einer inhabergeführten SAP-Beratung mit über 150 Mitarbeitern wichtig, dass er selbst noch operativ tätig ist und das Customizing beim Kunden mit vornimmt. Dieses Vorgehen erwartet er auch von seinen Führungskräften. Demgegenüber eine SAP-Beratung mit zehn Leuten, bei der der Chef froh ist, dass das Unternehmen endlich so groß ist, dass er nicht mehr selbst operativ tätig sein muss, sondern sich um den Vertrieb und das Projektmanagement kümmern kann. Zwei Unternehmen in derselben Branche mit einem vollkommen unterschiedlichen Verständnis davon, was eine Führungskraft machen soll.

Auf dieser Ebene können wir auch das Phänomen der Anzugträger wider Willen erklären. Wenn wir davon ausgehen, dass es wichtig ist, den Kollegen und Geschäftspartnern zu signalisieren, dass wir uns ‚professionell' verhalten wollen, sprich, dass es uns ernst ist mit dem, was wir machen, und wir bereit sind, nach den hier gültigen Spielregeln zu spielen, dann werden wir auch bereit sein – und dies meist gar nicht groß hinterfragen –, für die Arbeit Kleidung zu tragen, die nicht unbedingt unserem Geschmack entspricht. Schein weist auch hier darauf hin, dass die Werte nicht unbedingt mit den Artefakten in Einklang stehen müssen. Man kann sich zwar auf der Ebene der Artefakte ganz informell und kameradschaftlich verhalten, gleichzeitig auf der Ebene der Werte mit den Kollegen knallhart um die nächste Beförderung kämpfen. Das weitverbreitete ‚Du' und der kollegiale Umgangston gepaart mit einer harten Up-or-out-Regel bei vielen Beratungsunternehmen wären Beispiele für solch ein Spannungsverhältnis.

Die Werte basieren auf bestimmten Grundannahmen, der dritten Ebene des Modells. Diese Grundannahmen werden in der Regel gar nicht hinterfragt, bzw. wir sind uns gar nicht bewusst, dass unser Handeln auf diesen Annahmen basiert. Gehen wir davon aus, dass Menschen eher gut und leistungswillig sind oder eher faul und sich vor Verantwortung scheuen? (Vgl. McGregor's 1960, Theorie X und Theorie Y über die Grundannahmen zur menschlichen Natur). Sind Menschen grundsätzlich gleich oder gibt es eine ‚natürliche' Hierarchie? Sollen beispielsweise Frauen Führungspositionen übernehmen können oder sich eher um den Kaffee und die Sekretariatsaufgaben kümmern? So bestimmend diese Grundannahmen für unser Handeln und die Art und Weise, wie wir zusammenarbeiten, sind, so wenig werden sie in der Regel thematisiert. Diese Grundannahmen machen sich meist erst dann bemerkbar, wenn wir auf Organisationen treffen, die offensichtlich nach anderen Werten leben und handeln. Genauso, wie wir uns über unsere eigene Landeskultur normalerweise erst dann Gedanken machen, wenn wir mit den Mitgliedern anderer Kulturen konfrontiert werden. Und in den meisten Fällen ist die spontane Reaktion auf die andere Unternehmens- oder Landeskultur erst einmal Verwunderung und Ablehnung. Wie kann jemand sich *so* verhalten!? Erst wenn wir die Werte und die Grundannahmen dieser Kultur kennen, können wir das Verhalten auf der Ebene der Artefakte verstehen.

Klassifizierungen von Unternehmenskulturen

Das Modell von Schein hat uns gezeigt, dass wir bei den Unternehmenskulturen unterschiedliche Artefakte beobachten können, die – mehr oder weniger widerspruchsfrei – auf bestimmten Werten und Grundannahmen basieren. Im Laufe der Zeit wurden verschiedene Klassifizierungen entwickelt, anhand derer man Unternehmenskulturen einordnen kann. Eine solche Typologie ist das Modell von Trompenaars (vgl. Trompenaars und Hampden-Turner 2012, S. 193 ff.). Die Klassifizierung von Trompenaars basiert auf zwei Werten, die seiner Einschätzung nach entscheidend für die Ausprägung von Unternehmenskulturen sind. Dies ist einerseits der Grad der Hierarchie, den eine Unternehmung prägt. Andererseits ist es die Frage, ob es mehr um die Personen, das Miteinander oder um die zu bewältigende Aufgabe geht. Anders formuliert: Herrscht in der Organisation eher eine Personenorientierung oder in erster Linie eine Sachorientierung? Auf die senkrechte bzw. waagerechte Achse aufgetragen ergibt die Kombination aus dem Grad der Hierarchie und der Frage nach Personen- oder Sachorientierung eine Matrix mit vier Grundtypen. Als ersten Grundtyp finden wir die Kultur der ‚*Guided Missile*‘. Hier steht die Aufgabenorientierung im Vordergrund und Hierarchien spielen keine Rollen. Führungsaufgaben übernimmt im Projekt derjenige mit der höchsten Fachkompetenz, nicht derjenige auf der höchsten Hierarchiestufe. Im zweiten Grundtyp spielt die Hierarchie ebenso wenig eine Rolle. Statt der Sachorientierung stehen hier aber die Person und die Selbstverwirklichung der Mitarbeiter im Vordergrund. Die Aussicht, ‚sein Ding‘ machen, sich selbst verwirklichen zu können, ist der Hauptantrieb in dieser Unternehmenskultur. Wie es der Name ‚*Incubator*‘ – sprich Brutkasten – nahelegt, ist dieser Typ besonders bei Start-up-Unternehmen zu finden. Der dritte Grundtyp ist der *Familien*-Typ. Hier ist die Personenorientierung mit einer starken Hierarchie gepaart. Alles ist auf den Firmenlenker ausgerichtet, der wie ein Familienpatriarch über dem Unternehmen wacht. Nicht formale Titel und Funktionsbeschreibungen bestimmen hier den Einfluss der einzelnen Personen, sondern die persönliche Nähe zum Chef. So kann ein Kindergartenfreund des Firmenlenkers als nominell einfacher Mitarbeiter mehr Einfluss haben als eine Führungskraft, die neu im Unternehmen ist. Im letzten Grundtyp finden wir die von Trompenaars als *Eiffelturm* bezeichnete Kombination aus starker Hierarchieausprägung und starker Sachorientierung. Hier ist die Position der Führungskraft wichtiger als seine Fachkenntnis. In dieser streng hierarchischen Kultur wäre es undenkbar, dass, wie in der ‚*Guided-missile*‘-Kultur, ein Abteilungsleiter ein einfaches Teammitglied ist, während sein Mitarbeiter das Team leitet. Wie bei all diesen Klassifizierungen sind die Übergänge zwischen den einzelnen Kulturen fließend und nur die wenigsten Unternehmen besitzen eine dieser Kulturen in Reinform.

Während die Klassifizierungen bei Trompenaars an den Grundannahmen der Mitarbeiter ansetzen, basiert im Gegensatz dazu die Typologie von Deal und Kennedy auf der

Marktlogik, der das Unternehmen ausgesetzt ist (vgl, Deal und Kennedy 1984). Deal und Kennedy argumentieren, dass es zwei mit der Geschäftslogik verbundene Faktoren sind, die die Unternehmenskultur prägen. Dies ist einerseits das Ausmaß des mit der Tätigkeit verbunden Risikos und andererseits die Geschwindigkeit, mit der das Unternehmen bzw. seine Mitarbeiter Feedback zur Qualität der eigenen Arbeit bekommen. Auch Deal und Kennedy spannen aus diesen beiden Faktoren eine 2 × 2-Matrix, die in Abb. 3.2 dargestellt ist. Im Quadranten rechts oben bekommen die Mitarbeiter sehr schnelles Feedback über die Qualität ihrer Arbeit, und gleichzeitig ist mit der Tätigkeit ein sehr hohes Maß an Risiko verbunden – für das eigene Leben oder das anderer. In Wirtschaftsunternehmen ist diese ‚Tough-guy‘- oder ‚Macho‘-Kultur selten anzutreffen. In Reinstform gibt es sie eher bei der Feuerwehr oder in der Notfallchirurgie eines Krankenhauses. Es geht um Leben und Tod – und man merkt sehr schnell, ob der Patient überlebt oder ob das Feuer gelöscht wurde. In der Wirtschaft finden wir diese Kultur am ehesten in Investmentbanken oder auch in der Film- und Medienbranche. Es wird schnell klar, ob der neue Film ein durchschlagender Erfolg ist oder ein Flop. Im ersten Fall können wir viel Geld verdienen und Ruhm ernten, im zweiten Fall sind wir schnell unseren Job los. Es wird bei hohem Risiko mit vollem Einsatz gespielt.

Im Quadranten links daneben, der bei Deal und Kennedy ‚Work hard – Play hard‘ genannt wird, ist das Feedback auch sehr direkt, das Risiko für die Stelle – oder gar das eigene Leben – deutlich geringer. Unternehmen, die sehr stark vertriebsgetrieben sind, sind typische Vertreter dieser Kultur. Die Mitarbeiterin, die den höchsten Umsatz hatte, ist die Heldin in dieser Kultur. Es wird zwar hart gearbeitet, aber der Erfolg wird auch gebührend gefeiert. Über einzelne Exzesse dieser Feierkultur im Schwimmbad kann man dann in den Medien nachlesen. Der dritte Quadrant links unten beschreibt eine Unternehmenskultur, die gekennzeichnet ist durch geringes Risiko für den einzelnen

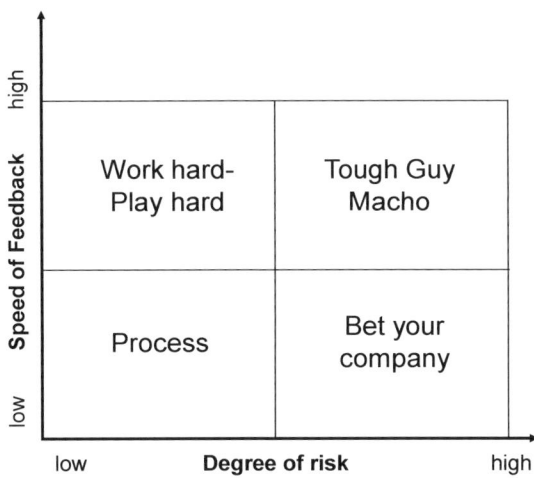

Abb. 3.2 Unternehmenskulturen nach Deal und Kennedy

Mitarbeiter, aber auch geringes Feedback zur eigenen Arbeitsleistung. Während die Vertriebsleute eines Autohändlers sehr schnell wissen, ob die Kunden mit ihrer Arbeit zufrieden sind, ist dies bei den Mitarbeitern des Rechnungswesens eines Automobilherstellers nicht der Fall. Da der unmittelbare Zusammenhang der einzelnen Leistung mit dem Unternehmenserfolg nicht direkt ablesbar ist, ist in diesem Kulturtyp wichtig, dass der Mitarbeiter funktioniert. Sprich, er soll sich an die vorgegebenen Verfahren halten und loyal seinen Job tun. Viele Verwaltungen – nicht nur im öffentlichen Dienst, sondern auch in den Zentralen von größeren Unternehmen – sind Vertreter dieses Typus. Der vierte Quadrant beschreibt eine Unternehmenskultur, in der es zwar sehr lange dauert, bis wir Feedback zu den einzelnen Entscheidungen erhalten, diese Entscheidungen aber weitreichende – im Extremfall sogar existenzgefährdende – Folgen haben. Ein Ölunternehmen weiß oft erst nach Jahrzehnten, ob sich die Milliardeninvestitionen in ein bestimmtes Ölfeld auszahlen oder nicht. Im positiven Falle winken große Gewinne, im negativen Falle drohen riesige Verluste. Diese Kultur ist geprägt von einer ganz systematischen Entscheidungsfindung und einer sorgsamen Abwägung. Während wir bei der Kultur des ‚Tough Guy' oft schon nach wenigen Wochen oder Monaten wissen, wie erfolgreich wir waren, und dementsprechend auch unser Planungszeitraum recht kurz ist, denken die Mitarbeiter in der Kultur des ‚Bet your Company' in viel längerfristigen Zeiträumen. In Investmentbanken und Medienunternehmen ist die Fluktuation sehr hoch – und Unternehmen mit einer ‚Tough-guy'-Kultur werden wenig Sinn darin sehen, ihre Mitarbeiter langfristig zu entwickeln und aufzubauen. Dahingegen sind in einer ‚Bet-your-company'-Kultur die Bereitschaft und der Planungszeitraum zur langfristigen Entwicklung der Mitarbeiter eher vorhanden.

Was beeinflusst Unternehmenskulturen?

Wenn wir uns Firmen anschauen, dann beobachten wir die verschiedensten Unternehmenskulturen, und wir bekommen unterschiedliche Antworten auf die Frage, wie eine Firma sich intern aufstellt, um mit den externen Anforderungen erfolgreich klarzukommen. Wie kommt es, dass es so viele unterschiedliche Unternehmenskulturen gibt? In den eben betrachteten Klassifizierungen sind schon einige Gründe dafür angeklungen. Schneider und ihre Koautoren liefern mit der Metapher der *kulturellen Sphären* (cultural spheres) ein hilfreiches Bild, um diese verschiedenen Einflussfaktoren zusammenzufassen (vgl. Schneider et al. 2014, S. 64 ff.). Dabei spielt eine Vielzahl von Faktoren eine Rolle, wenn es um die Entwicklung der Unternehmenskultur geht. Die unterschiedlichen Ausprägungen der einzelnen Faktoren zeigt dann das Unternehmen mit seiner spezifischen Kultur – seiner kulturellen Sphäre.

Beginnen wir mit der Kultur des Landes oder der Region, in dem/in der das Unternehmen beheimatet ist. Region, Geschichte und Religion werden mit beeinflussen, wie sich die Unternehmenskultur entwickelt. Gerade in Ländern wie der Schweiz oder Belgien mit unterschiedlichen Sprachen macht es einen Unterschied, ob das Unternehmen – im Falle Belgiens – im flämischen oder wallonischen Teil des Landes ansässig ist. In eher individualistischen Kulturen werden wir eine höhere Sachorientierung beobachten als in kollektivistisch geprägten Kulturen. So folgert auch Trompenaars für seine eben vor-gestellte Klassifizierung, dass einige der Unternehmenskulturen in bestimmten Ländern oder Regionen häufiger anzutreffen sind. Der Familienkultur begegnen wir besonders im kollektivistisch geprägten Lateinamerika, der Kultur der Guided Missile eher im indivi-dualistischen und egalitären Skandinavien (vgl. Trompenaars und Hampden-Turner 2012, S. 195 ff.). Nach Schneider und ihren Koautoren spielt auch die durch die Berufsausbil-dung erlangte Sozialisation der Mitarbeiter eine wichtige Rolle. Ingenieure ,ticken' anders als Betriebswirte oder Sozialpädagogen. Dementsprechend wird auch ein Unternehmen, das von Technikern geleitet wird, andere Umgangsformen wählen, andere Denkmuster anwenden als ein rein kaufmännisch geprägtes Unternehmen. Der oft zu beobachtende Konflikt zwischen den Technikern und Kaufleuten im Unternehmen ist ein Beispiel für das Aufeinandertreffen unterschiedlicher Sozialisationsformen und Denkweisen. Genauso beeinflusst die Frage, ob die Mitarbeiter in erster Linie wegen ihrer Fachkenntnisse oder wegen ihrer sozialen Kompetenz rekrutiert werden, wie sich die Unternehmenskultur ent-wickelt.

Ebenso wichtig sind die Branche und die eingesetzten Technologien. Je nachdem, ob wir Konservendosen oder Satelliten herstellen, benötigen wir ganz andere Fähigkeiten, müssen wir ganz andere Probleme lösen können. Daraus leitet sich auch ab, wie wir uns organisieren, welche Denkmuster dominieren. Eng damit verknüpft sind auch die Auf-gaben, die es zu bewältigen gilt. In einem Unternehmen, in dem es darum geht, hoch standardisierte Produkte möglichst günstig bei konstanter Qualität zu fertigen, werden wir eine andere Unternehmenskultur beobachten als in einem Unternehmen, das als Auftragsfertiger ständig wechselnde Produkte herstellt. In einem Start-up, das wenige Jahre alt ist, das noch gar nicht die Zeit hatte, bestimmte Prozesse zu entwickeln und zu implementieren, wird ebenfalls eine andere Unternehmenskultur herrschen als in einem Unternehmen, das auf eine über 100-jährige Geschichte zurückblickt, in dem viele Pro-zesse etabliert sind, aber auch ein großer kollektiver Erfahrungsschatz vorhanden ist. Am Beispiel der Firmen dm-drogeriemarkt und Schlecker lässt sich gut beobachten, wie die Persönlichkeit des Gründers, seine Überzeugungen und Wertvorstellungen eine zentrale Rolle bei der Entstehung der Unternehmenskultur spielen. Auf diesen Punkt werden wir im kommenden Kapitel noch einmal intensiver eingehen.

Je größer und je älter das Unternehmen, desto höher auch die Wahrscheinlichkeit, dass sich innerhalb eines Unternehmens verschiedene Subkulturen ausbilden. Diese Subkulturen können in den bestimmten fachlichen Funktionen entstehen. Bei einem Automobilhersteller wird in der Design-Abteilung aller Wahrscheinlichkeit nach eine andere – auch der berufli-chen Sozialisation geschuldete – Subkultur herrschen als in der Fertigung. Genauso können wir oft noch viele Jahre nach der Übernahme einer Firma einen anderen Geist an den Stand-orten des aufgekauften bzw. des übernehmenden Unternehmens beobachten.

Bevor wir uns der Frage zuwenden, wie Unternehmenskulturen eigentlich funkti-onieren, noch die Frage, ob wirklich jedes Unternehmen eine Unternehmenskultur hat. Schein argumentiert, dass wir erst dann von einer Kultur statt einer Gruppe von Men-schen sprechen können, wenn „… only when there has been enough shared history so that some degree of culture formation has taken place" Schein (2010, S. 21). Das hieße aber, dass jedes Unternehmen, das aus der direkten Gründungsphase heraus ist, eine Kultur haben könnte. Gleichzeitig entsteht oft der Eindruck, dass viele Unternehmen keine besondere Unternehmenskultur besitzen. Spätestens, wenn man diese Unternehmen mit Firmen derselben Branche und Größe, beispielsweise aus China oder Mexiko, vergleicht, stellt man fest, dass es doch gravierende Unterschiede gibt. Jedes Unternehmen hat eine Unternehmenskultur, genauso, wie jedes Unternehmen auch eine Strategie hat. Bloß in vielen Fällen sind beide nicht wirklich speziell. Dies ist an sich nicht schlecht, bedeutet lediglich, dass die Unternehmenskultur in diesem Fall keinen wirklichen Ansatzpunkt bietet, um sich als Unternehmen einen Wettbewerbsvorteil zu verschaffen.

Wie wirken Unternehmenskulturen?

Nachdem wir uns bisher angeschaut haben, was Unternehmenskulturen ausmacht bzw. was sie beeinflusst, wollen wir uns nun im zweiten Schritt der Frage der Wirkung von Unternehmenskulturen zuwenden: Was konkret ist es an einer Unternehmenskultur, das dazu führt, dass in dieser Firma das Humankapital einen nachhaltigen Wettbewerbsvorteil darstellt? Die Antwort auf diese Frage kann man in drei Teilschritten geben. Erstens gibt die Unternehmenskultur den Mitarbeitern ein gemeinsames Interpretationsmuster der Umwelt. Dadurch wird zweitens die Komplexität für die Mitarbeiter verringert. Dies führt im dritten Schritt dazu, dass sich Reibungsverluste im Management verringern und sich dadurch auch der Kontroll- und Koordinationsaufwand durch das Management reduziert. Wir wollen uns nun diese drei Schritte etwas genauer anschauen. Fangen wir mit den Interpretationsmustern an. Wir leben und arbeiten in einer komplexen Welt, in der wir nur über unvollständige Informationen und begrenzte Kapazitäten, diese Informationen zu verarbeiten, verfügen. Simon beschreibt diesen Umstand mit dem Konzept der ‚bounded rationality' (vgl. Simon 1959). Um in dieser Situation handlungsfähig zu sein, entwickeln Menschen Interpretationsmuster ihrer Umwelt. Je nach Autor wird hier von ‚mentalen Modellen' (vgl. Jaeger 2004 und die darin zitierte Literatur) oder auch ‚mental maps' (vgl. Senge 2006) gesprochen. Diese mentalen Modelle helfen uns, die Frage zu beantworten, wie in bestimmten Situationen verfahren werden soll. Wie interpretieren wir das Verhalten anderer Leute? Wann fragen wir andere um Rat oder um Anweisungen? Jeder Mitarbeiter bringt seine mentalen Modelle mit in das Unternehmen. Eine Unternehmenskultur hilft den Mitarbeitern, ein gemeinsames mentales Modell zu schaffen bzw. anzunehmen und damit eine gemeinsame Sichtweise auf die Welt zu entwickeln. Wenn wir eine gemeinsame Sichtweise haben, dann hilft uns das, die wahrgenommene Komplexität zu verringern, und wir verbringen weniger Zeit damit, über verschiedene Sichtweisen zu diskutieren[4]. Dies ist der zweite Schritt.

---

[4]Die Kehrseite dieser Vereinheitlichung ist die Gefahr des ‚Groupthink': wenn alle nur noch die eine – partielle – Sichtweise auf die Welt haben, werden ggf. wichtige Informationen ausgefiltert, und die Entscheidungsqualität leidet.

Wir wollen diese abstrakten Aussagen anhand der Management-Dilemmata im Unternehmen veranschaulichen. Jedes Unternehmen und jede Führungskraft ist ständig einer Reihe von Dilemmata ausgesetzt, auf die reagiert werden muss (vgl. beispielsweise Blessin und Wicke 2014, S. 458 ff. zu den Führungs-Dilemmata und Müller-Stewens und Fontin 1997 zu den Management-Dilemmata). Ein Unternehmen steht immer wieder aufs Neue vor der Frage, wie stark Entscheidungen zentralisiert und wie weit sie dezentralisiert werden sollen. Weder eine vollkommene Dezentralisierung noch eine vollkommene Zentralisierung ist sinnvoll und machbar. Es muss immer wieder die Abwägung getroffen werden, welcher Grad der Zentralisierung sinnvoll und erwünscht ist. Genauso wie sich eine Führungskraft um die internen Prozesse, die Koordination der Mitarbeiter kümmern muss, genauso wird aber verlangt, dass sie auch die Kunden und ihre Anforderungen berücksichtigt. Welchen Schwerpunkt soll die Führungskraft legen? Wenn keine klaren Vorgaben, kein gemeinsames Verständnis vorhanden sind, dann wird ein sehr großer Teil der Zeit und Energie der Führungskräfte benötigt, diese Fragen immer wieder neu zu beantworten. Gibt es dafür aber ein klares – und von allen Mitarbeitern geteiltes – Verständnis, dann erübrigt sich ein Großteil der Diskussionen. Bemühen wir noch einmal die Unternehmensberatung McKinsey. Das Unternehmen impft allen seinen neuen Mitarbeitern die Formel ein: ‚Clients first, company second, self last'. Falls wir dieses Gebot auf die eben gestellte Frage anwenden, ob sich die Führungskraft eher um die internen Prozesse oder um den Kunden kümmern soll, dann löst sich das Dilemma auf und die Führungskraft weiß genau, wie sie handeln soll. Durch diese Vorgabe erspart sich das Unternehmen eine Vielzahl an Diskussionen und hat dadurch mehr Kraft und Zeit für andere Dinge zur Verfügung als ein Unternehmen ohne solch klares Interpretationsmuster der Situation. Dies ist der dritte Schritt. Weil wir viel weniger Zeit auf die Diskussion dieser Punkte verwenden müssen, brauchen wir auch viel weniger Führungskräfte. Wir werden im folgenden Kapitel sehen, dass die Kostenstruktur des Unternehmens deutlich verbessert wird, weil die Zahl der benötigten Führungskräfte geringer ist. Vieweg spricht beim Wirken der Unternehmenskultur von *fraktalem* Management: Die Unternehmenskultur liefert wenige Regeln, mit denen auf den unterschiedlichen Ebenen der Organisation selbstähnliche Handlungen erzeugt werden (vgl. Vieweg 2013, S. 123). Anders formuliert: Die Mitarbeiter wissen aufgrund der Unternehmenskultur, wie sie sich verhalten sollen, ohne dass es ihnen eine Führungskraft oder die Kollegen ständig sagen müssen. Damit übernimmt die Unternehmenskultur einen beträchtlichen Teil der Führungsaufgabe eines Vorgesetzten und bringt die Mitarbeiter dazu, sich selbst zu führen.

Wir haben vorhin über die Rolle des Organisationskapital gesprochen. Die gemeinsame Sicht auf die Welt, die geteilten Werte einer Unternehmenskultur können wir auch als Organisationskapital beschreiben. Als Organisationskapital betrachtet legt die Unternehmenskultur fest, wie wir miteinander umgehen, nach welchen Regeln und Mustern wir zusammenarbeiten. Allerdings müssen wir hier aufpassen. Wenn wir über die Rolle von Unternehmenskultur als mögliche Quelle eines Wettbewerbs*vorsprungs* reden, dann kann die Unternehmenskultur genauso gut auch die Quelle eines Wettbewerbs*nachteils* sein. Nicht jede Unternehmenskultur ist eine gute – eine Wettbewerbsvorteil verschaffende – Unternehmenskultur! Wir hatten oben beim Thema Sozialkapital die Situation einer Firma, in der die Kollegen in allererster Linie als Feinde und potenzielle Opfer im Kampf um den eigenen Aufstieg gesehen und behandelt werden mussten. Auch dies ist eine Unternehmenskultur – aber kaum eine, die dem Unternehmen einen Wettbewerbsvorteil bei der Befriedigung der Kundenbedürfnisse verschaffen dürfte. Dieses Beispiel zeigt auch, dass wir Phänomene im Unternehmen sowohl als Sozialkapital oder Organisationskapital als auch als Unternehmenskultur interpretieren können. Gleiches gilt auch für die HR-Architekturen im folgenden Kapitel. Eine Abgrenzung ist oft mehr als schwierig. Wichtiger aber noch als die Frage der Abgrenzung ist für unsere Zwecke letztendlich die Frage, ob wir die Unternehmenskultur managen, sprich gezielt beeinflussen können. Denn gerade wenn eine Unternehmenskultur nicht nur einen Wettbewerbs*vorteil,* sondern auch einen Wettbewerbs*nachteil* darstellen kann, ist es wichtig zu wissen, ob und – wenn ja – wie wir die Unternehmenskultur gestalten können. Dies wollen wir uns im folgenden Abschnitt anschauen.

Können wir Unternehmenskulturen managen?

Je nachdem, wen man fragt, werden wir auf diese Frage entweder ein entschiedenes ‚Ja‘ oder ein entschiedenes ‚Nein‘ bekommen. In der Literatur werden zwei unterschiedliche Ansätze verfochten, die zu entgegengesetzten Antworten kommen (vgl. Kutscher und Schmid 2006, S. 689 f., die einen guten Überblick über diese Diskussion geben). Auf der einen Seite stehen die Vertreter des ‚Variablen-Ansatzes‘. Für sie ist die Unternehmenskultur eine Variable, wie beispielsweise die Organisation oder Rechtsform, die sich ohne größere Probleme gestalten und verändern lässt. Dem Variablen-Ansatz nach muss die Unternehmenskultur entweder zur Unternehmensstrategie passen oder, falls dies nicht der Fall ist, passend gemacht werden. In Anlehnung an Chandlers Forderung ‚*structure follows strategy*‘ gilt dann „*culture follows strategy, structure and systems*“ (Kutscher und Schmid 2006, S. 690). Die Vertreter des Variablen-Ansatzes werden auch als Interventionisten (vgl. Schreyögg 1991, S. 202) bezeichnet, da sie davon ausgehen, dass sie direkt in die Ausgestaltung der Unternehmenskultur eingreifen können. Dem Variablen-Ansatz steht der Metaphern-Ansatz gegenüber. Vertreter dieses Ansatzes sehen die Unternehmenskultur nicht als etwas, das ein Unternehmen *hat,* sondern sie vertreten den Standpunkt, dass das Unternehmen eine Kultur *ist.* Diese Lesart bedeutet, dass Kultur „nicht als objektiv gegeben, sondern von subjektiven Einflüssen abhängig und damit auch für Wissenschaftler nicht endgültig, abschließend und absolut erfassbar [ist]“ (Kutscher und Schmid 2006, S. 691). Was für Wissenschaftler gilt, gilt natürlich auch für die Manager des Unternehmens. Wenn wir das Phänomen nicht wirklich verstehen, dann können wir es auch nicht wirklich beeinflussen. Vor diesem Hintergrund stehen die Vertreter des Metaphern-Ansatzes den Interventionisten skeptisch gegenüber. Die Aussage eines Vorstandes, dass er auf der letzten Klausurtagung eine neue Unternehmenskultur beschlossen hat, ist in den Augen der Vertreter des Variablen-Ansatzes nachvollziehbar, für Vertreter des Metaphern-Ansatzes hingegen schlichtweg naiv. Ein Teil des Unterschiedes zwischen den beiden Ansätzen lässt sich dadurch erklären, dass die Vertreter des Variablen-Ansatzes in erster Linie auf der Percepta-Ebene argumentieren, die Vertreter des Metaphern-Ansatzes hingegen vor allem auf der Concepta-Ebene.

Wie so oft, wenn sich zwei so verschiedene Denkansätze gegenüberstehen, entsteht früher oder später der Versuch, die beiden Sichtweisen zu versöhnen. In diesem Falle ist es die Betrachtung der Unternehmenskultur als ein *dynamisches Konstrukt* (vgl. Kutschker und Schmid 2006, S. 692). Dieser Ansatz geht davon aus, dass die Entwicklung der Unternehmenskultur ein evolutionärer Prozess ist, den das Management ‚vorsichtig‘ bzw. ‚behutsam‘ beeinflussen kann (vgl. Kutschker und Schmid 2006, S. 692). Wenn ein Unternehmen seine Unternehmenskultur verändern will, dann muss es sich darauf einstellen, dass sich dies nicht innerhalb von ein, zwei Jahren bewerkstelligen lässt, sondern deutlich länger dauert. In der Literatur wird von zehn bis 15 Jahren gesprochen, die dieser Prozess braucht (vgl. Scholz 1987, S. 86). Schaut man sich an, wie lange es gedauert hat, bis sich die Unternehmenskulturen der ehemaligen Bundespost und Bundesbahn von einer reinrassigen Beamtenkultur zu Kulturen ‚normaler‘ Wirtschaftsunternehmen gewandelt haben, dann ist dieser Zeitraum plausibel. Daraus folgt auch, dass für den Auf- bzw. Umbau von Unternehmenskulturen familiengeführte Unternehmen gegenüber vom Kapitalmarkt abhängigen Unternehmen klar im Vorteil sind. Es ist bezeichnend, dass viele der von Simon als Hidden Champion vorgestellten Unternehmen in Familienhand sind und über eine stark ausgeprägte Unternehmenskultur verfügen (vgl. die Firmenbeispiele in Simon 2007). Familienunternehmen bieten – von einigen Ausnahmen abgesehen – ein viel höheres Maß an Konstanz in der Unternehmensführung als Kapitalgesellschaften. Diese Konstanz wird benötigt, um die Unternehmenskultur prägen bzw. umformen zu können.

Damit sind wir beim zweiten – und entscheidenden Teil – unserer Frage: Welche Ansatzpunkte haben wir konkret, um die Unternehmenskultur zu verändern? Hier hilft es, wenn wir noch einmal an das Konzept der kulturellen Sphären mit seinen Einflussfaktoren anknüpfen. Denn die Faktoren, die die Entstehung der Unternehmenskultur bestimmen, stellen auch die Stellhebel dar, an denen wir die Kultur verändern können. Der Ort, die Region ist nicht nur ein Einflussfaktor auf die Entstehung der Unternehmenskultur, sondern auch ein Hebel, diese zu verändern. Zwar werden die wenigsten Unternehmen komplett umziehen, um ihre Unternehmenskultur zu verändern. Doch nicht umsonst eröffnen viele Unternehmen eine Dependance im Silicon Valley für ihre Entwicklungs- oder Designabteilung. Die Subkultur dieser Einheit soll vom Gründergeist der Region profitieren und idealerweise auch auf andere Bereiche des Unternehmens ausstrahlen. Die HR-Architektur, die wir im kommenden Kapitel betrachten werden, stellt einen der wichtigsten Hebel zur Gestaltung der Unternehmenskultur dar: Nach welche Kriterien wähle ich Mitarbeiter aus? Nach welchen Kriterien werden Mitarbeiter befördert? Geht es mir um eine langfristige Bindung der Mitarbeiter oder passen wir unser Humankapital kurzfristig an den aktuellen Bedarf an? Wie stark bilden wir unsere Mitarbeiter weiter – und zu welchen Themen? Wir haben gesehen, dass auch die Aufgaben und Tätigkeiten die Unternehmenskultur beeinflussen. Im letzten Kapitel haben wir den Strategieschwenk von IBM betrachtet, in dem das Unternehmen sich von einem Unternehmen, das in erster Linie Hardware produziert hatte, sich zu einem Unternehmen wandelte, das Dienstleistungen und Software verkauft. Mit dem Wechsel der Aufgaben ging auch eine Veränderung der Unternehmenskultur einher. Je stärker das Unternehmen wissensintensive Dienstleistungen erbringt, desto stärker sind selbstständiges Denken und unternehmerisches Handeln der Mitarbeiter notwendig. Auch dies beeinflusst die Unternehmenskultur.

Aber im Vergleich zu all diesen Faktoren ist die Rolle des Topmanagements der wichtigste Faktor bei der Gestaltung der Unternehmenskultur. Was das Topmanagement vorlebt – nicht was es sagt –, entscheidet mehr als alles andere, wie sich die Unternehmenskultur entwickelt. Die Aussage, dass irgendetwas ‚Chefsache‘ ist, wird weidlich strapaziert. Aber der Fisch stinkt nun einmal vom Kopf her, und wenn das Topmanagement nicht das vorlebt, was es den Mitarbeitern predigt, wird dieses gepredigte Verhalten nicht nachhaltig in der Organisation verankert. Nicht umsonst sind viele Unternehmen, die sich durch eine stark ausgeprägte Unternehmenskultur auszeichnen, über lange Jahre von einem charismatischen Chef geführt worden, wie beispielsweise Würth oder Kärcher, genauso wie Apple oder GE unter Jack Welch. Und diese Konstanz in der Führung finden wir deutlich häufiger in familiengeführten Unternehmen als bei anderen Firmen. Nicht nur müssen die Signale, die von der Geschäftsleitung ausgehen, über die Zeit hinweg konstant, sondern auch in sich stimmig sein. Wenn die Handlungen widersprüchlich sind, wird kein klares Bild entstehen und die Unternehmenskultur bleibt diffus. Auf diesen Punkt der Konsistenz werden wir im vierten Kapitel im Rahmen der Abstimmung der einzelnen Personalinstrumente noch einmal ausführlicher eingehen. Zurückblickend können wir also feststellen, dass sich die Unternehmenskultur durchaus verändern lässt und damit auch die Möglichkeit bietet, sie als Wettbewerbsvorteil auszubauen bzw. als Wettbewerbsnachteil abzustellen.

3.4   Die Verbindungslogik – ein Fazit

Wir haben dieses Kapitel mit der Frage begonnen, ob das Humankapital eher eine aktive oder eine passive Rolle bei der Strategieentwicklung spielen soll. Dies hängt in erster Linie davon ab, ob das Topmanagement eher den MBV oder den RBV verfolgt. Und diese Entscheidung wird zu großen Teilen von den Überzeugungen und Erfahrungen der Beteiligten bestimmt. Gleichzeitig ist sie aber auch von der Geschäftslogik getrieben. Je wichtiger das Humankapital für die Wettbewerbsfähigkeit des Unternehmens ist, desto stärker muss es bei der Strategieentwicklung berücksichtigt werden. Bei einer passiven Rolle des MBV muss zumindest ein Plausibilitätscheck erfolgen, ob das für die Strategieumsetzung notwendige Humankapital vorhanden bzw. rechtzeitig bereitgestellt werden kann. Denn sonst wäre die auf dem Humankapital basierende Strategie nicht umzusetzen. Gleichzeitig bietet nach dem RBV das Humankapital aber auch die Möglichkeit, sich nachhaltig vom Wettbewerb zu differenzieren. Dies ist zumindest der Anspruch dieser Strategieschule.

Die Umsetzung dieses Anspruches gestaltet sich aber oft sehr schwierig, da der RBV vage bleibt, wenn es um die Vorschläge geht, *wie* konkret der Wettbewerbsvorsprung auf- bzw. ausgebaut werden soll. Denn wir stehen vor der Herausforderung, aus Mitarbeitern, die an sich austauschbar sind, etwas zu schaffen, was in Kombinationen mit anderen Mitarbeitern oder Ressourcen eine so firmenspezifische Konstellation erhält, dass sie für den Wettbewerb nur schwer kopierbar ist (vgl. Ployart et al. 2014, S. 394). Wir haben drei Ansätze identifiziert, mit denen ein möglichst nachhaltiger Wettbewerbsvorteil durch das Humankapital gestaltet werden kann: die HR-Architektur des Unternehmens, sein Sozial- und Organisationskapital und schließlich die Kultur des Unternehmens. Die Abgrenzung dieser drei Ansätze ist schwierig. Letztendlich basieren alle Ansätze auf den geteilten Werten und Annahmen im Unternehmen. Diese werden – wenn sie stark ausgeprägt sind – in erster Linie durch die Gründer bzw. das Topmanagement des Unternehmens geprägt. Die HR-Architekturen sind ein Weg, die Unternehmenskultur umzusetzen oder auch zu beeinflussen. Das Sozialkapital und das Organisationskapital sind in erster Linie das Ergebnis der Unternehmenskultur und der HR-Architektur. Gleichzeitig können das Sozialkapital und das Organisationskapital die Unternehmenskultur und die HR-Architektur beeinflussen. Diese Wechselwirkungen sind ein Grund, warum es nur relativ wenige Firmen schaffen, das Humankapital zur nachhaltigen Differenzierung im Wettbewerb aufzubauen: Wir haben es mit einem komplexen und damit nur schwer zu steuernden Prozess zu tun. Die zweite Schwierigkeit, mit der wir konfrontiert werden, ist der Zeitraum, der für den Aufbau einer ausgeprägten Unternehmenskultur mit ihrem unternehmensspezifischen Sozial- und Organisationskapital benötigt wird. Um die Unternehmenskultur prägen zu können, brauchen wir über viele Jahre hinweg eine hohe Kontinuität im Management. Hier haben familiengeführte Unternehmen einen großen Vorteil, da sie diese Kontinuität deutlich öfter als vom Kapitalmarkt abhängige Unternehmen bieten. Meist sind es charismatische Gründer oder langjährige Geschäftsführer, welche die Unternehmenskultur prägen. Wenn aber die Unternehmenskultur – und damit mittelbar auch die Wettbewerbsfähigkeit des Unternehmens – so stark von einer einzigen Person abhängt, dann stellt sich die Frage, ob die Unternehmenskultur nach dem Ausscheiden der prägenden Persönlichkeit aufrechterhalten werden kann. Apple oder auch Aldi sind Beispiele von Firmen, wo dies gelungen ist. Die Unternehmenskultur bietet also grundsätzlich die Möglichkeit, sich über das Humankapital vom Wettbewerb zu differenzieren. Dies ist die gute Nachricht. Die schlechte Nachricht ist, dass dieser Weg zur Differenzierung sehr viel Zeit benötigt – Zeit, die nicht viele Unternehmen haben. Aber weil nicht alle Unternehmen diesen Weg gehen können, bietet er für diejenigen Firmen, die ihn gehen, einen umso wirkungsvolleren Ansatz, sich einen Wettbewerbsvorteil zu verschaffen.

Wie eben gesehen, ist die HR-Architektur des Unternehmens ein Weg, mit dem die Unternehmenskultur konkretisiert und mit Leben erfüllt wird. Und genau hier können Personaler helfen, um das Humankapital als Wettbewerbsvorteil aufzubauen. Denn mit dem Aufbau der HR-Architektur legen die Personaler fest, wie aus der Vielzahl der grundsätzlich zur Verfügung stehenden Instrumente genau diejenigen ausgewählt werden, die nicht nur das für die Strategie benötigte Humankapital, sondern damit auch das Sozial- und Organisationskapital aufbauen, das nur sehr schwer zu kopieren ist. Wie dies geschehen kann, was dabei berücksichtigt werden muss, ist Thema des folgenden Kapitels.

Literatur

Barney, J. (1986). Organizational culture: Can it be a source of sustained competitive advantage? *Academy of Management Review, 11*, 656–665.

Barney, J. (1995). Looking inside for competitive advantage. *Academy of Management Executive, 9*(4), 49–61.

Barney, J. B., & Wright, P. M. (1998). On becoming a strategic partner: The role of human resources in gaining competitive advantages. *Human Resource Management, 37*, 31–46.

Bartlett, C., & Ghoshal, S. (2002). Building competitive advantage through people. *Sloan Management Review, 43*, 34–41.

Birri, R. (2013). *Human Capital Management: Ein praxisorientierter Ansatz mit strategischer Ausrichtung* (2. Aufl.). Wiesbaden: Springer Gabler.

Blessin, B., & Wick, A. (2014). *Führen und Führen lassen* (7. Aufl.). München: UVK.

Boselie, P. (2014). *Strategic human resource management. A balanced approach* (2. Aufl.). London: McGraw-Hill.

Boxall, P., & Purcell, J. (2016). *Strategy and human resource management* (4. Aufl.). Basingstoke: Palgrave Macmillan.

Chaharbaghi, K., & Lynch, R. (1999). Sustainable competitive advange: Towards a dynamic resource-based strategy. *Management Decision, 37*(1), 45–50.

Chandler, A. (1962). *Strategy and structure*. Cambridge: MIT Press.

Colbert, B. (2004). The complex resource-based view: Implications for theory and practise in Strategic human resource management. *Academy of Management Review, 29*(3), 341–358.

Conniff, R. (2008). *The ape in the corner office: How to make friends, win fights, and work smarter by understanding human nature*. London: Marshall Cavendish.

Deal, T., & Kennedy, A. (1984). *Corporate cultures: The rites and rituals of corporate life*. Boston: Perseus Books.

Delery, J. (1998). Issues of fit in strategic human resource management. Implications for research. *Human Resource Management Review, 8*(3), 289–309.

Duschek, S. (2001). Modalitäten des strategischen Managements. Zur strukturationstheoretischen Interpretation des Resource-based View. In G. Ortmann & J. Sydow (Hrsg.), *Strategie und Strukturation. Strategisches Management von Unternehmen, Netzwerken und Konzernen* (S. 57–89). Wiesbaden: Gabler.

Fombrun, C. J., Tichy, N. M., & Devanna, M. A. (Hrsg.). (1984). *Strategic human resource management*. New York: Wiley.

Führing, M. (2006). *Risikomanagement und Personal: Management des Fluktuationsrisikos von Schlüsselpersonen aus ressourcenorientierter Perspektive*. Wiesbaden: Deutscher Universitäts-Verlag.

Grigoriou, K., & Rothaermel, F. (2014). Structural microfoundations of innovation: The role of relational stars. *Journal of Management, 40*(2), 586–615.

Hamel, G., & Prahalad, C. K. (1994). *Competing for the future*. Boston: Harvard Business School Press.

Hungenberg, H. (2006). *Strategisches Management in Unternehmen. Ziele - Prozesse - Verfahren* (4. Aufl.). Wiesbaden: Gabler.

Jaeger, B. (2004). *Humankapital und Unternehmenskultur – Ordnungspolitik für Unternehmen.* Wiesbaden: Deutscher Universitäts-Verlag.

Kaudela-Baum, S. (2006). *Strategisches Human Resource Management im Wandel: Theorien aus der Praxis.* Bern: Haupt.

Kutschker, M., & Schmid, S. (2006). *Internationales Management* (5. Aufl.). München: Oldenbourg.

Leonard, D. (1998). *Wellsprings of knowledge: Building and sustaining the sources of innovation.* Boston: Harvard Business School Press.

Lepak, D., & Snell, S. (1999). The human resource architecture: Toward a theory of human capital allocation and development. *Academy of Management Review, 24*(1), 31–48.

McGregor, D. (1960). *The human side of enterprise.* London: McGraw-Hill Higher Education.

McKinsey & Company. (2001). *The war for talent. Organization and Leadership Practice.* 1–8.

Mildenberger, U. (2002). Wissensmanagement versus (Kern-) Kompetenzmanagement – ein Versuch der Abgrenzung. In K. Bellmann, J. Frieling, P. Hammann, & U. Mildenberger (Hrsg.), *Aktionsfelder des Kompetenzmanagements* (S. 293–307). Wiesbaden: Deutscher Universitäts-Verlag.

Müller, C. (2014). *HR aus Sicht der Unternehmensführung: Erwartungen an wirksames HR-Management: Empirischer Studienbericht.* Freiburg: Haufe-Lexware.

Müller-Stewens, G., & Fontin, M. (1997). *Management unternehmerischer Dilemmata. Ein Ansatz zur Erschließung neuer Handlungspotentiale.* Stuttgart: Schäffer-Poeschel.

Ortlieb, R. (2010). Theoretische Grundlagen des Human Resource Managements. In B. Werkmann-Karcher & J. Rietiker (Hrsg.), *Angewandte Psychologie für das Human Resource Management* (S. 7–23). Heidelberg: Springer.

Osgood, J. (1951). Culture: Its empirical and non-empirical character. *Southwestern Journal of Anthropology, 7,* 202–214.

Penrose, E. (1959). *The theory of the growth of the firm.* Oxford: Blackwell.

Ployart, R., Nyberg, A., Reilly, G., & Maltarich, M. (2014). Human capital is dead – Long live human capital resources. *Journal of Management, 40*(2), 371–398.

Prahalad, C. K., & Hamel, G. (1990). The core competence of the corporation. *Harvard Business Review, 68*(3–4), 71–79.

PWC (2012). Delivering results: Growth and value in a volatile world. In 15th Annual CEO survey. http://www.pwc.com/gx/en/ceo-survey/pdf/15th-global-pwc-ceo-survey.pdf. Zugegriffen 26.Febr. 2015.

Schein, E. (2010). *Organizational culture and leadership* (4. Aufl.). San Francisco: Jossey-Bass.

Schneider, M. (2008). Organisationskapital und Humankapital als strategische Ressourcen. *Zeitschrift für Personalforschung, 22*(1), 12–34.

Schneider, S., Barsoux, J.-L., & Stahl, G. (2014). *Managing across culture* (3. Aufl.). Harlow: Pearson Education.

Scholz, C. (1987). Corporate culture and strategy – The problem of strategic fit. *Long Range Planning, 20*(4), 78–87.

Scholz, C., Stein, V., & Bechtel, R. (2011). *Human Capital Management: Wege aus der Unverbindlichkeit* (3. Aufl.). Neuwied: Luchterhand.

Schreyögg, G. (1991). Kann und darf man Unternehmenskulturen ändern? In E. Dülfer (Hrsg.), *Organisationskultur. Phänomen – Philosophie – Technologie* (2. Aufl., S. 201–214). Stuttgart: Schäffer-Poeschel.

Senge, P. (2006). *The fifth discipline.* New York: Crown Business.

Simon, H. (1959). Theories of decision making in economics and behavioural science. *American Economic Review, 49*(3), 253–283.

Simon, H. (2007). *Hidden Champions des 21. Jahrhunderts: Die Erfolgsstrategien unbekannter Weltmarktführer*. Frankfurt: Campus.

Smet, A. De, Schanninger, B., & Smith, M. (2014). The hidden value of organizational health – and how to capture it. *McKinsey Quarterly*, 1–11.

Teece, D., Pisano, G., & Shuen, A. (1997). Dynamic capabilities and strategic management. *Strategic Management Journal, 18*(7), 509–533.

Tichy, N. M., Fombrun, C. J., & Devanna, M. A. (1984). *Strategic human resource management*. New York: Wiley.

Trompenaars, F., & Hampden-Turner, C. (2012). *Riding the waves of culture: Understanding diversity in global business* (3. Aufl.). London: Nicolas Brealey.

Ulrich, D. (2013). The future targets of outcomes of HR work: Individuals, organizations, and leadership. In P. Ward & R. Tripp (Hrsg.), *Positioned: Strategic workforce planning that Gets the right person in the right job* (S. 276–284). New York: AMACOM.

Ulrich, D., Brockbank, W., Johnson, D., Sandholtz, K., & Younger, J. (2008). *HR competencies: Mastery at the intersection of people and business*. Provo: RBL Institute.

Vieweg, W. (2013). *Free Odysseus – Management by options*. Berlin: Logos.

Wernerfelt, B. (1984). A resource based view of the firm. *Strategic Management Journal, 5,* 171–180.

Wien, A., & Franzke, N. (2014). *Unternehmenskultur*. Wiesbaden: Springer Gabler.

Wright, P., Dunford, B., & Snell, S. (2001). Human resources and the resource based view of the firm. *Journal of Management, 27,* 701–721.

Youndt, M. A., & Snell, S. A. (2004). Human resource configurations, intellectual capital, and organizational performance. *Journal of Managerial Issues, 16*(3), 337–360.

Wie wird das benötigte Humankapital bereitgestellt? – Die Ebene der Architektur

4

Alle Mitarbeiter sind gleich – sind aber einige Mitarbeiter gleicher als andere?

Zusammenfassung

Dieses Kapitel beantwortet zusammen mit dem nächsten Kapitel die Frage, wie das benötigte Humankapital bereitgestellt werden kann. Dabei suchen wir Antworten auf der Ebene der HR-Architektur, denn diese dient als Strukturierungshilfe unserer einzelnen Personalinstrumente bzw. -maßnahmen. Es existieren verschiedene Vorschläge für Aufbau generischer HR-Architekturen, die aber jeweils an die konkrete Unternehmenssituation angepasst werden müssen. Die Wahl der HR-Architektur wird meist unbewusst schon bei Gründung des Unternehmens getroffen, hat aber große Auswirkungen auf den Erfolg des Unternehmens und ist darüber hinaus später nur mit hohem Aufwand zu ändern. Daher ist ein Verständnis der im Unternehmen vorhandenen HR-Architekturen sehr wichtig. Oft finden wir nicht nur eine, sondern mehrere HR-Architekturen im Unternehmen vor. Manchmal ist es sogar zweckmäßig bzw. notwendig, für unterschiedliche Gruppen von Mitarbeitern unterschiedliche HR-Architekturen anzuwenden. Die Frage ist, welche Kriterien für eine Segmentierung des Humankapitals sinnvoll sind.

4.1 Einleitung

Nachdem die Personalstrategie das benötigte Humankapital definiert hat, stehen wir nun vor der Frage, wie dieses Humankapital denn konkret bereitgestellt wird. Dabei haben wir mehrere Möglichkeiten. Cappelli fasst die Möglichkeiten – er spricht von ‚Talent' statt von Humankapital, meint aber letztendlich das Gleiche – zusammen, wenn er sagt: „In fact, there are three ways to meet talent needs. You can buy talent, by hiring from the outside. You can build it, by developing existing employees. Or you can borrow it, by engaging contractors or temporary workers" (Cappelli 2013, S. 26). Für welche Variante entscheiden wir uns? Sollen wir eher Berufsanfänger einstellen und diese über einige

Jahre nach unseren Vorstellungen formen, oder bauen wir lieber auf erfahrene Kräfte, die wir vom Markt rekrutieren, nachdem sie dort ihre Erfahrungen gesammelt haben? Sollen wir eher marktüblich zahlen und damit eine höhere Fluktuation in Kauf nehmen oder versuchen, durch überdurchschnittliche Bezahlung die Mitarbeiter an uns zu binden? Betreiben wir unsere Callcenter selbst oder lagern wir diese Aufgaben an einen externen Dienstleister aus? Egal, ob wir von der Personalgewinnung, der Personalauswahl oder -entwicklung sprechen, es steht uns eine Vielzahl von Personalinstrumenten zur Verfügung, zwischen denen wir entscheiden müssen. Wenn wir im Folgenden von Personalinstrumenten sprechen, dann sind das die einzelnen Werkzeuge und Prozesse, die uns zur Verfügung stehen, um das Humankapital im Unternehmen zu managen. Das können im Bereich der Personalgewinnung Interviews, Arbeitsproben oder Referenzen sein, über die wir Bewerber auswählen. Es kann die Entscheidung sein, ob wir fixe Gehälter zahlen oder ob wir leistungsabhängig entlohnen. Und wenn wir leistungsabhängig zahlen, dann stellt sich die Frage, welche Form von Leistung wir wie vergüten. Damit wir uns für diese einzelnen Instrumente und Maßnahmen entscheiden können, brauchen wir Kriterien, Leitlinien, nach denen wir dann die Instrumente auswählen und die dazugehörigen Prozesse aufsetzen können. Auch müssen wir bei der Auswahl der einzelnen Instrumente sicherstellen, dass diese zueinander passen, sich gegenseitig ergänzen und verstärken, statt sich zu widersprechen. Wie finden wir Antworten auf diese Fragen?

Antworten auf diese Fragen liefert uns die HR-Architektur als Bindeglied zwischen dem benötigten Humankapital und den einzelnen Instrumenten. Diese HR-Architektur fungiert als Strukturierungshilfe der einzelnen Personalinstrumente bzw. -maßnahmen. Birri beschreibt die HR-Architektur so: „Eine Architektur stellt auch sicher, dass die Entwicklung eines Systems in geordneten Bahnen erfolgt und den zur Verfügung stehenden Ressourcen Rechnung trägt. Analog zu einem Bebauungsplan gibt eine Architektur eine Leitlinie für alle an der Planung und dem Betrieb des Systems Beteiligten" (Birri 2013, S. 53). Lepak und Snell beschreiben die Aufgabe der HR-Architektur als Strukturierungshilfe in ähnlicher Weise: „… a HR architecture that aligns different employment modes, employment relationships, HR configurations, and criteria for competitive advantage. We use the term architecture to describe this framework because it is based on a set of fundamental parameters that, once established, allow us to draw inferences about both the form and function of the entire system" (Lepak und Snell 1999, S. 32). Aus beiden Definitionen wird ersichtlich, dass es sich bei der HR-Architektur um einen grundlegenden Rahmen handelt, der es uns ermöglicht, die einzelnen Instrumente auszuwählen und zu koordinieren. Die HR-Architektur ist aber kein Standard-Plan, der allen Unternehmen und Situationen übergestülpt werden soll. Im Gegenteil, die HR-Architektur sollte genauso unternehmensspezifisch sein wie die Geschäftsfeldstrategie. Denn wie wir in Abb. 4.1 sehen können, steht die HR-Architektur als Bindeglied zwischen dem benötigten Humankapital und den zu wählenden Instrumenten. Und genauso, wie die Geschäftsfeldstrategie einzigartig sein sollte, muss dann auch die HR-Architektur ausreichend spezifisch sein, um die für die Strategie angestrebte Einzigartigkeit abbilden zu können. Wir könnten den Markt- oder den Investment-Ansatz als generische HR-Architekturen

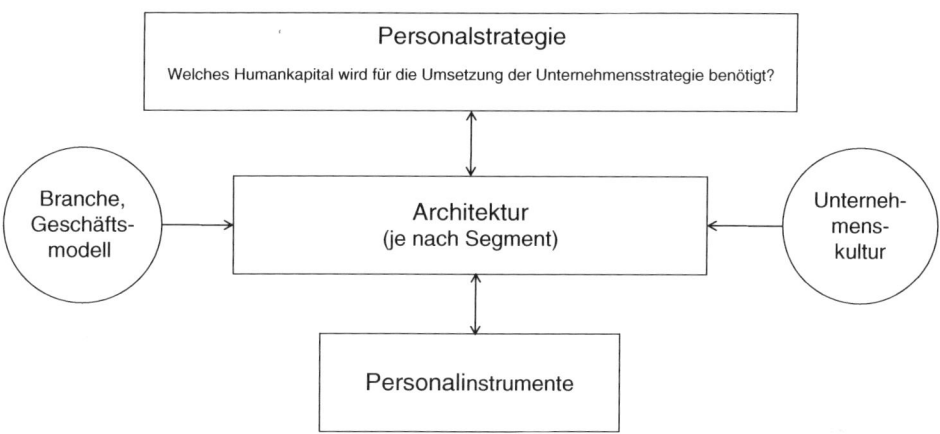

Abb. 4.1 Der Zusammenhang zwischen Personalstrategie, HR-Architektur und Personalinstrumenten

betrachten, genauso wie es generische Unternehmensstrategien gibt. Aber eine Kostenführerschaftsstrategie sieht im Einzelhandel in Deutschland anders aus als eine Kostenführerschaftsstrategie für Augenoperationen in Indien. Und genauso muss auch eine HR-Architektur unternehmensspezifisch sein, selbst wenn sie grundsätzlich einen Investment-Ansatz folgt. Dabei stehen die drei Ebenen nicht vollkommen losgelöst voneinander, sondern beeinflussen sich gegenseitig. Auch werden wir später noch feststellen, dass die Übergänge zwischen den Ebenen manchmal zerfließen.

Ebenso gestaltet sich die Abgrenzung zwischen Unternehmenskultur und HR-Architektur oft schwierig. Eine Unternehmenskultur schränkt ein, welche Personalinstrumente in einem Unternehmen akzeptiert sind, welche nicht. Damit hat die Unternehmenskultur eine Filterfunktion für die Auswahl von Personalinstrumenten und übernimmt auch die Koordinationsfunktion, die wir von einer HR-Architektur erwarten. Aber Unternehmenskultur und HR-Architektur gleichzusetzen, greift zu kurz. Wir können die HR-Architektur als eine Facette der Unternehmenskultur betrachten. Wie wir im letzten Kapitel gesehen haben, findet die Unternehmenskultur neben der HR-Architektur auch in anderen Dingen Ausdruck: den Umgangsformen, der Organisationsform, Artefakten wie der Architektur der Gebäude, der Kleidung der Mitarbeiter.

Die HR-Architektur wird von mehreren Faktoren beeinflusst, in besonderem Maße von der Branche und dem Geschäftsmodell des Unternehmens sowie besagter Unternehmenskultur. Für die Entwicklung und Umsetzung unserer Humankapitalstrategie müssen wir zunächst eine HR-Architektur auswählen bzw. entwickeln und dann die dazu passenden Instrumente und Prozesse aussuchen. Wie üblich ist beides leichter gesagt als getan. Denn bei der Wahl der HR-Architektur werden wir mit der Frage konfrontiert, ob *eine* HR-Architektur überhaupt ausreicht. Anders gesagt: Macht es eventuell Sinn bzw. ist es sogar notwendig, dass wir für unterschiedliche Gruppen von Mitarbeitern unterschiedliche HR-Architekturen anwenden? Wenn das benötigte Humankapital sehr heterogen ist, dann müssen wir es für die Entwicklung der passenden HR-Architektur segmentieren.

Die Fragen, die sich bei der Entwicklung der Humankapitalstrategie ergeben, werden wir in den folgenden beiden Kapiteln beantworten. Dieses Kapitel konzentriert sich auf die Ebene der HR-Architektur. Hier werden wir uns zuerst der Frage der Segmentierung des Humankapitals zuwenden, um uns dann auf Basis einer möglichen Segmentierung verschiedene Vorschläge für HR-Architekturen anzuschauen. Einige davon, wie den Markt- bzw. den Investment-Ansatz, haben wir schon im ersten Kapitel kennengelernt. Zusätzlich werden wir einige andere Vorschläge aus der Literatur zu HR-Architekturen untersuchen und auf Ähnlichkeiten und Unterschiede eingehen. Zum Abschluss dieses Kapitels werden wir uns dann mit der unbequemen Frage beschäftigen müssen, inwieweit wir überhaupt eine Wahl bei unserer HR-Architektur haben. Der Wechsel von einer HR-Architektur zu einer anderen ist mit deutlichen Kosten verbunden, und wir müssen die Kosten eines Architekturwechsels bei der Auswahl bzw. der Veränderung einer HR-Architektur berücksichtigen.

Im Vergleich zur Ebene der HR-Architektur nimmt – gerade in der akademischen Diskussion – die Ebene der Instrumente einen viel größeren Raum ein. Diese Diskussion, die unter dem Stichwort ‚Best Fit' oder ‚Best Practice' läuft, haben wir im ersten Kapitel schon kurz angesprochen. Wir werden die Thematik – für die Ebene der einzelnen Instrumente – im nächsten Kapitel behandeln. Ganz klar können wir zwischen den beiden Ebenen der HR-Architektur und den Instrumenten aber nicht trennen, was vor allem bei der Koordinationsfunktion einer HR-Architektur deutlich wird. Denn die Frage der Konsistenz zwischen den einzelnen Personalinstrumenten ist eines der zentralen Themen der Best-Fit-Systeme. Daher werden wir gerade bei der Diskussion dieser Best-Fit-Systeme immer wieder auf das Thema der HR-Architektur zurückkommen müssen.

4.2   Die Segmentierung des Humankapitals

In vielen Bereichen des Managements ist es vollkommen normal, bestimmte Gruppen zu unterscheiden. Im Marketing werden Zielgruppen und Kunden segmentiert, im Finanzbereich Anlage- und Risikoklassen. Viele Personaler reagieren aber auf den Vorschlag, die Mitarbeiter in verschiedene Gruppen zu unterteilen und unterschiedlich zu behandeln, geradezu reflexartig mit dem Kommentar: „Das geht bei uns nicht. Bei uns sind alle Mitarbeiter wichtig – da kann man nicht unterscheiden." Die Sozialisation vieler Personaler führt wohl zu einer sehr egalitären Geisteshaltung. Aber ihre Argumentation geht am Kern vorbei. Dass alle Mitarbeiter für das Unternehmen wichtig sind, sollte selbstverständlich sein. Wären sie unwichtig, dann brauchten wir sie nicht beschäftigen. Eine Unterscheidung der Mitarbeiter wird in jedem Unternehmen allein durch die bestehenden Gehaltsstufen getroffen. Es geht nicht darum, ob Mitarbeiter wichtig sind, sondern darum, *welche* Mitarbeiter für die Umsetzung der Strategie *wichtiger* sind als andere. Einige Mitarbeiter sitzen auf Schlüsselpositionen, andere nehmen unterstützende Aufgaben wahr. Bei einem kleinen Unternehmen mit einer Handvoll Mitarbeitern mag diese Unterscheidung noch nicht so sehr ins Gewicht fallen, aber je größer ein Unternehmen, desto heterogener auch das Humankapital und desto notwendiger auch eine Segmentierung des Humankapitals, um effektive Personalarbeit betreiben zu können. Effektiv in dem Sinn, dass ein Unternehmen seine begrenzten Ressourcen bei den Mitarbeitern einsetzt, die am stärksten zur Umsetzung der Strategie beitragen. Und wie das Zitat von Cappelli zu Beginn des Kapitels deutlich macht, geht es auch um die Frage, welche Tätigkeiten ggf. an externe Dienstleister vergeben bzw. outgesourct werden. Neben dieser *Notwendigkeit* zur Segmentierung spielt aber auch die *Bereitschaft* zur Segmentierung eine große Rolle. Viele Unternehmen – und auch ihre Personaler – sind von ihrer Kultur so geprägt, dass sie möglichst wenig zwischen den einzelnen Mitarbeitern unterscheiden. Auf der anderen Seite gibt es einige Firmen, die bewusst eine Mehrklassengesellschaft ihrer Mitarbeiter in Kauf nehmen. Größere Unternehmensberatungen sind ein Beispiel für Firmen, in denen der Unterschied zwischen einzelnen Gruppen besonders ausgeprägt ist. Für die eigentlichen Berater wird seitens des Personalmanagements ein sehr hoher Aufwand bei der Rekrutierung und der Personalentwicklung betrieben. Für die Mitarbeiter in unterstützenden Bereichen – wie z. B. der Personal- oder IT-Abteilung – sind Aufwand und Invest wesentlich geringer. Besonders deutlich wird die Unterscheidung zwischen den Mitarbeitergruppen, wenn beispielsweise für Berater aufwendigere Weihnachtsfeiern ausgerichtet werden als für Nicht-Berater oder es sogar für jede Gruppe eine eigene Personalabteilung gibt.

Wenn wir erst einmal davon ausgehen, dass eine Segmentierung sinnvoll sein kann, kommen wir natürlich zu der Frage, *wie* wir segmentieren sollten. Welche Kriterien bieten sich dafür an? Hier müssen wir aber aufpassen. Wir finden im Unternehmen zwei Formen von Segmentierungen der Mitarbeiter: einmal nach *Leistung* bzw. *Potenzial* der Mitarbeiter und einmal nach der *Position,* die der Mitarbeiter innehat. Talentmanagement und Performance Management unterscheiden die Mitarbeiter in Low und High Performer, nach High Potenzials oder Problemfällen. Im Performance Management werden die Mitarbeiter oft in A-, B- oder C-Kandidaten eingeteilt (vgl. Huselid et al. (2005a) und Becker et al. (2009)), es werden aus der Kombination von Leistung und Potenzial Mitarbeiterportfolios aufgebaut (vgl. Witt 1987), oder es werden Talent-Pools (vgl. Steinweg 2009, S. 155 f.) eingerichtet bzw. Goldfischteiche oder ähnliche ausgewählte Führungskräftegruppen zur besonderen Beobachtung oder Förderung etabliert. Um diese Segmentierung, die für die Personalentwicklung und das Talentmanagement eine sehr wichtige Rolle spielt, geht es uns hier nicht. Für uns ist die Frage nach der Position entscheidend, welche die jeweilige Person innehat. In der Diskussion werden diese beiden Formen der Segmentierung immer mal wieder vermengt. Missverständnisse sind dann schnell die Folge.

Eindimensionale Segmentierungen

Wenn es darum geht, die Mitarbeiter zu segmentieren, gibt es – wenig überraschend – wieder verschiedenste Vorschläge, wie diese Segmentierung vorzunehmen ist. Es existieren sowohl ein- als auch zweidimensionale Vorschläge der Segmentierung. Mit eindimensional ist gemeint, dass bei der Einteilung in die verschiedenen Gruppen nur ein Faktor berücksichtigt wird, während bei zweidimensionalen Segmentierungen das Zusammenspiel von zwei Faktoren die bei den Betriebswirten so beliebte 2 × 2-Matrix ergibt. Fangen wir mit den eindimensionalen Vorschlägen an. Die wohl prominenteste Segmentierung dieser Art ist die Einteilung in A-, B- und C- Positionen, wie sie Huselid und seine Koautoren vorschlagen (vgl. Huselid et al. 2005b, S. 115). Als A-Positionen bezeichnen sie solche, die zwei Bedingungen erfüllen. Erstens muss die Position unmittelbar an der Strategieumsetzung beteiligt sein. Zweitens muss die Position so ausgestaltet sein, dass die Leistung auf der Position einer großen Schwankung – vor allem nach oben – unterliegen kann. In der Entwicklungsabteilung eines Unternehmens, das eine Innovationsstrategie verfolgt, kann dies die Position von Entwicklungsingenieuren für die neuen Produkte sein. Entwicklungsingenieure sind nicht nur wichtig und notwendig für die Strategieumsetzung. Einige wenige – brillante – Ideen einzelner Entwicklungsingenieure reichen aus, um dem Unternehmen einen großen Wettbewerbsvorsprung zu verschaffen. B-Positionen sind zum einen Positionen, auf denen die Mitarbeiter Kollegen auf A-Positionen direkt unterstützen und damit indirekt an der Strategieumsetzung beteiligt sind. Dies könnte beispielsweise eine HR-Managerin sein, welche die kritischen Entwicklungsingenieure für das Unternehmen gewinnt und durch die Bereitstellung der notwendigen Prozesse hilft, diese Ingenieure an das Unternehmen zu binden. Zum anderen gehören zu den B-Positionen solche Positionen, die unmittelbar zur Strategieumsetzung notwendig sind. Im Gegensatz zu A-Positionen sind allerdings die Leistungsunterschiede auf diesen Positionen nicht sehr groß. Für ein Restaurant in der Spitzengastronomie sind gute Servicekräfte sehr wichtig. Aber hier wird kaum eine Servicekraft durch solch außergewöhnlich guten Service auffallen, dass sie damit die Strategie vorantreiben könnte (durch schlechten Service kann man schon auffallen – und auch die Strategieumsetzung behindern). Bei den Köchen, die ebenfalls entscheidend für die Strategieumsetzung sind, ist dies anders: Einzelne Köche können durch ihre Leistung und ihren Ruf den Erfolg des Unternehmens entscheidend beeinflussen. C-Positionen sind Positionen, die zwar notwendig sind, damit das Restaurant funktioniert, aber keinen direkten Beitrag zur Strategieumsetzung leisten. Im Beispiel des Restaurants wären dies die Kräfte in der Spülküche, in einem anderen Unternehmen sind dies ggf. Mitarbeiter in der Buchhaltung oder in der Gehaltsabrechnung. Weder durch eine besonders gut funktionierende Spülküche noch eine besonders schnelle und fehlerfreie Gehaltsabrechnung kann das Unternehmen sich einen Wettbewerbsvorteil verschaffen. Um es in der Terminologie von Hertzberg zu beschreiben: Es sind Hygiene-Faktoren, die erfüllt sein müssen, damit das Unternehmen funktioniert. Nicht mehr und nicht weniger.

Einen ähnlichen Ansatz zur Segmentierung liefern Ruse und Jansen (vgl. Ruse und Jansen 2008, S. 40). Sie unterscheiden vier Gruppen an Mitarbeitern. Erstens strategische Positionen *(strategic)*, die notwendig sind, um den Wettbewerbsvorteil des Unternehmens langfristig zu sichern, Mitarbeiter, die dafür über besondere Fähigkeiten oder besonderes Wissen verfügen müssen. Diese Gruppe entspricht weitestgehend den eben besprochenen A-Positionen. Es gilt, diese Gruppe zu hegen, zu pflegen und auszubauen. Die zweite Gruppe ist die Kerngruppe *(core)*. Diese Gruppe bezeichnen Ruse und Jansen als den Motor der Firma, da sie über die für die Firma und deren Kernprodukte notwendigen speziellen Kenntnisse verfügt. Das können die Servicetechniker eines Telekommunikationsunternehmens sein, die die hohe Verfügbarkeit der eigenen Systeme und damit auch die Kundenzufriedenheit sicherstellen. Diese Kerngruppe gilt es, an das Unternehmen zu binden. Die Parallelen zu den B-Positionen oben sind deutlich. Die dritte Gruppe bei Ruse und Jansen entspricht den C-Positionen. Für Ruse und Jansen ist dies die Gruppe der ‚Notwendigen‘ *(requisite)*. Man braucht sie, damit der Laden läuft, aber es ist fraglich, ob diese Leute auch notwendigerweise im eigenen Unternehmen beschäftigt sein müssen. Eine Alternative wäre, diese Funktionen outzusourcen. Da der direkte Wertbeitrag zur Strategieumsetzung fehlt, macht es für Ruse und Jansen Sinn, diese Funktionen so weit wie möglich auf Effizienz zu trimmen, um die Kostenposition zu verbessern. Dies erinnert an die Diskussion über den Faktor 70 in der Einleitung. Solange die Personalabteilung nicht als eine Funktion gesehen wird, die einen direkten Wertbeitrag liefert, wird diese Funktion allein unter Kostengesichtspunkten gemanagt. Die vierte Gruppe ist für Ruse und Jansen die Gruppe der Mitarbeiter, die nicht zum Kern gehören bzw. nicht (mehr) passen *(non-core/misfits)*. Da die Qualifikationen dieser Mitarbeiter nicht mehr im Unternehmen benötigt werden, sollte sich die Firma von diesen Mitarbeitern trennen.

Während Ruse und Jansen die verschiedenen Mitarbeitersegmente feiner ausdifferenzieren als Huselid und seine Koautoren und damit auch den Aufwand für die Segmentierung erhöhen, können wir auch in die andere Richtung gehen. So kann es – gerade für kleinere Firmen – Sinn machen, die Segmentierung darauf zu beschränken, zwischen Mitarbeitern auf Schlüsselpositionen und solchen, die nicht zu den Schlüsselpositionen gehören, zu trennen (vgl. Lebrenz und Völk 2012). Eine weitere, in der Praxis weitverbreitete Segmentierung orientiert sich an der Hierarchie des Unternehmens. Der Logik folgend, dass die Topführungskräfte einen sehr starken Einfluss auf die Geschicke des Unternehmens haben, werden diese Manager besonders umsorgt. Nicht nur durch hohe Gehälter, sondern auch durch spezielle Entwicklungsprogramme. Und auch ein großer Teil des Talentmanagements, der diesen Begriff enger fasst und sich auf die High Potenzials konzentriert, entwickelt diese Nachwuchskräfte dahin gehend, dass diese später einmal in die wichtige Gruppe des Topmanagements aufsteigen und besondere Bedeutung erlangen könnten.

Auch wenn sich die einzelnen Segmentierungen danach unterscheiden, wie stark die verschiedenen Gruppen ausdifferenziert werden und wo genau die Trennlinie zwischen den einzelnen Segmenten verläuft, so ist den Ansätzen gemeinsam, dass eine relativ kleine Gruppe der Mitarbeiter für die Strategieumsetzung entscheidend ist. Huselid und seine Koautoren kommen auf weniger als 20 % der Mitarbeiter, die A-Positionen bekleiden (vgl. Huselid et al. 2005a, S. 112). Dies deckt sich auch mit den Erfahrungen, die wir beim Einsatz des Strategie-Implementierungs-Scores gemacht haben (vgl. Lebrenz und Völk 2012). Dieses Instrument werden wir im achten Kapitel kurz erläutern. Die 80:20-Regel von Pareto scheint auch bei der Segmentierung der Mitarbeiter eine hilfreiche erste Annäherung zu sein. Allerdings gibt es je nach Branche und Geschäftsmodell deutliche Schwankungen.

Zweidimensionale Segmentierungen

Auch bei den zweidimensionalen Segmentierungen wurden im Laufe der Zeit verschiedene Vorschläge gemacht. Wir wollen uns drei davon kurz anschauen und beginnen dabei mit dem in der Literatur am weitesten verbreiteten Modell, dem vom Lepak und Snell (vgl. Lepak und Snell 1999, S. 37). Für Lepak und Snell sind zwei Faktoren für die Segmentierung des Humankapitals entscheidend: einerseits die strategische Bedeutung des Humankapitals *(value)* für das jeweilige Unternehmen und andererseits die Einzigartigkeit des Humankapitals *(uniqueness)*. Die strategische Bedeutung – ob Mitarbeiter zum Kern oder eher zur Peripherie des Humankapitals gehören – kennen wir schon von den eben diskutierten eindimensionalen Segmentierungen. Mit der Einzigartigkeit des Humankapitals wird beschrieben, wie spezifisch dieses Humankapital für das Unternehmen ist. Diese Einzigartigkeit kann daher rühren, dass sehr viel implizites Wissen, also genaue Kenntnisse der internen Abläufe, der speziellen Prozessen und Technologien des Unternehmens, benötigt wird. Die Firma Herrenknecht aus dem badischen Schwanau ist Weltmarktführer für den Bau von Tunnelbohrmaschinen. Die benötigte Expertise für den Bau dieser gigantischen Maschinen gibt es nur vereinzelt in anderen Unternehmen auf der Welt. Wenn es aber nur eine Handvoll Unternehmen weltweit sind, die bestimmte Produkte herstellen oder bestimmte Technologien einsetzen, dann sind diese Produkt- und Prozesskenntnisse kaum auf dem Markt zu bekommen, dann ist dieses Humankapital sehr spezifisch für das Unternehmen. So haben auch Firmen wie Herrenknecht ein hohes Interesse daran, dieses kritische Know-how an sich zu binden.

Lepak und Snell argumentieren, dass die Kombination von Einzigartigkeit und Wert des Humankapitals darüber bestimmt, wie das Humankapital gemanagt wird (vgl. Lepak und Snell 1999, S. 36). Dabei unterscheiden sie drei Elemente, die für Lepak und Snell in Summe die HR-Architektur des Unternehmens ergeben. Erstens, wie das Humankapital entwickelt und vorgehalten wird *(employment mode)*, zweitens, wie stark das Humankapital an das Unternehmen gebunden wird *(employment relationship)*, und drittens, welche Personalinstrumente *(HR configurations)* eingesetzt werden. Die drei Elemente sind nicht immer ganz klar voneinander zu trennen, helfen aber, in Summe zu beschreiben, wie die unterschiedlichen Gruppen des Humankapitals behandelt werden sollten. Dabei ist es wichtig daran zu denken, dass es hier nicht nur um die *Mitarbeiter* geht, also das Humankapital, das direkt beim Unternehmen angestellt ist, sondern genauso auch um das Humankapital, das *extern* in irgendeiner Form eingekauft wird, um die Leistungen des Unternehmens erbringen zu können. Dieses Humankapital ist für die Umsetzung der Unternehmensstrategie ggf. genauso wichtig. Lepak und Snell bringen es auf den Punkt, wenn sie warnen: „It would be a mistake to assume that the impact of human resources ends at the ‚edge‘ of an organization" (Lepak und Snell 1999, S. 42).

Aus der Kombination des strategischen Werts und der Einzigartigkeit ergeben sich vier Varianten. Bei der ersten Variante sind sowohl die strategische Bedeutung des Humankapitals als auch dessen Einzigartigkeit hoch. Dies ist die Kerngruppe des Humankapitals, die für die Umsetzung der Strategie entscheidend ist. Da das Know-how dieser Mitarbeiter firmenspezifisch ist und wichtig für das Unternehmen, sollte dieses Humankapital intern aufgebaut und langfristig an die Organisation gebunden werden, damit sich die Investitionen in diese Mitarbeiter auch amortisieren. Viele der Best-Practice-Systeme, auf die wir im nächsten Kapitel näher eingehen werden, beschreiben den Gedanken, durch hohe Investitionen in die Mitarbeiter und langfristiges Commitment seitens der Firma im Gegenzug ein ähnlich hohes Commitment und Engagement der Mitarbeiter zu erhalten. Bei der zweiten Variante ist der strategische Wert des Humankapitals ebenfalls sehr hoch, aber dieses Humankapital ist nicht sehr spezifisch für das Unternehmen, sondern wird in vielen Unternehmen benötigt. Kaum ein Automobilhersteller kann ohne eine leistungsfähige Designabteilung auskommen. Doch die Fähigkeit, einen ansprechenden Wagen zu entwerfen, ist unabhängig davon, ob der Designer für einen Premiumhersteller oder einen Volumenhersteller arbeitet. Bei dieser Variante wird das Humankapital tendenziell eher auf dem Markt eingekauft, statt es intern zu entwickeln. Da das Humankapital nicht spezifisch für das Unternehmen ist, läuft das Unternehmen eventuell Gefahr, dass die Mitarbeiter das Unternehmen verlassen und sich die Investitionen in das Humankapital nicht amortisieren. So zumindest die Argumentation von Lepak und Snell, die hier – wie für den angelsächsischen Bereich typisch – von einem Markt-Ansatz im Umgang mit den Mitarbeitern ausgehen. Wir werden im nächsten Abschnitt noch genauer auf diesen Punkt eingehen. Die Bindung an das Unternehmen wird bei dieser Variante als symbiotisch beschrieben: Man bleibt so lange in der Firma, solange es für beide Seiten vorteilhaft ist. Ist dies nicht mehr der Fall, geht der Mitarbeiter (oder er wird gegangen). Dementsprechend richten sich die Konditionen hinsichtlich Bezahlung, Weiterbildung und Entwicklungsmöglichkeiten an den marktüblichen Gegebenheiten aus. Beiden Varianten ist gemeinsam, dass der strategische Wert des Humankapitals hoch ist. Daher macht es aus Sicht der Firma Sinn, dieses Humankapital fest einzustellen. Dies sind unsere Mitarbeiter im eigentlichen Sinne.

Aber es gibt auch Humankapital, welches das Unternehmen zwar benötigt, das aber aufgrund seiner geringen strategischen Bedeutung nicht im Unternehmen beschäftigt sein muss. Dieses kann extern eingekauft werden und ist als die weiteren beiden Varianten klassifiziert. In der dritten Variante sind weder der strategische Wert noch die Einzigartigkeit des Humankapitals hoch. Dieses Humankapital kann genauso gut – und ggf. auch günstiger – bei externen Anbietern beschäftigt werden. Das kann im Handwerksunternehmen die Buchhaltung sein, aber in größeren Unternehmen auch die Kantine, die Reisekostenabrechnung und – unabhängig von der Firmengröße – die Reinigung der Betriebsräume. Dieses Humankapital wird nicht im eigenen Unternehmen angestellt, sondern auf dem externen Markt eingekauft. Die Zusammenarbeit wird vertraglich geregelt, und aus Sicht des eigenen Unternehmens erfolgt normalerweise keinerlei Investition in dieses externe Humankapital. Einzige Ausnahme mag die Unterweisung der externen Kräfte in die internen Sicherheitsbestimmungen sein. Wichtig für das Unternehmen ist letztendlich nur, dass sich der externe Vertragspartner, der das Humankapital zur Verfügung stellt, an die gesetzlichen und sonstigen im Vertrag vereinbarten Standards hält. Bei der vierten Variante haben wir die Konstellation, dass der strategische Wert des benötigten Humankapitals zwar gering ist, dafür aber sehr spezifisch. Meist so spezifisch, dass es sich für das Unternehmen nicht lohnt, dieses Humankapital selbst einzustellen, da es zu selten benötigt wird. Dies ist für viele kleinere Unternehmen der Steuerberater, der sich zwar in den Prozessen des Unternehmens grundsätzlich auskennen muss, der aber nicht oft genug gebraucht wird, um ihn fest zu beschäftigen. Da sich diese Leute mit den Besonderheiten des Unternehmens auskennen müssen, wird in der Regel eine langfristige Zusammenarbeit angestrebt. Diese Zusammenarbeit ist nicht wie bei der dritten Variante rein auf die Einhaltung der Regeln beschränkt, sondern stärker partnerschaftlich ausgeprägt. Zu dieser Variante gehören beispielsweise Datenschutzbeauftragte oder andere spezialisierte Juristen und Berater.

Neben dieser Segmentierung von Lepak und Snell wollen wir uns noch zwei weitere, verwandte, Segmentierungen anschauen. Eine der Alternativen stammt von Scholz (vgl. Scholz 1995, S. 423). Er nutzt zwei ähnliche Kriterien wie Lepak und Snell, nämlich einerseits die *Bindung* an das Unternehmen, andererseits die *Qualifikation*. Die sich aus der Kombination dieser beiden Kriterien ergebenden vier Typen beschreibt er wie folgt: Tagelöhner oder Zeitarbeiter sind für ihn die Mitarbeiter, bei denen weder die Bindung an das Unternehmen noch die Qualifikation hoch sind. Dies entspricht weitestgehend der dritten Variante bei Lepak und Snell. Die Mitarbeiter mit geringer Qualifikation und hoher Bindung sind bei Scholz die *Kulturträger* bzw. *Wasserträger*. Scholz betont bei diesem Typus vor allem auch die Rolle der Mitarbeiter für die Ausprägung und Weitergabe der Unternehmenskultur. Beim Typus mit hoher Qualifikation und enger Bindung ans Unternehmen finden wir bei Scholz die *Spielmacher* und *Firmenexperten,* die zusammen mit den Kulturträgern die Kerngruppe des Unternehmens bilden. Beim letzten Typus, dem Humankapital mit hoher Qualifikation und niedriger Bindung ans Unternehmen, spricht Scholz von den *freien Unternehmern.* Letztendlich ähneln sich die Modelle von Lepak und Snell bzw. von Scholz sehr. Unterschiede liegen einerseits in den Begrifflichkeiten und andererseits in gewissem Grade in der Perspektive. Während Lepak und Snell stärker aus Sicht der Organisation und ihrer Bedürfnisse argumentieren, entwickelt Scholz sein Modell eher aus dem Blickwinkel der Arbeitnehmer – egal, ob sie im Unternehmen angestellt sind oder als Externe für das Unternehmen arbeiten.

Baron und Kreps bringen mit ihrer Segmentierung noch einen weiteren Aspekt ein: die Frage, wie stark die verschiedenen Gruppen des Humankapitals zusammenarbeiten müssen (vgl. Baron und Kreps 1999, S. 460). Genauso wie bei Lepak und Snell ist auf der einen Achse die strategische *Bedeutung* des Humankapitals abgetragen; auf der anderen Achse aber statt der Einzigartigkeit der Grad, in dem inhaltlich und personell das Humankapital für die Erfüllung seiner Aufgaben von anderen Gruppen *abhängt*. Diese

Segmentierung kommt weitestgehend zu denselben Aussagen wie die Klassifizierung von Lepak und Snell, betont aber besonders die Voraussetzungen, die erfüllt sein müssen, um Aufgaben sinnvollerweise auslagern zu können. Andersherum formuliert: Wie unterschiedlich kann ich das Humankapital behandeln, ohne dass die Arbeit darunter leidet? Wenn in einem Unternehmen Mitarbeiter der Stammbelegschaft und von Zeitarbeitsfirmen nebeneinander am Band stehen, die gleiche Arbeit machen, der Stammmitarbeiter aber deutlich besser bezahlt wird und außerdem noch eine Reihe von Zusatzleistungen erhält, die dem Leiharbeiter verwehrt bleiben, dann kann das zu Spannungen führen. Wenn aber Stammmitarbeiter und Externe an getrennten Orten arbeiten – beispielsweise in der Endmontage des Fahrzeuges in Deutschland und beim Zulieferer in Tschechien –, dann treten diese Spannungen nicht auf. Die Unterschiede zu den beiden anderen zweidimensionalen Segmentierungen liegen eher in den unterschiedlichen Schwerpunkten, nicht in der Struktur.

Gemeinsamkeiten der Segmentierungen

Schauen wir uns die verschiedenen Segmentierungen – egal, ob ein- oder zweidimensional – noch einmal an, so sehen wir eine Reihe von Unterschieden bezüglich der Zahl und der Art der verwendeten Kriterien für die Segmentierung. Während einige der Ansätze nur das Humankapital innerhalb des eigenen Unternehmens berücksichtigen, integrieren andere Ansätze auch ausdrücklich das Humankapital, das außerhalb der Organisation beschäftigt wird, aber für das Unternehmen notwendig ist. Bei allen Unterschieden lassen sich aber mehrere Gemeinsamkeiten feststellen. Erstens, neben dem Gedanken, dass Mitarbeiter einen unterschiedlich großen Beitrag zur Strategieumsetzung liefern, die grundsätzliche Einschätzung, dass ein Unternehmen seine Mitarbeiter unterschiedlich behandeln sollte. Bei einer wirklich egalitären Unternehmensphilosophie würde eine solche Segmentierung nicht durchgeführt werden. Egal, wie heterogen das für die Strategieumsetzung benötigte Humankapital im Unternehmen auch sein mag. Diese Grundsatzentscheidung wird bei den verschiedenen Ansätzen als solche gar nicht angesprochen, sondern stillschweigend vorausgesetzt. Hier sind wir wieder bei der Frage der Unternehmenskultur, die wir im letzten Kapitel diskutiert haben. Je nach Werten und Normen des Unternehmens ist es für einige Firmen akzeptabel, dass die Mitarbeiter in Folge einer Segmentierung sehr ungleich behandelt werden, bei anderen Organisationen widerspricht solch eine Ungleichbehandlung aber den geteilten Werten und ist damit inakzeptabel.

Ein weiterer Punkt, der gerade für die zweidimensionalen Segmentierungen gilt, ist die Trennung zwischen dem Humankapital, das in der Organisation beschäftigt wird, und dem, das außerhalb der Organisation über Dienstleister, über Zeitarbeitsfirmen oder Werkverträge beschäftigt wird. Es ist die Erkenntnis, dass wir einen großen Teil des benötigten Humankapitals gar nicht selbst beschäftigen müssen bzw. es oft gar nicht wirtschaftlich wäre, wenn wir dies tun würden. Wir müssen hier bezüglich des Humankapitals eine klassische ‚Make-or-buy‘-Entscheidung treffen. Gerade an dieser Entscheidung, was wir im Unternehmen selbst machen und was nicht, wird aber eine weitere Gemeinsamkeit aller Segmentierungsansätze deutlich: In der Theorie sind diese Segmentierungen einfach und einleuchtend – in der Praxis hört diese Klarheit meist ganz schnell wieder auf und Segmentierungen werden schwierig und hoch politisch.

Beispiel

Zwei Unternehmen für Industriegase in Großbritannien verdeutlichen unterschiedliche Ansätze der Segmentierung (vgl. Purcell 1996). British Oxygen definierte die Auslieferungsfahrer als Kerngruppe des Unternehmens, Air Products lagerte die Distribution der Gase und damit die Auslieferungsfahrer an eine Spedition aus. Interessanterweise basierte die Entscheidung bei British Oxygen nicht auf der Personalstrategie, die die Fahrer als wichtige Kundenschnittstelle definierte, sondern die Einteilung hatte rein historische Gründe: Die Fahrer hatten immer schon zu Belegschaft gehört. Erst nachdem die Entscheidung getroffen war, die Fahrer als Kerngruppe zu behalten, wurden sie auch ausgebildet, um an der Kundenschnittstelle als aktive Vertreter des Unternehmens auftreten zu können.

Das Beispiel zeigt, dass viele Faktoren die Entscheidung, was ausgelagert wird, beeinflussen: die Personalstrategie, die Unternehmensgeschichte oder auch das Machtverhältnis der einzelnen Stakeholder. Es kann aber auch ganz trivial das Verfolgen einer Managementmode sein – mit den dementsprechenden Folgen. Ein namhaftes Maschinenbauunternehmen (das an dieser Stelle lieber ungenannt bleiben sollte) entschied sich, bestimmte Tätigkeiten outzusourcen. Leider fiel in dem Fall die Entscheidung des Managements auf die Konstruktionsabteilung. Die neue Maschinengeneration wurde komplett von einem externen Konstruktionsbüro entwickelt. Unglücklicherweise litt dieses Büro unter recht hoher Fluktuation, sodass das Maschinenbauunternehmen weder das Know-how hatte, um seine Maschinen weiterzuentwickeln, noch auf den Dienstleister, das externe Konstruktionsbüro, zurückgreifen konnte, weil die relevanten Leute das Unternehmen bereits verlassen hatten. Zwar hatte man vieles dokumentiert, aber vom entscheidenden impliziten Wissen war sehr viel verloren gegangen. Es wäre übertrieben, die Ursache für die Insolvenz des Unternehmens allein in dieser Managemententscheidung zu suchen, aber sie hat zum wirtschaftlichen Niedergang des Unternehmens beigetragen.

Selbst wenn eine Segmentierung des Humankapitals einmal erfolgreich durchgeführt wurde, ist diese selten von Dauer. Dafür gibt es sowohl strategische als auch technische Gründe. Strategien verschaffen uns in den meisten Fällen nur einen vorübergehenden Vorsprung. Produkteigenschaften oder Prozesse werden kopiert, Dinge, mit denen man sich gestern differenzieren konnte, sind heute Standard. Der Airbag, einst ein besonderes Feature der automobilen Oberklasse, gehört heute zur Standardausstattung dazu, ohne die sich kein Auto mehr verkaufen lässt. Nach derselben Logik verändert sich auch der Wertbeitrag des Humankapitals im Laufe der Zeit (vgl. Lepak und Snell 1999, S. 43). Mitarbeitergruppen, die ursprünglich zur Kernbelegschaft in der ersten Variante des Modells gehört haben, können im Laufe der Zeit in die Varianten 2 oder gar 3 wandern.

Während anfänglich für viele Unternehmen die IT-Abteilungen zur Kernbelegschaft in der ersten Variante gehörten, da sie innovative – IT-gestützte – Dienstleistungen mitentwickelten, sank die strategische Bedeutung bzw. wurde das Wissen in den IT-Abteilungen zunehmend standardisierter und weniger unternehmensspezifisch. So verschob sich die Position von der ersten zur zweiten Variante. Im nächsten Schritt wurden dann viele Bereiche der IT so weit standardisiert, dass es sich für viele Unternehmen immer weniger lohnte, diese Funktionen noch intern zu betreiben, und sie gingen stattdessen dazu über, große Bereiche der IT an externe Dienstleister auszulagern und die IT damit in die dritte Variante zu verlagern. Aktuell beobachten wir, dass für viele Unternehmen unter dem Stichwort ‚Digitalisierung‘ IT-Anwendungen wieder zu einem zentralen Element Ihrer Strategie bzw. ihrer überarbeiteten Geschäftsmodelle machen. Entwickler, die noch vor wenigen Jahren als nicht wirklich zentral für das Unternehmen über Dienstleister outgesourct wurden, zählen wieder zur Kernbelegschaft und werden händeringend gesucht und hofiert. So schließt sich der Kreis, und diese Mitarbeitergruppe ist wieder da, wo sie vor einigen Jahrzehnten ursprünglich in den Unternehmen eingeordnet wurde.

Ein zweiter Punkt können technische Veränderungen sein. Coase hat argumentiert (vgl. Coase 1937), dass Transaktionskosten letztendlich der Grund sind, warum es Firmen gibt. Statt einzelne Dienstleistungen auf dem Markt einzukaufen und für jede dieser Dienstleistungen aufwendige Verhandlungen über Umfang und Preis der Dienstleistung durchzuführen, kann es günstiger sein, diese Dienstleistungen intern über Hierarchie – also Anweisungen – zu organisieren. Wenn aber die Kosten für die Suche und die Koordination von Dienstleistungen sinken, dann macht es Sinn, mehr Dinge extern auf dem Markt einzukaufen. Unter dem Stichwort der *‚on demand economy‘* entstehen immer mehr Plattformen, auf denen Freelancer ihre Dienstleistungen anbieten und für Firmen mit wenig Suchaufwand gefunden werden können (vgl. The Economist 2015). Handy sprach schon vor knapp 30 Jahren von der Organisationsform des *‚inverted doughnut‘* (vgl. Handy 1989, S. 129 ff.), bei dem es in der Organisation eine kleine Stammbelegschaft gibt, umgeben von einer großen Gruppe der Randbelegschaft, die mehr oder weniger fest an das Unternehmen gebunden ist. Die Digitalisierung führt dazu, dass Firmen die Trennlinie zwischen internem und externem Humankapital neu ziehen können und müssen. Wir können davon ausgehen, dass der Anteil des Humankapitals, der dauerhaft innerhalb des Unternehmens beschäftigt sein wird, sinken wird.

Unabhängig davon, ob eine Segmentierung im Rahmen der Unternehmensphilosophie gewünscht wird oder nicht, der Wertbeitrag der einzelnen Mitarbeiter bzw. Mitarbeitergruppen zum Unternehmenserfolg ist unterschiedlich hoch. Segmentierungen bieten die Möglichkeit, die vorhandenen Ressourcen des Personalmanagements dadurch effizienter einzusetzen, dass ein Großteil der Ressourcen dorthin fließt, wo die Bedeutung für die Strategieumsetzung am höchsten ist. Basierend auf der Segmentierung können wir im nächsten Schritt überlegen, welche HR-Architektur für das jeweilige Segment sinnvoll ist. Dazu wollen wir uns im folgenden Abschnitt unterschiedliche Architekturen anschauen.

4.3   HR-Architekturen

Wir haben eingangs HR-Architekturen als Strukturierungshilfen für die Auswahl und
Koordination einzelner Personalinstrumente oder Bebauungspläne (vgl. Birri 2013,
S. 53) bezeichnet. Grundsätzlich sollte eine HR-Architektur unternehmensspezifisch
sein bzw., wie wir eben gesehen haben, ggf. sogar spezifisch für ein bestimmtes Segment des Humankapitals sein. Doch beobachten wir auch bei den HR-Architekturen analog zu den generischen Unternehmensstrategien generische HR-Architekturen. Für diese
gibt es, wie so oft, eine Vielzahl von Bezeichnungen und diverse Vorschläge, wie diese
Bebauungspläne aussehen könnten. So sprechen beispielsweise Boxall und Purcell von
‚*HR systems*‘, Baron und Hannan von ‚*Employment Blueprints*‘ (vgl. Boxal und Purcell 2011, S. 233 f.) bzw. Baron und Hannan 2002). Neben den im ersten Kapitel schon
vorgestellten Markt- und Investitions-Ansätzen wollen wir uns in diesem Abschnitt die
Vorschläge von Steinweg zur Unternehmenskultur als HR-Architektur, HR-Architekturen von Boxall & Purcell und besonders von Baron und Hannan anschauen (weitere
Vorschläge finden sich beispielsweise in Bamberger et al. 2014, S. 59 ff.). Wir werden
– wie so oft – feststellen, dass sich diese verschiedenen Ansätze teilweise überschneiden. Dennoch zeigt jede dieser unterschiedlichen HR-Architekturen Möglichkeiten auf,
wie die eigenen Personalinstrumente strukturiert und koordiniert werden können. Und
zwar getrennt nach einzelnem Segment des Humankapitals. Einige weitere Vorschläge
zur Architektur laufen unter Bezeichnungen wie „High-performance work system" oder
„High-involvement work system" (vgl. beispielsweise Becker et al. 2001, S. 13). Diese
werden wir uns im folgenden Kapitel bei der Diskussion der Best-Practice-Systeme noch
genauer anschauen. Einen etwas anderen – weil sich stärker an die Daten- und Prozessorientierung einer IT-Architektur anlehnenden – Ansatz der HR-Architektur werden wir
im zehnten Kapitel beim Thema Human Capital Management aufgreifen.

Markt- und Investment-Ansätze
Beginnen wir mit den schon diskutierten Markt- und Investment-Ansätzen. Da wir diese
bereits im Abschn. 2.3 des zweiten Kapitels angesprochen haben, hier nur noch einige
Beispiele, wie die HR-Architektur den Handlungsrahmen für die einzelnen Personalinstrumente vorgeben kann.

Beispiel

Ein Beispiel liefern die Firmen Netflix und SAP beim Umgang mit überflüssigem
Humankapital, hier Mitarbeiter, die zwar gute Leistungen erbringen, aber deren Qualifikationen nicht mehr vom Unternehmen im bisherigen Umfang benötigt werden.
Für den Vorstandsvorsitzenden der kalifornischen Firma Netflix ist es selbstverständlich, dass der betroffenen Person – unter Zahlung einer angemessenen Abfindung –
gekündigt wird. Da ihre Fähigkeiten nicht mehr in der Firma benötigt werden, sei es
für alle Beteiligten sinnvoller, dass die Person ginge. Dies würde auch von den Mitarbeitern meist akzeptiert (vgl. McCord 2014, S. 73). Beim Walldorfer SAP-Konzern

führte aber die Ankündigung, einigen Programmierern trotz Rekordergebnissen zu kündigen, zu großem Unmut. Zwar würden die Qualifikationen dieser Programmierer nicht mehr gebraucht, aber das Unternehmen könne sie bei der guten wirtschaftlichen Lage nicht guten Gewissens entlassen – so die Argumentation der Mitarbeiter und des Betriebsrates (vgl. O.V. 2014).

Hier zeigen sich die Auswirkungen der beiden unterschiedlichen Ansätze. Während Netflix dem Markt-Ansatz folgt und somit Humankapital kurzfristig extern akquiriert und bei Bedarf auch schnell wieder entlässt, verfolgt SAP einen Investitions-Ansatz. Die Erwartung – zumindest seitens der Mitarbeiter – ist, dass ein Unternehmen eher in die Umschulung der Mitarbeiter investieren sollte, als Mitarbeiter mit nicht mehr benötigten Qualifikationen zu entlassen. Da dieser Investment-Ansatz über Jahrzehnte bei SAP verfolgt wurde, ist den Mitarbeitern – gerade in wirtschaftlich guten Zeiten – nicht zu vermitteln, warum dieser Ansatz geändert werden sollte.

Beispiel

Gittel und Bamber beschreiben die Unterschiede zwischen Markt-Ansatz und Investment-Ansatz plastisch an den beiden Billigfluggesellschaften Southwest Airlines und Ryanair (vgl. Gittel und Bamber 2010), wo sie statt von Markt-Ansatz und Investment-Ansatz von ‚Low-commitment-‘ und ‚High- commitment'-Ansätzen sprechen). Bei der irischen Ryanair werden die Mitarbeiter, wie alles andere auch, ausschließlich als Kostenfaktor gesehen, den es zu minimieren geht. Bei schlechter Bezahlung sind die Arbeitszeiten lang, Stress und Kostendruck hoch. So forderte Ryanair von seinen Piloten beispielsweise Gehaltskürzungen. Da die Ryanair-Piloten schon deutlich weniger verdienten als die Piloten anderer irischer Fluggesellschaften, weigerten sie sich, auf die Forderungen des Managements einzugehen. Da die Piloten nicht bereit waren, zu den schlechteren Konditionen zu fliegen, wurden kurzerhand rumänische Piloten eingestellt, die die niedrigen Gehälter akzeptierten. Konsequenz dieses Markt-Ansatzes ist eine hohe Fluktuation und ein notorisch schlechter Service. Den entgegengesetzten Ansatz verfolgt die amerikanische Southwest Airlines. Auf eine ausgewogene Work-Life-Balance wird großer Wert gelegt, die an die Betriebszugehörigkeit gekoppelte Bezahlung und ein umfangreiches Mitarbeiteraktienprogramm sollen die Mitarbeiter an die Firma binden. Das Unternehmen gilt – obwohl es nicht besonders gut zahlt – als einer der attraktivsten Arbeitgeber in den USA (vgl. Schuler et al. 2012, S. 386). Beide Unternehmen, die in der gleichen Branche tätig sind, verfolgen einen jeweils komplett anderen Ansatz bei der Behandlung der Mitarbeiter. Und beide Unternehmen sind mit diesem Ansatz erfolgreich. Southwest ist die größte und profitabelste Billigfluggesellschaft in den USA, Ryanair ist der europäische Marktführer in diesem Segment. Die Fluggäste von Ryanair akzeptieren den schlechten Service, solange die Tickets günstig sind. Die Mitarbeiter von Southwest sind zwar nicht besonders günstig, dafür ist ihre Produktivität so hoch, dass sie der Benchmark für die Industrie sind.

Die HR-Architektur ist nicht von der Branche oder der Unternehmensstrategie abhängig, wobei in bestimmten Branchen bestimmte HR-Architekturen dominieren. So bildet beispielsweise bei den Billigfluggesellschaften Southwest mit dem Investment-Ansatz eine Ausnahme (vgl. Gittel und Bamber 2010, S. 176). Wir werden auf den Zusammenhang von Unternehmensstrategie und HR-Architektur später noch ausführlicher zurückkommen.

Es lohnt sich, wenn wir von den Beispielen noch einmal auf die grundsätzlichen Gegensätze des Markt- und des Investment-Ansatzes abstrahieren. Wie jede andere Klassifizierung ist die Gegenüberstellung von Markt- und Investment-Ansatz eine Darstellung von zwei entgegengesetzten Polen eines Spektrums. Für die meisten Unternehmen wird die Position – ggf. differenziert nach einzelnen Segmenten des Humankapitals– zwischen den Polen liegen. Eine zunehmende Internationalisierung konfrontiert Unternehmen dabei oft mit der Frage, wie weit wir die im Heimatland eingesetzten HR-Architekturen auch ins Ausland übertragen wollen bzw. auch dürfen. Lassen es soziokulturelle Rahmenbedingungen und Gesetzeslage überhaupt zu, die bisher verfolgte HR-Architektur umzusetzen? Auf diese Frage, die unter dem Stichwort HR Governance diskutiert wird (vgl. Festing 2015), werden wir im nächsten Kapitel noch näher eingehen.

Darüber hinaus verändern sich die Ansätze, die von den Unternehmen verfolgt werden, im Laufe der Zeit. Im deutschsprachigen Raum dominiert der Investment-Ansatz. Aber gerade unter dem Einfluss von amerikanischen Managementideen haben immer mehr Elemente des Markt-Ansatzes Einzug gehalten: so beispielsweise der vermehrte Einsatz von leistungsorientierter Bezahlung und die verringerte Bereitschaft, Mitarbeitern eine Lebensstellung zu gewähren. Diese veränderten Ansätze lassen sich aber nicht nur auf Arbeitgeberseite, sondern auch auf Arbeitnehmerseite beobachten. So planen viele der heutigen Absolventen, dass sie den Arbeitgeber öfter wechseln werden und sich nicht auf eine langfristige Bindung ans Unternehmen einlassen wollen. Wobei sie bei aller eigenen Wechselbereitschaft das langfristige Commitment seitens der Unternehmen in Form einer unbefristeten Stelle durchaus schätzen (vgl. Regnet und Lebrenz 2013, S. 32).

Die HR-Architektur von Steinweg
Steinweg stellt in ihrem Talent Management System (vgl. Steinweg 2009, S. 2 und Teil B S. 100 ff.) die Unternehmenskultur als Bindeglied zwischen der Personalstrategie und den einzelnen Personalinstrumenten dar. Steinweg schlägt für die gelungene Verbindung von Strategie und Personalinstrumenten ('HR-Praktiken' in ihrer Terminologie) eine ganz bestimmte Kultur vor. Diese ist durch vier Kernpunkte gekennzeichnet: erstens Führungskräfte, die mitarbeiter- und ergebnisorientiert führen, zweitens ein Topmanagement, das Eingebundenheit und Engagement zeigt, drittens Mitarbeiter, die offen für Veränderungen und lernfähig sind, und schließlich HR-Manager, die proaktiv als Business-Partner agieren (vgl. Steinweg 2009, S. 2). Ihr Modell ist stark normativ, da es eine

bestimmte Unternehmenskultur vorschlägt und eine gelungene Verbindung von Personalstrategie und den einzelnen Personalinstrumenten voraussetzt. Aber die Gegenüberstellung von Southwest Airlines und Ryanair zeigt, dass Unternehmen auch mit anderen Unternehmenskulturen und HR-Architekturen erfolgreich sein können. Daher ist die im Modell von Steinweg vorgestellte HR-Architektur nur für wenige Firmen direkt übertragbar.

Die HR-Architekturen von Boxall und Purcell

Boxall und Purcell führen sieben verschiedene HR-Architekturen an, die in bestimmten Branchen, Unternehmenstypen oder auch Stadien der wirtschaftlichen Entwicklung häufig – zumindest im angelsächsischen Kulturkreis – anzutreffen sind (vgl. Boxall und Purcell 2011, S. 232 ff.). Sie sprechen zwar von HR-Systemen, aber es handelt sich unserem Verständnis nach um HR-Architekturen, die bestimmte Kombinationen von Personalinstrumenten vor allem in Hinsicht auf Arbeitsplatzsicherheit, Entlohnung, Autonomie bei der Ausübung der Tätigkeiten und dem Grad der Mitsprache beschreiben. Die erste HR-Architektur ist die der Familie *(familial model)*. Sie ist besonders in kleinen Familienunternehmen zu finden, in denen sowohl der größte Teil der Arbeitskraft durch Familienmitglieder gestellt wird als auch der größte Teil des Familienvermögens in der Firma gebunden ist. Da Familie und Firma eng miteinander verzahnt sind, ist es das Bestreben, die Kontrolle über Entscheidungen in der Familie zu halten. Bis auf langjährige, verdiente Mitarbeiter, die Vertrauenspositionen erlangen können, bleiben familienfremde Mitarbeiter aus den Entscheidungsprozessen ausgeklammert. Dieses Phänomen beobachten wir aber nicht nur – wie Boxall und Purcell argumentieren – in kleinen Familienunternehmen, sondern auch in sehr großen familiengeführten Unternehmen. Die höheren Positionen bleiben meist den Familienmitgliedern vorbehalten: Die Familie ist die Kerngruppe, alle anderen Mitarbeiter bleiben letztendlich außen vor.

Die zweite HR-Architektur ist das informelle Modell *(informal model)*. Laut Boxall und Purcell war diese Architektur vor allem in der Frühzeit der Industrialisierung anzutreffen, wo der Eigentümer oder meist der Vorarbeiter sich seine Leute auswählen, nach Gutdünken bezahlen und auch wieder entlassen konnte. Neben der geringen Arbeitsplatzsicherheit und dem Fehlen von Mitspracherechten schwanken die Löhne stark nach Angebot und Nachfrage. Betroffen sind besonders Tätigkeiten, die keine oder nur eine geringe Qualifikation erfordern. Falls eine bestimmte Tätigkeit oder Qualifikation gerade stark nachgefragt wird, kann der Lohn steigen, wobei bei einem angespannten Arbeitsmarkt eher die Fluktuation steigen wird. Viele der Beschäftigten arbeiten nur vorübergehend oder in Teilzeit. Auch viele kleinere Familienbetriebe beschäftigen familienfremde Mitarbeiter nach diesem Ansatz. Diese Art der Beschäftigung finden wir heute vor allem in Randbereichen des Arbeitsmarkts, beispielsweise in der saisonalen Gastronomie. Letztendlich ist es ein Markt-Ansatz, der in diesem Zusammenhang verfolgt wird. Beim informellen Modell gibt es kaum Strukturen und wir werden dort in der Regel vergeblich eine Personalabteilung suchen.

Im Vergleich zum informellen Modell kennzeichnet das dritte Modell, das industrielle Modell *(industrial model)*, ein deutlich höherer Grad der Standardisierung und Strukturierung. Dieses Modell entwickelte sich vor allem während der Industrialisierung und dem Aufkommen von Großunternehmen, bei denen es galt, Hunderte oder gar Tausende von Arbeitskräften zu organisieren. Die Standardisierung betrifft einerseits die Tätigkeiten an sich. Die Arbeit am Fließband mit ihren starren Vorgaben an Zeit und Bewegungsabläufen wäre das klassische Beispiel für das hohe Maß an Standardisierung. Klar geregelt sind aber auch die Arbeits- und Pausenzeiten, die Löhne, die Rechte und Pflichten der Arbeitnehmer. Die Mitarbeiter erhalten ein gewisses Maß an Mitspracherechten, die sie meist über Gewerkschaftsvertreter ausüben. Man versucht, Mitarbeitern innerhalb des Unternehmens Weiterentwicklungsmöglichkeiten anzubieten. Das informelle Modell bewegt sich am Rande des Arbeitsmarktes und aufgrund seiner prekären Beschäftigungsformen und Bezahlung auch am Rande der gesellschaftlichen Akzeptanz. Demgegenüber versucht das industrielle Modell zwar auch, die Kosten für die Beschäftigung so gering wie möglich zu halten, aber doch Arbeitsbedingungen zu bieten, die sozial akzeptiert sind. Boxall und Purcell argumentieren zwar, dass Unternehmen mit zunehmender Größe vom informellen zum industriellen Modell wechseln würden, aber es gibt immer wieder prominente Beispiele – man denke an die Arbeitsbedingungen bei Schlecker –, wo auch große Unternehmen eher der Architektur des informellen Modells zuzuordnen wären. Neben der industriellen Produktion sind auch Dienstleistungen, die stark standardisiert werden können, typisch für diese HR-Architektur. Die Systemgastronomie und auch Callcenter wären Beispiele für Branchen, in denen dieser Ansatz oft verfolgt wird.

Die vierte HR-Architektur für die Angestellten *(salaried model)* ergänzt das industrielle Modell. Während das industrielle Modell im gewerblichen Bereich Anwendung findet, ist diese vierte HR-Architektur den Spezialisten und Führungskräften vorbehalten. Diese Mitarbeitergruppe, die höher qualifiziert ist als die gewerblichen Mitarbeiter, genießt ein höheres Maß an Autonomie und Arbeitsplatzsicherheit, wird besser bezahlt und es wird in ihre Weiterqualifizierung investiert. Während das industrielle Modell überwiegend Elemente aus dem Markt-Ansatz aufweist, dominieren bei der HR-Architektur für die Angestellten Elemente des Investment-Ansatzes. Führungskräfte und Spezialisten sollen an das Unternehmen gebunden werden, da diese Mitarbeitergruppe die Strukturen im Unternehmen sowohl entwickelt als auch aufrechterhält. Durch das dabei gewonnene – gerade implizite – Wissen sind diese Mitarbeiter weit weniger austauschbar als die gewerblichen Kräfte. So ist es aus Sicht der Unternehmen sinnvoll, dieses Humankapital durch bessere Bezahlung und Arbeitsbedingungen an die Firma zu binden.

Aus angelsächsischer Sicht ein neueres Modell ist die fünfte HR-Architektur, das High-Involvement-Modell. Dies treffen wir überall dort an, wo ein hoher Automationsgrad und ein dementsprechend hoher Einsatz von IT eine hohe Qualifikation auch im gewerblichen Bereich erfordern. In dieser Architektur genießen auch die gewerblichen Kräfte ein höheres Maß an Arbeitsplatzsicherheit, haben ein höheres Maß an Mitspracherechten und üben Tätigkeiten aus, die weniger monoton und deutlich umfangreicher sind als die Tätigkeiten im industriellen Modell. Diese HR-Architektur deckt sich weitestgehend mit dem Investment-Ansatz und sie beschreibt auch die Art und Weise, wie in Deutschland der größte Teil der Facharbeiter gemanagt wird[1]. Auch für viele Dienstleistungen, beispielsweise die von Servicetechnikern, wird diese Architektur verwendet. Noch mehr Autonomie gewährt die HR-Architektur, die Boxall und Purcell als das Modell Handwerker/freie Berufe *(craft-professional model)* beschreiben. Für diese HR-Architektur ist typisch, dass diese Mitarbeitergruppe eine lange Ausbildung durchläuft, in der sie nicht nur fachlich hoch qualifiziert wird, sondern auch eine bestimmte Sozialisation erhält: Seien es Ärzte, Architekten oder auch Juristen mit dem jeweils unterschiedlichen Berufsethos. Auf diesen Punkt sind wir ja schon im letzten Kapitel bei der Entstehung von Unternehmenskulturen gestoßen. Bei der Ausübung ihrer Tätigkeit genießen die Mitarbeiter aufgrund der hohen Qualifikation und der meist geringen Standardisierung der Aufgaben viel Autonomie. Gleichzeitig erschwert der hohe Grad der Spezialisierung auch den Wechsel in andere Tätigkeitsbereiche. Für diese Architektur typisch ist auch, dass umfangreiche Mitspracherechte eingeräumt werden. Viele der Unternehmen, in denen diese HR-Architektur anzutreffen ist – Anwaltskanzleien, Agenturen oder Beratungsunternehmen –, werden als Sozietäten der Partner geführt. Im öffentlichen Dienst findet man beispielsweise an den Hochschulen ein hohes Maß an Selbstverwaltung der Professoren.

Die letzte HR-Architektur bei Boxall und Purcell ist das Modell des Outsourcings *(outsourcing model)*. In diesem Modell werden Tätigkeiten, die elektronisch vernetzt werden können, an externe Dienstleister vergeben. Da es aufgrund der elektronischen Vernetzung letztendlich keine Rolle mehr spielt, wo diese Dienstleistungen erbracht werden, kann diese Auslagerung entweder an einen Dienstleister im eigenen Land oder genauso gut an einen Dienstleister auf einem anderen Kontinent erfolgen. In erster Linie sollen mit der Auslagerung Kosten gespart, idealerweise auch Qualität verbessert werden. Die Erfahrung zeigt aber oft, dass sich diese Hoffnung nicht immer erfüllt. Auch wenn es Boxall und Purcell nicht ausdrücklich ansprechen: Sie beschreiben hier keine bestimmte HR-Architektur, sondern ein Segment des Humankapitals. Denn wie der Dienstleister seine Mitarbeiter bezahlt, welche Mitspracherechte oder welchen Grad an Autonomie bzw. Arbeitsplatzsicherheit er ihnen einräumt, bleibt bei der Betrachtung außen vor. Es geht lediglich um die Entscheidung, die wir bei der Segmentierung des Humankapitals im vorigen Abschnitt angesprochen haben. Dieser Teil des Humankapitals ist weder unternehmensspezifisch noch besonders wertvoll für das Unternehmen und muss dementsprechend nicht im eigenen Unternehmen beschäftigt werden.

Wenn wir uns diese HR-Architekturen anschauen, so sehen wir einerseits Überschneidungen zu den eben diskutierten Markt- und Investitions-Ansätzen, andererseits zu den Segmentierungen im vorherigen Abschnitt. Auch in der Klassifizierung von Boxall und Purcell taucht wieder der Punkt auf, dass für bestimmte Branchen, bestimmte

---

[1]Im folgenden Kapitel werden wir diese HR-Architektur als Best-Practice-System noch genauer betrachten.

Unternehmensgrößen oder Tätigkeitsbereiche einzelne HR-Architekturen dominieren. So liegt die Vermutung nahe, dass es ‚generische' HR-Architekturen gibt, die – analog zu den generischen Unternehmensstrategien von Porter – sich für bestimmte Situationen besonders eignen. Diese Argumentation ist zwar plausibel – aber vorschnell. Die Wahlmöglichkeiten an HR-Architekturen können selbst innerhalb einer einzelnen Branche und innerhalb einer ähnlichen Unternehmensgröße und -geschichte sehr unterschiedlich sein. Damit nicht genug: Die Wahl einer bestimmten HR-Architektur hat auch massive Auswirkungen auf die Struktur und den wirtschaftlichen Erfolg des Unternehmens. Dies lässt sich eindrucksvoll an den HR-Architekturen von Baron und Hannan zeigen (vgl. Baron und Hannan 2002), die wir uns deswegen relativ ausführlich anschauen wollen.

Die HR-Architekturen von Baron und Hannan

Baron und Hannan basieren ihre HR-Architekturen, die sie *‚employment blueprints'* nennen, auf einer Langzeitstudie von Technologie-Start-ups im Silicon Valley. Sie haben fast 200 Firmen über acht Jahre hinweg bis zur Jahrtausendwende begleitet, diese Firmen sowohl auf den Einsatz verschiedener Personalinstrumente hin beobachtet als auch Kennzahlen für die wirtschaftliche Entwicklung dieser Start-ups gesammelt. Für die Frage, ob es generische HR-Architekturen gibt, ist diese Stichprobe von Firmen für uns deswegen so interessant, weil diese Unternehmen grundsätzlich sehr ähnliche Rahmenbedingungen aufweisen: Es sind alles Unternehmen, die im Hochtechnologiesektor mithilfe von hoch qualifiziertem Humankapital neue Produkte und Dienstleistungen entwickeln. Alle Unternehmen sind im selben Land, in derselben Region angesiedelt, sodass es auch keine Unterschiede bezüglich der Landeskultur oder des soziokulturellen Rahmens gibt. All dies macht diese Stichprobe auf den ersten Blick sehr homogen. Diese Homogenität und die Tatsache, dass es sich bei all diesen Firmen um junge Start-ups handelt, bedeutet gleichzeitig aber auch, dass wir nicht ohne Weiteres von den Ergebnissen aus dieser Studie auf andere, besonders ältere, Unternehmen schließen können. Dies müssen wir später bei der Diskussion der Ergebnisse im Auge behalten.

Aus den Gesprächen mit den Gründern und Managern und den Personalverantwortlichen der Unternehmen identifizieren Baron und Hannan drei Dimensionen, die sie nutzen, um die verschiedenen HR-Architekturen zu identifizieren (vgl. Baron und Hannan 2002, S. 10): die Art der Mitarbeiterbindung *(attachment/retention),* die Kriterien der Mitarbeiterauswahl *(selection)* und die Frage nach der Koordination der Mitarbeiter *(coordination/control).* Bei der Mitarbeiterbindung werden in der Beobachtung von Baron und Hannan überwiegend drei verschiedene Mittel eingesetzt: entweder eine hohe Bezahlung *(money),* spannende Aufgaben *(work)* oder schließlich der Zusammenhalt der Gruppe, das gute Arbeitsklima *(love).* Auch für die Auswahl finden sie drei unterschiedliche Anforderungen: bestimmte Qualifikationen oder Erfahrungen *(skills),* besonderes Talent oder Potenzial *(potential)* oder wie gut der Kandidat menschlich zum Team oder der Organisation passt *(fit).* Bei der Koordination und Überwachung der Mitarbeiter sind es vier verschiedene Ansätze, die immer wieder auftauchen: die direkte Überwachung durch den Vorgesetzten *(direct control),* die Kontrolle durch die Kollegen bzw. der lenkende Einfluss der Unternehmenskultur *(peer/culture)*, die Kontrolle durch die Sozialisation im jeweiligen Beruf, die das Streben nach herausragenden Lösungen selbstverständlich werden lassen würde *(professional standards)*, oder schließlich die Koordination über klare Regeln, Richtlinien und Abläufe *(formal processes and procedures)*.

Von den 36 theoretisch möglichen Kombinationen der drei Dimensionen Mitarbeiterbindung, Mitarbeiterauswahl und Koordination dominieren in der Praxis nur einige Kombinationen. Über zwei Drittel der untersuchten Firmen lassen sich einer der fünf Kombinationen zuordnen (vgl. Baron und Hannan 2002, S. 12), den '*employment blueprints*' in Baron und Hannans Worten – HR-Architekturen in unserer Terminologie. Die erste HR-Architektur nennen Baron und Hannan '*Star-Architektur*'. Es werden nur hochbegabte Mitarbeiter eingestellt, denen eine herausfordernde Aufgabe in Aussicht gestellt wird und bei denen ausgegangen wird, dass ihr Anspruch, ganz vorne bei der Entwicklung neuer Technologien dabei zu sein, sicherstellt, dass die gestellten Aufgaben mit höchstem Einsatz verfolgt werden. Die Aussage „We recruit only top talent, pay them top wages, and give them the resources and autonomy they need to do their job" (Baron und Hannan 2002, S. 12). fasst die Philosophie der Star-Architektur zusammen. Google wäre ein Unternehmen, das diesen Ansatz verfolgt. Diese HR-Architektur hat deutliche Parallelen zu der Unternehmenskultur des Inkubators, die wir im Modell von Trompenaars in Kap. 3 kennengelernt haben. Die zweite HR-Architektur ist die *Engineering-Architektur*. Das Kriterium für die Anstellung sind die spezifischen Fähigkeiten und Erfahrungen, die der Kandidat mitbringt. Wie bei der Star-Architektur sind es auch die anspruchsvollen Aufgaben, die die Mitarbeiter an das Unternehmen binden. Im Gegensatz zur Star-Architektur läuft die Koordination der Mitarbeiter über die Unternehmenskultur und die gegenseitige Kontrolle der Mitarbeiter. Spannende Aufgaben stehen bei dieser HR-Architektur eindeutig im Mittelpunkt.

Die *Commitment-Architektur* nutzt auch die Kollegen und die Unternehmenskultur, um die Mitarbeiter zu koordinieren, wählt aber auch die Mitarbeiter danach aus, wie gut sie zum Team und zum Unternehmen passen. Auch für die Mitarbeiterbindung sind die Gruppe und das Arbeitsklima entscheidend. Das Unternehmen bietet eine langfristige Bindung und erwartet bzw. erhofft sich auch eine langfristige Bindung seitens der Mitarbeiter: „I wanted to build the kind of company where people would only leave when they retire" (Baron und Hannan 2002, S. 12). Die vierte HR-Architektur ist die *Bureaucracy-Architektur*. Die Auswahl der Mitarbeiter basiert auf den Fähigkeiten und Erfahrungen, die Bindung der Mitarbeiter erfolgt wie bei den ersten beiden HR-Architekturen über die herausfordernden Aufgaben. Im Unterschied zu allen bisherigen HR-Architekturen geschieht aber die Koordination der Mitarbeiter durch stark formalisierte Regeln und Ablaufbeschreibungen: „We make sure things are documented, have job descriptions for people, project descriptions, and pretty rigorous project management techniques" (Baron und Hannan 2002, S. 12). Die letzte HR-Architektur ist die *Autocracy-Architektur*. Die Auswahl der Mitarbeiter basiert auf den Fähigkeiten und Erfahrungen, die Mitarbeiterbindung erfolgt über eine hohe Bezahlung – und der Vorgesetzte kontrolliert die

Mitarbeiter direkt. Baron und Hannan fassen diesen Ansatz kurz und prägnant zusammen: „You work, you get paid" (Baron und Hannan 2002, S. 12).

Kommen wir auf unsere Frage nach einer generischen HR-Architektur zurück. Wenn es schon innerhalb derselben Branche, innerhalb derselben Region so unterschiedliche HR-Architekturen gibt, dominiert eine davon? Die Antwort darauf ist auf den ersten Blick ein eindeutiges ‚Ja'. Während sich knapp ein Drittel aller Firmen keiner der fünf HR-Architekturen zuordnen lässt, ist die Engineering-Architektur mit knapp 31 % aller Firmen eindeutig die verbreitetste HR-Architektur. Die Commitment-Architektur folgt mit knapp 14 % auf dem zweiten Platz, gefolgt von der Star-Architektur mit 9 %. Die Bureaucracy-Architektur und die Autocracy-Architektur sind mit jeweils knapp 7 % am seltensten zu beobachten. Mengenmäßig dominiert damit die Engineering-Architektur eindeutig. Aber ist diese am weitesten verbreitete HR-Architektur damit auch erfolgreicher als die anderen Architekturen? Die Frage nach dem Zusammenhang zwischen einzelnen HR-Instrumenten und dem Unternehmenserfolg ist äußert schwierig zu beantworten. Mit dieser Problematik werden wir uns noch im sechsten Kapitel näher auseinandersetzen müssen. Nichtsdestotrotz diskutieren Baron und Hannan den Zusammenhang zwischen der gewählten HR-Architektur und mehreren Indikatoren für die Entwicklung der Unternehmen. Ein Punkt ist der Zusammenhang zwischen der gewählten HR-Architektur und dem Umfang des administrativen Overheads, der in den Firmen zu beobachten ist. Und dieser Zusammenhang ist frappierend. Jeweils basierend auf einer Unternehmensgröße von 500 Mitarbeitern schwankte der Anteil der Führungskräfte und Mitarbeiter in der Verwaltung an der Gesamtheit der Beschäftigten zwischen 13 % bei der Commitment-Architektur und 30 % bei der Bureaucracy-Architektur (vgl. Baron und Hannan 2002, S. 19 f.). Die anderen HR-Architekturen lagen jeweils dazwischen. Baron und Hannan fassen dies so zusammen: „… through their initial choice of an HR blueprint, founders appear to have directed whether administrative duties were to be the responsibility of self-managing individuals or teams versus the province of specialists" (Baron und Hannan 2002, S. 21). Was Baron und Hannan nicht ansprechen, ist der Umstand, dass die Gründer mit der Wahl der HR-Architektur auch die Weichen für die zukünftige Kostenstruktur der Organisation stellen. Wenn der Anteil der administrativen Personalkosten doppelt so hoch ist, haben wir einen strukturellen Wettbewerbsnachteil gegenüber Firmen, die mit weniger als der Hälfte des Overheads auskommen. Erschwerend kommt noch hinzu, dass der größere Overhead ja auch zu vermehrten Abstimmungsschleifen im Unternehmen führt und damit auch die Entscheidungen langsamer getroffen werden. Gerade im dynamischen Start-up-Umfeld ist dies ein nicht zu vernachlässigender Faktor. Wir werden gleich noch sehen, dass der Wechsel einer einmal gewählten HR-Architektur für das Unternehmen mit deutlichen Kosten verbunden ist. In Kap. 3 haben wir den Einfluss der Gründer auf die Unternehmenskultur angesprochen. Dieser Einfluss zeigt sich unter anderem bei der ursprünglichen – und meist unbewusst getroffenen – Wahl der HR-Architektur.

Das ultimative Kriterium für den Erfolg eines Unternehmens ist das Überleben. Daher untersuchen Baron und Hannan die Wahrscheinlichkeit, mit der ein Unternehmen nicht überleben, also scheitern wird (vgl. Baron und Hannan 2002, S. 24). Im Vergleich zur Standard-Architektur, der Engineering-Architektur, scheitern Unternehmen mit der Autocracy-Architektur mehr als doppelt so oft. Unternehmen mit der Commitment-Architektur dagegen scheitern nur halb so oft wie Unternehmen mit der Engineering-Architektur. Die zweitgeringste Wahrscheinlichkeit zu scheitern hat die Star-Architektur, bei der es rund 70 % weniger wahrscheinlich ist zu scheitern als bei Organisationen mit Engineering-Architektur. Auch hier erkennen wir wieder einen sehr deutlichen Einfluss der gewählten HR-Architektur auf die Entwicklung des Unternehmens. Neben dem Überleben ist – gerade im Umfeld der Start-ups im Silicon Valley – der erfolgreiche Börsengang der Ritterschlag des unternehmerischen Erfolgs. Auch hier setzt sich der Einfluss der HR-Architektur weiter fort. Im Vergleich zur dominierenden Engineering-Architektur liegt die Wahrscheinlichkeit eines erfolgreichen Börsengangs bei Unternehmen mit Commitment-Architektur um 200 % höher, bei Unternehmen mit Star-Architektur ist diese Wahrscheinlichkeit 35 % geringer als bei der Referenzgruppe mit Engineering-Architektur. Während nach den bisher aufgeführten Kriterien Unternehmen mit Commitment-Architektur am besten abschneiden, ändert sich das Bild, wenn wir uns die weitere Entwicklung des Unternehmens ansehen. Betrachten wir nach dem Börsengang das jährliche Wachstum der Marktkapitalisierung als Grad für den weiteren unternehmerischen Erfolg, dann sind es Unternehmen mit der Star-Architektur, die am besten abschneiden. Deren Marktkapitalisierung wächst durchschnittlich um 80 % schneller als die von Unternehmen mit Engineering-Architektur. Die Marktkapitalisierung der Unternehmen mit Autocracy-Architektur dagegen wächst um fast 60 % langsamer als die dieser Referenzgruppe. Die Wahrscheinlichkeit von Firmen mit Star-Architektur, erfolgreich an die Börse zu gehen, ist im Vergleich zu den anderen HR-Architekturen am geringsten. Wenn sie es aber geschafft haben, dann ist ihr Erfolg umso größer.

Schaut man sich diese Daten von Baron und Hannan an, so kristallisieren sich drei Punkte zum unternehmerischen Erfolg heraus. Erstens scheint es bei den HR-Architekturen einen klaren Verlierer zu geben, was den unternehmerischen Erfolg angeht: die Autocracy-Architektur. Hier ist die Wahrscheinlichkeit des Scheiterns hoch, die Wahrscheinlichkeit eines erfolgreichen Börsengangs gering, und selbst wenn er erfolgreich ist, dann hinkt die weitere Entwicklung dieser Unternehmen der von Firmen mit anderen HR-Architekturen hinterher. Zweitens gibt es keinen klaren ‚Gewinner'. Unternehmen mit einer Star-Architektur gehen ein hohes Risiko ein, das aber im Erfolgsfalle mit großen Wertzuwächsen belohnt wird. Demgegenüber haben Unternehmen mit einer Commitment-Architektur die größte Chance, die Börsenreife zu erlangen, wachsen dann aber nicht so schnell wie Firmen mit einer Star-Architektur. Dem geringeren Risiko des Scheiterns steht auch ein geringeres zu erwartendes Wachstum gegenüber. Drittens – und damit sind wir bei unserer Ausgangsfrage nach der generischen HR-Architektur – ist der Umstand, dass eine HR-Architektur die am weitesten verbreitete Architektur ist, kein Anzeichen dafür, dass es sich um den erfolgreichsten Ansatz handelt. Hier sind wir wieder beim Vergleich zur Unternehmensstrategie. Es sind ja oft die Firmen, die es anders als alle anderen Player am Markt machen, die am erfolgreichsten sind! Bei der Diskussion dieser Ergebnisse müssen wir uns natürlich vor Augen halten, dass es sich hier um eine sehr spezielle Stichprobe von Firmen handelt und wir daher nicht ohne Weiteres Rückschlüsse von diesen Start-ups auf andere Firmen ziehen können, die sich bezüglich Branche, Reifegrad, Größe oder auch Nationalität unterscheiden. Dennoch wird durch diese Studie von Baron und Hannan deutlich, wie entscheidend die Wahl einer HR-Architektur für die Entwicklung des Unternehmens ist. Nicht nur ist die ursprüngliche Wahl der HR-Architektur von weitreichender Bedeutung, sie ist auch nicht so einfach zu ändern. Diesen Umstand wollen wir uns nun anschauen.

Firmen wechseln im Laufe der Zeit ihre HR-Architektur. Baron und Hannan berichten von knapp 50 % der Firmen, die während des Beobachtungszeitraums ihre HR-Architektur veränderten. Von den Firmen, die ihre Architektur veränderten, passten ca. 40 % nur eine der drei Dimensionen Mitarbeiterbindung, Mitarbeiterauswahl und Koordination der Mitarbeiter an, bei den anderen 60 % waren es zwei oder mehr Dimensionen (vgl. Baron und Hannan 2002, S. 16). Diese Veränderungen der HR-Architektur gingen oft mit einem Wechsel an der Führungsspitze einher. Die Kosten eines Architekturwechsels und die Auswirkungen auf die Unternehmensentwicklung sind beträchtlich: Das jährliche Wachstum in der Marktkapitalisierung sinkt um 25 %, die Gefahr des Scheiterns der Firma steigt um den Faktor 2,3 (vgl. Baron und Hannan 2002, S. 27). Die Veränderung der HR-Architektur kann auch als das Aufkündigen eines impliziten Vertrages (vgl. Grant 1999) zwischen Firma und Mitarbeitern interpretiert werden. Die Bedingungen, und dabei geht es gar nicht um die finanziellen Bedingungen, zu denen Mitarbeiter beim Unternehmen eingestiegen sind, verändern sich. Dementsprechend sinkt das Engagement und steigt die Fluktuation. Veränderungen der HR-Architektur führen zu einer grundlegenden Veränderung im Unternehmen und haben dann all die Probleme zur Folge, die Firmen im Rahmen von Change Management versuchen in den Griff zu bekommen. Natürlich sind junge Start-ups grundsätzlich wesentlich anfälliger für externe und auch interne Schocks als ältere und etabliertere Unternehmen, sodass Wechsel der HR-Architektur bei Start-ups höhere Kosten und dramatischere Folgen haben dürften als bei anderen Firmen. Nichtsdestotrotz zeigen die Ergebnisse von Baron und Hannan, dass mit der ursprünglichen Wahl der HR-Architektur eine Pfadabhängigkeit im Unternehmen entsteht (vgl. Collis und Montgomery 1995) und damit zukünftige Änderungen an der Architektur mit Kosten verbunden sind. In Kap. 3 haben wir gesehen, dass diese Pfadabhängigkeit eine Imitationsbarriere für den Aufbau eines Wettbewerbsvorteils darstellen kann. Während ein Unternehmensgründer freie Wahl bei seiner HR-Architektur hat, können spätere Unternehmensleitungen die HR-Architektur nur mit mehr oder weniger hohen Kosten verändern. Dadurch sind die späteren Unternehmensleitungen in ihren Entscheidungen eingeschränkt.

4.4   Die Ebene der Architektur – ein Fazit

Was können wir aus der Diskussion der HR-Architektur mitnehmen? Es sind letztendlich sechs Punkte, die wir berücksichtigen müssen, wenn wir die Frage, *wie* das Humankapital bereitgestellt wird, auf der Architekturebene beantworten wollen. Erstens sehen wir eine ganze Reihe von Klassifizierungen unter den verschiedensten Begriffen, sowohl bei der Segmentierung als auch bei den HR-Architekturen, die sich teilweise überschneiden, teilweise ergänzen. Keine der Klassifizierungen ist so weitverbreitet, dass man sie als *De-facto*-Standard ansehen kann. Wir haben also die Wahl, welche der Klassifizierungen wir für unsere Zwecke als am sinnvollsten erachten. Zweitens müssen wir uns mit der *Segmentierung* des Humankapitals auseinandersetzen. Inwieweit ist es unternehmenspolitisch gewollt bzw. von der Geschäftslogik her sinnvoll, das benötigte Humankapital zu segmentieren und auch unterschiedlich zu behandeln? Wichtig bei dieser Auseinandersetzung ist, dass neben den Mitarbeitern, die direkt für uns arbeiten, auch diejenigen Mitarbeiter berücksichtigt werden müssen, die bei Dienstleistern, über Zeitarbeitsfirmen oder als Freelancer für uns arbeiten. Und genauso wichtig ist auch die Erkenntnis, dass diese Segmentierung, mit all ihren praktischen Schwierigkeiten und politischen Konflikten, wie jede andere Make-or-buy-Entscheidung immer wieder überprüft und ggf. angepasst werden muss.

Der dritte Punkt, den wir berücksichtigen müssen, ist der Umgang mit *generischen HR-Architekturen*. In den verschiedenen Segmentierungsvorschlägen gab es immer wieder Empfehlungen, mit welcher HR-Architektur das jeweilige Segment gemanagt werden sollte. Andersherum schlugen Autoren, wie beispielsweise Boxall und Purcell, einige ihrer HR-Architekturen für bestimmte Branchen oder auch Mitarbeitergruppen vor. So liegt die Vermutung nahe, dass eine sinnvolle Antwort auf die Frage nach den entsprechenden HR-Architekturen „generische HR-Architekturen" heißen muss. Die Studie von Baron und Hannan zeigt aber, dass es vorschnell wäre, sich auf die generische HR-Architektur zu verlassen. Die Engineering-Architektur, von beiden Autoren als am meisten verbreitete HR-Architektur ausgemacht, war aber bei Weitem nicht die Erfolg versprechendste Architektur. Firmen wie *dm-drogeriemarkt* oder auch Southwest Airlines zeigen, dass man mit einer Personalstrategie, die der gängigen Industrielogik widerspricht, sehr erfolgreich sein kann. Genauso bestehen bei der Wahl der HR-Architektur mehr Optionen, als man auf den ersten Blick annimmt. Mit der Wahl der HR-Architektur sind wir beim vierten Punkt. Während die Gründer eines Unternehmens freie Wahl bei ihrer HR-Architektur haben, finden wir später in den Firmen eine hohe Pfadabhängigkeit. Die einmal gewählte HR-Architektur zu ändern ist aufwendig und mit hohen Kosten verbunden. In etablierteren Unternehmen sind diese Kosten sicher nicht so hoch wie bei den von Baron und Hannan untersuchten Start-ups. Doch immer noch hoch genug, um zu fragen, ob wir mit der Wahl der HR-Architektur(en) im eigenen Unternehmen wirklich frei sind oder ob durch die Kosten der Veränderung die Zahl der Optionen deutlich eingeschränkt wird. Auf jeden Fall sollten wir uns angesichts der mit dem

Architekturwechsel verbundenen Kosten in einem ersten Schritt bewusst werden, welche HR-Architekturen wir bei uns überhaupt einsetzen. Erst dann können wir abschätzen, wie groß das Ausmaß des Wechsels und damit auch das Ausmaß der damit verbundenen Kosten an Zeit und Ressourcen ist. Diese Analyse ist umso wichtiger, da wir in vielen Fällen im Laufe der Zeit nicht nur eine einzige HR-Architektur haben, sondern sich – meist ohne eine bewusste Segmentierung – verschiedene HR-Architekturen entwickeln (vgl. Baron und Hannan 2002, S. 32), genauso wie sich schleichend oft verschiedene Subkulturen im Unternehmen bilden. Die Berücksichtigung der mit einem Architekturwechsel verbundenen Kosten kann uns vor dem Reflex bewahren, eine bestimmte HR-Architektur als die ‚beste‘ Architektur zu identifizieren und dann diese HR-Architektur implementieren zu wollen. Nur wenn wir wissen, wo wir stehen, können wir wissen, ob und wie wir ein Ziel erreichen können.

Als fünften Punkt können wir mitnehmen, dass es eine Reihe von unterschiedlichen HR-Architekturen gibt und dass dies gut und sinnvoll ist. Je nach Unternehmen und Branche spielt das Humankapital eine unterschiedliche Rolle für den Geschäftserfolg. Und es spielt – selbst wenn gerade Personaler dies nicht gerne hören mögen – auch eine unterschiedlich wichtige Rolle. In einem Software-Unternehmen steht und fällt alles mit der Qualität und den Qualifikationen der Mitarbeiter. Aber dies gilt nicht für einen Systemgastronomen, wo alle Arbeitsplätze im Restaurant auf die Austauschbarkeit der Mitarbeiter getrimmt sind. Und weil die Rolle des Humankapitals so unterschiedlich für den Unternehmenserfolg ist, macht es auch Sinn, das Humankapital je nach Unternehmen unterschiedlich zu behandeln. Diese Unterschiede können sowohl durch die Wahl einer bestimmten Segmentierung entstehen als auch durch die Wahl einer bestimmten HR-Architektur. Und solange Firmen in den unterschiedlichsten Branchen und mit den unterschiedlichsten Strategien existieren, wird es Sinn machen, verschiedene HR-Architekturen anzuwenden. Um an die Diskussion im ersten Kapitel anzuknüpfen: Genauso wenig, wie wir *ein* Personalmanagement sehen, werden wir in Zukunft *eine* HR-Architektur sehen. Allerdings lässt sich, was die Anforderungen an das Personalmanagement betrifft, eine Entwicklung jetzt schon eindeutig beobachten, die sich auch noch weiter fortsetzen wird. Je nach gewählter HR-Architektur sind die Anforderungen, die an die Kompetenzen des Personalmanagements gestellt werden, unterschiedlich hoch. Bei einem Markt-Ansatz brauche ich keine so aufwendigen Rekrutierungsinstrumente wie beim Investment-Ansatz: Falls ich bei der Wahl des Mitarbeiters danebenliege, kann ich mich ja schnell wieder von ihm trennen. Bei den verschiedenen HR-Architekturen und Segmentierungen, die wir uns angeschaut haben, sehen wir, dass das Personalmanagement immer stärker in Richtung eines Investment-Ansatzes geht, je wichtiger die Mitarbeitergruppe für das Unternehmen ist, und damit steigen auch die Anforderungen an das Personalmanagement. Da aber gerade in den hoch industrialisierten deutschsprachigen Ländern der Anteil der wissensintensiven Unternehmen noch weiter zunehmen wird, wird auch der Anteil der Mitarbeiter, der nach dem Investment-Ansatz gemanagt wird, eine immer größere Rolle spielen. Nicht unbedingt zahlenmäßig, aber auf jeden Fall, was den Geschäftserfolg angeht. So werden bei aller Heterogenität der HR-Architekturen, die wir auch in Zukunft beobachten werden, im Schnitt die Anforderungen an das Personalmanagement steigen. Diese Erkenntnis ist nicht neu, hat aber nichts an Aktualität verloren (vgl. beispielsweise das Professionalisierungsprogramm der Deutschen Gesellschaft für Personalführung (dgfp 2004) oder auch Ulrich et al. 2008).

Eng verknüpft mit der Heterogenität der HR-Architekturen ist der sechste Punkt, die Rolle der Unternehmenskultur. Wie wir gesehen haben, ist die Architektur eine Facette, in der die Kultur eines Unternehmens sichtbar wird. Wir haben zu Beginn des Kapitels die HR-Architekturen als Strukturierungshilfen für die verschiedenen Personalinstrumente definiert. Diese Strukturierungshilfen bzw. Bebauungspläne helfen, die einzelnen Personalinstrumente mit dem geforderten Humankapital zu verbinden. Diese Strukturierungshilfe bedeutet aber auch, dass je nach HR-Architektur verschiedene Personalinstrumente mehr oder weniger gut geeignet sind. Damit können wir die HR-Architektur auch als Filter betrachten, der die verschiedenen Instrumente danach sortiert, ob sie für unsere Zwecke passen oder nicht. Eine ganz ähnliche Filterfunktion hat auch die Unternehmenskultur. Dadurch, dass nicht jede HR-Architektur mit jeder Unternehmenskultur kompatibel ist, engt die Unternehmenskultur die Zahl der möglicherweise passenden HR-Architekturen ein.

Damit bleibt zum Schluss die Frage, wie wir eine oder mehrere HR-Architekturen für unser Unternehmen auswählen sollen. Die Wahl der HR-Architektur(en) ist genauso wie die Wahl einer Geschäftsfeldstrategie: Es gibt keine klaren Vorgaben, wie diese zu wählen ist. Denn genauso wenig, wie es eine bestimmte Geschäftsfeldstrategie gibt, die anderen Strategien grundsätzlich überlegen ist, gibt es eine generische HR-Architektur, die grundsätzlich zu empfehlen ist. Die Wahl einer HR-Architektur ist auch aus anderen Gründen mit der Wahl der Geschäftsfeldstrategie zu vergleichen: Eine Vielzahl von Faktoren wie Branche, Kundenbedürfnisse, Technologien, Wettbewerber etc., genauso wie die Überzeugungen, Erfahrungen und Visionen des Topmanagements, führen zu der Entscheidung über die Strategie, die gewählt werden soll. Mal wird diese Entscheidung bewusst getroffen, mal weniger bewusst. Gleiches gilt auch für die Wahl der HR-Architektur. Wobei wir dort noch eher eine unbewusste Entscheidung beobachten. Über die Entwicklung der Geschäftsfeldstrategie wird viel diskutiert, aber wann kommt die Frage nach der HR-Architektur – egal, wie wir sie im Unternehmen nennen – auf den Tisch? Die HR-Architektur entsteht meist emergent. Bewusst werden wir uns unserer eigenen HR-Architektur meist erst dann, wenn wir – beispielsweise im Rahmen der Internationalisierung oder Übernahme eines anderen Unternehmens – auf andere HR-Architekturen treffen. Oder aber, wenn wir neue Personalinstrumente bei uns im Unternehmen einführen wollen und feststellen, dass einige dieser Instrumente bei uns nicht so gut funktionieren, wie wir es uns erhofft hatten. Diese Instrumente passen scheinbar nicht zu unserer HR-Architektur. Mit der Wahl der Instrumente bewegen wir uns von der Ebene der HR-Architektur auf die Ebene der einzelnen Instrumente. Diese Ebene und vor allem die Diskussion zwischen Vertretern des Best-Fit-Ansatzes und Vertretern des Best-Practice-Ansatzes sind die zentralen Themen des folgenden Kapitels.

Literatur

Bamberger, P. A., Biron, M., & Meshoulam, I. (2014). *Human resource strategy: Formulation, implementation, and impact* (2. Aufl.). New York: Routledge.

Baron, J., & Hannan, M. (2002). Organizational blueprints for success in high-tech start-ups. *California Management Review, 44*(3), 8–37.

Baron, J., & Kreps, D. (1999). *Strategic human resources: Frameworks for general managers.* Hoboken: Wiley.

Becker, B., Huselid, M., & Ulrich, D. (2001). *The HR scorecard: Linking people, strategy, & performance.* Boston: Harvard Business School Press.

Becker, B., Huselid, M., & Beatty, R. (2009). *The differentiated workforce: Translating talent into strategic impact.* Boston: Harvard Business School Press.

Birri, R. (2013). *Human Capital Management: Ein praxisorientierter Ansatz mit strategischer Ausrichtung* (2. Aufl.). Wiesbaden: Springer Gabler.

Boxall, P., & Purcell, J. (2011). *Strategy and human resource management* (3. Aufl.). Basingstoke: Palgrave Macmillan.

Cappelli, P. (2013). HR for Neophytes. *Harvard Business Review. 91*(10), 25–27.

Coase, R. (1937). The nature of the firm. *Economica, 4*(16), 386–405.

Collis, D. & Montgomery, C. (1995). Competing on resources: Strategy in the 1990s. *Harvard Business Review, 73*(4), 118–128.

dgfp (2004). Professionalisierung des Personalmanagements. Ergebnisse der pix-Befragung 2004. PraxisPapiere 5/2004. Düsseldorf: Deutsche Gesellschaft für Personalführung e. V.

Festing, M. (2015). Mobilität sichern, Kosten steuern. HR-Governance gestalten. *Personalführung, 2015*(4), 18–23.

Gittel, J., & Bamber, G. (2010). High- and low-road strategies for competing on costs and their implications for employment relations: International studies in the airline industry. *International Journal of Human Resource Management, 21*(2), 165–179.

Grant, D. (1999). HRM, rhetoric and the psychological contract: A case of 'easier said than done'. *International Journal of Human Resource Management, 10*(2), 327–350.

Handy, C. (1989). *The age of unreason.* Boston: Harvard Business School Press.

Huselid, M., Becker, B., & Beatty, R. (2005a). *The workforce scorecard: Managing human capital to execute strategy.* Boston: Harvard Business School Press.

Huselid, M., Beatty, R. & Becker, B. (2005b). „A players" or „A positions?" The strategic logic of workforce management. *Harvard Business Review, 83*(12), 110–117.

Lebrenz, C., & Völk, S. (2012). Damit die Richtung stimmt. *Personalmagazin, 2012*(9), 24–26.

Lepak, D., & Snell, S. (1999). The human resource architecture: Toward a theory of human capital allocation and development. *Academy of Management Review, 24*(1), 31–48.

McCord, P. (2014). How Netflix Reinvented HR. *Harvard Business Review, 92*(1), 70–76.

O.V. (2014). Der Haussegen bei SAP hängt schief. *Frankfurter Allgemeine Zeitung* 2.10.2014 Nr. 299, S. 25.

Purcell, J. (1996). Contingent workers and human resource strategy: Rediscovering the core/periphery dimension. *Journal of Professional HRM, 5,* 16–23.

Regnet, E., & Lebrenz, C. (Hrsg.). (2013). *Arbeitgeberattraktivität 2013: Betriebsklima vor Gehalt: Was macht Arbeitgeber interessant? Die Sicht der Absolventen der Hochschule Augsburg.* Augsburg: Hochschule Augsburg.

Ruse, D., & Jansen, K. (2008). Stay in front of the talent curve. *Research Technology Management, 51*(6), 38–43.

Scholz, C. (1995). Personalarbeit in virtualisierenden Unternehmen. In R. Klimecki & A. Remer (Hrsg.), *Personal als Strategie. Mit flexiblen und lernbereiten Human-Ressourcen Kernkompetenzen aufbauen* (S. 418–434). Neuwied: Luchterhand.

Schuler, R., Werner, S. & Jackson, S. (2012). Southwest airlines. In J. Hayton, M. Biron, L. Castro Christiansen, & B. Kuvaas (Hrsg.), *Global human resource management casebook* (S. 382–394). Oxford: Routledge.

Steinweg, S. (2009). *Systematisches Talent Management: Kompetenzen strategisch einsetzen.* Stuttgart: Schäffer-Poeschel.

The Economist (2015). The on-demand economy: Workers on tap. http://www.economist.com/printedition//2015-01-03/. Zugegriffen: 13. Febr. 2015.

Ulrich, D., Brockbank, W., Johnson, D., Sandholtz, K., & Younger, J. (2008). *HR competencies: Mastery at the intersection of people and business.* Provo: RBL Institute.

Witt, G. (1987). Personalportfolios. *Controller-Magazin, 1987*(6), 71–76.

Wie wird das benötigte Humankapital bereitgestellt? – Die Ebene der Personalinstrumente

---

Zusammenfassung

In Kap. 5 begeben wir uns bei der Frage, wie das Humankapital bereitgestellt wird, auf die Ebene der einzelnen Personalinstrumente. Welche Instrumente setzen wir konkret ein, um unsere HR-Architektur mit Leben zu füllen? Bei dieser Frage werden wir uns zwei auf den ersten Blick grundsätzlich verschiedene Schulen anschauen. Auf der einen Seite befürwortet die Best-Practice-Schule den Einsatz bewährter Instrumente. Entweder einzelne Instrumente oder auch Gruppen von Instrumenten, die Best-Practice-Systeme ergeben. Auf der anderen Seite fordert die Best-Fit-Schule die Anpassung der Instrumente an eine Vielzahl von Faktoren wie Gesetzgebung, Kultur und Branche. Wir werden erfahren, dass diese auf den ersten Blick so gegensätzlichen Schulen sich durchaus ergänzen und als verschiedene Filter verstanden werden können, die uns bei der konkreten Auswahl der Instrumente unterstützen. Wenn das Humankapital des Unternehmens einen Wettbewerbsvorteil bieten soll, dann muss sogar die HR-Architektur mit ihren jeweiligen Instrumenten ein einzigartiges Gebilde sein. Der Weg dorthin ist lang, lohnt sich aber, weil hier ein nachhaltiger Wettbewerbsvorteil geschaffen werden kann.

5.1 Einleitung

In Kap. 4 haben wir uns zur Beantwortung unserer zweiten Frage die Ebene der HR-Architektur angeschaut. In diesem fünften Kapitel begeben wir uns bei der Frage nach der Humankapitalstrategie auf die Ebene der einzelnen Personalinstrumente. Welche Instrumente setzen wir konkret ein, um unsere HR-Architektur mit Leben zu füllen? Die HR-Architektur dient zwar als Strukturierungshilfe, um Personalinstrumente auszuwählen, aber sagt noch nichts darüber aus, welche Instrumente wir konkret einsetzen, um das gewünschte Humankapital bereitzustellen.

© Springer Fachmedien Wiesbaden GmbH 2017
C. Lebrenz, *Strategie und Personalmanagement*,
DOI 10.1007/978-3-658-14330-5_5

Beispiel

Nehmen wir das Beispiel eines Maschinenbauunternehmens, das sich bisher darauf konzentriert hat, seine technisch sehr anspruchsvollen Anlagen zu entwickeln und zu vertreiben. Im Rahmen eines Strategiewechsels entscheidet sich die Firma nun dazu, das Servicegeschäft rund um die Anlagen aufzubauen. Dazu benötigt das Unternehmen ganz neue Fähigkeiten und Kompetenzen seiner Mitarbeiter. Zusätzlich zu Spezialisten in der Entwicklung und der Produktion braucht das Unternehmen deutlich mehr Mitarbeiter im Service und auch einen Vertrieb, der in der Lage ist, die Anlagen des Unternehmens in die Gesamtbedürfnisse des Kunden einzuordnen. Um dieses definierte Humankapital zur Verfügung zu stellen, kann das Personalmanagement einerseits im Rahmen seiner Personalentwicklung und seines Talentmanagements die derzeitigen Mitarbeiter weiterentwickeln. Zusätzlich kann oder muss das Unternehmen auch weitere Mitarbeiter einstellen. Um geeignete Bewerber auszuwählen, kann das Unternehmen wie bisher auf Einstellungsinterviews setzen oder – in der Hoffnung auf eine verbesserte Aussagekraft – ein Assessment-Center durchführen. Soll das Unternehmen den zusätzlichen Aufwand betreiben, die höheren Kosten in Kauf nehmen? Oder reicht es, es bei den bisherigen – unstrukturierten – Interviews zu belassen bzw. diese eventuell noch um einen Intelligenz- oder Persönlichkeitstest zu ergänzen?

Schauen wir in die Literatur, so finden wir ganz unterschiedliche Ratschläge. Die einen argumentieren, dass Unternehmen besser beraten seien, wenn sie auf bewährte und eventuell auch wissenschaftlich fundierte Instrumente zurückgreifen würden, die unabhängig von der konkreten Situation des Unternehmens universell einsetzbar sind (vgl. Pfeffer und Sutton 1999 oder Biemann et al. 2012; Weckmüller 2013). Die anderen warnen davor, Instrumente von der Stange einzusetzen, die weder zur Situation noch Strategie des Unternehmens passen (vgl. z. B. Beer et al. 1984; Schuler und Jackson 1987; Schuler 1992). Wie schon eingangs erwähnt, wird diese Diskussion in der Literatur unter dem Thema ‚Best Practice‘ oder ‚Best Fit‘ geführt. Gerade in akademischen Kreisen wird nicht nur in großer Ausführlichkeit, sondern auf den ersten Blick auch recht kontrovers diskutiert: entweder die konsequente Übernahme von Best-Practice-Instrumenten oder die Anpassung an die Situation des Unternehmens (vgl. Pfeffer 1994; Delory und Doty 1996; Appelbaum et al. 2000). Was können wir aus dieser Diskussion für die Auswahl der Instrumente und damit für die Beantwortung unserer zweiten Frage mitnehmen?

Bevor wir auf die verschiedenen Argumente der Befürworter und Gegner von Best Practice eingehen, müssen wir aber noch klären, was wir unter der *Anpassung* von Instrumenten verstehen. Im Zusammenhang mit der Auswahl eines Instrumentes geht es bei Anpassung darum, ob ein Instrument wie das Assessment-Center zu unserer HR-Architektur passt oder nicht. Für einen Markt-Ansatz bei der Rekrutierung von Callcenter-Agenten wird dieses Instrument kaum sinnvoll sein, für die Auswahl von Mitarbeitern der Kernbelegschaft bei einem Investment-Ansatz sehr viel eher. Unter Anpassung ist *nicht* gemeint, dass ein Instrument an die Situation des Unternehmens angepasst werden muss. Denn diese Anpassung an die konkreten Gegebenheiten und Rahmenbedingungen des Unternehmens müssen wir immer durchführen. Nehmen wir das Beispiel des strukturierten Einstellungsinterviews. Southwest Airlines – für viele Unternehmen ein Vorbild in Sachen Personalmanagement – setzt strukturierte Einstellungsinterviews ein (vgl. Schuler et al. 2012). Auch wissenschaftliche Studien bescheinigen strukturierten Interviews eine bessere Voraussagefähigkeit als unstrukturierten Interviews (vgl. Delery und Shaw 2001). Grund genug, auch im eigenen Unternehmen strukturierte Interviews einzusetzen. Nun würde es aber für einen österreichischen Energieversorger wenig Sinn machen, den Interviewleitfaden von Southwest Airlines zu kopieren und ins Deutsche zu übersetzen. Damit das Unternehmen die Leute findet, die zu ihm passen und auch die geforderten Aufgaben erfüllen können, müssen die Fragen an die Situation des Unternehmens angepasst werden. Denn die Einstellungen, Qualifikationen und Erfahrungen, die ein amerikanischer Flugbegleiter mitbringen muss, sind schließlich ganz andere als die, die ein Servicetechniker eines Energieversorgers benötigt. Genauso können Fragen, die in den USA erlaubt sind, in Österreich unzulässig sein. Auch hier müssen wir anpassen.

Nach dieser wichtigen Abgrenzung zurück zu unserer Frage, was wir aus der Kontroverse zwischen Vertretern des Best Fit bzw. Best Practice für die Auswahl unserer Instrumente mitnehmen können. Gibt es Instrumente, die wir unabhängig von der HR-Architektur einsetzen können? Oder suchen wir solche universell nutzbaren Instrumente vergeblich? Diese Fragen sind das zentrale Thema dieses Kapitels. Um sie zu beantworten, wenden wir uns im Abschn. 5.2. zuerst der Position der Best-Practice-Schule zu und schauen uns zunächst einzelne Instrumente an, die in der Literatur als Best Practice vorgeschlagen werden. Dabei geht es nicht nur darum, ob es ein Best-Practice-Instrument ist, sondern auch darum, mit welcher Begründung es diesen Status erhalten hat. Im nächsten Schritt geht es um die Kombination von bestimmten Instrumenten, die als Best Practice propagiert werden. Im Anschluss beschäftigen wir uns in Abschn. 5.3 mit den verschiedenen Facetten der Best-Fit-Schule. Innerhalb dieser Best-Fit-Schule herrscht zwar große Einigkeit darüber, *dass* Personalinstrumente angepasst werden müssen, gleichzeitig aber auch große Uneinigkeit darüber, *woran* denn nun angepasst werden soll. Hier gibt es wieder unterschiedlichste Faktoren. Wir werden uns mit einem Vorschlag, diese unterschiedlichen Ansätze einzuordnen, befassen. Im Anschluss an die Empfehlungen der Best-Fit-Schule setzen wir uns mit der Frage auseinander, welche Rahmenbedingungen gegeben sein müssen bzw. was die Folgen für das Unternehmen sind, wenn es seine Instrumente und damit letztendlich auch seine HR-Architektur stark an die Situation des Unternehmens anpassen will.

5.2 One Size Fits All? – Die Best-Practice-Schule

Warum Best Practices?
Warum das Rad neu erfinden? Das ist der pragmatische Grundgedanke der Best-Practice-Schule. Bevor wir experimentieren und dabei Gefahr laufen, Instrumente auszuwählen, die nicht gut funktionieren, ist es einfacher, schneller und auch weniger riskant, auf

bestehende, bewährte Lösungen – Best Practices – zurückzugreifen. Da argumentiert wird, dass die als Best Practice definierten Instrumente unabhängig vom Unternehmen, seiner Größe und der Branche, in der es tätig ist, gelten, wird die Best-Practice-Schule auch als der universalistische Ansatz bezeichnet (vgl. u. a. Martín-Alcazar et al. 2005). Salopp formuliert kann man diesen Ansatz auch als ,one size fits all' bezeichnen. Für viele gewinnt diese Schule noch deutlich mehr an Attraktivität, wenn man die Lösungen besonders erfolgreicher Unternehmen übernehmen kann. Die – meist unterschwellige – Hoffnung dabei ist, mit der Übernahme des Instrumentes auch einen Teil des Erfolges des kopierten Unternehmens mit zu übernehmen. Genauso schwingt die Vorstellung mit, dass es einfacher ist, die Konzepte und Instrumente der erfolgreichen Vorbilder zu kopieren, als sich selbst Gedanken über die Wahl des richtigen Instruments zu machen. Es ist diese Kombination aus Pragmatismus und dem Wunsch nach Komplexitätsreduktion, die den Charme der Best-Practice-Schule ausmacht. Die Gefahr besteht allerdings, dass man es sich dabei zu leicht macht und die Rahmenbedingungen des Vorbilds nicht genau genug mit den eigenen vergleicht (vgl. Pfeffer und Sutton 1999, S. 6).

Von anderen Unternehmen Ideen zu übernehmen hat eine sehr lange Tradition. In den letzten Jahrzehnten wurde dies unter den verschiedensten Bezeichnungen praktiziert. In den 1980er- und 1990er-Jahren wurde dieser Prozess unter dem Stichwort ,Benchmarking' betrieben. Nicht nur im Personalmanagement, sondern auch in anderen Bereichen des Managements. Besonders in den 1990er-Jahren wurde die Übernahme von bewährten Instrumenten im strategischen Personalmanagement als Best Practice propagiert (vgl. Arthur 1994; Pfeffer 1994; Delery und Doty 1996). Seit Mitte des letzten Jahrzehnts taucht die Idee des Best Practice unter einem neuen Namen und auch aus einer veränderten Perspektive auf. Beim bisherigen Best Practice lag der Schwerpunkt darauf, von anderen Unternehmen Instrumente zu übernehmen, die sich bei diesen Unternehmen bewährt haben. Statt aber auf einzelne – erfolgreiche – Unternehmen als Referenzgröße zu schauen, geht es beim Evidenzbasierten Management darum, auf die Ergebnisse aus der empirischen Wirtschaftsforschung zurückzugreifen (vgl. Biemann et al. 2012, S. 10; Rousseau 2014).

Das Evidenzbasierte Management lehnt sich vom Namen und auch von der Vorgehensweise in erster Linie der Medizin an. Wie dort sollen diejenigen Praktiken im Rahmen von wissenschaftlichen Untersuchungen identifiziert werden, die sich als überlegen erweisen. Statt auf einzelne Unternehmen soll sich auf die statistisch gesicherten Ergebnisse aus einer Vielzahl von Unternehmen berufen werden. In der Evidenzbasierten Medizin werden diejenigen Therapien im Rahmen von Nationalen Versorgungsleitlinien empfohlen, die sich nach intensiver Prüfung statistisch anderen Therapien gegenüber als überlegen erwiesen haben (vgl. Weymayr 2012). Dieses Vorgehen wird auch von den Vertretern des Evidenzbasierten Managements für das betriebliche Management vorgeschlagen. Sie lehnen ein einfaches Benchmarking ab, da beim Blick auf einzelne erfolgreiche Unternehmen oft nicht ausreichend darauf geachtet wird, warum ein Instrument erfolgreich ist (vgl. Pfeffer und Sutton 1999, S. 37 f.). Der Kontext, der das Instrument ggf. erfolgreich macht, wird ausgeblendet. Allerdings liegt dem Vertrauen auf die Ergebnisse der statistischen Untersuchungen auch die Annahme zugrunde, dass die Situation im eigenen Unternehmen der Situation im untersuchten Unternehmen so weit gleicht, dass die Ergebnisse aus den Studien übertragen werden können. Auch wenn die Perspektive eine etwas andere ist, überwiegen die Gemeinsamkeiten von Best Practice und Evidenzbasiertem Management, sodass es nicht wundert, wenn beide Begriffe in der Literatur hin und wieder gleichgesetzt werden (vgl. Lawler 2007).

Einzelne Instrumente oder Kombinationen von Instrumenten?
Nicht nur bei der Frage, nach welchen Kriterien wir Best-Practice-Instrumente auswählen, treffen wir auf unterschiedliche Auffassungen, sondern auch bei der Frage, ob wir einzelne Instrumente auswählen oder gleich bestimmte Kombinationen von bewährten Instrumenten einsetzen sollten (vgl. Delery und Doty 1996, S. 813). Wir wollen uns zuerst die Vorschläge in der Literatur anschauen, die einzelne Best-Practice-Maßnahmen propagieren. Dies kann eine variable, an die individuelle Leistung gekoppelte Vergütung oder auch eine 360°-Beurteilung im Rahmen der Personalentwicklung sein. Der Einfachheit halber werden wir diese einzelnen Maßnahmen als *Best-Practice-Instrumente* bezeichnen. Im Anschluss wenden wir uns den Kombinationen von Instrumenten zu, die in der Literatur als ‚High Performance Work Systems‘ (vgl. Appelbaum und Batt 1994; Appelbaum et al. 2000), ‚High Commitment HRM Systems‘ (vgl. Arthur 1994) oder auch ‚High Involvement Work Systems‘ (vgl. Lawler 1992; Guthrie 2001) bezeichnet werden. Diese unterschiedlichen Kombinationen von Instrumenten werden wir als *Best-Practice-Systeme* zusammenfassen. Diese Kombinationen ähneln von der Logik her unserer HR-Architektur. Aber beide automatisch gleichzusetzen wäre falsch. Manchmal handelt es sich bei den vorgeschlagenen Best-Practice-Systemen lediglich um einige wenige Instrumente, die zusammen eingesetzt werden sollen. In Kap. 4 sind wir auf Cluster von Personalinstrumenten gestoßen, mit denen HR-Architekturen unterschieden wurden. So unterschieden Baron und Hannan anhand der Kriterien Auswahl, Bindung und Koordination der Mitarbeiter (vgl. Abschn. 3.3). Die vorgeschlagenen Best-Practice-Systeme beziehen sich manchmal lediglich auf einen oder zwei dieser Cluster. In anderen Fällen beinhalten die vorgeschlagenen Best-Practice-Systeme mehr als ein Dutzend Instrumente, die zusammen eingesetzt werden sollen, und decken damit das ganze Spektrum der Personalarbeit ab (vgl. Pfeffer 1994). Die Übergänge zwischen Best-Practice-Systemen und HR-Architekturen sind daher fließend.

Warum überhaupt Best-Practice-Systeme statt einzelner Best-Practice-Instrumente? Dafür gibt es zwei Gründe. Erstens macht es Sinn, bestimmte Kombinationen von Instrumenten gleichzeitig einzusetzen, wenn Wechselwirkungen zwischen den Instrumenten auftreten, sprich diese interaktiv sind. Mit ‚interaktiv‘ ist gemeint, dass „… their effectiveness depends on the level of the other practices in the system" (Delery 1998, S. 293). Ist dies der Fall, dann müssen wir uns ganz genau anschauen, welche anderen Instrumente wir einsetzen, um sicherzustellen, dass sich die Instrumente gegenseitig ergänzen und verstärken. Was wir uns natürlich wünschen, sind Instrumente, die sich gegenseitig positiv verstärken. Dies könnten die intensive Weiterbildung von Mitarbeitern und

Maßnahmen zur Erhöhung der Mitarbeiterbindung sein. Was wir vermeiden sollten, sind die *‚deadly combinations'*, bei denen sich die Wirkungen der einzelnen Maßnahmen gegenseitig aufheben (Becker et al. 1997, S. 45). Hohe Investitionen in die Weiterbildung der Mitarbeiter verpuffen, wenn gleichzeitig die Bezahlung so unterdurchschnittlich ist, dass diese Mitarbeiter schnell das Unternehmen verlassen und die erworbenen Qualifikationen dann bei der Konkurrenz einsetzen. Manchmal haben wir aber auch den Fall, dass sich ein Instrument durch das andere substituieren lässt und es vom Ergebnis her gleichgültig ist, welches Instrument wir anwenden: Investieren wir in Maßnahmen, die das Betriebsklima verbessern, oder ermöglichen wir eine verbesserte Vereinbarkeit von Beruf und Familie? Beides erhöht die Arbeitgeberattraktivität bei weiblichen Hochschulabsolventen (vgl. Regnet und Lebrenz 2014). Wirken einzelne Instrumente unabhängig von den anderen, dann können wir problemlos Best-Practice-Instrumente einsetzen (vgl. Delery 1998, S. 293).

Der zweite Grund für den Einsatz von Best-Practice-Systemen liegt in der geringeren Kopierbarkeit solcher Systeme. Die Übernahme einzelner Instrumente hat aber den Nachteil, dass der daraus resultierende Wettbewerbsvorteil nicht sehr nachhaltig ist. Ein einzelnes Instrument kann viel schneller übernommen werden als eine ganze Kombination von Instrumenten. Hier liegt ein Vorteil von Best-Practice-Systemen gegenüber einzelnen Best-Practice-Instrumenten. Die Anpassung eines Instruments an die Situation des Unternehmens ist deutlich einfacher, als ein ganzes System zu übernehmen, bei dem auch die Interaktionen zwischen den einzelnen Instrumenten an die Situation und besonders an die Kultur des eigenen Unternehmens angepasst werden müssen. Mit dem Ergebnis, dass der Wettbewerbsvorteil, den wir durch den Einsatz von Best-Practice-Systemen erreichen, nachhaltiger ist (vgl. Delery und Shaw 2001, S. 170; Aït Razouk 2011, S. 315).

Best-Practice-Instrumente

Welches sind denn nun die Best-Practice-Instrumente? Einer der ersten und populärsten Vorschläge, durch den Einsatz bestimmter Personalinstrumente einen Wettbewerbsvorsprung zu erlangen, stammt von Pfeffer in seinem Pfeffer 1994 erschienenen Buch „Competitive Advantage through People" (vgl. 1994). Dort beschreibt er folgende 16 Instrumente, die unabhängig von der jeweiligen Strategie des Unternehmens die eigene Wettbewerbsfähigkeit erhöhen können: Arbeitsplatzsicherheit, strenge Selektion bei der Einstellung von Mitarbeitern, hohe Löhne, leistungsabhängige Bezahlung, Beteiligung der Mitarbeiter am Unternehmen, starker Austausch von Informationen, Einbindung und Empowerment der Mitarbeiter, Einsatz von Teams, Aus- und Weiterbildung, bereichsübergreifende Ausbildung und Beschäftigung, egalitäre Unternehmenskultur, geringe Spreizung der Löhne, interne Besetzung von Führungspositionen, langfristiges Denken, Controlling der einzelnen Instrumente und schließlich eine übergreifende Personalphilosophie. Dabei argumentiert er, dass diese einzelnen Instrumente additiv eingesetzt werden können. Erfolgreichere Firmen würden mehr von diesen Instrumenten einsetzen (vgl. Pfeffer 1994, S. 28). Aus deutscher Sicht kommen uns diese Vorschläge recht bekannt vor, da wir sie als Facetten des Investment-Ansatzes im deutschsprachigen Raum oft antreffen. In einem späteren Buch verringert Pfeffer dann die Zahl der Best-Practice-Instrumente auf sieben (vgl. Peffer 1998)[1]. Die Begründung für die Auswahl dieser 16 Punkte ist recht pragmatisch; sie wurde getroffen, indem Pfeffer viel gelesen, sich viel mit verschiedenen Leuten unterhalten hat – und dies mit einer Menge gesundem Menschenverstand (vgl. Pfeffer 1994, S 30). Aus Sicht der Vertreter des Evidenzbasierten Managements kaum ein befriedigendes Vorgehen. Dies hat aber der Popularität von Pfeffers Werk keinen Abbruch getan. Und es hat Pfeffer auch nicht daran gehindert, zehn Jahre nach diesem Buch als einer der Hauptvertreter des Evidenzbasierten Managements aufzutreten (vgl. Pfeffer und Sutton 1999). So populär Pfeffers Ansatz auch war, so wenig hilft er uns weiter. Nicht nur, weil sein Plädoyer für Instrumente des Investment-Ansatzes im deutschsprachigen Raum wenig Möglichkeiten bietet, sich durch diese Instrumente einen Wettbewerbsvorsprung zu erarbeiten. Dafür ist der Investment-Ansatz hier zu sehr verbreitet. Sondern vor allem, da Pfeffer zwar argumentiert, dass die Frage, welche der Instrumente für die Firma besonders effektiv sind, von der verfolgten Technologie und der verfolgten Strategie abhängt (vgl. Pfeffer 1994, S. 28). Aber *welche* Instrumente von *welcher* Strategie bzw. Technologie abhängen, wird nicht gesagt. Antworten auf unsere Frage, wie wir Best-Practice-Instrumente auswählen, finden wir hier nicht.

Ein weiteres viel zitiertes Beispiel für die Gültigkeit von Best-Practice-Instrumenten ist eine Studie von Delery und Doty, die in den 1990er-Jahren den Einfluss verschiedener Personalinstrumente für Kreditsachbearbeiter auf die Profitabilität ihrer Banken untersuchte (vgl. Delery und Doty 1996). In der Studie werden drei Instrumente identifiziert, die zu einer höheren Profitabilität der Banken führen: Gewinnbeteiligung, Leistungsbewertung und Arbeitsplatzsicherheit. Allerdings ist fraglich, inwieweit von dieser Studie auf die Wirksamkeit dieser drei Instrumente auf die Profitabilität eines Unternehmens generell geschlossen werden kann. Denn hier wurde die Wirksamkeit der Instrumente auf *eine* Position, die des Kreditsachbearbeiters, in *einer* Branche, dem Bankensektor, in *einem* Land, den USA, untersucht. Wie wir später im Kapitel noch erfahren werden, ist eine Verallgemeinerung auf andere Positionen, Branchen und Länder nicht ohne Weiteres möglich. Denn die Datenbasis, auf der Delery und Doty ihre Best-Practice-Instrumente entwickeln, ist dafür zu beschränkt.

Eines der derzeit wohl besten Beispiele für ein Best-Practice-Instrument ist das HR-Business-Partner-Modell von Dave Ulrich (vgl. Ulrich 1997, später aktualisiert in Ulrich und Brockbank 2005). Dieses Instrument liefert uns den aktuellen *State of the Art*, was

---

[1]Hier reduziert er die Praktiken auf Arbeitsplatzsicherheit, strenge Selektion bei der Einstellung von Mitarbeitern, selbstgesteuerte Teams bzw. Teamarbeit, hohe, vom Unternehmensergebnis abhängige Bezahlung, intensive Aus- und Weiterbildung, einen Abbau von Hierarchieebenen und intensiven Informationsaustausch. Der Grundgedanke für den Einsatz dieser Instrumente bleibt aber unverändert.

unsere dritte Frage zur Verknüpfung von Strategie und Personal betrifft: Wie organisiert sich die HR-Funktion, um die Humankapitalstrategie umsetzen zu können? Seit fast 20 Jahren lautet darauf die scheinbar einhellige Antwort: mit dem HR-Business-Partner-Modell. Ulrich entwickelte das Modell Mitte der 1990er-Jahre, um den Personalern einen Rahmen zu geben, in dem sie einen höheren Wertbeitrag zum Unternehmenserfolg leisten können. Dazu definiert Ulrich vier Rollen, die der Personaler erfüllen muss, um seine Aufgaben ganzheitlich wahrnehmen zu können (vgl. Ulrich 1997, S. 24) Erstens die Rolle des ‚Strategic Partner‘, der die Aktivitäten der Personalabteilung an der Unternehmensstrategie ausrichtet. Zweitens die Rolle des ‚Administrative Experts‘, der sicherstellt, dass die administrativen Prozesse wie die Gehalts- und Reisekostenabrechnung möglichst effizient gestaltet werden. Drittens der ‚Employee Champion‘, der die Bedürfnisse der Mitarbeiter berücksichtigt und deren Sichtweise darstellt. Die vierte Rolle ist bei Ulrich der ‚Change Agent‘, der sicherstellt, dass die Organisation in der Lage ist, Veränderungsprozesse durchzuführen.

Um diese vier Rollen wahrnehmen zu können, empfiehlt Ulrich ein Drei-Säulen-Modell, das meist unter dem Stichwort HR-Business-Partner-Modell gehandelt wird. In diesem Modell soll durch eine Trennung der Aufgaben einerseits, also durch eine Spezialisierung, eine höhere Professionalität und Effizienz erreicht werden, andererseits aber auch der ‚Strategic Partner‘, hier als HR-Business-Partner bezeichnet, von administrativen Aufgaben entlastet werden, damit dieser sich gänzlich auf seine strategischen Aufgaben konzentrieren kann. Durch diese Spezialisierung sei das Modell dem sonst weitverbreiteten Referentenmodell überlegen. Die erste Säule im Modell besteht aus dem HR-Business-Partner, der – wie der Name es andeutet – als Ansprechpartner für das Management für Fragen, die das Humankapital des Unternehmens betreffen, zur Verfügung steht. Die zweite Säule besteht aus ‚Shared Service Centers‘, in denen alle administrativen und standardisierbaren Tätigkeiten und Personalprozesse zentralisiert werden. Durch die Zentralisierung und eine größtmögliche Standardisierung sollen diese administrativen Aufgaben so effizient wie möglich abgewickelt werden. Die dritte Säule besteht aus Spezialisten, die sich um einzelne Fachthemen oder Personalinstrumente wie Entlohnung, Personalentwicklung oder Expatriate Management kümmern. Diese Spezialisten sind zentral im Unternehmen in ‚Centers of Excellence‘ zusammengefasst und stellen ihr – oft hoch spezialisiertes Fachwissen – dem ganzen Unternehmen zur Verfügung.

Dieses Modell wird seit fast 20 Jahren als State of the Art – sprich als Best-Practice-Instrument – dargestellt und intensiv in den Unternehmen implementiert. So bestechend das Modell konzeptionell auch ist, so basiert es auf Annahmen, die bei näherem Hinschauen dazu führen, dass das Einsatzgebiet doch nicht so universell ist, wie es von den Befürwortern oft dargestellt wird. Dies fängt mit dem Rollenverständnis an. Wir haben schon im ersten Kapitel den Punkt angeschnitten, dass nicht alle Personaler sich als ‚Employee Champion‘ sehen. Gerade in Deutschland werden viele Personaler argumentieren, dass der Betriebsrat diese Rolle mehr als genug wahrnimmt. Entscheidender sind aber auch Annahmen über die Größe des Unternehmens und damit der

Personalabteilung. Das Modell setzt voraus, dass die Personalabteilung so groß ist, dass die Aufgaben in die drei Säulen der Kompetenzzentren, des Shared Service Center und der HR-Business-Partner aufgeteilt werden können. Für die größte Zahl der Unternehmen dürfte dies kaum zutreffen, und damit ist das Modell von Dave Ulrich nur für die Minderheit der größeren Mittelständler und Großunternehmen geeignet.

Neben den Voraussetzungen, die erfüllt sein müssen, erweist sich die Umsetzung des Modells auch bei größeren Unternehmen als nicht unproblematisch (vgl. Hird et al. 2010; Granados und Götz 2011; Zisgen 2014, S. 30 ff.). So werden oft die bisherigen Personalreferenten in HR-Business-Partner umbenannt, ohne aber die Tätigkeiten und Rollen wirklich neu zu definieren. Damit wird das Modell von Ulrich falsch interpretiert bzw. umgesetzt (vgl. Zisgen 2014). Auch bleibt die Abgrenzung, welche der Aufgaben der HR-Business-Partner, welche die Mitarbeiter der Kompetenzzentren übernehmen, unklar. Die Folge sind oft Reibungsverluste. Auch ist die Akzeptanz der HR-Business-Partner bei den Fachleuten oft nicht so, dass sie als wirkliche Partner angesehen und, wie angedacht, in die strategischen Fragestellungen des Unternehmens eingebunden werden. Nichtsdestotrotz scheint für die meisten Firmen eine Rückkehr zum Referentenmodell nicht als Option infrage zu kommen. Auch ist nach aktuellem Stand kein Alternativentwurf in Sicht (vgl. Claßen und Kern 2010, S. 361 f.; Rosenberger 2014, S. 14).

Die bisher vorgestellten Best-Practice-Instrumente sind eher *qualitativer* Natur, da ihre Legitimation, anderen Instrumenten überlegen zu sein, auf dem Hinweis auf einzelne Firmen mit Vorbildfunktion, dem gesunden Menschenverstand oder auch – wie im Falle von Delery und Doty – auf der Untersuchung einer einzelnen Branche beruht. Dafür, dass diese Instrumente behaupten, universelle Gültigkeit zu haben, haben sie eine sehr schmale Basis, auf der sie stehen. Einen anderen – *quantitativen* – Ansatz verfolgt das Evidenzbasierte Management. Statt sich auf qualitative Aussagen zu verlassen, greift das Evidenzbasierte Management – wie eingangs schon angesprochen – auf die Ergebnisse der empirischen Sozialforschung zurück. Nicht einzelne Firmen, sondern verschiedene Studien und idealerweise Meta-Analysen sollen diejenigen Instrumente identifizieren, deren Wirksamkeit höher ist als die alternativer Instrumente. Dabei wird die gesamte Bandbreite des Personalmanagements angesprochen. Für die Auswahl von Mitarbeitern wird die Überlegenheit strukturierter Interviews statt unstrukturierter Interviews (vgl. Delery und Shaw 2001) aufgezeigt, erweist sich die Intelligenz als der bessere Indikator für zukünftige Leistung als die Einstellungen der Mitarbeiter (vgl. Schmidt und Hunter 1998), wird die Wirksamkeit von finanziellen Anreizen auf die Leistung von Mitarbeitern nachgewiesen (vgl. Jenkins et al. 1998; Rynes et al. 2005) oder der Einfluss von Kulturunterschieden innerhalb von Teams auf deren Leistungsfähigkeit untersucht (vgl. Stahl et al. 2009). Wenn man sich anschaut, wie verbreitet Instrumente, wie z. B. unstrukturierte Einstellungsgespräche, in der Praxis immer noch sind, obwohl es ausreichend Studien gibt, die die Unterlegenheit dieses Instruments belegen, dann bietet der Einsatz wissenschaftlich fundierter Alternativen in der Tat die Möglichkeit, die Effektivität der eigenen Personalarbeit zu verbessern. Allerdings sind sich auch Vertreter des Evidenzbasierten Managements bewusst, dass die unterschiedlichen

Rahmenbedingungen im Unternehmen eine direkte Übertragung schwierig machen (vgl. Rynes et al. 2007, S. 1001). Richtig eingesetzt können diese Instrumente aber helfen, die Wettbewerbsfähigkeit des eigenen Unternehmens zu verbessern.

Ebenfalls quantitativ ist der Ansatz des HR Analytics (vgl. beispielsweise Cachelin 2013; Howes 2013; Athanas 2014). Statt sich auf externe Studien und Daten zu verlassen, sollen in erster Linie die im Unternehmen vorhandenen Daten über die Mitarbeiter genutzt werden, um nicht nur das Kündigungsrisiko bestimmter Mitarbeitergruppe zu prognostizieren, sondern durch Data-Mining auch Instrumente zu identifizieren, die die Mitarbeiterbindung besonders stark erhöhen können. Nicht nur für die aktuellen Mitarbeiter, sondern auch für Bewerber wird Data-Mining eingesetzt, um möglichst passende Kandidaten für das Unternehmen zu identifizieren. Dadurch sollen die Fluktuation und die Beschaffungskosten reduziert werden. So interessant der Ansatz des HR Analytics auch ist, so steht er unter zwei großen Vorbehalten, die diesen Ansatz zur Identifikation von Best-Practice-Instrumenten einschränken. Erstens setzt HR Analytics voraus, dass wir ausreichend Daten haben, um Data-Mining betreiben zu können, und zweitens müssen wir diese Daten auch nutzen dürfen. Bisherige Beispiele für den erfolgreichen Einsatz von HR Analytics beziehen sich meist auf die Erfahrungen von Großunternehmen, die ausreichend viele Mitarbeiter in einer Job-Familie haben, um die vorhandenen Daten statistisch auswerten zu können. Aussagen über die Wirksamkeit von einzelnen Instrumenten basieren oft auf der Auswertung der Daten von 20.000 oder 30.000 Mitarbeitern (vgl. The Economist 6. April 2013). Nur die wenigsten Firmen dürften über so viele Callcenter-Agenten verfügen, um Aussagen über deren Verweildauer ableiten zu können. Und selbst, wenn wir diese Daten hätten, dürften wir sie – zumindest in Deutschland – kaum nutzen. Die bisherigen Beispiele für HR Analytics kommen in den meisten Fällen aus den USA oder anderen Ländern mit ähnlich schwachen Datenschutzgesetzen. Kaum ein Betriebsrat oder Datenschutzbeauftragter dürfte zulassen, dass die Vielzahl der personenbezogenen Daten in Deutschland zur Analyse herangezogen wird. Von daher wird HR Analytics für die Frage, welche Instrumente wir als Best Practice anwenden sollen, in absehbarer Zukunft nur eine Nischenrolle spielen.

Best-Practice-Systeme
Wie bereits erwähnt, beruhen Best-Practice-Systeme auf dem Gedanken, dass sich die Instrumente innerhalb des Systems gegenseitig verstärken. Dieser Gedanke wird auch grundsätzlich von der Forschung unterstützt. In ihrer Meta-Analyse über den Zusammenhang von verschiedenen Personalinstrumenten und Best-Practice-Systemen mit dem Unternehmenserfolg kommen Combs und seine Koautoren zu dem Ergebnis, dass Best-Practice-Systeme dem Einsatz einzelner Instrumente überlegen sind (vgl. Combs et al. 2006, S. 516). Und dies gilt für das produzierende Gewerbe noch stärker als für den Dienstleistungsbereich (vgl. Combs et al. 2006, S. 517). Wenn dem so ist, dann stellt sich natürlich die Frage, *welche* Kombination von Best-Practice-Instrumenten denn zu empfehlen ist. Und hier stoßen wir auf das Problem, dass uns die Literatur eine Vielzahl von Vorschlägen liefert (vgl. beispielsweise Appelbaum und Batt 1994; Lawler 1992;

Kochar & Osterman (1994)	MacDuffie (1995)	Huselid (1995)	Cutcher-Gershenfeld (1991)	Arthur (1994)
• Self-directed work teams • Job rotation • Problem-solving groups/quality circles • TQM	• Self-directed work teams • Job rotation • Problem-solving groups/quality circles • TQM • Suggestions received or implemented • Hiring criteria, current job vs. learning • Contingent pay • Status barriers • Initial weeks training for production, supervisory, & engineering employees • Hours per year after initial training	• Contingent pay • Hours per year after initial training • Information sharing (e.g., newsletter) • Job analysis • Hiring (nonentry) from within vs. outside • Attitude surveys • Grievance procedure • Employment tests • Formal performance appraisal • Promotion rules (merit, seniority, combination) • Selection ratio	• Self-directed work teams • Problem-solving groups /quality circles • Feedback on production goals • Conflict resolution (speed, steps, how formal)	• Self-directed work teams • Problem-solving groups /quality circles • Contingent pay • Hours per year after initial training • Conflict resolution (speed, steps, how formal) • Job design (narrow or broad) • Percentage of skilled workers in facility • Supervisor span of control • Social events • Average total labor cost • Benefits/total labor cost

Abb. 5.1 Instrumente verschiedener Best-Practice-Systeme

Becker und Gerhart 1996; Appelbaum et al. 2000; Guthrie 2001 und auch die in Combs et al. 2006 aufgeführte Literatur).

Die in Abb. 5.1 dargestellten Best-Practice-Systeme sind nur ein Auszug aus den verschiedenen in der Literatur gemachten Vorschlägen. Allein schon diese Auswahl zeigt, dass es ganz unterschiedliche Ansätze gibt, welche Instrumente als Kombination besonders wirkungsvoll sind. Schlimmer noch, es besteht weder in allen Fällen Einigkeit darüber, ob die aufgelisteten Instrumente den Unternehmenserfolg positiv oder negativ beeinflussen (vgl. Becker und Gerhart 1996, S. 784), noch taucht ein einziges Instrument in allen dieser fünf Best-Practice-Systeme auf (vgl. Boxall und Macky 2009, S. 6). Wenn wir Best-Practice-Systeme als HR-Architekturen oder zumindest als Teilmengen von HR-Architekturen betrachten, dann überraschen diese Ergebnisse wenig. Schließlich verstehen wir unter den HR-Architekturen Strukturierungshilfen, und je nach Architektur werden verschiedene Instrumente benötigt, um ein stimmiges Bild zu erhalten. Becker und Gerhart selbst beschreiben die Best-Practice-Systeme als HR-Architekturen und interpretieren die Vielzahl der vorgeschlagenen Best-Practice-Systeme folgendermaßen: „There may be a best HR system architecture, but whatever the bundles or configurations of policies implemented in a particular firm, the individual practices must be aligned with one another and be consistent with the HR architecture if they are ultimately to have an effect on firm performance" (Becker und Gerhart 1996, S. 786). Sie schließen zwar eine universelle HR-Architektur nicht aus, betonen aber die Notwendigkeit, diese HR-Architektur intensiv an die Situation des Unternehmens anzupassen. Auf diesen Punkt kommen wir im nächsten Abschnitt zurück.

Wenn wir von den einzelnen Instrumenten in den verschiedenen Best-Practice-Systemen etwas abstrahieren, dann sind die dort vorgeschlagenen Dinge aus deutscher Sicht wenig spektakulär: intensives Training, weit definierte Tätigkeiten, Anreizsysteme,

ausreichende Informationen und die Möglichkeit, bei der Gestaltung der Prozesse mit-
zuwirken bzw. mitzubestimmen. Diese Instrumente decken sich weitestgehend mit dem
im deutschsprachigen Raum vorherrschenden Investment-Ansatz. Auch können wir die
von Pfeffer als Best-Practice-Instrumente vorgeschlagenen Maßnahmen in Summe als
Investment-Ansatz interpretieren. Pfeffers Buch, genauso wie die meisten hier diskutierten Best-Practice-Systeme, lässt sich letztendlich als ein Plädoyer für den Einsatz des
Investment-Ansatzes im Personalmanagement in den USA lesen. Es entbehrt nicht einer
gewissen Ironie, dass zu dem Zeitpunkt, zu dem im deutschsprachigen Raum der Markt-
Ansatz mit leistungsorientierter Bezahlung, geringerer Mitarbeiterbindung etc. propagiert wird, in den USA, dem Mutterland dieses Ansatzes, gerade die HR-Architektur als
Best Practice vorgeschlagen wird, die in Deutschland als altbacken und nicht mehr wettbewerbsfähig gilt. Aber das Gras ist nun einmal grüner auf der anderen Seite des Zauns.
Andererseits bietet die jeweils weniger stark verbreitete Architektur die Möglichkeit,
sich von seinen Wettbewerbern zu differenzieren.

Best Practice – ein Zwischenfazit
Die Best-Practice-Schule plädiert dafür, das Rad nicht immer wieder neu zu erfinden,
sondern auf bestehende und bewährte Instrumente zurückzugreifen. Die Vorteile von
gesparter Zeit und Geld sowie der geringeren Gefahr, suboptimale Instrumente auszuwählen, liegen auf der Hand. Geht man auf die Ebene der einzelnen Instrumente, so
hat die Diskussion in den letzten 20 Jahren große Fortschritte gemacht. In den 1990er-
Jahren reichte der Hinweis auf erfolgreiche Firmen oder auf den gesunden Menschenverstand, um ein Instrument zum Best-Practice-Instrument zu machen (vgl. z. B. Pfeffer
1994). In den letzten zehn Jahren können wir aber eine (Rück-)Besinnung auf solidere
Fundamente beobachten. Im Rahmen des Evidenzbasierten Managements rücken wieder
stärker Instrumente als Best Practice in den Vordergrund, deren Wirksamkeit durch verschiedene wissenschaftliche Studien gesichert ist. Wie oben dargestellt, bietet der Ansatz
des HR Analytics zwar auch grundsätzlich die Möglichkeit, einzelne Best-Practice-
Instrumente zu identifizieren, doch dürften nur den wenigsten Unternehmen die für das
Data-Mining erforderlichen Daten in der Form zur Verfügung stehen, um diesen Ansatz
verfolgen zu können bzw. auch zu dürfen.

Während wir heute über eine ganze Reihe von Best-Practice-Instrumenten verfügen,
deren höhere Wirksamkeit im Vergleich zu anderen Instrumenten nachgewiesen ist, drehen wir uns auf der Ebene der Best-Practice-Systeme im Kreis. Unsere Frage war ja,
welche Instrumente wir für unsere HR-Architektur auswählen müssen, damit wir unsere
Humankapitalstrategie mit Leben füllen können. Da Best-Practice-Systeme (Teilmengen
von) HR-Architekturen sind, hieße unsere Frage daher: Welche HR-Architektur brauchen wir, um unsere HR-Architektur auch umsetzen zu können? Dies hilft uns nicht
weiter. Was auf der Ebene der Architektur weiterhilft, ist die eben schon angeschnit-
tene Frage, wie stark die Humankapitalstrategie – analog zur Geschäftsfeldstrategie –
angepasst werden muss. Und wenn sie angepasst wird, welche Faktoren berücksichtigt

werden müssen. Dazu liefern uns die Vertreter der Best-Fit-Schule Hinweise, die wir uns nun ansehen wollen.

5.3   ‚Anpassung ist alles?' – Die Best-Fit-Schule

Anpassung ja – aber woran?
Die Best-Fit-Schule verneint, dass es universell einsetzbare Personalinstrumente gibt, mit denen ein Unternehmen in der Lage ist, seine Unternehmensstrategie erfolgreich umzusetzen. Stattdessen argumentieren die Vertreter der Best-Fit-Schule (vgl. z. B. Beer et al. 1984; Schuler und Jackson 1987; Schuler 1992; Boxall und Purcell 2016), dass diese Instrumente an die Situation des Unternehmens angepasst werden müssen, um die Humankapitalstrategie umsetzen zu können. Darüber, *dass* angepasst werden muss, herrscht grundsätzliche Übereinstimmung. Leider hört die Übereinstimmung sehr schnell wieder bei der Frage auf, *woran* die Personalinstrumente nun genau angepasst werden müssen. Dies liegt unter anderem daran, dass die einzelnen Autoren auf unterschiedlichen Theorien zur Erklärung der Passung aufbauen (siehe Lexrtundi und Landeta 2012, S. 1781 f. für eine Diskussion der unterschiedlichen Theorien, die für die Anpassung an verschiedene Faktoren zurate gezogen werden).

In der akademischen Literatur der Best-Fit-Schule werden allgemein drei Strömungen unterschieden, die teilweise sehr unterschiedliche Schwerpunkte legen: der *Kontingenz-Ansatz*, der *Konfigurations-Ansatz* und der *Kontext-Ansatz* (vgl. Martín-Alcazar et al. 2005). Der *Kontingenz-Ansatz* des Best Fit geht davon aus, dass die Personalarbeit an einzelne Faktoren, wie beispielsweise die Geschäftsfeldstrategie, angepasst werden muss. Sowohl ein McDonald's-Restaurant als auch ein Sterne-Restaurant sind in der Gastronomie tätig. Allerdings stellt die Strategie einer Fast-Food-Kette ganz andere Anforderungen an das Humankapital als die Strategie eines Sterne-Restaurants. Daher – so die *Logik* des Kontingenz-Ansatzes – müssen wir auch unterschiedliche Maßnahmen zur Rekrutierung, Bezahlung und Entwicklung unserer Mitarbeiter ergreifen und unser Personalmanagement an die Strategie des Unternehmens anpassen. Der *Konfigurations-Ansatz* widerspricht der Best-Practice-Schule in der Hinsicht, dass es nicht den *einen* richtigen Weg gibt, das benötigte Humankapital zur Verfügung zu stellen, sondern dass – bildlich gesprochen – viele Wege nach Rom führen. In der Literatur wird hier von *Äquifinalität* gesprochen (vgl. Delery und Doty 1996, S. 803). Wenn ein Unternehmen beispielsweise eine hoch qualifizierte Belegschaft benötigt, so wäre ein Weg, dieses Ziel zu erreichen, Mitarbeiter selbst auszubilden und in die kontinuierliche Weiterentwicklung der eigenen Mitarbeiter zu investieren. Genauso gut kann ein Unternehmen aber dieses Ziel dadurch erreichen, dass es die benötigten Qualifikationen auf dem Markt einkauft, statt selbst auszubilden. Ein dritter möglicher Weg wäre eine Kombination aus den ersten beiden Wegen. Der *Kontext-Ansatz* spannt den Bogen noch weiter und betont das Umfeld, in dem das Unternehmen tätig ist. Die Vertreter dieser Denkrichtung

argumentieren, dass aufgrund kultureller und gesellschaftlicher Unterschiede die Personalarbeit nicht eins zu eins von einem Land auf das andere übertragen werden kann. In
den USA ist die Mitbestimmung, wie sie gerade in Deutschland gesetzlich vorgeschrieben ist, unbekannt. Während in vielen US-amerikanischen Bundesländern ein ‚employment at will' herrscht‘, sprich Mitarbeiter ohne Begründung jederzeit gekündigt werden
können, gibt es in Deutschland oder auch vielen anderen europäischen Ländern hohe
rechtliche Hürden beim Entlassen von Mitarbeitern. Daher wäre es oft kulturell nicht
sinnvoll oder rechtlich oft gar nicht möglich, Personalmanagementpraktiken aus einem
Land direkt auf das andere Land zu übertragen. Die Abgrenzung zwischen diesen drei
Ansätzen ist in der Literatur nicht immer eindeutig.

Hilfreicher als diese sehr akademische Abgrenzung ist für die Praxis aber ein anderes Vorgehen: die Unterscheidung nach den Faktoren, an die die Personalinstrumente
angepasst werden können oder auch müssen. In der Diskussion des strategischen
Managements haben wir uns schon die Kontroverse zwischen dem MBV, der die externen Faktoren betont, und dem RBV, der die internen Faktoren in den Vordergrund
stellt, angeschaut. Diese Gegenüberstellung von internen und externen Faktoren bietet
sich auch an, um die Faktoren, die für die Best-Fit-Schule wichtig sind, zu klassifizieren, und ist in Abb. 5.2 dargestellt. Als interne Faktoren werden wir all diejenigen Faktoren zusammenfassen, die innerhalb des Unternehmens liegen und damit direkt vom

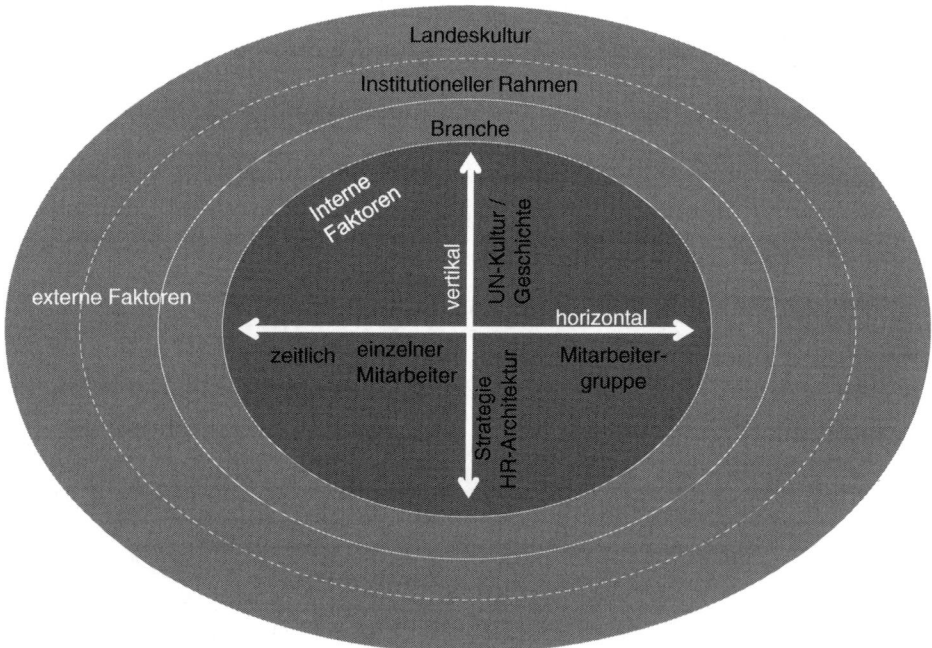

Abb. 5.2 Interne und externe Faktoren in der Best-Fit-Schule

Unternehmen zu beeinflussen sind (und im Falle der Unternehmensgeschichte in der Vergangenheit direkt beeinflusst wurden). Dies unterscheidet sie von den externen Faktoren, die außerhalb der Kontrolle des Unternehmens liegen. Bei dem Versuch, etwas Struktur in die Diskussion zu bringen, werden wir mit den internen Faktoren beginnen.

Interne Faktoren – der vertikale Fit
Innerhalb der Organisation gibt es sehr unterschiedliche Faktoren, die die Wahl unserer Instrumente beeinflussen können bzw. an die die Instrumente angepasst werden müssten. Diese Faktoren werden in den *vertikalen Fit* und den *horizontalen Fit* unterschieden. Von einem vertikalen Fit sprechen wir, wenn die eingesetzten Instrumente zur HR-Architektur, Strategie, zur Kultur des Unternehmens und – eng damit verbunden – zu seiner Geschichte passen (vgl. Lengnick-Hall und Lengnick-Hall 1988; Schuler 1992; Wright und McMahan 1992).

Beispiel

Die Anpassung an die Unternehmensstrategie lässt sich gut am Beispiel der Firma Aldi zeigen. Aldi ist als Erfinder des Modells des ‚harten Discounters' ein sehr erfolgreiches Unternehmen. Die Entscheidung der Albrecht-Brüder, ein sehr begrenztes Sortiment anzubieten, die ganze Organisation auf absolute Kosteneffizienz zu trimmen und die Kostenvorteile fast vollständig an die Kunden weiterzugeben, hat die Brüder Albrecht mit zu den reichsten Männern Deutschlands gemacht. Die gesamte Kultur des Unternehmens ist auf Sparsamkeit und Einfachheit ausgerichtet (vgl. Brandes 1998). Mit diesem Modell ist Aldi nicht nur in Deutschland, sondern auch zunehmend international erfolgreich. Würde sich Aldi nun entschließen – was eher unwahrscheinlich ist –, aus den Discount-Märkten Feinkostläden zu machen, so hätte dies weitreichende Folgen auch für das im Unternehmen benötigte Humankapital. Beim Discount-Modell wird weitgehend auf Beratung verzichtet. In einem Feinkostladen ist aber Beratung notwendig, um Kunden durch die Vielfalt der verschiedenen Käse- und Schinkensorten zu navigieren. Daher müsste Aldi massiv in die Schulung seiner Mitarbeiter investieren, um das für die Beratung erforderliche Fachwissen zu vermitteln. Auch wäre es unter Umständen notwendig, die Mitarbeiter in Geduld zu schulen, die sie bei ausgiebiger Beratung aufbringen müssten. Der Strategiewechsel vom Discounter zum Feinkostladen würde aber nicht nur vollkommen andere Anforderungen an die Mitarbeiter im Verkauf stellen, sondern auch an die Mitarbeiter im Personalmanagement, da auch hier auf einmal ganz andere Kompetenzen in der Auswahl und der Entwicklung von Mitarbeitern gefragt wären. Die Instrumente des Personalmanagements, die sich bisher bei Aldi für das Discount-Modell bewährt haben, wären für die neue Strategie unpassend. Da unterschiedliche Strategien unterschiedliches Humankapital erfordern, muss das Personalmanagement die Strategie des Unternehmens berücksichtigen (vgl. z. B. Fombrum et al. 1984; Gmür und Thommen 2014).

Wie bereits erwähnt, gibt es seitens des Personalmanagements verschiedene Möglichkeiten, die Unternehmensstrategie umzusetzen. Wenn eine Firma die generische Strategie der Kostenführerschaft verfolgt, so ist eine Möglichkeit, diese Kostenführerschaft dadurch zu erreichen, dass die Löhne möglichst gering gehalten werden. Dem Mitarbeiter in einer McDonald's-Küche wird man kaum das Gehalt eines Sterne-Kochs bezahlen. Die Option, möglichst wenig zu zahlen, ist aber nur eine Option. Eine andere Option kann darin liegen, sich um die Produktivität der Mitarbeiter zu kümmern. Wenn wir es schaffen, die Produktivität der Mitarbeiter so hoch zu halten, dass die Lohnstückkosten gering bleiben, können wir auch bei einer Strategie der Kostenführerschaft höhere Löhne zahlen und trotzdem eine überlegene Kostenstruktur haben. Schlecker hat seine Mitarbeiter deutlich schlechter entlohnt als der Konkurrent *dm.* Da aber die Umsätze pro Mitarbeiter in den kleinen Schlecker-Filialen viel geringer waren als in den Filialen von *dm,* waren die Lohnstückkosten bei Schlecker trotz der niedrigeren Löhne immer noch deutlich höher als bei *dm* (vgl. Ramge 2012).

Wir haben in Kap. 4 gesehen, dass schon bei Gründung des Unternehmens – mehr oder weniger bewusst – eine HR-Architektur gewählt wird, die eine hohe Pfadabhängigkeit aufweist. Wenn nun Personalinstrumente ausgewählt werden, die nicht in Einklang mit der bestehenden HR-Architektur stehen, dann führt dies im Beispiel der Start-ups zu verringerter organisationaler Leistung (vgl. Baron und Hannan 2002, S. 25). Eng verknüpft mit der Unternehmensgeschichte ist die Unternehmenskultur, die – wie wir eben gesehen haben – oft schon früh durch die Gründer geprägt wird. Da wir das Thema Unternehmenskultur ausführlich in vorigen Kapitel betrachtet haben, soll uns hier ein kurzer Blick auf die Unternehmenskultur als Faktor genügen, an den sich die Personalarbeit anpassen muss. Zwei Unternehmen können zwar in derselben Branche tätig sein, dennoch kann sich nicht nur ihre Strategie, sondern auch die Art und Weise, wie im Unternehmen miteinander umgegangen wird, grundlegend unterscheiden. Während die Firma *dm-drogeriemarkt* dafür bekannt ist, dass sie sich sehr stark um ihre Mitarbeiter kümmert, intensiv in die Ausbildung investiert und ein eher partnerschaftliches Verhältnis zu den Mitarbeitern pflegt, war der ehemalige Konkurrent Schlecker für einen sehr patriarchalischen Führungsstil und ein notorisch schlechtes Betriebsklima bekannt (vgl. Dietz und Kracht 2002; Ramge 2012). Eine Delegation von Entscheidungen in die Filialen hinunter, wie sie bei *dm* üblich ist, wäre bei Schlecker kaum vorstellbar gewesen. Genauso wenig die hohen Investitionen in die Ausbildung der Mitarbeiter, wie beispielsweise Theater-Workshops für die Auszubildenden, die Teil der *dm*-Philosophie sind, um die Mitarbeiter ganzheitlich zu entwickeln. Dahinter verbirgt sich der Einsatz zweier unterschiedlicher HR-Architekturen zum Erreichen einer bestimmten Unternehmensstrategie. Ein ähnliches Beispiel haben wir letzten Kapitel mit dem Vergleich der HR-Architekturen von Southwest Airlines und Ryanair vorgestellt.

Ebenso haben wir im vorigen Kapitel schon den Punkt angesprochen, dass HR-Architekturen eine Facette sind, über die sich die Kultur eines Unternehmens ausdrückt. Die unterschiedlichen Unternehmenskulturen führen dazu, dass bestimmte Personalinstrumente in einem Unternehmen akzeptiert werden und damit ‚funktionieren', in

Unternehmen mit einer anderen Unternehmenskultur nicht. So kann in einer stark ver-
triebsorientierten Organisation wie der Firma Vorwerk oder einem Autohändler eine
hohe variable Vergütung für Vertriebsmitarbeiter dazu führen, dass diese mehr Produkte
verkaufen. In Unternehmen, deren Kultur die Teamarbeit unterstützt, wären solche individuellen Anreize eher kontraproduktiv. Auch der Einsatz von variablen Vergütungen für
Chefärzte entsprechend der Zahl der durchgeführten Operationen passt nicht wirklich in
eine Organisation, deren Ziel die Heilung der Patienten, nicht die möglichst hohe Auslas-
tung der OP-Räume sein sollte (vgl. Lebrenz 23. November 2013).

Schauen wir uns die Faktoren an, die aus Sicht der Best-Fit-Schule dazu führen, dass
wir einen vertikalen Fit der Instrumente haben, dann hilft uns dies bei unserer Frage nur
sehr bedingt weiter. Denn der vertikale Fit sagt uns letztendlich, dass wir Instrumente
benötigen, die zu einer HR-Architektur passen. Und diese HR-Architektur wiederum
muss – abhängig von der Geschichte und der Kultur des Unternehmens – zur aktuellen
Strategie des Unternehmens passen. Aber dies liefert uns immer noch keine Hinweise
dafür, welche Instrumente es nun sein sollten. Etwas weiter hilft uns hier die Frage nach
dem horizontalen Fit.

Interne Faktoren – der horizontale Fit
Wie wir schon weiter oben bei der Diskussion über Best-Practice-Instrumente oder Best-
Practice-Systeme gesehen haben, ist es entscheidend, dass die gewählten Instrumente
konsistent sind und sich gegenseitig positiv verstärken, statt sich zu behindern. Nur wenn
diese positive Verstärkung gegeben ist, kann von einem *horizontalen Fit* gesprochen
werden (vgl. Schuler und Jackson 1987; Wright und Snell 1991; Wright und McMahan 1992; Baron und Kreps 1999). Baron und Kreps liefern uns mit der Unterscheidung
zwischen Konsistenz beim einzelnen Mitarbeiter (‚*single-employee consistency*'), zeitlicher Konsistenz (‚*temporal* consistency') und Konsistenz zwischen den verschiedenen
Mitarbeitern (‚among-employee consistency') eine hilfreiche Klassifizierung, wie dieser horizontale Fit sichergestellt werden kann (vgl. Baron und Kreps 1999, S. 39). Die
Konsistenz beim einzelnen Mitarbeiter fragt danach, ob die für einen einzelnen Mitarbeiter eingesetzten Instrumente alle in dieselbe Richtung wirken oder sich teilweise widersprechen. Eine aufwendige Auswahl in der Rekrutierung, um hochkarätige Experten zu
gewinnen, und eine hohe Bezahlung, um diese Experten langfristig an das Unternehmen
zu binden, passen zueinander und verstärken sich gegenseitig. Wenn aber gleichzeitig
das Budget für Fortbildungen dieser Mitarbeiter fehlt, wird das Know-how dieser Experten kaum auf lange Sicht auf dem neuesten Stand bleiben. Die gewählte Form der Personalentwicklung (kaum oder keine Weiterbildung) steht im Widerspruch zur Rekrutierung
und Bezahlung. Die Best-Practice-Systeme kann man auch als einen Versuch interpretieren, Personalinstrumente so einzusetzen, dass sie sich ergänzen und damit für den einzelnen Mitarbeiter konsistent sind.

Beim zweiten Kriterium von Baron und Kreps geht es darum, ob im Rahmen der zeitlichen Konsistenz die eingesetzten Instrumente über die Jahre gleich bleiben oder ob
diese immer wieder geändert werden. Werden in einem Unternehmen, in dem über Jahre

hinweg eine Politik der geringen variablen Gehaltsanteile gefahren wurde, plötzlich hohe variable Anteile an Einzelziele gekoppelt, um im nächsten Jahr die variable Vergütung an die Erreichung von Teamzielen zu koppeln, dann können wir kaum von einer zeitlichen Konsistenz der Instrumente sprechen. Viele Mitarbeiter reagieren oft mit Skepsis bzw. auch Zynismus auf die Einführung verschiedener neuer Personalinstrumente, was auch an der fehlenden zeitlichen Konsistenz der Maßnahmen liegt. Wenn alle paar Jahre wieder neue bzw. andere Instrumente eingeführt werden, um die Motivation der Mitarbeiter zu erhöhen, dann fällt es den Mitarbeitern zunehmend schwerer, die neuen Instrumente zu akzeptieren oder sich gar damit zu identifizieren. Hier besteht gerade bei Personalern die Versuchung, Personalinstrumente ständig zu verändern, um ‚State of the Art' zu bleiben. Aus Sicht der Mitarbeiter ist die ständige Veränderung von Instrumenten eher ein Zeichen von mangelnder Konsistenz, frei nach dem Motto: Die wissen auch nicht, was sie wollen.

Das dritte Kriterium, die Konsistenz zwischen den verschiedenen Mitarbeitern, überprüft, ob Mitarbeiter in vergleichbarer Position gleichbehandelt werden oder ob es eine Bevorzugung oder Benachteiligung einzelner Mitarbeiter gibt, die nicht in der Qualifikation, im Verhalten oder ähnlichen Faktoren zu suchen ist. Ein typisches Beispiel hierfür wäre die Lohndiskriminierung von Frauen (vgl. beispielsweise Anger und Schmidt 2010; Aretz 2013). Damit ist aber nicht gemeint, dass unterschiedliche Berufsfelder oder Hierarchiestufen innerhalb des Unternehmens gleichbehandelt werden müssen. Hier kann es große Unterschiede geben, solange es *innerhalb* eines Berufsfeldes oder einer Berufsgruppe eine Gleichbehandlung gibt. Die Konsistenz zwischen den Mitarbeitern prüft, ob eine Segmentierung, wenn sie denn im Unternehmen gewollt ist, auch konsequent umgesetzt wurde. Wie schon im vierten Kapitel diskutiert, können die Unterscheidung verschiedener Mitarbeitergruppen und ihre unterschiedliche Behandlung sinnvoll und teilweise auch notwendig sein. Es macht selten Sinn, eine Aushilfe im Lager genauso ausführlich zu rekrutieren und zu entwickeln wie Stammmitarbeiter auf Schlüsselpositionen.

Externe Faktoren

Branche

Mindestens so wichtig, wie einen vertikalen Fit innerhalb des Unternehmens zu erreichen, ist es, dass wir bei der Auswahl unserer Instrumente auch die externen Faktoren berücksichtigen, sprich die Rahmenbedingungen nicht aus den Augen verlieren, in denen das Unternehmen operiert. Der erste externe Faktor ist die Branche, in der ein Unternehmen tätig ist. Je nach Branche ist teilweise sehr unterschiedliches Humankapital erforderlich. Werbeagenturen benötigen bei ihren Mitarbeitern ein ganz anderes Maß an Kreativität, als man es bei einer Bank oder Wirtschaftsprüfungsgesellschaft erwartet. Aber innerhalb einer Branche sind die Anforderungen an das Humankapital oft recht ähnlich oder haben sich bestimmte Personalinstrumente etabliert. Nach der Finanzkrise 2008 gab es immer wieder Versuche, die variable Vergütung der Investmentbanker zu reduzieren. Hohe Boni sind aber bei den Investmentbankern so etabliert, dass es für einzelne Banken sehr schwer ist, diese Boni zu beschneiden. Zu groß ist die Gefahr, dass die betroffenen Mitarbeiter zur Konkurrenz wechseln, die ggf. bereit ist, weiterhin hohe Boni zu zahlen (vgl. Lebrenz 9. August 2010). Während eine hohe variable Vergütung im Investment-Banking die Regel ist, ist dies in anderen Branchen, beispielsweise der öffentlichen Verwaltung, kaum der Fall. Selbst zaghafte Versuche, eine variable Vergütung in die öffentliche Verwaltung zu übertragen, waren wenig Erfolg versprechend (vgl. Dmuß 2010). Gleichzeitig wird in der öffentlichen Verwaltung ein Maß an Arbeitsplatzsicherheit gewährt, das im Investment-Banking unvorstellbar ist. Auch herrschen je nach Branche – u. a. durch dementsprechende Tarifverträge verfestigt – unterschiedliche Gehaltsniveaus. Diese Unterschiede spiegeln oft die unterschiedliche Profitabilität der jeweiligen Branchen. In der Versicherungsbranche etwa müssen deutlich höhere Gehälter gezahlt werden als beispielsweise in der Touristikbranche (vgl. Statistisches Bundesamt 2014, S. 37 f.), selbst wenn die Tätigkeiten vergleichbar sind. In Firmen aus der IT-Branche mögen umfangreiche Budgets für die Weiterbildung der Mitarbeiter zur Verfügung stehen, in der Gastronomie wird dies seltener der Fall sein, und die Personalentwicklung findet in der Gastronomie daher meist in deutlich abgespeckter Form statt.

Landeskultur
Der zweite wichtige Faktor ist die Kultur des Landes, in dem die Personalinstrumente angewendet werden sollen. Je nach Land dominieren sehr unterschiedliche Vorstellungen, Werte und Normen (vgl. Trompenaars und Hampden-Turner 2012; Hofstede 2011). In den USA, einem sehr individualistisch geprägten Land, ist eine an Individualziele gekoppelte variable Vergütung akzeptiert. Eine Kopplung der Vergütung an Gruppenziele wird in dieser individualistischen Kultur schnell als ungerecht empfunden, da der Einzelne ggf. unter der geringen Leistung seiner Teamkollegen leidet. In einer kollektivistisch geprägten Kultur wie Indonesien oder Japan lösen Individualziele bei den Beteiligten oft starken Missmut aus, da sich der Mitarbeiter einem Dilemma zwischen den Anforderungen des Teams, dem er sich stark verpflichtet fühlt, und dem Individualziel ausgesetzt sieht. Während das Instrument in den USA die gewünschte Wirkung der Leistungssteigerung erfüllt, kann es in anderen Kulturkreisen genau das Gegenteil bewirken. Damit Personalinstrumente die gewünschte Wirkung erzielen, müssen sie an die jeweilige Kultur angepasst werden. Was für die Übertragung einzelner Instrumente gilt, gilt genauso auch bei der Übertragung von Best-Practice-Systemen bzw. HR-Architekturen (vgl. u. a. Aycan 2005; Stavrou et al. 2010; Festing 2012; Lerxtundi und Landeta 2012). Mit ihrer HR Governance versuchen international tätige Unternehmen Regeln zu definieren, inwieweit die jeweiligen Personalinstrumente an die lokalen Gegebenheiten angepasst werden dürfen bzw. sollen.

Beisipel

Ein eindrückliches Beispiel für die Bedeutung sowohl der kulturellen als auch der rechtlichen Rahmenbedingungen zeigt das Beispiel des gescheiterten Markteintrittes der Firma Wal-Mart auf dem deutschen Einzelhandelsmarkt. Die Firma Wal-Mart aus dem amerikanischen Bentonville wuchs innerhalb weniger Jahrzehnte von einem kleinen

Provinz-Supermarkt zum mit Abstand größten Einzelhändler der Welt heran. Das Unternehmen war mit seinem Konzept in den USA extrem erfolgreich und machte sich Ende 1990er-Jahre daran, sein Erfolgskonzept nach Deutschland zu exportieren. Das Unternehmen weigerte sich bei seinem Eintritt in den deutschen Markt, seine in den USA überaus erfolgreiche Strategie an die Rahmenbedingungen in Deutschland anzupassen. Dies galt nicht nur für die Standort- und Sortimentspolitik, sondern gerade auch für seine Humankapitalstrategie. Die HR Governance von Wal-Mart sah vor, die in den USA genutzten Instrumente möglichst eins zu eins auf die deutsche Tochtergesellschaft zu übertragen. Diese Weigerung des Managements, sich auf die unterschiedlichen Rahmenbedingungen für die Personalarbeit einzulassen, wird als einer der Gründe für das klägliche Scheitern Wal-Marts in Deutschland gesehen (vgl. Knorr und Arndt 2003). Da das Unternehmen in den USA daran gewöhnt war, Gewerkschaften möglichst zu ignorieren und deren Präsenz im Unternehmen eher zu bekämpfen als zu fördern, tat sich das Unternehmen in Deutschland beim Umgang mit dem Betriebsrat sehr schwer. Auch weigerte sich das Management, an den Tarifverhandlungen mit den Gewerkschaften teilzunehmen. Stattdessen setzte man lieber auf einen eigenen Haustarifvertrag. In den USA wird Mitarbeitern häufig untersagt, Beziehung untereinander zu unterhalten – um Klagen wegen sexueller Belästigung am Arbeitsplatz aus dem Weg zu gehen. Wal-Mart versuchte, solch ein Verbot auch für seine deutschen Filialen einzuführen, was aber zu einem großen Aufschrei und massiver Ablehnung seitens der Belegschaft führte. Nach zehn Jahren zog sich Wal-Mart aus dem deutschen Markt zurück und verkaufte seine verbliebenen Filialen an *real*. Auch in anderen Auslandsmärkten hatte Wal-Mart wenig Glück. Die im Heimatmarkt so erfolgreiche (Humankapital-)Strategie scheint sich nur schwer auf andere Märkte übertragen zu lassen.

Institutioneller Rahmen

Eng gekoppelt an die Landeskultur sind auch die rechtlichen Rahmenbedingungen, die in einem Land herrschen. Denn die Wertvorstellungen einer Kultur finden natürlich auch ihren Niederschlag in der Gesetzgebung des jeweiligen Landes. Dieser rechtliche Rahmen kann dazu führen, dass Personalinstrumente, die in einem Land der gepflegte Standard sind, in einem anderen Land gar nicht erlaubt sind. Dementsprechend ist das Repertoire an Instrumenten, das dem Unternehmen in einem Land zur Verfügung steht, mitunter vollkommen anders als im Heimatland. Dies können wir gut an der Art und Weise nachvollziehen, wie Mitspracherechte der Mitarbeiter im Unternehmen geregelt werden. In den USA sind die gesetzlich gesicherten Mitspracherechte der einzelnen Mitarbeiter minimal. Das Management hat weitestgehend freie Hand, wie die Arbeit organisiert und geregelt wird. Der Einfluss der Gewerkschaften ist gering, ebenso wie der gewerkschaftliche Organisationsgrad der Mitarbeiter. In Deutschland räumt das Betriebsverfassungsrecht den Mitarbeitern u. a. durch die Einrichtung eines Betriebsrates umfassende Mitwirkungs- und Mitbestimmungsrechte ein. Diese Mitbestimmungsrechte gehen so weit, dass bestimmte Entscheidungen des Managements ohne ausdrückliche Zustimmung des Betriebsrates ungültig sind. Eine für amerikanische Verhältnisse undenkbare Situation. Dies führt einerseits dazu, dass das Management eines Unternehmens in Deutschland mit den

Mitarbeitern ganz anders umgehen muss als das Management einer Firma in den USA. Weder in Deutschland noch in den USA wäre es vorstellbar, dass Mitarbeiter im Rahmen des Arbeitskampfes Manager in Geiselhaft nehmen. In Frankreich ist diese Form der Konfrontation zwar illegal, aber gesellschaftlich akzeptiert und gar nicht selten zu beobachten (vgl. Frankfurter Allgemeine Zeitung 8. Januar 2014).

Bei den Best-Practice-Systemen haben wir schon darauf hingewiesen, dass Instrumente, die in den USA als Neuerung vorgestellt wurden, in Deutschland schon längst bekannt waren. Dies bedeutet aber im Umkehrschluss, dass auch ein deutsches Unternehmen im Rahmen seiner Internationalisierung seine Personalarbeit an die lokalen Rahmenbedingungen anpassen bzw. sich diese Rahmenbedingungen auch erst schaffen muss. Daimler legte 2008 den Grundstein für sein neues Werk in Ungarn. Zeitgleich mit der Grundsteinlegung begann das Unternehmen ebenfalls mit der dualen Ausbildung vor Ort in enger Kooperation mit den lokalen Behörden, um mit der Eröffnung des Werkes auch einen Pool an qualifizierten Mitarbeitern zur Verfügung zu haben. Die deutsche duale Ausbildung genießt im internationalen Vergleich hohes Ansehen und es gibt auch verschiedene Bestrebungen, dieses Modell zu kopieren. Auch die britische Regierung fördert seit einigen Jahren Auszubildenden-Programme. Allerdings mit sehr mäßigem Erfolg, da die dafür notwendigen Institutionen wie eine Industrie- und Handelskammer oder auch adäquate Berufsschulen fehlen (vgl. The Economist 24. April 2014). Auch hier zeigt sich, dass Personalinstrumente sehr kontextabhängig sind.

Zwischenfazit Best-Fit-Schule
Während die Best-Practice-Schule davon ausgeht, dass bestimmte Instrumente universell einsetzbar sind, verneint die Best-Fit-Schule diesen Ansatz des ‚one size fits all'. Stattdessen liefert die Best-Fit-Schule einen langen Katalog von Einflussfaktoren, die die Wahl der verschiedenen Instrumente beeinflussen können. Dies bedeutet nicht, dass alle diese Faktoren gleich relevant für ein Unternehmen sind. Dieser Katalog an Einflussfaktoren erklärt aber auch, warum wir in bestimmten Ländern oder Branchen bestimmte Instrumente verstärkt antreffen, während wir andere Instrumente in diesem Kontext sehr selten vorfinden. Die lange Liste von Einflussfaktoren zeigt auch, dass die Auswahl der einzelnen Instrumente mit sehr viel Aufwand und Energie verbunden ist, wenn wir es richtig machen wollen. Weil der Aufwand aber so groß ist, stellt sich natürlich die Frage, wie hoch der Aufwand ist, den wir betreiben wollen. Inwieweit wollen wir, inwieweit müssen wir uns mit den von uns ausgewählten Instrumenten differenzieren? Auf diesen Punkt wollen wir im nächsten Abschnitt eingehen.

5.4 Differenzierung durch Instrumente?

Unsere Grundüberlegung war, dass sich ein Unternehmen in irgendeiner Form von seinen Wettbewerbern differenzieren muss, wenn es langfristig am Markt bestehen will. Das Humankapital kann – muss aber nicht – eine Möglichkeit sein, sich vom

Wettbewerb abzugrenzen. Daraus abgeleitet stellt sich für uns die Frage, inwieweit wir versuchen wollen, dem Unternehmen dadurch einen Wettbewerbsvorteil zu verschaffen, dass wir durch eine intensive Anpassung an die Situation des Unternehmens eine einzigartige HR-Architektur mit möglichst einzigartigen Instrumenten entwickeln. Dieses Vorgehen birgt – wie jede andere Option auch – Chancen und Risiken. Daher macht es Sinn, sich die Vor- und Nachteile einer starken Differenzierung anzuschauen. Wir fangen mit der Ebene der Instrumente an, schwenken dann aber zurück auf die Ebene der HR-Architektur, da wir auf beiden Ebenen vor der Frage der Differenzierung stehen. Grundsätzlich gilt, dass wir durch die Übernahme von Instrumenten, die alle anderen Unternehmen auch einsetzen, keinen Wettbewerbsvorteil erlangen können – egal ob sie Best-Practice-Instrumente sind oder nicht. Im besten Falle kann ich mit Wettbewerbern gleichziehen, State of the Art sein, mehr aber nicht (vgl. Ployart et al. 2014, S. 379).

Von dieser Position aus, sich erst einmal auf den Einsatz von Standardinstrumenten zu verlassen, spricht auf den ersten Blick eine ganze Reihe von Argumenten gegen eine verstärkte Anpassung, gegen einen erhöhten Fit. Denn erstens ist der notwendige Aufwand für die Auswahl der Instrumente gering. Ebenso laufen wir kaum Gefahr, uns negativ vom Wettbewerb abzuheben, da unsere Instrumente nicht schlechter sind als die der anderen Unternehmen auch. Zweitens liefert der Einsatz besonderer Personalinstrumente, die Differenzierung, nur einen vorübergehenden Wettbewerbsvorteil. Ein Unternehmen, das zuerst ein innovatives Instrument einsetzt, hat für eine gewisse Zeit einen Vorsprung. Diesem First-Mover-Effekt (vgl. Gmür und Schwerdt 2005, S. 239) folgt dann mit einiger Verzögerung ein Institutionalisierungseffekt, wenn andere Unternehmen dieses Instrument aufgreifen und selbst nutzen. Irgendwann wird aus dem Instrument, über das sich das Unternehmen ursprünglich differenzieren konnte, ein Hygiene-Faktor, der angeboten werden muss, weil alle Unternehmen dies anbieten. So berichten beispielsweise Stavrou und seine Koautoren, dass in den angelsächsischen Ländern eine leistungsorientierte Vergütung so verbreitet ist, dass sich ein Unternehmen durch dieses Instrument nicht mehr differenzieren kann (vgl. Stavrou et al. 2010, S. 951). Genauso verfügte der öffentliche Dienst in Deutschland mit seiner hohen Bereitschaft, Teilzeitmodelle anzubieten, lange Zeit über ein Instrument, mit dem er sich von Unternehmen in der freien Wirtschaft abgrenzen konnte. Über diese Teilzeitmodelle konnte der öffentliche Dienst auch das im Vergleich zur Wirtschaft teilweise deutlich geringere Gehaltsniveau mit kompensieren. Da nun auch Firmen in der freien Wirtschaft vermehrt dazu übergehen, Teilzeitmodelle anzubieten, um Fachkräfte zu gewinnen bzw. zu halten, verliert hier der öffentliche Dienst zunehmend ein Alleinstellungsmerkmal.

Das dritte Argument gegen eine Anpassung ist der lange Zeitraum, den diese Anpassung benötigt. Es vergehen aufgrund der langen Wirkungsdauer der unterschiedlichen Personalmanagementmaßnahmen oft mehrere Jahre, bis das Humankapital an die Situation des Unternehmens und seine Strategie angepasst und der gewünschte Fit erreicht ist. Hat ein Unternehmen aber überhaupt die Zeit, diese Anpassung vorzunehmen? Bleiben Strategie und Rahmenbedingungen ausreichend konstant, um über mehrere Jahre hinweg den Fit herzustellen? Nicht umsonst zeichnen sich viele der ‚Hidden Champions' (vgl. Simon 2007) im deutschen Mittelstand als Familienunternehmen durch eine hohe Kontinuität in der Strategie und Unternehmensführung aus, die es ihnen ermöglicht, ihr Humankapital und ihre Instrumente über Jahrzehnte hinweg an die Unternehmensstrategie anzupassen. Falls uns die Zeit fehlt, diese Anpassung vorzunehmen, sollten wir auf diesen Fit mit den damit verbundenen Kosten verzichten (vgl. Lengnick-Hall und Lengnick-Hall 1988, S. 463). Eine starke Anpassung führt auch zu einer verringerten Flexibilität. Je besser wir uns auf eine bestimmte Situation einstellen, je differenzierter und spezieller unsere Instrumente sind, desto weniger flexibel können wir auf veränderte Rahmenbedingungen und Änderungen in der Unternehmensstrategie reagieren (vgl. Becker und Gerhart 1996, S. 789). Selbst wenn McDonald's versuchen würde, seine derzeitigen Filialen in Gourmet-Tempel zu verwandeln, wären die bestehenden Personalinstrumente kaum geeignet, die dann benötigten Köche und Servicekräfte für das Unternehmen zu gewinnen und zu binden. Die Einführung der neuen Instrumente, ggf. sogar die Änderung der gesamten HR-Architektur, würde etliche Jahre dauern. Dies zeigen auch die deutschen Erfahrungen bei der Privatisierung von Post und Bahn. Die frühere Bundesbahn und die frühere Bundespost waren über Jahrzehnte hinweg Behörden, die im Rahmen eines Monopols eine Grundversorgung für die Bevölkerung erbrachten. Die HR-Architektur und die Personalinstrumente waren stark auf diese Aufgabe und auch Kultur der Organisationen ausgerichtet; der Fit war sehr hoch. Daher dauerte es über ein Jahrzehnt, bis die HR-Architektur und die Personalinstrumente an die neue Strategie der privatisierten Organisationen angepasst worden waren.

Die oben angeführten Argumente können dazu führen, dass sich ein Unternehmen gegen eine Differenzierung beim Einsatz der Personalinstrumente entscheidet. Eventuell ist das Umfeld zu turbulent, um zu wissen, welches Humankapital zukünftig benötigt wird, und dementsprechend kann auch keine Entscheidung getroffen werden, mit welchen Instrumenten dieses Humankapital erreicht werden kann. Auf diesen Punkt werden wir unter dem Stichwort der strategischen Personalplanung im siebten Kapitel zurückkommen. Es kann ebenso sein, dass keine Strategie des Unternehmens erkennbar bzw. diese Strategie im ständigen Wechsel ist, sodass wir bei der Bereitstellung des Humankapitals größtmögliche Flexibilität benötigen[2].

Bei allen Argumenten gegen eine Differenzierung dürfen wir aber auch nicht aus den Augen verlieren, was wir durch eine Differenzierung gewinnen können und was den oft hohen Aufwand mehr als rechtfertigen kann: einen Wettbewerbsvorsprung durch überlegenes Humankapital. Die Diskussion im dritten Kapitel hat uns gezeigt, dass ein Wettbewerbsvorteil, der vom Humankapital des Unternehmens herrührt, ein sehr nachhaltiger Wettbewerbsvorteil sein kann. Das Sozial- und Organisationskapital zu kopieren, das McKinsey im Laufe der Zeit aufgebaut hat, dauert viele Jahre. Auch dauert es lange, die intensive Führungskräfteentwicklung zu kopieren, dank derer General Electric ein sehr großen Pool an exzellenten Managern zur Verfügung steht. Mit diesen Führungskräften

---

[2]Vgl. auch die erste Alternative zur Einbindung der Humankapitalstrategie in die Geschäftsfeldstrategie von Scholz im Abschn. 2.5 des zweiten Kapitels.

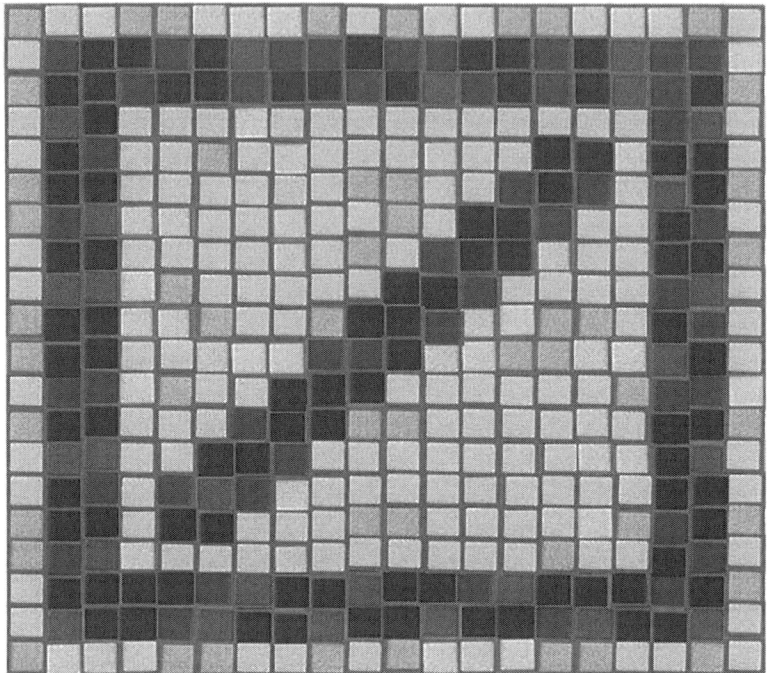

Abb. 5.3 Das idealtypische Strategie-Mosaik der Personalarbeit

wird die Wettbewerbsfähigkeit des Unternehmens nachhaltig gestärkt. Oder auch die intensive Schulung seiner Mitarbeiter, die *dm-drogeriemarkt* Bestnoten in der Kundenzufriedenheit verschafft. Und diese Nachhaltigkeit wird umso höher, wenn wir uns nicht nur in einzelnen Instrumenten differenzieren und an die Geschäftsfeldstrategie, den soziokulturellen Rahmen etc. anpassen, sondern wenn wir die HR-Architektur differenzieren und auf eine generische HR-Architektur verzichten. Und – so paradox es auch klingen mag – diese Differenzierung der HR-Architektur kann durchaus mit dem Einsatz von standardisierten Best-Practice-Instrumenten geschehen.

Wie sich dies bewerkstelligen lässt, können wir durch den Vergleich mit einem Mosaik verdeutlichen. Genauso wie ein Mosaik aus vielen standardisierten Steinen besteht, so kann ein Unternehmen möglichst viele standardisierte Instrumente einsetzen – und aus Gründen der Wirtschaftlichkeit sollte es dies auch tun (vgl. Birri und Lebrenz 23. November 2013). Und Unternehmen sind gut beraten, wenn sie hier besonders auf Best-Practice-Instrumente zurückgreifen, deren Wirkung im Rahmen eines Evidenzbasierten Managements nachgewiesen wurde[3]. Auch wenn die einzelnen Steine eines

---

[3]Siehe die Diskussion in Abschn. 5.2.

Mosaiks standardisiert sind, so entsteht aus diesen Steinen dadurch ein einzigartiges Bild, dass erstens überlegt wird, *welche* Steine jeweils eingesetzt werden, und zweitens, *wie* diese Steine im Verhältnis zueinander stehen (vgl. Lebrenz 22. August 2011) und welche Verbindungen zwischen den jeweiligen Steinen bestehen. Und es ist unsere HR-Architektur, die uns die Antwort liefert, welche Instrumente sinnvollerweise wie miteinander verbunden werden, damit die Verbindung zwischen Unternehmensstrategie und den einzelnen Instrumenten hergestellt wird. Dabei kann es für das Unternehmen sehr wohl Sinn machen, viele standardisierte Instrumente einzusetzen.

Im Idealfall ist das Mosaik so markant wie in Abb. 5.3 dargestellt. Die einzelnen Mosaiksteine sind so ausgewählt und aufeinander abgestimmt, dass das Mosaik ein klares und eindeutiges Bild ergibt. Übertragen auf die Personalarbeit bedeutet dies, dass genau die Instrumente eingesetzt und kombiniert werden, die notwendig sind, um das benötigte Humankapital für die Strategie bereitzustellen. Und genauso, wie sich die Strategie eines Unternehmens von der seiner Wettbewerber unterscheiden sollte, genauso muss sich auch die als Mosaik visualisierte HR-Architektur des Unternehmens von der HR-Architektur seiner Wettbewerber unterscheiden. In diesem Fall mag zwar eine Commerzbank oder eine UniCredit teilweise die gleichen Instrumente benutzen, das daraus entstehende Bild muss aber ein anderes sein.

Abb. 5.4   Die fehlende Integration der Instrumente

Wenn man sich aber die Situation in vielen Unternehmen anschaut, dann ist von einem einzigartigen Bild nicht viel zu sehen. Im schlechtesten Fall haben wir die Situation wie in Abb. 5.4 gezeigt. Hier setzt ein Unternehmen zwar Instrumente ein, von denen jedes für sich zwar Best Practice sein mag, aber die Anpassung an das Unternehmen, seine Strategie und seine Situation unterbleibt. Auf der operativen Ebene mag das Personalmanagement mit seinen einzelnen Instrumenten State of the Art sein, von einer strategischen Ausrichtung kann aber keine Rede sein. Vielleicht liegt hier auch eine der Ursachen der oft zu beobachtenden Diskrepanz zwischen Selbst- und Fremdwahrnehmung von Personalern (vgl. z. B. Strack et al. 2012, S. 11; Beck und Bastians 2013). Während viele Personaler – wahrscheinlich zu Recht – stolz auf die Qualität und Professionalität der von ihnen eingesetzten Instrumente sind, beklagen die Führungskräfte die fehlende Orientierung an ihren Bedürfnissen. Um ihre Aufgaben erfüllen zu können, sind aus Sicht der Linienmanager die seitens der Personalabteilung gelieferten Instrumente oft zu wenig geeignet.

5.5   Die Ebene der Personalinstrumente – ein Fazit

Unsere Frage in diesem Kapitel war, welche Instrumente wir gemäß unserer HR-Architektur auswählen sollen. Wir waren bei der Beantwortung dieser Frage auf zwei grundsätzliche Schulen gestoßen, die uns Auswahlkriterien zur Verfügung stellen und eine Anpassung an die Situation des Unternehmens fordern. Wobei es hier nicht um die inhaltliche Anpassung eines Instrumentes an die Belange des Unternehmens geht. Diese Form der Anpassung muss immer stattfinden. Stattdessen geht es darum, welche Instrumente ein Unternehmen einsetzen sollte, welche dagegen nicht. Die Best-Practice-Schule befürwortet den Einsatz bewährter Instrumente. Dabei werden zunehmend wieder Instrumente propagiert, deren Wirksamkeit durch breit angelegte wissenschaftliche Studien belegt wurde, statt ein Instrument unter Hinweis auf ein bestimmtes, erfolgreiches Unternehmen zum Benchmark zu definieren. Die von der Best-Practice-Schule empfohlenen Best-Practice-Systeme erweisen sich bei näherem Hinsehen als tautologisch. Denn Best-Practice-Systeme sind letztendlich (Teilmengen von) HR-Architekturen. Und als HR-Architektur können sie uns keine Antwort auf die Frage geben, welche Instrumente wir für unsere HR-Architektur benötigen.

Aus der Diskussion der Best-Practice-Schule können wir die Frage, ob es sich bei einem Instrument um ein Best-Practice-Instrument handelt, als einen ersten Filter für die Auswahl unserer Instrumente betrachten. Einen weiteren Filter liefert die Best-Fit-Schule mit der langen Liste von Faktoren, die die Nützlichkeit und Anwendbarkeit eines Instrumentes innerhalb einer HR-Architektur beeinflussen können; interne Faktoren genauso wie externe Faktoren. Mit dem Ergebnis, dass eine HR-Architektur je nach Branche und Strategie ganz unterschiedlich aussehen sollte. Wenn das Humankapital des Unternehmens einen Wettbewerbsvorteil bieten soll, dann muss sogar die HR-Architektur mit ihren jeweiligen Instrumenten ein einzigartiges Gebilde sein. Um dies zu verdeutlichen, haben wir das Bild eines Mosaiks bemüht. Wenn das Mosaik ein klares und einzigartiges Bild ergibt, dann kann sich daraus für das Unternehmen ein deutlicher und vor allem auch nachhaltiger Wettbewerbsvorteil ergeben. So erstrebenswert diese Situation auch ist, wir müssen uns dabei auch im Klaren darüber sein, dass es mehrere Jahre braucht, bis die einzelnen Instrumente angepasst und miteinander koordiniert sind. Genauso wie bei der Entwicklung einer Unternehmenskultur wird nicht jedes Unternehmen über die Voraussetzungen und die Bereitschaft verfügen, diesen langwierigen Prozess zu durchlaufen. Der Weg ist weit, aber für diejenigen Unternehmen, die ihn gehen, kann es ein sehr lohnenswerter Weg sein.

In diesem und dem vorherigen Kapitel sind wir der Frage nachgegangen, wie wir die Humankapitalstrategie definieren, sprich das benötigte Humankapital bereitstellen. Dabei gibt es eine Reihe von Aspekten zu berücksichtigen. Erstens der Aspekt der Segmentierung: Wollen bzw. müssen wir unser Humankapital je nach Bedeutung für die Umsetzung der Unternehmensstrategie segmentieren und unterschiedlich behandeln? Dabei ist es wichtig, nicht nur das Humankapital zu berücksichtigen, das im Unternehmen direkt angestellt ist, sondern auch das Humankapital im Blick zu behalten, das bei Dienstleistern oder Zeitarbeitsfirmen beschäftigt ist. Der zweite Aspekt ist die Unterscheidung von HR-Architektur und den einzelnen Personalinstrumenten. Die HR-Architektur ist das Bindeglied zwischen der Unternehmensstrategie und den einzelnen Instrumenten und dient als Strukturierungshilfe bei der Auswahl und Koordination der einzelnen Instrumente. Je nach Segment des Humankapitals kann eine andere HR-Architektur zum Einsatz kommen. Zwar gibt es Vorschläge für generische HR-Architekturen, doch hat die Best-Fit-/Best-Practice-Diskussion in diesem Kapitel gezeigt, dass auf der Ebene der HR-Architektur eine starke Anpassung an die konkrete Situation des Unternehmens sinnvoll bzw. geboten ist. Im Rahmen der Diskussion der Best-Practice-Instrumente haben wir auch ein Instrument kennengelernt, das derzeit als *das* Best-Practice-Instrument für die Organisation der Personalabteilung propagiert wird: das HR-Business-Partner-Modell von Dave Ulrich. Damit haben wir auch schon den derzeitigen Stand einer Antwort auf unsere dritte Frage, wie sich die HR-Funktion organisieren muss, um die Humankapitalstrategie umsetzen zu können. Wir haben damit alle unsere vier Fragen näher beleuchtet. Aber einen wichtigen Punkt haben wir bisher nur angerissen: Was bringt das strategische Personalmanagement? Anders ausgedrückt: Welchen Wertbeitrag liefern unsere Bemühungen, das Personalmanagement mit der Strategie zu vereinbaren, für den Unternehmenserfolg? Mit dieser Frage wollen wir uns im nächsten Kapitel beschäftigen.

Literatur

Ait Razouk, A. (2011). High-performance work systems and performance of French small- and medium-sized enterprises. Examining causal order. *International Journal of Human Resource Management, 22*(2), 311–330.

Anger, C., & Schmidt, J. (2010). Gender Pay Gap: Gesamtwirtschaftliche Evidenz und regionale Unterschiede. *IW-Trends, 37*(4), 3–16.

Appelbaum, E., & Batt, R. (1994). *The new American workplace: Transforming work systems in the United States.* Ithaca: ILR.

Appelbaum, E., Bailey, T., Berg, P., & Kalleberg, A. (2000). *Manufacturing advantage: Why high-performance work systems pay off.* Ithaca: Cornell University Press.

Aretz, B. (2013). Gender differences in German wage mobility. Mannheim: Serie: ZEW discussion paper no. 2013–003.

Arthur, J. (1994). Effects of human resource systems on manufacturing performance and turnover. *Academy of Management Journal, 37,* 670–687.

Athanas, C. (2014). Quantensprung im Controlling. *Personalmagazin, 8*(14), 18–20.

Baron, J., & Hannan, M. (2002). Organizational blueprints for success in high-tech start-ups. *California Management Review, 44*(3), 8–37.

Baron, J., & Kreps, D. (1999). *Strategic human resources: Frameworks for general managers.* Hoboken: Wiley.

Beck, C., & Bastians, F. (2013). *HR-Image 2013. Die Personalabteilung: Fremd- und Eigenbild.* Freiburg: Haufe.

Becker, B., & Gerhart, B. (1996). The impact of human resource management on organizational performance: Progress and prospects. *Academy of Management Journal, 39*(4), 779–801.

Becker, B., Huselid, M., Pickus, P., & Spratt, M. (1997). HR as a source of shareholder value: Research and recommendations. *Human Resource Management, 36*(1), 39–47.

Beer, M., Spector, B., Lawrence, P. R., Quinn Mills, D., & Walton, R. E. (1984). *Human resource management.* New York: Free Press.

Biemann, T., Sliwka, D. & Weckmüller, H. (2012). Auf gesicherte empirische Fakten setzen, statt auf Mythen bauen. *personalQuarterly, 4*(12),10–17.

Birri, R., & Lebrenz, C. (2013). Wege aus der Sackgasse. *Personalwirtschaft, 2*(13), 36–39.

Brandes, D. (1998). *Konsequent einfach.* München: Heyne.

Boxall, P., & Macky, K. (2009). Research and theory on high-performance work systems progressing the high-involvement stream. *Human Resource Management Journal, 19*(1), 3–23.

Cachelin, J. (2013). Big Data Mining im HRM. St. Gallen. September 2013. www.wissensfabrik. ch/hr-big-data. Zugegriffen: 27. juni 2015.

Claßen, M., & Kern, D. (2010). *HR Business Partner: Die Spielmacher des Personalmanagements.* Neuwied: Luchterhand.

Combs, J., Liu, Y., Hall, A., & Ketchen, D. (2006). How much do high-performance work practices matter? A meta-analysis of their effects on organizational performance. *Personnel Psychology, 59,* 501–528.

Delery, J. (1998). Issues of fit in strategic human resource management. Implications for research. *Human Resource Management Review, 8*(3), 289–309.

Delery, J., & Doty, D. (1996). Modes of theorizing in strategic human resource management: Test of universalistic contingency, and configurational performance predictions. *The Academy of Management Journal, 39*(4), 35–802.

Delery, J., & Shaw, J. (2001). The strategic management of people in work organizations: Review, synthesis and extensions. *Research in Personnel and Human Resources Management, 20,* 165–197.

Dietz, K.-M., & Kracht, T. (2002). *Dialogische Führung: Grundlagen – Praxis – Fallbeispiel: dm-drogerie markt: Zur Führungskultur bei dm – drogeriemarkt.* Frankfurt: Campus.

Dmuß, K. (2010). Stadtverwaltung Wuppertal – Die Einführung des Leistungsentgelts nach §18 Tarifvertrag öffentlicher Dienst (TVöD). In B. Dilcher & C. Emminghaus (Hrsg.), *Leistungsorientierte Vergütung. Herausforderung für die Organisations- und Personalentwicklung* (S. 133–159). Wiesbaden: Gabler.

Festing, M. (2012). Strategic human resource management in Germany – Evidence of convergence to the U.S. model, the European model, or a distinctive national model? Academy of management perspectives. doi: 10.5465/amp.2012.0038.

Fombrun, C. J., Tichy, N. M., & Devanna, M. A. (Hrsg.). (1984). *Strategic human resource management*. New York: Wiley.

Frankfurter Allgemeine Zeitung. (8. Januar 2014). *Französische Goodyear-Manager aus der Geiselhaft entlassen*, Nr. 6, S. 12.

Gmür, M., & Schwerdt, B. (2005). Der Beitrag des Personalmanagements zum Unternehmenserfolg. Eine Metaanalyse nach 20 Jahren Erfolgsfaktorenforschung. *Zeitschrift für Personalforschung, 19*(3), 221–251.

Gmür, M. & Thommen, J. P. (2014). Human Resource Management – Strategien und Instrument für Führungskräfte und das Personalmanagement (4. überarb. u. erw. Aufl.). Zürich: Versus.

Granados, A., & Götz, E. (2011). *Corporate Agility Organization – Personalarbeit der Zukunft*. Wiesbaden: Gabler.

Guthrie, J. (2001). High-involvement work practices, turnover, and productivity: Evidence from New Zealand. *Academy of Management Journal, 44,* 180–190.

Hird, M., Sparrow, P., & Marsh, C. (2010). HR structures: Are they working? In P. Sparrow, M. Hird, A. Hesketh, & C. Cooper (Hrsg.), *Leading HR* (S. 23–45). Basingstoke: Palgrave Macmillan.

Hofstede, G. (2011). *Lokales Denken, globales Handeln. Interkulturelle Zusammenarbeit und globales Management* (5. Aufl.). München: Beck.

Howes, P. (2013). Wisdom on Workforce Planning. In P. Ward & R. Tripp (Hrsg.), *Positioned: Strategic workforce planning that gets the right person in the right job* (S. 165–185). New York: AMACOM.

Jenkins, G., Gupta, N., Mitra, A., & Shaw, J. (1998). Are financial incentives related to performance? A meta-analytic review of empirical research. *Journal of Applied Psychology, 83*(5), 777–787.

Knorr, A., & Arndt, A. (2003). *Why did Wal-Mart fail in Germany? Materialien des Wissenschaftsschwerpunktes „Globalisierung der Weltwirtschaft"*. Bremen: Universität Bremen.

Lawler, E. (1992). *The ultimate advantage: Creating the high-involvement organization*. San Francisco: Jossey-Bass.

Lawler, E. (2007). Why HR practices are not evidence-based. *Academy of Management Journal, 50*(2), 1033–1036.

Lebrenz, C. (9. August 2010). Der Bäcker und der Investmentbanker. *Frankfurter Allgemeine Zeitung*, Nr. 182, S. 12.

Lebrenz, C. (22. August 2011). Bessere Mitarbeiter als Wettbewerbsvorsprung. *Frankfurter Allgemeine Zeitung*, Nr. 194, S. 12.

Lebrenz, C. (23. November 2013). Leistungsbezogenens Gehalt lohnt – selten. *Frankfurter Allgemeine Zeitung*, Nr. 298, S. 1

Lengnick-Hall, C., & Lengnick-Hall, M. (1988). Strategic human resource management: A review of the literature and a proposed typology. *Academy of Management Review, 13*(3), 70–454.

Lertxundi, A., & Landeta, J. (2012). The dilemma facing multinational enterprises:?Transfer or adaptation of their human resource management systems. *International Journal of Human Resource Management, 23*(9), 1788–1807.

Martín-Alcázar, F., Romero-Fernández, P., & Sánchez-Garday, G. (2005). Strategic human resource management: Integrating the universalistic, contingent, configurational and contextual perspectives. *International Journal of Human Resource Management, 16*(5), 633–659.

Pfeffer, J. (1994). *Competitive advantage through people*. Boston: Harvard Business School Press.

Pfeffer, J. (1998). *The human equation: Building profits by putting people first*. Boston: Harvard Business School Press.

Pfeffer, J. & Sutton, R. (1999). *The Knowing-Doing Gap: How Smart Companies Turn Knowledge into Action*. Boston: Harvard Business School Press.

Ployart, R., Nyberg, A., Reilly, G., & Maltarich, M. (2014). Human capital is dead – Long live human capital resources. *Journal of Management, 40*(2), 371–398.

Purcell, J. (2016). *Strategy and human resource management* (4. Aufl.). Basingstoke: Palgrave Macmillan.

Ramge, T. (2012). Eine Dimension mehr. *brand eins, 4*(2012), 100–105.

Regnet, E., & Lebrenz, C. (2014). Arbeitgeberattraktivität und Fachkräftesicherung. In L. v. Rosenstiel & M. Domsch (Hrsg.), *Führung von Mitarbeitern* (S. 64–72). Stuttgart: Schäffer-Poeschel.

Rousseau, D. (Hrsg.). (2012). *The Oxford Handbook of Evidence-Based Management*. Oxford: Oxford University Press.

Rosenberger, B. (Hrsg.). (2014). *Modernes Personalmanagement*. Wiesbaden: Springer Gabler.

Rynes, S., Gerhart, B., & Parks, L. (2005). Personnel psychology: Performance evaluation and pay-for- performance. *Annual Review of Psychology, 56*, 571–600.

Rynes, S., Giluk, T., & Brown, K. (2007). The very separate worlds of academic and practioner periodicals in human resource management: Implications for evidence-based management. *Academy of Management Journal, 50*(2), 987–1008.

Schmidt, F., & Hunter, J. (1998). The validity and utility of selection methods in personnel psychology: Practical and theoretical implications of 85 years of research findings. *Psychological Bulletin, 124*, 262–274.

Schuler, R. S. (1992). Linking the people with the strategic needs of the business. *Organizational Dynamics, 21*(1), 18–32.

Schuler, R. S., & Jackson, S. (1987a). Organizational strategy and organization level as determinants of human resource management practices. *Human Resource Planning, 10*(3), 125–142.

Schuler, R., & Jackson, S. (1987b). Linking competitive strategies with human resource management practices. *The Academy of Management Executive, 1*(3), 207–219.

Schuler, R., Werner, S., & Jackson, S. (2012). Southwest Airlines. In J. Hayton, M. Biron, L. Castro Christiansen, & B. Kuvaas (Hrsg.), *Global human resource management casebook* (S. 382–394). Oxford: Routledge.

Simon, H. (2007). *Hidden Champions des 21. Jahrhunderts: Die Erfolgsstrategien unbekannter Weltmarktführer*. Frankfurt: Campus.

Stahl, G., Maznevski, M., Voigt, A., & Jonsen, K. (2009). Unraveling the effects of cultural diversity in teams – A meta-analysis of research on multicultural work groups. *Journal of International Business Studies, 41*, 1–20.

Statistisches Bundesamt. (2014). Verdienste und Arbeitskosten – Arbeitnehmerverdienste. 4. Vierteljahr 2013. Wiesbaden. Artikelnummer: 2160210133244.

Stavrou, E., Brewster, C., & Charalambous, C. (2010). HRM and firm performance in Europe through the lens of business systems – Best fit, best practice or both. *International Journal of Human Resource Management, 21*(7), 933–962.

Strack, R., Caye, J.-M., Bhalla, V., Tollman, P., & Von der Linden, C. (2012). *Creating people advantage 2012: Mastering HR challenges in a two-speed world*. Boston: Boston Consulting Group.

The Economist. (6. April 2013). Big data and hiring: Robot recruiters. http://www.economist.com/node/21575820/. Zugegriffen: 15. Jan. 2015.

The Economist. (24. April 2014).*Keeping up with the Schmidts – Attempts to build a snazzy, German-style apprenticeship system crash into cultural and economic differences*. http://www.economist.com/news/britain/21601247-attempts-build-snazzy-german-style-apprenticeship-system-crash-cultural-and-economic. – Zugegriffen: 2. Juli. 2014.

Trompenaars, F., & Hampden-Turner, C. (2012). *Riding the waves of culture: Understanding diversity in global business* (3. Aufl.). London: Brealey.

Ulrich, D. (1997). *Human resource champions: The next agenda for adding value and delivering results.* Boston: Harvard Business School Press.

Ulrich, D., & Brockbank, W. (2005). *The HR value proposition.* Boston: Harvard Business School Press.

Weckmüller, H. (2013). *Exzellenz im Personalmanagement: Neue Ergebnisse der Personalforschung für Unternehmen nutzbar machen.* Freiburg: Haufe-Lexware.

Weymayr, C. (2012). Der Leitlinienwolf. *brand eins, 10*(12), 30–36.

Wright, P., & McMahan, G. (1992). Theoretical perspectives for strategic human resource management. *Journal of Management, 18*(2), 295–320.

Wright, P., & Snell, S. (1991). Toward an integrative view of strategic human resource management. *Human Resource Management Review, 1*, 25–203.

Zisgen, A. (2014). Business Partner – Mode oder Zukunftsmodell? *Personalwirtschaft, 4*(2014), 30–33.

Die Suche nach dem heiligen Gral: Wie wirkt sich das Personalmanagement auf den Unternehmenserfolg aus?

6

Zusammenfassung

Die Frage, wie die Verbindung zwischen Personalmanagement und Unternehmenserfolg aussieht, ist das Thema dieses Kapitels. Diese Verbindung gestaltet sich wie eine Blackbox, bei der wir auf der einen Seite viele Inputs und auf der anderen Seite viele Outputs sehen, aber über weite Strecken scheinbar unklar ist, wie die Inputs mit den Outputs zusammenhängen. Um Antworten zu finden, setzen wir uns zunächst mit der Thematik auseinander, wie der Zusammenhang zwischen Personalmanagement und Unternehmenserfolg gemessen werden kann. Im Anschluss beschäftigen wir uns mit einigen Vorschlägen, die entwickelt wurden, um etwas Licht in die Blackbox zu bringen und die Wirkungsmechanismen innerhalb der Blackbox zu erklären. Danach richten wir unseren Blick auf die empirischen Forschungsergebnisse zur Messung und Quantifizierung der Verbindung. Dabei werden wir feststellen, dass wir heute deutlich mehr über die Abläufe innerhalb der Blackbox wissen als noch in den 1990er-Jahren. Allerdings wissen wir – gerade auf der Ebene der HR-Architektur – noch nicht so viel über den Zusammenhang zwischen Personalmanagement und Unternehmenserfolg, wie wir es uns für unsere tägliche Arbeit wünschen würden. Warum dies so ist und welche Konsequenzen wir daraus ziehen müssen, erfahren wir zum Abschluss des Kapitels.

6.1 Einleitung

Wäre es nicht schön, wenn man als Leiterin der Personalabteilung in die jährliche Budgetrunde hineingehen und seine Budgetwünsche folgendermaßen begründen könnte: „Um ein Redesign unserer HR-Architektur für das Segment der Schlüsselpositionen durchzuführen, veranschlagen wir für die Investitionen in das Employer Branding, die verbesserte Mitarbeiterbindung durch erweiterte Personalentwicklung und das neue

© Springer Fachmedien Wiesbaden GmbH 2017
C. Lebrenz, *Strategie und Personalmanagement*,
DOI 10.1007/978-3-658-14330-5_6

Vergütungsmodell eine Summe von 1,35 Mio. EUR. Wir erwarten dafür einen Return on Investment von 8,4 % über die nächsten vier Jahre. Der Return basiert zu 40 % auf verringerten Prozesskosten und zu 60 % auf höheren Umsätzen, die durch schnellere Entwicklungszeiten der neuen Produkte erzielt werden." Das ist die Vision. Die Wirklichkeit sieht allerdings ganz anders aus. Statt harter Zahlen und klarer Wirkungszusammenhänge wird normalerweise mit Mühen und unter Zuhilfenahme von mehr oder weniger heroischen Annahmen ein Business Case entwickelt, der dann aufgrund seiner wenig spezifischen Annahmen von der Geschäftsleitung im Allgemeinen und den Controllern im Besonderen auseinandergenommen wird. Und das, obwohl unsere Erfahrung und unsere Intuition eindeutig sagen, dass das Redesign der HR-Architektur für das Unternehmen sehr sinnvoll und wichtig wäre. Aber wir können einfach zu wenig in Zahlen fassen, wie sich die verringerte Fluktuation auf die Motivation, auf das Sozial- und das Organisationskapital des Unternehmens auswirkt, wie genau die Produktivität sich verändern wird, wie eng der Fachkräftemarkt und damit auch die Abwerbeversuche der Konkurrenz in drei Jahren sein werden. Wenn wir doch mehr Gewissheit über die Zusammenhänge und die zukünftige Entwicklung hätten! Wie das Zitat von Zafer und Gavey Berger zeigt, ist die Sehnsucht nach Gewissheit weder neu noch auf Personaler beschränkt: „It's only natural to seek certainty, especially in the face of the unknown. Long ago, shamans performed intricate dances to summon rain. It didn't matter that any success they enjoyed was random, as long as the tribe felt that its water supply was in capable hands. Nowadays, late nights of number crunching, feasts of modeling, and the familiar rituals of presentations have replaced the rain dances of old. But often, the odds of generating reliable insights are not much better" (Zafer und Gavey Berger 2015, S. 1).

Sind wir wirklich mit unserem jetzigen Wissensstand auf der Ebene von Regentänzen? Wir haben zu Beginn des Buches erfahren, dass die Aufgabe des Personalmanagements darin bestehen sollte, das Humankapital des Unternehmens mit der Strategie in Einklang zu bringen und dadurch die Effektivität des Humankapitals zu erhöhen, statt einfach nur auf die Kostenseite des Personalmanagements zu schauen. Wenn es uns gelingt, die Effektivität des Humankapitals zu erhöhen, steigt der Beitrag des Personalmanagements um den Faktor 70. Das ist der Anspruch. Doch wie wird diese erhöhte Effektivität gemessen? Sie muss sich in irgendeiner Form direkt oder doch zumindest indirekt auf die Profitabilität des Unternehmens auswirken. Und wenn wir diese Effekte nicht nachweisen können, haben wir ein massives Problem. Nicht umsonst gibt es eine große Fülle an Studien, die sich mit dem Zusammenhang von Personalmanagement und Unternehmenserfolg auseinandersetzen. Es ist die Befürchtung der Wissenschaft, dass die Forschung zum strategischen Personalmanagement ihre Daseinsberechtigung verliert, falls diese Studien nicht den Zusammenhang zwischen den einzelnen Personalinstrumenten und dem Unternehmenserfolg nachweisen können (vgl. Jiang et al. 2013, S. 1468). Diese Verbindung zwischen Personalmanagement und Unternehmenserfolg, die in der Literatur oft als das ‚Black-Box-Problem' bezeichnet wird, ist letztendlich der heilige Gral des strategischen Personalmanagements. Wer ihn findet, kann den

Personalern endlich die Gewissheit liefern, die sie so sehr – wie viele andere Manager auch – suchen.

Ist der Zusammenhang zwischen den verschiedenen Inputs auf der einen Seite und den unterschiedlichen Outputs auf der anderen Seite wirklich eine Blackbox, deren Inhalt wir nicht kennen? Vor gut zehn Jahren erhoben Boselie und seine Koautoren nach Sichtung von über 100 Studien den Vorwurf, dass der größte Teil dieser Studien diese Blackbox als solche akzeptieren und gar nicht erst den Versuch unternehmen würde, die Wirkungszusammenhänge zwischen Personalmanagement und Unternehmenserfolg zu ergründen (vgl. Boselie et al. 2005, S. 77). Zwischenzeitlich ist die Zahl der Studien, die sich mit den Wechselwirkungen der einzelnen möglichen Einflussfaktoren beschäftigen, zwar deutlich gestiegen (vgl. Jiang et al. 2013, S. 1467), doch wie viel mehr Licht haben wir mittlerweile in die Blackbox bekommen können? Bei dem Versuch, Licht ins Dunkel zu bekommen, haben wir es vor allem mit zwei Problemen zu tun. Einerseits fehlt eine einheitliche theoretische Basis für die Untersuchung des Zusammenhangs zwischen Personalmanagement und Unternehmenserfolg. Weder gibt es ein einheitliches Verständnis darüber, welche Elemente des Personalmanagements hier berücksichtigt werden, noch darüber, was unter Unternehmenserfolg verstanden wird, noch darüber, wie die Verbindung zwischen diesen Bereichen aussieht. Andererseits sind viele der durchgeführten Studien – gerade weil eine klare theoretische Basis fehlt – methodisch nicht ausreichend fundiert (vgl. Paauwe et al. 2013, S. 4). Dies erschwert dann die Vergleichbarkeit der Studien und verringert deren Aussagefähigkeit. Weil die Punkte der unzureichenden theoretischen Fundierung und die methodischen Stolpersteine eine zentrale Rolle beim Umgang mit der Blackbox spielen, werden wir beide Themenbereiche ausführlich beleuchten.

Schauen wir uns zunächst an, wie Personalinstrumente und Unternehmenserfolg zusammenhängen. Dies wollen wir anhand der – letztendlich stark vereinfachenden – Struktur in Abb. 6.1 näher tun. Auf der linken Seite der Grafik finden wir einzelne Personalinstrumente sowie Best-Practice-Systeme als Kombinationen mehrerer Instrumente. Diese Personalinstrumente sind die im fünften Kapitel diskutierten Instrumente zur Gewinnung, Auswahl und Bindung von Mitarbeitern: Mit welchen Instrumenten wählen wir Mitarbeiter aus, integrieren sie ins Unternehmen, mit welchen Formen der Entlohnung binden wir sie ans Unternehmen? Genauso wie das gesamte Instrumentarium der Personalentwicklung: Weiterbildungen, Trainings, Coaching etc. Diese Personalinstrumente wirken nicht nur einzeln, sondern auch in Kombination auf den Mitarbeiter ein. Die Diskussion im letzten Kapitel hat gezeigt, dass es nicht eine beliebige Kombination von Instrumenten sein sollte, sondern eine möglichst sinnvoll aufeinander abgestimmte Kombination, die auf die Mitarbeiter einwirkt. Dazu haben wir uns die Best-Practice-Systeme näher angeschaut. Die Diskussion dieser Systeme in Kap. 5 hat ebenfalls ergeben, dass die HR-Architektur eines Unternehmens als sein individuelles Best-Practice-System aufgefasst werden kann. Somit können wir in der Grafik Best-Practice-Systeme und HR-Architekturen der Einfachheit halber als identisch betrachten. All diese Instrumente sind als Inputs zu verstehen, die auf den Mitarbeiter einwirken.

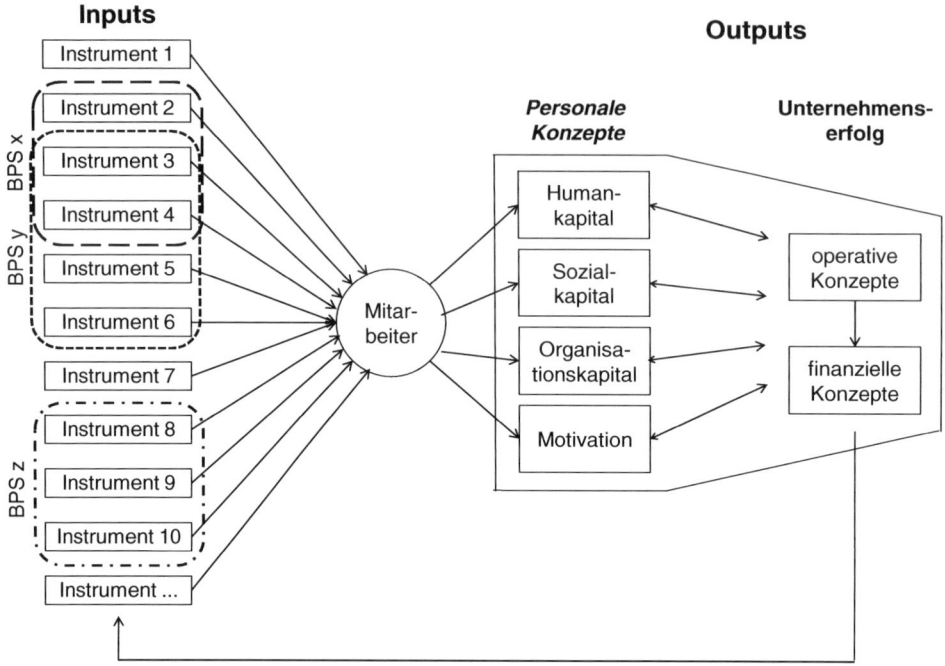

Abb. 6.1 Der Zusammenhang zwischen Personalinstrumenten und Unternehmenserfolg

Welche Outputs resultieren daraus, dass wir mit diesen Inputs, den verschiedenen Instrumenten, auf den Mitarbeiter einwirken? Sie führen ja nicht unmittelbar dazu, dass der Gewinn des Unternehmens steigt. Stattdessen ist die Wirkung mittelbar. Erst einmal wirken die Instrumente auf die personalen Konzepte. Darunter verstehen wir hier einerseits die Motivation, andererseits die im dritten Kapitel diskutierten Konzepte des Human-, Sozial- und Organisationskapitals. Einige Personalinstrumente sollen sich direkt auf einzelne dieser personalen Konzepte auswirken. Trainings sollen beispielsweise das Wissen der Mitarbeiter zu bestimmten Themen verbessern und damit zu höherem Humankapital führen. Ein Team-Building-Event soll das Sozialkapital des Teams und die Motivation der einzelnen Mitarbeiter erhöhen. Und wie wir bei der Diskussion um die Best-Practice-Systeme im letzten Kapitel gesehen haben, sollen sich die verschiedenen Instrumente und Maßnahmen gegenseitig ergänzen und verstärken und sich in Summe stärker auf die personalen Konzepte auswirken, als wenn jedes der Instrumente nur für sich allein eingesetzt würde. Sprich, wir suchen nach Synergien zwischen den Instrumenten.

Die personalen Konzepte an sich sind aber kein Selbstzweck. So schön es ist, wenn die Mitarbeiter gut qualifiziert und motiviert sind, allein aus betriebswirtschaftlicher Sicht reicht dies nicht aus, um die Investitionen in diese Personalinstrumente zu rechtfertigen. Rechtfertigung erhalten all diese Maßnahmen nur, wenn sie sich auch positiv auf operative und finanzielle Konzepte auswirken, mittelbar und auch unmittelbar. Höher qualifizierte Mitarbeiter sind hoffentlich leistungsfähiger, sind eher in der Lage als weniger qualifizierte Mitarbeiter, bestimmte operative Konzepte zu erfüllen. Wenn durch höher qualifizierte Mitarbeiter mehr Einheiten verkauft wurden, Kundenzufriedenheit und Kundenbindung aufgrund der kompetenteren Beratung steigen und durch höhere Innovationsraten der Marktanteil wächst oder ein höherer Preis gerechtfertigt werden kann, beeinflussen die operativen Konzepte letztendlich die finanziellen Konzepte und steigern so den Unternehmenserfolg. So spannt sich ein Bogen zwischen der Kombination verschiedener Personalinstrumente auf der linken Seite und den Outputs – und hier besonders den finanziellen Konzepten – auf der rechten Seite.

Zwar zeigt Abb. 6.1, dass es grundsätzlich gut nachvollziehbar ist, über welche Wege die Inputs und Outputs in Verbindung stehen. Der Name Blackbox deutet aber schon an, dass unser Wissen sehr beschränkt ist, wie genau die einzelnen Instrumente – besonders in Summe als Best-Practice-Systeme bzw. HR-Architektur – auf die einzelnen Outputs einwirken, wie sich die verschiedenen Outputs zueinander verhalten. Wir wissen, was wir an Aktivitäten und Ressourcen in diesen Prozess hineinstecken, wir sehen, was dabei herauskommt, wie die Inputs und Outputs jedoch zusammenhängen, verstehen wir nur ansatzweise.

In diesem Kapitel wollen wir uns diese Blackbox näher anschauen. Dabei geht es um zwei Fragen: Erstens: Was wissen wir über den Zusammenhang zwischen Personalmanagement und Unternehmenserfolg, und was können wir realistischerweise über diesen Zusammenhang wissen? Was die erste Frage angeht: Ist es wirklich so wenig, dass der Name der Blackbox gerechtfertigt ist? Anders formuliert: *Wirkt* das Personalmanagement? Gibt es einen (positiven) Zusammenhang zwischen Personalmanagement und Unternehmenserfolg? Und wenn ja, *wie* wirkt das Personalmanagement? Was sind die Wirkungsmechanismen der eingesetzten Instrumente? Und was genau müssen wir eigentlich messen, wenn wir den Zusammenhang zwischen Personalmanagement und Unternehmenserfolg messen? Im letzten Kapitel haben wir bei der Diskussion der Best-Practice-Instrumente und -Systeme schon die Frage nach der Wirksamkeit der einzelnen Instrumente gestreift. Hier wollen wir anknüpfen, wobei es uns weniger um die Wirkung einer einzelnen Maßnahme, sondern mehr um das Zusammenspiel der verschiedenen Instrumente des Personalmanagements, um die firmenspezifische HR-Architektur geht. Denn sie ist ja – um das Bild des Mosaiks wieder zu bemühen – das, was die Ausrichtung des Humankapitals an der Unternehmensstrategie sicherstellen soll. Dies bedeutet, dass wir in diesem Kapitel bei der Frage nach dem Zusammenhang von Personalmanagement und Unternehmenserfolg immer wieder die beiden Ebenen der Humankapitalstrategie aus dem vierten und fünften Kapitel unterscheiden müssen: die Ebene der einzelnen Instrumente und die Ebene der HR-Architekturen. Und aus Sicht des *strategischen* Personalmanagements interessiert uns in erster Linie die Ebene der HR-Architektur, weniger die Ebene der Instrumente. Die zweite Frage, mit der wir uns auseinandersetzen müssen: Was können wir überhaupt in dieser Blackbox realistischerweise an Zusammenhängen erkennen? Welche Grundlagen haben wir bei der Vielzahl der Einflussfaktoren und der Wechselwirkungen, um belastbare Aussagen zu machen?

Um diesen Fragen nachzugehen, ist das Kapitel folgendermaßen aufgebaut. Wenn wir die Verbindung zwischen Personalmanagement und Unternehmenserfolg klären wollen, dann müssen wir uns erst einmal mit der Frage auseinandersetzen, *wie* denn der Zusammenhang gemessen werden kann: *Was* müssen wir *wo* messen? Dies werden wir im zweiten Abschnitt des Kapitels tun. Im dritten Abschnitt sehen wir uns einige der Vorschläge an, die entwickelt wurden, um etwas Licht in die Blackbox zu bringen und die Wirkungsmechanismen innerhalb der Blackbox zu erklären. Im vierten Abschnitt werfen wir einen Blick auf die wichtigsten Ergebnisse, zu denen die Forschung in den letzten Jahren zum Thema „Messung und Quantifizierung der Verbindung" gekommen ist. Dabei werden wir feststellen, dass wir heute deutlich mehr über die Abläufe innerhalb der Blackbox wissen als noch in den 1990er-Jahren. Allerdings wissen wir – gerade auf der Ebene der HR-Architektur – noch nicht so viel über den Zusammenhang zwischen Personalmanagement und Unternehmenserfolg, wie wir es uns für unsere tägliche Arbeit wünschen würden. Warum dies so ist und welche Konsequenzen wir daraus ziehen müssen, werden wir im letzten Abschnitt des Kapitels erfahren.

6.2   Was messen wir?

Wenn wir den Zusammenhang zwischen dem Personalmanagement und dem Unternehmenserfolg messen wollen, dann müssen wir einerseits klären, *was* wir messen, und zweitens klären, *wie* wir messen. Wie wir in Abb. 6.1 sehen können, haben wir auf der einen Seite eine Reihe von Inputs, die wir messen müssen. Dies sind die einzelnen Personalinstrumente oder bestimmte Kombinationen von Instrumenten, sprich (Best-Practice-)Systeme. Auf der anderen Seite gibt es eine Vielzahl von Outputs, die zu erfassen sind. Denn die Personalinstrumente wirken auf den Mitarbeiter in verschiedenster Weise. Sie beeinflussen seine Motivation, das Human-, Sozial- und Organisationskapital. Durch die Veränderung dieser Faktoren ändern sich sowohl operative Aspekte, wie etwa Produktivität, Fehl- oder Entwicklungszeiten, als auch auch die Innovationsfähigkeit der Organisation. Dies schlägt sich mittelbar oder auch unmittelbar als finanzielle Kriterien nieder. Diese Inputs und Outputs wollen wir uns nun genauer ansehen und fangen mit den Inputs an.

Welche Inputs messen wir?
Bevor wir die Inputs, die wir messen wollen, genauer betrachten, lohnt sich für die folgende Diskussion noch ein kurzer Blick auf das *Wie* der Messung. Denn es gibt verschiedene Möglichkeiten, wie wir den Einsatz von einzelnen Instrumenten bzw. Bündeln von Instrumenten messen können. Der Klassifizierung von Boselie folgend, können wir dazu fünf verschiedene Arten der Messung unterscheiden (vgl. Boselie 2014, S. 84 f.). Dazu müssen wir folgende Fragen stellen: Erstens die Frage nach der *Präsenz,* also danach, ob etwas vorhanden ist. Dies kann die Frage sein, ob ein Unternehmen ein Instrument wie Zielvereinbarungen einsetzt. Diese Frage lässt sich mit einem einfachen „Ja" oder

„Nein" beantworten. Zweitens die Frage nach der *Intensität:* Wie stark wird ein Instrument – z. B. die Einbindung von Mitarbeitern in bestimmte Entscheidungen – eingesetzt? Die Antworten bewegen sich auf einem Spektrum zwischen ,sehr wenig' und ,sehr stark'. Kaufmann weist bezüglich der Intensität zu Recht darauf hin, dass die ganze Literatur mehr oder weniger unausgesprochen davon ausgeht, dass mehr Instrumente besser sind (vgl. Kaufmann 2012). Aber der dabei unterstellte lineare Zusammenhang zwischen den eingesetzten Inputs und dem erreichten Ergebnis wird nur selten existieren. In der Regel wird man im Sinne eines abnehmenden Grenznutzens den Punkt erreichen, an dem zusätzlichen Investitionen in bestimmte Programme keine entsprechende Steigerung der Outputs mehr gegenübersteht. Idealerweise müssen wir dies bei der Messung berücksichtigen. Erschwerend kommt oft hinzu, dass es bei der Umsetzung eines Instrumentes eine große Lücke zwischen dem gibt, was das Management bzw. das Personalmanagement *vorhatte,* und dem, was seitens der Mitarbeiter als Instrument *wahrgenommen* wird (vgl. beispielsweise Wright und Nishii 2013). Das Management mag zwar das Gefühl haben, die Mitarbeiter in die Entscheidungen eingebunden zu haben, die Mitarbeiter empfinden eine Anhörung eventuell als reine Farce, weil sie den Eindruck haben, dass die Entscheidung schon vor der Anhörung feststand.

Drittens die Frage nach der *Wichtigkeit:* Wie wird das Instrument in seiner Bedeutung eingestuft? Die Antworten reichen von ,vollkommen unwichtig' bis hin zu ,sehr wichtig'. Viertens die Frage nach der *Zufriedenheit* mit dem Instrument. Die Antwortmöglichkeiten, beispielsweise auf die Frage nach der Möglichkeit, im Homeoffice zu arbeiten, bewegen sich zwischen ,vollkommen unwichtig' bis hin zu ,sehr wichtig'. Und die Antworten auf die Frage nach der Zufriedenheit mit dem jährlichen Mitarbeitergespräch können wiederum stark schwanken, je nachdem, ob man den Personaler befragt, der das Instrument entwickelt hat, den Linienmanager, der es anwenden muss, oder den Mitarbeiter, der auf der anderen Seite des Tisches sitzt. Als letzten Punkt dann die Frage der *Abdeckung:* Welcher Teil der Mitarbeiter ist von einem Instrument betroffen, sprich hat in unserem Fall überhaupt die Möglichkeit, vom Homeoffice aus zu arbeiten? Hier schwanken die Antwortmöglichkeiten zwischen null und 100 %. Für die weitere Diskussion können wir also mitnehmen, dass es sehr unterschiedliche Ansätze gibt, die Inputs zu messen. Wie wir später erfahren werden, hat das einen starken Einfluss auf die Vergleichbarkeit der verschiedenen Studien, die zur Verbindung zwischen Personalmanagement und Unternehmenserfolg durchgeführt wurden.

Nach dem Blick auf das *Wie* der Messung nun zur eigentlichen Frage, *was* an Inputs gemessen wird. Diese Inputs in den Prozess sind entweder einzelne Instrumente, wie z. B. ein bestimmtes Training, eine bestimmte Form der Vergütung oder auch die Kombination von einigen Instrumenten. Im letzten Kapitel haben wir uns mit Best-Practice-Instrumenten und Best-Practice-Systemen auseinandergesetzt und festgestellt, dass es ein Vorteil von Best-Practice-Systemen ist, dass sie schwerer zu kopieren sind. Dies liegt daran, dass wir bei den Systemen nicht genau wissen, wie die einzelnen Instrumente innerhalb des Systems zusammenhängen und funktionieren. Diese Ungewissheit der Zusammenhänge, die ein Vorteil für eine nachhaltige Differenzierung gegenüber dem

Wettbewerb ist, holt uns nun aber beim Versuch, den Beitrag des Personalmanagements zum Unternehmenserfolg zu messen, als Nachteil ein. Der Wertbeitrag eines einzelnen Instrumentes lässt sich einigermaßen abschätzen, bei den Bündeln von Instrumenten, der HR-Architektur mit den diffusen Wirkungszusammenhängen, stoßen wir genau auf die eingangs erwähnte Blackbox. Auf der Ebene der einzelnen Instrumente können wir am ehesten die Auswirkungen nachweisen. Verbesserte Instrumente der Personaldiagnostik können uns helfen, passende Mitarbeiter zu gewinnen. Dies schlägt sich in verringerten Fluktuationsquoten und verringerten Kosten für die Neubesetzung und die Einarbeitung weiterer Mitarbeiter nieder. Wie im letzten Kapitel argumentiert, können wir hier auf die Ergebnisse des Evidenzbasierten Management zurückgreifen. Ist eine Firma ausreichend groß, kann sie auch durch Untersuchung der eigenen Mitarbeiter- und Bewerberdaten im Rahmen von HR Analytics Aussagen über die Wirkung von einzelnen Maßnahmen machen (vgl. beispielsweise KPMG 2013 oder auch Athanas 2014). Voraussetzung ist natürlich, dass die dafür notwendigen Daten systematisch und konsequent erfasst werden. Auch bleiben bei der Betrachtung eines einzelnen Instrumentes die Rahmenbedingungen und Einflussfaktoren innerhalb des Unternehmens insoweit konstant, als dass sich die Wirkungen einzelner Instrumente isolieren lassen. Wenn ein Personalmanager beispielsweise für die Einführung einer bestimmten Schulungsmaßnahme im Rahmen der Personalentwicklung oder für die Änderung des Gehaltssystems zur Erhöhung der Mitarbeiterbindung plädiert, ist dies hilfreich und notwendig, um einen Business Case für dieses Instrument entwickeln zu können. Aber darum geht es uns ja hier weniger.

Was uns statt der Wirkung eines einzelnen Instruments interessiert, ist das Zusammenspiel der verschiedenen Instrumente, die Wirkung der firmenspezifischen HR-Architektur(en). Wir haben im letzten Kapitel ja ausführlich angesprochen, dass sich die einzelnen Instrumente innerhalb der Best-Practice-Systeme ergänzen und verstärken sollten. Dies bedeutet auch, dass wir neben der Messung der einzelnen Inputs auch die möglichen (und hoffentlich positiven) Wechselwirkungen zwischen den Instrumenten berücksichtigen müssen. Hier wird die Sache ungleich schwieriger, da wir an mehreren Stellschrauben drehen, aber selten eine Kontrollgruppe haben, mit der wir uns vergleichen können. Die Fallzahlen sind in diesem Fall viel zu gering, als dass wir auf Basis statistischer Analysen Aussagen treffen können. Es ist ja gerade die verringerte Vergleichbarkeit der Bündel von Instrumenten, die wir als möglichen Wettbewerbsvorsprung entwickeln wollen. Ein weiterer Punkt kommt noch hinzu. Nicht nur das Zusammenspiel der verschiedenen Instrumente muss berücksichtigt werden, sondern auch das Ausmaß, in dem diese Instrumente zur Strategie passen. Und bis auf wenige Ausnahmen unterbleibt gerade die Berücksichtigung der Strategie bei der Messung der Inputs (vgl. Combs et al. 2006, S. 503). Ein Beispiel für die wenigen Studien, bei denen die Wahl der Instrumente – in diesem Fall die geforderten Kompetenzen und Bezahlungsformen – explizit in Bezug zur Strategie gesetzt werden, ist die Arbeit von Díaz-Fernández et al. (2013). Dies ist der zweite Punkt, den wir bei der Messung der Inputs berücksichtigen müssen: Die Bündelung von einzelnen Instrumenten zu Systemen oder HR-Architekturen bietet die Möglichkeit zur nachhaltigen Differenzierung vom Wettbewerb. Aber im gleichen

Maße, in dem diese Bündelung eine Differenzierung erlaubt, erschwert sie auch die Vergleichbarkeit und damit auch die Messbarkeit der Wirkungszusammenhänge.

Im letzten Kapitel haben wir festgestellt, dass ein strukturiertes Einstellungsinterview einem unstrukturierten Interview überlegen ist. Für das einzelne Instrument können wir also mit gutem Gewissen behaupten, dass es *wirkt,* in dem Sinne, dass es die Trefferquote bei der Einstellung erhöht, Rekrutierungs- und Einarbeitungskosten senkt und damit die Kostenstruktur des Unternehmens verringert. Aber ist die *Kombination* aus aufwendigen Rekrutierungs-Events an Topuniversitäten mit einem strengen Assessment-Center, das den Fokus legt auf analytische Brillanz und ein klares Up-or-out-Prinzip bei der Karriereplanung, mit geringer anfänglicher Bezahlung, aber der Hoffnung auf den warmen finanziellen Regen, wenn man es zum Partner bringt, als HR-Architektur für das Unternehmen sinnvoller als einfache Bewerbungsgespräche mit kurzen Fallstudien? Für eine Topberatung wie McKinsey mag das der Fall sein, für einen Ingenieurdienstleister vielleicht auch noch. Für die Restaurantkette Hooters, unser Beispiel aus dem dritten Kapitel, trifft dies bestimmt nicht zu. Aber das sind Antworten aus dem Bauch heraus. Denn um dies mit Zahlen untermauern zu können, brauchten wir Dutzende von Firmen mit identischer HR-Architektur und Unternehmensstrategie, idealerweise noch aus der gleichen Branche. Und diese Voraussetzungen sind kaum zu erfüllen, sodass auf der Ebene der HR-Architektur unsere Analyse ungleich schwieriger wird.

Hier sind wir bei einem Punkt, auf den wir im Laufe dieses Kapitels immer wieder zurückkommen werden. Die Messung der Wirksamkeit einzelner Instrumente ist schon anspruchsvoll genug. Die Messung einer HR-Architektur ist aufgrund der Vielzahl von betroffenen Elementen und Wechselwirkungen ungleich komplexer. Und Andresen argumentiert ganz richtig, dass das Messsystem der Komplexität des Messgegenstandes angepasst werden muss (vgl. Andresen 2015, S. 4). Und da unser Augenmerk auf der Ebene der HR-Architektur liegt, müssen wir uns damit abfinden, dass wir einen sehr hohen Aufwand betreiben müssen, wenn wir auf dieser abstrakteren Ebene den Zusammenhang zwischen Personalmanagement und Unternehmenserfolg ermitteln wollen: Die Latte liegt ungleich höher als bei der Messung der Verbindung zwischen einem einzelnen Instrument und Unternehmenserfolg.

Welche Outputs messen wir?
Während es auf der Seite der Inputs um (Bündel von) Personalinstrumente(n) geht, geht es auf der rechten Seite unserer Abbildung (Abb. 6.1) um die Outputs, die alle in der einen oder anderen Form den Unternehmenserfolg messen sollen. Aber was genau ist eigentlich Unternehmenserfolg? Auf den ersten Blick ist die Antwort auf diese Frage einfach. Aber leider nur auf den ersten Blick. Denn wir haben ja schon im zweiten Kapitel bei der Diskussion der verschiedenen Facetten des strategischen Managements festgestellt, dass es hier ganz unterschiedliche Auffassungen gibt. Einerseits haben wir als das Minimalziel einer Strategie das Überleben des Unternehmens definiert. Die Zahl der Insolvenzen zeigt, dass dieses Ziel alles andere als trivial ist. Doch so anspruchsvoll das Überleben der Organisation auch ist, in den meisten Fällen reicht dies allein

den verschiedenen Stakeholdern nicht aus. Und je nach Stakeholder wird der Erfolg des Unternehmens anders definiert, wird ein anderer Zeithorizont für die Beurteilung herangezogen. Aus Sicht der Belegschaft ist es ein Erfolg, wenn das Unternehmen noch nie eine betriebsbedingte Kündigung aussprechen musste. Diese Arbeitsplatzsicherheit, die wahrscheinlich mit einer verringerten Kapitalrendite erkauft wurde, wird aus Sicht der Kapitalgeber nicht unbedingt als Erfolg gewertet. Und doch wollen alle Stakeholder den Erfolg des Unternehmens. Aber auch hier laufen wir wieder Gefahr, dass wir sehr unterschiedliche – und oft nicht klar ausformulierte – Vorstellungen davon haben, was wir konkret damit meinen. Während das Gros der Literatur über diesen Punkt stillschweigend hinweggeht, gibt es relativ wenige Autoren, die ausdrücklich aufgreifen, aus welcher Perspektive sie Unternehmenserfolg definieren. Zu den wenigen Ausnahmen gehören beispielsweise Paauwe (2004, S. 72) und Andresen (2015, S. 3). Je nach Definition des Unternehmenserfolges müssen wir andere Maßstäbe anlegen und Bewertungsgrundlagen bemühen.

An dieser Stelle ist es notwenig, genauer zu schauen, *wie* Outputs gemessen werden können. Dazu hilft die Unterscheidung zwischen Konzept, Indikator und Messgröße in Abb. 6.2. Ein Konzept ist ein Sachverhalt, der aus verschiedenen Elementen besteht und meist nicht direkt beobachtbar ist. Produktivität wäre ein Beispiel für solch ein Konzept. Während wir Produktivität an sich nicht beobachten können, gibt es aber eine Reihe von Indikatoren, die wir direkt beobachten können. In einem Hotel ist die Belegung der Betten, bei einer Fluggesellschaft die Zahl der verkauften Sitze ein Indikator für die Produktivität. In einer Möbelfabrik ist es die Zahl der hergestellten Möbel. Dann wird eine Messgröße gesucht, um den jeweiligen Indikator messen zu können. Im Hotel und im Flugzeug mag das ein Prozentwert sein, beispielsweise 78 % belegte Betten bzw. Sitze. In einer Möbelfabrik kann das die Zahl der Küchenschränke pro Stunde sein, aber auch der Anteil an Ausschuss, der produziert wird. Genauso wie es für die Messung eines Konzeptes mehrere Indikatoren geben kann, kann es für die Messung eines Indikators unterschiedliche Messgrößen geben.

Wenn wir unterschiedliche Maßstäbe benötigen, welche stehen uns denn zur Verfügung? Grundsätzlich wird in der Literatur von drei verschiedenen Gruppen von Konzepten für die Erfassung der Outputs gesprochen. Als erste Gruppe haben wir die personalen Konzepte, die die Person direkt betreffen. Dabei können wir – wie in Abb. 6.1 zu sehen ist – zwischen der Motivation, dem Human-, Sozial- und Organisationskapital unterscheiden. Die zweite Gruppe sind operative Konzepte wie Produktivität, Servicequalität etc. Die dritte Gruppe besteht aus finanziellen Konzepten zur Erfassung der Profitabilität.

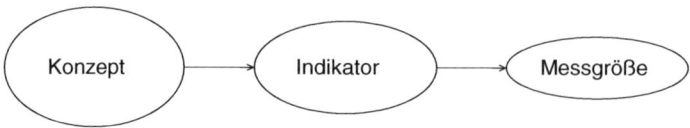

Abb. 6.2 Konzept, Indikator und Messgröße. (Boselie 2014, S. 86)

Neben Indikatoren zur Kostenstruktur sind dies in erster Linie Indikatoren wie die Rendite auf das eingesetzte Kapital, Umsatzrenditen mit den dazugehörigen Messgrößen, also Umsatzrendite, EBIT, ROCE oder EBITDA. Wir haben eben erfahren, dass, je nachdem, was unter Unternehmenserfolg verstanden wird, unterschiedliche Konzepte gemessen werden sollen. Dementsprechend müssen wir auch andere Indikatoren mit passenden Messgrößen bemühen.

Gibt es aber Outputs, die ‚besser' sind als andere? Generell wird in der Literatur argumentiert, dass man grundsätzlich die personalen Outputs bevorzugen sollte, da diese näher an den Inputs dran sind und weniger als operative oder finanzielle Kriterien durch weitere Einflüsse verfälscht werden. Bei den Faktoren, die näher an den Inputs dran sind, wird in der Literatur von ‚proximalen', im Gegensatz zu den weiter entfernten ‚distalen' Outputs gesprochen (vgl. beispielsweise Boselie 2014, S. 58 und Jiang et al. 2012, S. 1265). Eine Form der Verfälschung ist aus Sicht der Personalmanagements und gerade des RBV besonders interessant. Es kann nämlich aus Sicht des Unternehmens zu der paradoxen Situation kommen, dass es der Firma gelingt, das Humankapital eines Mitarbeiters durch intensive Trainings und das Bereitstellen der geeigneten Tools stark zu erhöhen, dadurch allerdings die Profitabilität *sinkt*. Grundsätzlich sollte das erhöhte Humankapital doch auch die Profitabilität des Unternehmens steigern. Unter Umständen passiert aber genau das Gegenteil. Wenn ein Mitarbeiter seinen Beitrag zum Unternehmenserfolg genau beziffern kann und der Mitarbeiter mobil ist, dann ist er in einer starken Verhandlungsposition gegenüber dem Unternehmen. Er kann drohen, das Unternehmen zu verlassen und seine Fähigkeiten einer anderen Firma zur Verfügung zu stellen, falls das Unternehmen ihn nicht an den Gewinnen beteiligt, die er erwirtschaftet hat. In der Literatur wird diese Fähigkeit der Mitarbeiter, die für das Unternehmen erwirtschafteten Gewinne (teilweise) für sich zu behalten, als *Appropriabilität* bezeichnet (vgl. Collis und Montgomery 1995 und Coff 1999). Wertpapierhändler einer Investmentbank sind ein gutes Beispiel für Mitarbeiter in dieser Situation. Beim Wertpapierhändler lässt sich der Gewinn aus seinen Handelstätigkeiten genau beziffern, und die Fähigkeiten des Händlers, sein Humankapital, sind unabhängig vom Sozial- oder Organisationskapital einer bestimmten Bank. Falls die Bank nicht den gewünschten Bonus zahlt, wechselt der Investmentbanker einfach seinen Arbeitgeber. Dies erklärt, warum die Gewinne, die Händler einer Investmentbank erwirtschaften, nur teilweise bei den Eigentümern und Aktionären der Bank ankommen. Die Bank hat also nur sehr eingeschränkt etwas vom durch diverse Personalinstrumente verbesserten Humankapital seiner Mitarbeiter. Extrembeispiele wie die der Investmentbanker oder Filmstars sind selten. Aber je stärker das Humankapital der eigenen Mitarbeiter zur Kernkompetenz des Unternehmens wird, desto geringer wird nicht nur die Rolle der Kapitalgeber und Aktionäre (vgl. Barber und Strack 2005), sondern desto größer ist aus Sicht der Aktionäre die Gefahr der Appropriabilität. Wir haben schon im dritten Kapitel erfahren, dass die Idee, wichtige Mitarbeiter zu Miteigentümern zu machen, ein Ansatz ist, das entscheidende Humankapital an das Unternehmen zu binden. In dieser Variante ist auch das Problem der Appropriabilität mit gelöst. Um die Verfälschung der Messung durch Appropriabilität zu vermeiden, schlagen

Crook und seine Koautoren vor, lieber auf operative Kriterien als auf finanzielle Kriterien zu schauen (vgl. Crook et al. 2011, S. 445).

Noch ein weiterer Punkt zur möglichen Verfälschung. Je nachdem, wer die Ergebnisse erhebt und wann sie erhoben werden, besteht natürlich auch die Gefahr, dass sich das eine oder andere Bias in die Bewertung einschleicht (vgl. auch Schneider 2008, S. 15 zur Messung von Organisationskapital). Ein Personalmanager, der ein Trainingsprogramm entwickelt und durchgeführt hat, wird die Ergebnisse wahrscheinlich positiver bewerten als ein unbeteiligter Dritter. Studierende kommen nach einer Klausur immer wieder in die Klausureinsicht, weil sie sich die schlechte Note gar nicht erklären können. Sie hatten doch das Gefühl, alles verstanden zu haben, und fühlten sich so gut vorbereitet. Aber genauso wenig, wie das Gefühl der Studierenden ein guter Indikator für das Verständnis des abgefragten Stoffes ist, genauso wenig ist oft auch die Selbsteinschätzung der Teilnehmer von Trainingsmaßnahmen ein guter Indikator für den Lernerfolg. Ebenso wird eine Einschätzung, wie wirkungsvoll bestimmte Maßnahmen waren, wie hoch die Motivation war, ein oder zwei Jahre später weniger präzise sein als eine Einschätzung der aktuellen Motivation oder Produktivität. Gerade im Personalmanagement haben wir es oft mit Instrumenten zu tun, deren Wirkung sich erst sehr viel später bemerkbar macht. Diese zeitliche Verzögerung zwischen Input und Output erschwert die Ermittlung des Zusammenhangs zusätzlich (vgl. Paauwe 2004, S. 190).

Materielle und immaterielle Werte
Und noch ein dritter Punkt ist bei der Messung der Outputs zu berücksichtigen. Wir müssen uns vor Augen führen, dass wir bei der Messung der Outputs sehr unterschiedliche Dinge messen. Einige der Dinge sind direkt in Geldwerten auszudrücken: Die Kosten der einzelnen Personalinstrumente sind meist sehr genau zu beziffern. In vielen Fällen lässt sich die Produktivität ebenso präzise messen, die Profitabilität sowieso. Neben diesen materiellen Werten gibt es auch eine Reihe von immateriellen Werten, die zu messen sind. Weder die Motivation noch das Sozial- oder gar Organisationskapital lassen sich ohne Weiteres quantifizieren. Bei der Messung von immateriellen Werten treten aber einige Schwierigkeiten auf, die es in der Form bei der Erfassung materieller Werte nicht – oder nur teilweise – gibt. Kaplan und Norton weisen auf vier Faktoren hin, die bei der Messung der immateriellen Werte zu beachten sind (vgl. Kaplan und Norton 2004, S. 27). Erstens ist die Wertschöpfung indirekt: Die höhere Motivation schlägt sich nicht direkt im unternehmerischen Ergebnis nieder, sondern nur indirekt in der höhere Leistung, der verbesserten Kundenzufriedenheit etc. Zweitens hängt die Bedeutung eines immateriellen Wertes vom Kontext ab, in dem er eingesetzt wird. Nur wenn ein Unternehmen versucht, sich über Innovationen zu differenzieren, ist eine erhöhte Kreativität der Mitarbeiter in der Entwicklungsabteilung von strategischer Bedeutung. Man könnte aber hier genauso gut argumentieren, dass der Wert einer bestimmten Maschine auch nur durch die Einbettung in einen Produktionsprozess bestimmt wird. Die Maschine alleine, ohne die Mitarbeiter, die sie bedienen können, ohne weitere Maschinen, die die vor- und nachgelagerten Verarbeitungsschritte

vornehmen, ist der Wert einer Maschine eingeschränkt. Drittens sind immaterielle Werte Potenziale: Nur für sich sind sie belanglos. Erst durch die Einbindung in bestimmte Prozesse kann dieses Potenzial in materielle Werte in Form von konkreten Produkten und Dienstleistungen umgesetzt werden. Wir haben diese Idee schon im Zusammenhang mit dem Resource Based View im dritten Kapitel bei der Unterscheidung von Ressourcen und Fähigkeiten angetroffen. Schließlich führen Kaplan und Norton als viertes Merkmal immaterieller Vermögenswerte deren Bündelung an. Erst durch das Zusammenwirken mit anderen materiellen und immateriellen Faktoren entsteht der Wert eines immateriellen Gutes. Auch hier kommen wir auf die Konzepte der Fähigkeiten zurück, bezogen auf die Mitarbeiter besonders auf das Sozial- und das Organisationskapital. Dadurch, dass das Wirken von immateriellen Werten indirekt, kontextabhängig und oft erst im Zusammenspiel mit anderen Faktoren entsteht, ist der Wert eines immateriellen Gutes auch sehr stark vom Kontext abhängig. Dementsprechend würde dieser Wert nur sehr unzureichend abgebildet werden, wenn wir ein immaterielles Gut wie Motivation oder Sozialkapital allein und losgelöst vom Kontext betrachten und messen würden.

Zwischenfazit

Wenn wir uns die Verbindung von Personalmanagement und Unternehmenserfolg anschauen, dann drängen sich deutliche Parallelen zur Verbindung von Unternehmensstrategie und Personalmanagement im zweiten Kapitel auf. Die Messung der Verbindung zwischen Personalmanagement und Unternehmenserfolg wird dadurch erschwert, dass sowohl auf der Seite der Inputs als auch der Outputs ein hohes Maß an Heterogenität vorhanden ist: nicht nur darin, *was* wir messen, sondern auch darin, *wie* wir messen. Wir laufen auch hier Gefahr, dass wir alle vom Messen der Verbindung sprechen, aber sehr unterschiedliche Dinge meinen, die wir letztendlich messen. Das unterschiedliche Verständnis darüber, was wir untersuchen, erschwert natürlich auch die Vergleichbarkeit der Ergebnisse, der Aussagen darüber, ob es einen (hoffentlich positiven) Zusammenhang zwischen Inputs und Outputs gibt. Und wie dieser Zusammenhang – zumindest konzeptionell – aussehen könnte, wollen wir uns nun im folgenden Abschnitt genauer anschauen.

6.3   Was ist der Transmissionsmechanismus zwischen Inputs und Outputs?

Wir haben bei der Diskussion von Abb. 6.1 schon erläutert, dass die Personalinstrumente – entweder einzeln oder in Summe als HR-Architektur – die verschiedenen Outputs beeinflussen können. Wie sieht dieser Zusammenhang aus, welche Faktoren beeinflussen wie die unterschiedlichen Outputs? Wir wollen diese Fragen auf zwei Ebenen beantworten. Erst auf der Ebene des einzelnen Instruments und dann – unser eigentlicher Fokus – auf der Ebene der HR-Architektur.

Wenn wir von der Wirkung eines einzelnen Instruments reden, dann gibt es bei der Verbindung zwischen Inputs und Outputs zwei Punkte zu beachten. Erstens, ein Input kann mehrere Outputs beeinflussen. Die Schulung eines Mitarbeiters kann einerseits sein Humankapital erhöhen. Andererseits kann sie aber auch seine Motivation steigern, da sich der Mitarbeiter durch die aufwendige Schulung auch wertgeschätzt fühlt. Ebenso kann das Sozialkapital erhöht werden, wenn mehrere Kollegen an der Schulung teilnehmen und die Gruppe durch das gemeinsame Lernen besser zusammenfindet bzw. sich Mitarbeiter aus verschiedenen Unternehmensbereichen vernetzen. Handelt es sich bei der Schulung um ein Verkaufstraining, dann kann sich dies entweder auf operative Konzepte wie die Zahl der Abschlüsse oder auch direkt auf finanzielle Konzepte wie gesteigerten Umsatz durch höhere Durchschnittspreise bei den Abschlüssen auswirken. Zweitens haben wir es auch mit Wechselwirkungen zwischen den verschiedenen Outputs zu tun.

Beispiel

Das Ziel eines Hotels kann die Kundenzufriedenheit sein, weil diese sich positiv auf die Profitabilität des Unternehmens auswirkt (vgl. Haynes und Fryer 2000, S. 243 ff.). Dazu kann eine erhöhte Mitarbeiterzufriedenheit beitragen. Diese erhöhte Mitarbeiterzufriedenheit kann die Folge einer besseren Schulung der Mitarbeiter sein. Aber genauso gut hängt die Mitarbeiterzufriedenheit auch von der Kundenzufriedenheit ab. Schließlich ist es deutlich leichter, zu einem gut gelaunten und zufriedenen Gast zuvorkommend und höflich zu sein, als zu einem entnervten und ständig nörgelnden Kunden. Und wie stark diese Wechselwirkungen sind, zu welchem Anteil die Mitarbeiterzufriedenheit von der Schulung, zu welchem Anteil von der Kundenzufriedenheit abhängt, lässt sich oft nur mit sehr hohem statistischen Aufwand ermitteln. Instrumente wie Strukturgleichungsmodelle und Pfadanalysen sind Ansätze, die Richtung dieser Wechselwirkungen sowie die Stärke der Beeinflussung in die jeweilige Richtung zu bestimmen.

Das heißt, dass wir es schon für den Wirkungsmechanismus eines einzelnen Instrumentes mit einer Vielzahl von Variablen zu tun haben, die wir berücksichtigen müssen, aber oft nur teilweise bestimmen können. Auf der Ebene der HR-Architektur steigt die Komplexität der Verbindung weiter. Denn wir haben es nicht nur mit den eben beschriebenen Auswirkungen eines Instruments auf die verschiedenen Outputs auf der rechten Seite zu tun, sondern auch mit den Wechselwirkungen der verschiedenen Inputs auf der linken Seite. Bleiben wir bei dem eben angesprochenen Beispiel eines Hotels, das sich über Qualität differenzieren will. Neben den Mitarbeitern beeinflussen natürlich noch andere Faktoren, wie etwa die Architektur und Ausstattung des Hotels, die Zufriedenheit des Kunden. Aber die Mitarbeiter sind ein wichtiger Einflussfaktor auf die Zufriedenheit der Gäste und damit mittelbar auch auf die finanzielle Situation des Hotels. In dem Beispiel hier wird davon ausgegangen, dass eine bestimmte Kombination von Personalinstrumenten, bestehend aus Training, Leistungsbeurteilung sowie Kommunikation mit den Mitarbeitern und Delegation der Verantwortung, dazu führt, die Motivation und das Humankapital der Mitarbeiter zu erhöhen. Für die Inputs und die Outputs werden in diesem Beispiel auch Kennzahlen als Messgrößen angegeben, mit denen die Outputs erfasst werden können. So weit, so gut.

Was allerdings bei dieser Darstellung ausgeklammert wird, sind mögliche Wechselwirkungen zwischen den einzelnen Instrumenten und auch zwischen den Outputs. Um beantworten zu können, ob diese hier gewählte Kombination an Personalinstrumenten einen Beitrag zum Unternehmenserfolg leistet, müssten wir sowohl bestimmen und messen können, wie hoch der Beitrag jedes einzelnen Instrumentes ist, als auch die Wechselwirkungen zwischen den einzelnen Instrumenten bestimmen können. Und unter dem Aspekt der Wirtschaftlichkeit wäre die Frage für uns spannend, welche personalen Konzepte besonders stark auf die operativen oder finanziellen Konzepte einzahlen. Sollten wir uns als Unternehmen lieber auf die Erhöhung der Motivation oder lieber auf die Verbesserung des Sozialkapitals konzentrieren, um so das meiste aus unseren beschränkten Ressourcen herauszuholen? Uns geht es ja nicht nur um die Verbindung an sich, sondern auch um die Stärke der jeweiligen Einflussfaktoren.

Schon für die Bestimmung des Wirkungsmechanismus eines einzigen Instruments benötigen wir eine Vielzahl von Daten. Bei der Überprüfung einer HR-Architektur statt eines einzelnen Instruments steigen die Anforderungen an die Daten noch weiter. HR Scorecards mit ihren Strategy Maps, die im neunten Kapitel noch näher diskutiert werden, sind Versuche, genau diese Wirkungsmechanismen nicht nur qualitativ abzubilden, sondern so weit wie möglich auch zu quantifizieren. Wir werden im neunten Kapitel sehen, dass die Entwicklung der HR Scorecards und Strategy Maps sehr aufwendig ist, gerade weil sie diese Verbindungen quantifizieren wollen.

Gleichzeitig wird die Datengrundlage, die uns zur Verfügung steht, dünner. Denn die Chancen, dass wir verschiedene Unternehmen in derselben Branche, mit derselben HR-Architektur und anderen vergleichbaren Rahmenbedingungen finden, werden umso geringer, je spezifischer die HR-Architektur eines Unternehmens ist. Wie im letzten Kapitel erläutert, haben wir es mit sehr unterschiedlichen Faktoren zu tun, die die Wirksamkeit der HR-Architektur beeinflussen: das Land, die Branche (vgl. Combs et al. 2006), ob das Unternehmen im privaten oder öffentlichen Sektor (vgl. Boselie et al. 2003) tätig ist, welche Technologien eingesetzt werden, wie stark der Wettbewerb auf dem Arbeitsmarkt für das jeweils benötigte Humankapital ist (vgl. Crook et al. 2011) und wie gut die Personalstrategie zur Unternehmensstrategie passt (vgl. Miles und Snow 1994 und Castro Christiansen und Higgs 2008). In den meisten Fällen wird auf der Ebene der HR-Architektur die Datengrundlage, sprich die Zahl der vergleichbaren Firmen mit ähnlichen Konstellationen, zu gering sein, um auf dieser Grundlage Zusammenhänge statistisch erheben zu können.

Für die Ebene der HR-Architektur stehen wir daher heute vor der Situation, dass die Verbindung zwischen Personalmanagement und Unternehmenserfolg in weiten Teilen immer noch eine Blackbox bleibt. Wir haben zwar grundsätzlich eine ganz gute Vorstellung davon, welche Faktoren bei dieser Verbindung eine Rolle spielen, aber wir wissen nicht wirklich, welche Faktoren in einer konkreten Situation wie stark wirken, sich gegenseitig verstärken oder behindern. Während wir auf der Ebene des einzelnen Instrumentes schon mehr Licht in die Blackbox bekommen haben, ist auf der Ebene der HR-Architektur unser Wissen eingeschränkter. Vor dem Hintergrund der Komplexität dessen, was wir hier bestimmen wollen, ist dieses Ergebnis aber auch nicht weiter überraschend. Beziehungsweise, wir sind letztendlich Opfer unseres eigenen Erfolges: Je stärker wir uns über unsere HR-Architektur differenzieren wollen, desto schwieriger wird es, den statistisch gestützten Beweis anzutreten, dass diese HR-Architektur zum Unternehmenserfolg beiträgt. Differenzierung bedeutet ja gerade, dass eine Vergleichbarkeit erschwert wird.

Wie gesagt, wenn wir das Gesamtziel vor Augen haben, die Wirkungszusammenhänge einer gesamten HR-Architektur auf den Unternehmenserfolg nachzuweisen, dann stehen aufgrund der angestrebten Differenzierung unsere Chancen schlecht, die Wirkungszusammenhänge *durchgängig* nachzuweisen. Aber uns wäre schon sehr geholfen, wenn wir wenigstens einige der Teilstrecken innerhalb der Blackbox bestimmen und quantifizieren könnten. Wenn wir sagen könnten, dass eine Erhöhung des Sozialkapitals um x Prozent zu einer Erhöhung der Produktivität um y Prozent führt, dann wäre unsere Diskussionsgrundlage für die Budgetrunde zu Beginn des Kapitels schon deutlich besser. Im folgenden Abschnitt wollen wir uns anschauen, welche Erkenntnisse wir aus der Vielzahl von empirischen Studien dazugewinnen können.

6.4   Empirie: Was ist Stand der Forschung?

Da es sich beim Zusammenhang mit dem Unternehmenserfolg um eine der zentralen Fragen im strategischen Personalmanagement handelt, ist es nicht verwunderlich, dass in den letzten drei Jahrzehnten eine Vielzahl von Studien für ein akademisches Publikum bzw. auch an Praktiker adressierte Studien veröffentlicht worden ist. Für die akademischen Studien sei u. a. auf die Arbeiten von Boselie et al. (2005), Schneider (2008), Stavrou et al. (2010), Jiang et al. (2012), Jiang et al. (2013), Paauwe et al. (2013), Andresen und Nowak (2015) und die darin zitierte Literatur verwiesen. Als Beispiele für die Praktikerliteratur seien hier nur exemplarisch Schliphat und Martin (2013) und Bhalla et al. (2015) erwähnt. Was sind die Ergebnisse aus diesen Studien? Für die weitere Diskussion müssen wir aber wieder sauber unterscheiden, auf welcher Ebene der Zusammenhang zwischen Personalmanagement und Unternehmenserfolg untersucht wurde. Für die Ebene des einzelnen Instrumentes gibt es eine ganze Reihe von belastbaren Aussagen über den Beitrag des Instrumentes zum Unternehmenserfolg (vgl. beispielsweise die Übersicht in Paauwe 2004, S. 73 ff., teilweise auch Jiang et al. 2013, S. 1456 ff. zu Studien, die einen positiven Zusammenhang zwischen einzelnen Personalinstrumenten und verschiedenen Outputs aufzeigen). So gibt es z. B. verschiedene Ansätze, den Return on Investment für ein einzelnes Instrument, wie z. B. eine Trainingsmaßnahme, zu berechnen und damit die Wirtschaftlichkeit des Instrumentes zu untermauern (siehe beispielsweise Philips et al. 2001 und Douthitt und Mondore 2013).

Wie gesagt, um diese Ebene geht es uns hier nicht. Wir sind an der Ebene der HR-Architektur, dem koordinierten Zusammenspiel verschiedener Personalinstrumente, interessiert. Im vorherigen Abschnitt haben wir aber gesehen, dass es aufgrund der angestrebten Differenzierung der HR-Architektur in der Regel nicht möglich sein wird, den Zusammenhang zwischen einer spezifischen HR-Architektur und dem Erfolg des Unternehmens zu bestimmen. Wenn wir zwar auf der Ebene einzelner Instrumente, nicht aber auf der Ebene der HR-Architektur belastbare Aussagen treffen können, dann stellt sich die Frage, ob es nicht zwischen diesen beiden Ebenen noch eine Ebene gibt, die über einzelne Instrumente hinausgeht, aber nicht die Komplexität einer firmenspezifischen HR-Architektur erreicht. Eine Aggregationsebene zwischen Instrumenten und der HR-Architektur, das sind Bündel von Instrumenten. Dies ist eine bestimmte Gruppe von Instrumenten, wie etwa variable Vergütung gekoppelt an eine Zielvereinbarung, und eine systematische Personalentwicklung, die die Motivation der Mitarbeiter erhöhen sollen. Diese Bündel sind weniger firmenspezifisch und eher über unterschiedliche Unternehmen und Branchen hinweg vergleichbar. Daher haben wir hier einen Ansatz, uns auf der Suche nach dem Zusammenhang zwischen Personalmanagement und Unternehmenserfolg der Komplexität der HR-Architektur einen Schritt weit zu nähern.

Im Folgenden wollen wir uns zwei Meta-Analysen anschauen, die die Wirkung verschiedener Bündel von Personalinstrumenten auf den Unternehmenserfolg untersuchen. Der Vorteil von Meta-Analysen ist es, dass diese die Ergebnisse verschiedener Einzelstudien zusammenfassen und aus der Vielzahl der eingesetzten Untersuchungsdesigns und Messgrößen Gemeinsamkeiten ableiten. Dabei sollen durch das Zusammenfassen der unterschiedlichen Studien Messfehler einzelner Studien kompensiert werden. (Eine knappe und gut verständliche Einführung in die Vor- und Nachteile der Meta-Analyse findet sich in Gmür und Schwerdt 2005, S. 224 f.). Dieser Vorteil wird allerdings dadurch erkauft, dass all diejenigen Faktoren, die die konkrete Situation der Firma abbilden, ignoriert werden. Aufgrund dieser Vorteile – und auch aufgrund der stark gestiegenen Zahl von Einzeluntersuchungen – hat die Zahl der Meta-Analysen in den letzten Jahren zugenommen (vgl. beispielsweise Boselie et al. 2005; Combs et al. 2006; Gmür und Schwerdt 2005; Crook et al. 2011; Subramony 2009; Jiang et al. 2012 und Jiang et al. 2013). Die beiden Studien von Subramony und von Jiang mit seinen Koautoren sind in Abb. 6.3 gegenübergestellt.

Die erste Meta-Analyse stammt vom Subramony aus dem Jahr 2009 (vgl. Subramony 2009). In dieser Studie wertet Subramony 65 Einzelstudien, die sich mit der Auswirkung von drei Bündeln von Personalinstrumenten auf den Unternehmenserfolg beschäftigen, aus. Dabei handelt es sich um ein Bündel von Instrumenten, die die Fähigkeiten – sprich das Humankapital – der Mitarbeiter erhöhen sollen, ein Bündel von Instrumenten, die die Motivation der Mitarbeiter erhöhen sollen, und schließlich ein drittes Bündel von Instrumenten, die unter dem Stichwort ‚empowerment‘ die Verantwortung und

Meta-Analyse	Subramony 2009	Jiang et al. 2012
Zahl der untersuchten Studien	64	116
Untersuchte Bündel von Personalinstrumenten	Erhöhung von Fähigkeiten Erhöhung der Motivation Erhöhung des ‚Empowerment'	Erhöhung von Fähigkeiten Erhöhung der Motivation Schaffung von Gelegenheiten

Outputs	Mitarbeiterbindung
	Operative Konzepte
	Finanzielle Konzepte
	Allgemeine Performance des Unternehmens
		Humankapital
		Mitarbeitermotivation
		Freiwillige Fluktuation
		Organisationale Konzepte
		  o Produktivität
		  o Servicequalität
		  o allgemeine operative Produktivität
		Finanzielle Konzepte
		  o Return on Assets
		  o Return on Equity
		  o Umsatzwachstum
		  o allgemeine finanzielle Performance

Einfluss des Bündels auf den Unternehmenserfolg		
Erhöhung von Fähigkeiten	positiv	positiv
Erhöhung der Motivation	positiv	positiv
Erhöhung des ‚Empowerment' / Gelegenheiten	positiv	positiv
Wirksamkeit von High-Performance-Work-Systemen im Vergleich zu einzelnen Bündeln	Geringer bis gleich	Etwas geringer

Abb. 6.3 Die Meta-Analysen von Subramony und von Jiang und Kollegen im Vergleich

Entscheidungsbefugnisse der Mitarbeiter erhöhen sollen. Zum Bündel, das die Fähigkeiten erhöhen soll, gehören Personalinstrumente wie auf Tätigkeitsanalysen basierende Tätigkeitsbeschreibungen, stringente Personalauswahl und tätigkeitsspezifische Qualifikation der Mitarbeiter. Zum Bündel, das die Motivation erhöhen soll, gehören Instrumente der variablen Vergütung, Zielvereinbarungen, Personalentwicklung und Mitarbeiterbeteiligung. Zum letzten Bündel gehören Instrumente, bei denen Mitarbeitern Mitspracherechte und ein höheres Maß an Autonomie in der Gestaltung der Tätigkeiten eingeräumt werden. Die Auswirkungen auf den Unternehmenserfolg werden mit den recht generischen Kriterien Mitarbeiterbindung, operative und finanzielle Konzepte und schließlich der allgemeinen Performance des Unternehmens zusammengefasst.

In der zweiten Meta-Analyse werten Jiang und seine Koautoren 116 Studien aus, um die Wirkung dreier ähnlicher, wenn auch nicht ganz deckungsgleicher Bündel auf den Unternehmenserfolg zu untersuchen (vgl. Jiang et al. 2012). Nicht nur in den Inhalten, sondern auch in den Begrifflichkeiten gibt es leichte Abweichungen zu den Bündeln von Subramony. So sprechen Jiang und seine Kollegen von ‚*Opportunity-enhancing*'-Instrumenten statt von ‚*Empowerment-enhancing*'- Instrumenten, meinen aber weitestgehend das Gleiche. Die Outputs werden in der zweiten Studie deutlich detaillierter erfasst. Nicht nur sind die finanziellen und operativen Konzepte stärker ausdifferenziert, auch werden das Humankapital, die Mitarbeitermotivation aufgenommen. Statt der

Mitarbeiterbindung messen Jiang und seine Kollegen die freiwillige Fluktuation als weiteren Output. Die statistische Auswertung berücksichtigt auch die Wechselwirkung zwischen den einzelnen Faktoren. Die Frage nach der Kausalität, was Ursache, was Wirkung ist, wird ausdrücklich in der Auswertung aufgenommen.

Subramony kommt bei der Auswertung zu dreierlei Ergebnissen. Erstens, für alle drei Bündel findet er einen positiven Zusammenhang zwischen dem jeweiligen Bündel und dem Unternehmenserfolg. Dies spricht dafür, dass es sich lohnt, in diese jeweiligen Bündel zu investieren. Zweitens, der positive Zusammenhang mit dem Unternehmenserfolg ist für Bündel von Instrumenten größer als für den Einsatz einzelner Instrumente. Dies bestätigt die Logik für den Einsatz von Best-Practice-Systemen, bei denen sich die eingesetzten Instrumente positiv verstärken. Drittens kommt Subramony zum Ergebnis, dass die Wirkung dieser Bündel im produzierenden Gewerbe höher ist als im Dienstleistungsbereich (vgl. Subramony 2009, S. 756 f.). Dies bestärkt die These, dass die Wirksamkeit von Personalinstrumenten, auch als Bündel, je nach Branche variiert – und diese These deckt sich auch mit früheren Studienergebnissen (vgl. beispielsweise Combs et al. 2006). Jiang und seine Kollegen bestätigen in weiten Teilen die Ergebnisse von Subramony und differenzieren diese weiter aus. Auch in der zweiten Studie haben alle drei Bündel einen positiven Einfluss auf das Humankapital. Dabei bestätigen Jiang und seine Koautoren die nahe liegende Vermutung, dass das Humankapital in erster Linie durch das Bündel, das die Fähigkeiten fördert, erhöht wird. Der Einfluss der anderen beiden Bündel ist deutlich geringer. Genauso finden Jiang und seine Kollegen einen positiven Zusammenhang zwischen allen drei Bündeln und der Mitarbeitermotivation. In diesem Falle haben – ebenfalls wieder wenig überraschend – die Bündel zur Erhöhung der Motivation bzw. zur stärkeren Einbindung der Mitarbeiter einen größeren Einfluss als das Bündel zur Erhöhung der Fähigkeiten. In der weiteren Auswertung zeigen Jiang und seine Koautoren, dass sowohl eine erhöhte Motivation als auch eine Erhöhung des Humankapitals die freiwillige Fluktuation verringern und sich gleichzeitig positiv auf die operativen Konzepte auswirken. Die Autoren legen auch dar, dass sich eine erhöhte Fluktuation negativ auf die finanziellen Ergebnisse der Unternehmen auswirkt und so der Einsatz aller drei Bündel mittelbar zum Unternehmenserfolg beiträgt. Da die Erhöhung operativer Konzepte ebenfalls die finanziellen Ergebnisse positiv beeinflusst, wirken die drei Bündel ebenso mittelbar über die operativen Konzepte auf den Unternehmenserfolg ein. Beide Meta-Analysen machen deutlich, dass wir nicht nur für einzelne Instrumente, sondern auch für Bündel von Instrumenten einen positiven Zusammenhang mit dem Unternehmenserfolg aufzeigen können.

Beide Studien gehen auch einen Schritt weiter in Richtung HR-Architektur und untersuchen die Wirkung von High-Performance-Work-Systemen. Hier orientieren sich beide Studien an dem von Huselid (1995) vorgestellten Best-Practice-System. Allerdings können beide Meta-Analysen keinen signifikanten Vorteil von High-Performance-Work-Systemen gegenüber einzelnen Bündeln feststellen. Aber bei der Komplexität dessen, was wir untersuchen wollen, überrascht das nicht, da in diesem Fall die Zahl der Einflussfaktoren hoch ist und genau die Einzigartigkeit von HR-Architekturen gemessen werden soll, die die Meta-Analysen ausblenden. Jiang und seine Koautoren selbst weisen darauf hin, dass ihre Meta-Analyse zwar die Wirkung der einzelnen Bündel untersucht, aber die Wechselwirkung zwischen den Bündeln nicht berücksichtigt (siehe Jiang et al. 2012, S. 1279). Dies wäre ein weiterer Schritt in die Richtung, die Untersuchung auf die Ebene der HR-Architektur zu verlagern. Die Zahl der Studien, die nicht nur einzelne Instrumente und Bündel, sondern ausdrücklich auch die Wechselwirkungen zwischen den Inputs untersucht, ist in den letzten Jahren gestiegen (vgl. Jiang et al. 2013, S. 1467). Doch stehen wir hier eher noch am Anfang.

Nicht nur zu Bündeln von Inputs, sondern auch zu der Wirkung von Outputs untereinander gibt es zahlreiche Studien bzw. Meta-Analysen (vgl. beispielsweise Gmür und Schwerdt 2005 und Crook et al. 2011). Allerdings ist hier die Aussage nicht ganz so eindeutig. Einige Studien finden einen positiven Zusammenhang zwischen Humankapital und Unternehmenserfolg, während andere Studien diesen Zusammenhang nur teilweise bestätigen (vgl. Crook et al. 2011 und die darin enthaltene Diskussion über unterschiedliche Ergebnisse in der Literatur). Wir haben bei der Wahl der Outputs eben diskutiert, dass es Sinn machen würde, eher personale Konzepte als operative oder gar finanzielle Konzepte einzusetzen, da hier die Gefahr der Verfälschung durch andere Faktoren geringer ist. In der Tat finden beispielsweise Gmür und Schwerdt einen größeren Zusammenhang der Inputs mit den näher gelegenen operativen Konzepten als mit den weiter entfernten finanziellen Konzepten (vgl. Gmür und Schwerdt 2005, S. 240). Wenn wir der Frage nach den Zusammenhängen zwischen den verschiedenen Konzepten für den Output nachgehen, dann stoßen wir auch wieder auf den Faktor Zeit bei der Betrachtung der Wechselwirkung zwischen Inputs und Outputs. Und das in zweierlei Hinsicht. Einmal bei der Frage, über welchen Zeitraum wir den Unternehmenserfolg definieren. Fragen wir am Ende des Quartals oder nach zehn Jahren, wie die Firma dasteht? Für unsere Diskussion aber noch entscheidender ist der andere Aspekt. Winkler und seine Koautoren zeigen bei der Frage nach der Kausalität auf, dass je nach Zeithorizont die Wechselwirkungen zwischen Inputs und Outputs unterschiedlich ausfallen (vgl. Winkler et al. 2012). Sie untersuchen bei einer Schweizer Bank auf der Filialebene den Zusammenhang zwischen dem Mitarbeiterengagement und verschiedenen finanziellen Indikatoren. Dabei zeigen sie, dass bei der kurzfristigen Betrachtung über ein Jahr hinweg eine starke Wechselwirkung zwischen Mitarbeiterengagement und finanziellen Indikatoren vorliegt: Der Pfeil geht stark in beide Richtungen. Wenn sie aber den Zeithorizont erweitern und einen Zeitraum von zwei bis drei Jahren betrachten, kommen Winkler und seine Kollegen zum Ergebnis, dass das Niveau des Mitarbeiterengagements deutlich stärker die finanziellen Ergebnisse beeinflusst als andersherum.

Fassen wir die Ergebnisse der verschiedenen Studien zusammen, so ergibt sich nicht nur für einzelne Instrumente, sondern auch für Bündel von Instrumenten und verschiedene Outputs grundsätzlich ein positiver Zusammenhang zwischen Personalmanagement und Unternehmenserfolg. Dies ist aus Sicht der Personaler, die angehalten sind, den Wertbeitrag ihrer Aktivitäten zu rechtfertigen, eine sehr gute Nachricht. Bei näherem Hinsehen stellen wir aber fest, dass die Ergebnisse aus verschiedenen Gründen nicht so belastbar sind, wie wir es uns erhoffen würden. Grund dafür sind drei methodische Ein-schränkungen, die wir uns kurz anschauen müssen. Denn nur, wenn wir genau verstehen, was uns die vorliegenden Ergebnisse sagen können und was sie uns nicht sagen können, sind wir in der Lage, die vorhandenen Informationen richtig zu interpretieren.

Der erste Punkt betrifft das eingangs schon erwähnte Fehlen einer allgemein akzep-tierten theoretischen Basis. Wie wir im zweiten Kapitel erfahren haben, gibt es kein einheitliches Verständnis darüber, was Personalmanagement konkret bedeutet. Im Laufe dieses Kapitels mussten wir feststellen, dass es sehr verschiedene Möglichkei-ten gibt, den Erfolg des Unternehmens zu definieren und dementsprechend die pas-senden Indikatoren und Messgrößen für dieses Konzept zu bestimmen. Ebenso gibt es zwar verschiedene Erklärungsversuche, was genau in der Blackbox abläuft und wie die Wirkungsketten zwischen den verschiedenen Inputs und Outputs ausschauen. Für eine erfolgreiche Messung des Zusammenhanges zwischen Personalmanagement und Unter-nehmenserfolg benötigen wir eine theoretische Fundierung (vgl. Paauwe et al. 2013, S. 4 unter Hinweis auf Guest 1997). Paauwe und seine Koautoren kommen zu dem Schluss, dass zwar im Laufe der letzten Jahre verschiedene Versuche unternommen wurden, diese drei Themenbereiche theoretisch zu untermauern, aber alle diese Versuche ‚work in pro-gress‘ seien (vgl. Paauwe et al. 2013, S. 6). Im Hinblick auf die Vielzahl an Studien und die große Aufmerksamkeit, die das Thema in den letzten Jahren erfahren hat, fassen Paauwe und seine Kollegen den Status quo folgendermaßen zusammen: „… one is struck by the fact that the field has still not reached any consensus regarding what HRM is and which HR practices, … arranged within which system, constitute the drivers of firm per-formance" (Paauwe et al. 2013, S. 8).

Dieser mangelnde Konsens über die theoretische Fundierung hat direkte Auswirkun-gen auf den zweiten Punkt: die Vergleichbarkeit der Ergebnisse. Wir haben gesehen, dass es die verschiedensten Messgrößen und Indikatoren für unsere Inputs und Outputs gibt. Jiang und seine Koautoren haben eine weitere Meta-Analyse mit 66 Studien durchge-führt, bei denen 94 – zumindest der Terminologie nach – verschiedene Inputs und Ein-flussfaktoren gemessen und 73 verschiedene Messgrößen für die Outputs aufgeführt werden (vgl. Jiang et al. 2013, S. 1456 f.). Wenn man bei den Indikatoren solch vage Formulierungen wie ‚financial performance‘ findet, dann ist die Zahl der unterschiedli-chen Indikatoren wahrscheinlich noch höher. Denn es kann angezweifelt werden, ob die verschiedenen Studien, die diesen Output gemessen haben, dort auch wirklich die glei-chen Indikatoren und Messgrößen erfasst haben. Alle reden davon, dass sie die Verbin-dung zwischen Personalmanagement und Unternehmenserfolg messen, untersuchen aber letztendlich sehr verschiedene Dinge, geleitet von unterschiedlichen theoretischen Ansät-zen. Wenn wir Äpfel mit Birnen vergleichen, dann ist unsere Aussagekraft über Äpfel eingeschränkt.

Der dritte Punkt betrifft die knifflige Frage nach Ursache und Wirkung. Eine Reihe von Autoren weist zu Recht darauf hin, dass der allergrößte Teil der Studien zu unserer Thematik diese zentrale Frage nach Ursache und Wirkung nicht beantwortet (vgl. dazu Delery und Shaw 2001; Gmür und Schwerdt 2005 und besonders Wright et al. 2005).

All diese Studien zeigen einen Zusammenhang, eine *Korrelation* zwischen den verschiedensten Ausprägungen der Inputs und Outputs, sagen aber letztendlich nichts über die *Kausalität*, darüber, was Ursache, was Wirkung ist. Um die Frage zu verdeutlichen, nehmen wir das Beispiel der Rolle der Personalentwicklung. Jeder Personalentwickler wird hocherfreut sein, wenn er hört, dass Unternehmen mit hohen Investitionen in die Weiterbildung ihrer Mitarbeiter finanziell gut dastehen. Die Frage ist bloß, stehen sie finanziell gut da, weil sie viel in Weiterbildung investieren, oder investieren sie gerade viel in die Weiterbildung, weil es ihnen finanziell gut geht? Es geht um die Frage, was Ursache, was Wirkung ist (vgl. Gmür und Schwerdt 2005, S. 224). In der Tat, wenn wir uns anschauen, wie schnell Unternehmen ihre Weiterbildungsbudgets kürzen, wenn sich die finanzielle Situation des Unternehmens eintrübt, dann ist die Argumentation, dass hohe Investitionen in die Weiterbildung eine Folge des wirtschaftlichen Erfolges sind, mindestens genauso plausibel wie die Aussage, dass der finanzielle Erfolg zumindest teilweise Folge der hohen Investitionen in Weiterbildung ist.

Es gibt zwar auch verschiedene Studien, die bewusst versucht haben, die Kausalität zu integrieren, aber diese sind in der Minderzahl (vgl. beispielsweise Aït Razouk 2011). Denn statistische Instrumente, die auf Kausalität untersuchen, stellen deutlich höhere Anforderungen an die Datengrundlage als diejenigen statistischen Instrumente, die lediglich Korrelation nachweisen wollen. Um auf Abb. 6.1 zurückzukommen. Nicht nur der Einsatz der verschiedenen Instrumente setzt eine Wirkungskette von links nach rechts in Bewegung, sondern genauso beeinflusst der unternehmerische Erfolg (oder auch Misserfolg) die verschiedenen Inputs, aber auch personale Konzepte wie die Motivation. In einer Firma kurz vor der Insolvenz sind die Mitarbeiterzufriedenheit und die Bereitschaft, sich anzustrengen, meist deutlich geringer als in einer Firma, die gerade wieder einen Umsatz- und Ergebnisrekord vermeldet hat. Ebenso besteht die Möglichkeit, dass sowohl die Inputs als auch die Outputs von einer dritten – nicht untersuchten – Variable bestimmt werden (vgl. Wright et al. 2005, S. 433). Wir haben im dritten Kapitel über die Rolle der Unternehmenskultur gesprochen. Sie wäre beispielsweise eine Variable, die sowohl die Wahl der eingesetzten Instrumente bei den Inputs als auch den Erfolg der Organisation treibt. Weil Unternehmenskultur aber nur mit hohem Aufwand zu messen ist, fließt dieser Faktor in die meisten Untersuchungen nicht ein.

Nur weil bei den meisten der Untersuchungen die Frage nach der Kausalität nur unzureichend beantwortet wird, bedeutet dies noch lange nicht, dass es keinen positiven Zusammenhang zwischen den verschiedenen Inputs auf der einen Seite und dem Unternehmenserfolg auf der anderen Seite gibt (vgl. Wright et al. 2005, S. 431). Es bedeutet lediglich, dass wir deutlich weniger Gewissheit haben, als uns lieb ist. Dies gilt genauso für die unzureichende theoretische Fundierung des Zusammenhanges und die daraus sich ergebende Vielfalt, was wir messen. Es ist zwar unbefriedigend, dass wir nicht mehr stärker belastbare Aussagen aus den vielen Studien ziehen können. Aber wie schon gesagt: Nur, wenn wir wissen, was uns die Studien sagen können und was nicht, sind wir in der Lage, die Informationen richtig zu deuten. Und wenn wir uns die Komplexität dessen vor Augen halten, was wir messen, dann darf uns es auch nicht überraschen, dass sich die

Messung des Zusammenhanges schwierig gestaltet. Dass wir mit diesem eingeschränkten Wissen über die Wirksamkeit unseres Handels in bester Gesellschaft sind, und wie wir mit dieser Situation umgehen müssen, dies sind die zentralen Themen des letzten Abschnitts dieses Kapitels.

6.5 Personalmanagement und Unternehmenserfolg – ein Fazit

Wir haben uns in diesem Kapitel die Frage gestellt, wie statt für ein einzelnes Instrument auf der Ebene der HR-Architektur der Wertbeitrag des Personalmanagements zum Unternehmenserfolg nachgewiesen werden kann. Im Gegensatz zum Wertbeitrag des einzelnen Instruments können wir nach heutigem Stand auf der Ebene der HR-Architektur den Wertbeitrag nur bedingt in harte Zahlen fassen. Dies liegt einerseits daran, was wir messen: Wir wollen ja nicht die Gemeinsamkeiten mit anderen Unternehmen im Personalmanagement messen, sondern es geht uns darum festzustellen, wie gut die Differenzierung unserer Personalarbeit gelungen ist. Und diese möglichst einzigartige Konstellation statistisch zu bewerten, ist schwierig bis unmöglich. Denn eine unternehmensspezifische HR-Architektur bedeutet auch, dass die Fallzahlen zu gering sind, um auf eine statistische Analyse zurückzugreifen. Ein Unternehmen mit mehreren 100 Filialen und Niederlassungen hat vielleicht die Möglichkeit, verschiedene HR-Architekturen in zwei oder drei Gruppen von Filialen zu vergleichen. Aber in solch einer komfortablen Situation werden nur die allerwenigsten Firmen sein.

Wenn wir auf der Aggregationsebene eine Stufe zurückgehen und uns *Bündel* aus mehreren Personalinstrumenten anschauen, dann ist das Maß der Vergleichbarkeit höher, und wir können grundsätzlich auch stärker auf statistische Methoden – gerade auch Meta-Analysen – zur Messung des Zusammenhangs zwischen Personalmanagement und Unternehmenserfolg zurückgreifen. Hier können wir sowohl für bestimmte Bündel von Inputs als auch für das Zusammenspiel verschiedener Outputs positive Korrelationen beobachten. Die gute Nachricht ist daher, dass wir grundsätzlich einen positiven Zusammenhang zwischen verschiedenen Bündeln von Personalinstrumenten und dem Unternehmenserfolg sehen können. Salopp gesagt: Gutes strategisches Personalmanagement macht sich bezahlt.

Allerdings ist die gute Nachricht über den positiven Wertbeitrag des strategischen Personalmanagements durch zwei Dinge getrübt. Erstens ist das, was wir untersuchen und messen, selten wirklich definiert. Wir haben gesehen, dass wir sowohl bei den verschiedenen Instrumenten des Personalmanagements und auch des Konstruktes des Unternehmenserfolges eine große Heterogenität vorfinden, was und wie wir messen. Alle messen den Zusammenhang, aber alle messen dabei doch wieder etwas anderes. Dies schränkt die Vergleichbarkeit der Ergebnisse ein. Dies ist einerseits der Komplexität dessen geschuldet, was wir messen: Es gibt eine Vielzahl möglicher Einflussfaktoren und Wechselwirkungen zwischen den einzelnen Instrumenten. Andererseits ist es auch dem

Umstand geschuldet, dass wir immer noch keine allgemein akzeptierte theoretische Basis für den Zusammenhang zwischen Personalmanagement und Unternehmenserfolg haben (vgl. Paauwe et al. 2013, S. 4). Zweitens bedeutet eine positive Korrelation zwischen den verschiedenen Elementen innerhalb der Blackbox noch nicht, dass wir klare Aussagen bezüglich Ursache und Wirkung treffen können: Bedingt der unternehmerische Erfolg eine gute HR-Architektur oder die gute HR-Architektur ein erfolgreiches Unternehmen? Wie stark die Wechselwirkungen sind, lässt sich nur teilweise mit hohem statistischen Aufwand überprüfen.

Diese beiden Faktoren führen dazu, dass unser Wissen über den Zusammenhang zwischen Personalmanagement und Unternehmenserfolg auf der Ebene von Bündeln von Instrumenten oder gar der HR-Architektur noch unvollständig ist. Eine durchgehende Verbindung zwischen Bündeln von Instrumenten und HR-Architekturen und dem Aktienkurs einer Firma wird es selten geben. Aber entlang der Wirkungskette gibt es immer wieder einzelne Glieder in der Kette, bei denen wir die Zusammenhänge quantifizieren können. Und mit diesen Fragmenten kann man schon einiges an Aussagen untermauern – nicht so fest, wie wir es idealerweise gerne hätten, aber das ist nun einmal der aktuelle State of the Art. Dieses fragmentarische Wissen ist unbefriedigend. Aber beim näheren Hinsehen befindet sich das Personalmanagement mit dem Umstand, dass es seinen Beitrag zum Unternehmenserfolg nur bedingt nachweisen kann, in bester Gesellschaft. Denn in anderen Managementdisziplinen wie Marketing, aber auch im F&E-Bereich sieht es nicht besser aus. Artikelüberschriften im Marketing wie „Do Causal Models Really Measure Causation?" (vgl. Gibson und Buckler 2010) zeigen, dass das Marketing bei der Frage, wie sein Beitrag zum Unternehmenserfolg aussieht, genauso wie das Personalmanagement mit der Unterscheidung zwischen Korrelation und Kausalität zu kämpfen hat. Man gewinnt aber den Eindruck, dass sich Mitarbeiter anderer Managementdisziplinen bei gleicher (dünner) Datenlage einfach besser verkaufen können als die meisten Personaler.

Selbst die Managementfunktion, die als Königsdisziplin für ‚harte' Zahlen und Fakten steht, der Finanzbereich, kann bei näherem Hinsehen auch nicht immer mit den belastbaren Zahlen aufwarten, die man erwarten würde. In vielen Unternehmen fehlen für die Erfassung finanzieller Werte durchgängige Kennzahlen (vgl. Kotzen et al. 2015, S. 4). Und selbst die Frage, wie erfolgreich ein Unternehmen ist, kann der Finanzbereich nur eingeschränkt beantworten. Denn einerseits haben wir eine Vielzahl von finanziellen Kennzahlen, mit denen wir den Unternehmenserfolg definieren können, wie beispielsweise ROCE, ROA, EBIT, EBITDA oder EVA, sodass der Vergleich zwischen Unternehmen erschwert wird. Gleichzeitig basieren viele dieser finanziellen Kennzahlen in Teilen auf subjektiven Einschätzungen. So kritisierte die deutsche Prüfstelle für Rechnungslegung 2011 die neu eingeführten IFRS-Regeln zur Bilanzierung, weil die Bewertung der einzelnen Positionen mit einem zu hohen Maß an Subjektivität verbunden sei und daraus ein zu großer Spielraum für ‚kreative' Gestaltung resultiere (vgl. O.V. 30. November 2011). Wir können uns einmal anschauen, wie unterschiedlich die deutschen DAX-Unternehmen ihre Forschungs- und Entwicklungsaufwendungen bei der Ermittlung des EBITDA bewerten, um ein Gespür dafür zu bekommen, wie weich und wenig vergleichbar vermeintlich harte Finanzkennzahlen oft sind. Und selbst innerhalb eines Unternehmens ändern sich über die Jahre hinweg oft aus bilanzpolitischen Gründen die Bewertung von Risiken und immateriellen Vermögensgegenständen oder auch die Kennzahlen, mit denen gemessen wird. So ist selbst hier die Aussagefähigkeit darüber, wie sich der Erfolg des Unternehmens über die Jahre hinweg entwickelt hat, eingeschränkt. Vor diesem Hintergrund drängt sich fast schon die Frage auf, wie das Personalmanagement überhaupt seinen Beitrag zum Unternehmenserfolg darstellen können soll, wenn wir im Unternehmen nicht einmal ein klares Verständnis darüber haben, was – finanziell ausgedrückt – dieser Unternehmenserfolg überhaupt ist.

Personaler brauchen sich dementsprechend nicht unter Druck setzen zu lassen, und sie müssen sich bei der Frage nach ihrem Wertbeitrag nicht mit einem höheren Maßstab messen (lassen) als andere Managementfunktionen auch. Wie wir im zweiten Kapitel gesehen haben, ist Unsicherheit eines derjenigen Phänomene, die zum Managementalltag gehören und gerade die strategische Ebene des Managements ausmachen. Gleichzeitig müssen Personaler sich aber den gleichen Ansprüchen stellen wie andere Managementdisziplinen auch. Auch wenn dies vielen Personalern, die von ihrer Sozialisation und ihrem Selbstverständnis her weniger mit einem quantitativen Ansatz an ihre Arbeit herangehen als Ingenieure oder Vertreter des Finanzbereichs, schwerfällt, müssen sie aber auch den – teilweise – sehr berechtigten Forderungen über einen Nachweis ihres Beitrages Rechnung tragen.

Diese Anforderung, den Beitrag des Personalmanagements zu quantifizieren, wird bis auf Weiteres bestehen bleiben. Denn hinter der Forderung nach Quantifizierung steht der Wunsch, die Unsicherheit zu verringern. Der Regentanz der Schamanen zeigt, dass dieses Bedürfnis nach Sicherheit und Klarheit ein grundlegendes Bedürfnis der Menschheit ist. Über die Schamanen schmunzeln wir heute, genauso wie wir heute über den Kasernenhofton schmunzeln, der aus den Arbeitsordnungen vieler Unternehmen des späten 19. und frühen 20. Jahrhunderts herauszuhören ist. Vielleicht ist es aber auch unsere Hoffnung, den Regentanz durch ein Excel-Sheet, durch einen Algorithmus zu ersetzen, etwas, über das zukünftige Generationen von Managern schmunzeln werden. Wie konnten diese sonst so intelligenten Leute im frühen 21. Jahrhundert glauben, dass sich die Komplexität von Organisationen mit ihrer Vielzahl an Mitgliedern und internen und externen Wechselwirkungen in das Korsett eines Gleichungssystems pressen lässt? Wenn etwas die hohen Gehälter von (Top-)Managern rechtfertigt, dann ist es die Anforderung, Entscheidungen auf der Basis einer unsicheren und unvollständigen Datenlage zu treffen. Die damit verbundene Verantwortung rechtfertigt diese Entlohnung (vgl. Lebrenz 6. August 2012). Wenn es nur darum geht, Entscheidungen aufgrund eines Excel-Sheets mit Ampellogik zu treffen, dann brauchen wir dazu keine Topmanager mehr. Das Ablesen der Zahlen schafft in der Regel auch ein Praktikant. Und der ist deutlich billiger.

Natürlich ist der Wunsch nach Quantifizierung auch innerhalb der Organisation ganz rational nachvollziehbar. Schließlich hilft eine Quantifizierung, die Verantwortung vom Entscheider auf die Datenbasis zu verlagern. Aufgrund der vorliegenden Daten konnte derjenige Manager ja gar nicht anders entscheiden. Hier lebte der Schamane deutlich gefährlicher: Wenn der versprochene Regen öfter ausblieb, wurde der offensichtlich unfähige Schamane getötet. Auch wenn in heutigen Zeiten nicht mehr getötet, sondern nur noch entlassen wird, ist auch dies ein Schicksal, das die meisten Manager vermeiden wollen. Daher wird die Forderung, Entscheidungen aufgrund von Zahlen, Daten und Fakten zu treffen, wohl weiter bestehen.

Wie können wir mit dieser Forderung nach Quantifizierung des Wertbeitrages umgehen, wenn wir bestenfalls über fragmentarisches Wissen, über Halbwissen verfügen? Hier hilft der Blick zurück auf den Schamanen. War ein Schamane wirklich nur ein Gaukler, der mit seinen Regentänzen seinem Stamm etwas vormachen wollte? Oder war der Schamane nicht meist auch jemand, der sich – allein schon, weil oft sein Überleben daran hing – intensiv mit dem Thema Wetter auseinandersetzte? Und wie es Malik oder auch Kahneman sehr plastisch beschreiben, führt die intensive und langjährige Beschäftigung mit einem Thema zu einem Verständnis der Materie, das sich nicht wirklich nur mit den vorhandenen Fakten begründen lässt: der Intuition (vgl. Malik 2000, S. 205 ff. und Kahneman 2011, S. 235 ff.). Dadurch, dass sich jemand über lange Zeit hinweg mit einer Sache beschäftigt, einen großen Erfahrungsschatz zu einem Thema aufbaut, entsteht ein Verständnis, das größer ist als die Summe der einzelnen Elemente. Zusammenhänge werden erkannt bzw. erahnt, die sich nicht immer belegen, quantifizieren lassen. Dementsprechend wird ein Schamane im Laufe der Zeit einen Erfahrungsschatz über bestimmte Wetterkonstellationen und die damit verbundenen Regenwahrscheinlichkeiten aufbauen, den er berücksichtigt, wenn er den Zeitpunkt für seine Regentänze bestimmt. Seine Intuition wird ihn dabei leiten, und die Tänze werden zu einer höheren Erfolgswahrscheinlichkeit führen, als wenn der Schamane nur eine Münze werfen würde. Genauso wird auch eine erfahrene Personalleiterin, die sich viele Jahre mit Personalmanagement und HR-Architekturen beschäftigt hat, intuitiv wissen, dass sich bestimmte Investitionen in das Humankapital des Unternehmens auszahlen. Selbst wenn sie es nicht beweisen kann. Gleichzeitig darf natürlich der Hinweis auf die eigene Intuition kein Blankoscheck sein, mit dem man die Forderung nach Quantifizierung zurückweist. Aber wie wir eben gesehen haben, setzen wir stärker auf Algorithmen als auf das zu Intuition gewordene Erfahrungswissen. Wir werden uns also nach wie vor bemühen müssen, Licht in die Blackbox zu bringen, um weitere Glieder der Wirkungskette zu erhärten. Wie wir gesehen haben, sind wir hier schon einen guten Schritt vorangekommen, aber es bleibt noch viel zu tun.

Literatur

Ait Razouk, A. (2011). High-performance work systems and performance of French small- and medium-sized enterprises. Examining causal order. *International Journal of Human Resource Management, 22*(2), 311–330.

Andresen, M. (2015). Assessing the added Value of human resource management practices. In M. Andresen & C. Nowak (Hrsg.), *Human Resource Management Practices – Assessing Added Value* (S. 1–14). Cham: Springer.

Andresen, M., & Nowak, C. (Hrsg.). (2015). *Human resource management practices – Assessing added value.* Cham: Springer.

Athanas, C. (2014). Quantensprung im Controlling. *Personalmagazin, 8*(14), 18–20.

Barber, F., & Strack, R. (2005). The surprising economics of a people business. *Harvard Business Review, 6*(2005), 81–90.

Bhalla, V., Caye, J.-M., Haen, P., Lovich, D., Ong, C., Rajagopalan, M. (2015). *The global leadership and talent index.* Boston: Boston Consulting Group.

Boselie, P. (2014). *Strategic human resource management. A balanced approach* (2. Aufl.). London: McGraw-Hill.

Boselie, P., Paauwe, J., & Richards, R. (2003). Human resource management, institutionalization and organizational performance. *International Journal of Human Resource Management, 14*(8), 1407–1429.

Boselie, P., Dietz, G., & Boon, C. (2005). Commonalities and contradictions in HRM and performance research. *Human Resource Management Journal, 15*(3), 67–94.

Castro Christiansen, L., & Higgs, M. (2008). How the alignment of business strategy an HR strategy can impact performance. *Journal of General Management, 33*(4), 13–33.

Coff, R. W. (1999). How control in human-asset-intensive firms differs from physical-asset-intensive firms. *Journal of Managerial Issues, 11,* 389–406.

Collis, D. & Montgomery, C. (1995). Competing on Resources: Strategy in the 1990s. *Harvard Business Review,* July–August, 118–128.

Combs, J., Liu, Y., Hall, A., & Ketchen, D. (2006). How much do high-performance work practices matter? A meta-analysis of their effects on organizational performance. *Personnel Psychology, 59,* 501–528.

Crook, T. R., Todd, S. Y., Combs, J. G., Woehr, D. J., & Ketchen, D. J., Jr. (2011). Does human capital matter? A meta-analysis of the relationship between human capital and firm performance. *Journal of Applied Psychology, 96,* 443–456.

Delery, J., & Shaw, J. (2001). The strategic management of people in work organizations: Review, synthesis and extensions. *Research in Personnel and Human Resources Management, 20,* 165–197.

Díaz-Fernández, M., López-Cabrales, A., & Valle-Cabrera, R. (2013). In search of ed competencies: Designing superior compensation systems. *International Journal of Human Resource Management, 24*(3), 643–666.

Douthitt, S., & Mondore, S. (2013). Creating a business-focused HR function with analytics and integrated talent management. *People & Strategy, 36*(4), 16–21.

Gibson, L., & Buckler, F. (2010). Do causal models really measure causation? *Marketing Research Spring, 2010,* 14–19.

Gmür, M., & Schwerdt, B. (2005). Der Beitrag des Personalmanagements zum Unternehmenserfolg. Eine Metaanalyse nach 20 Jahren Erfolgsfaktorenforschung. *Zeitschrift für Personalforschung, 19*(3), 221–251.

Guest, D. E. (1997). Human resource management and performance: A review and research agenda. *The International Journal of Human Resource Management, 8,* 263–276.

Haynes, P., & Fryer, G. (2000). Human resources, service quality and performance: a case sutdy. *International Journal of Contemporary Hospitality Management, 12*(4), 204–248.

Huselid, M. (1995). The impact of human resource management practises on turnover, productivity, and corporate financial performance. *Academy of Management Journal, 38,* 635–672.

Jiang, K., Lepak, D., Ju, J., & Baer, J. (2012). How does Human Resource Management influence organizational outcomes? A meta-analytic investigation of mediating mechanisms. *Academy of Management Journal, 55*(6), 1264–1294.

Jiang, K., Takeuchi, R., & Lepak, D. (2013). Where do we go from here? New perspectives on the black box in strategic human resource management research. *Journal of Management Studies, 50*(8), 1448–1480.

Kahnemann, D. (2011). *Thinking fast and slow*. New York: Farrar, Straus & Giroux.

Kaplan, R., & Norton, D. (2004). *Strategy maps: Der Weg von immateriellen Werten zum materiellen Erfolg*. Stuttgart: Schäffer-Poeschel.

Kaufman, B. (2012). Strategic human resource management research in the United States. *The Academy of Management Perspectives, 26*(2), 12–36.

Kotzen, J., Nolan, T., Plaschke, F., Tucker, J., & Ghesquieres, J. (2015). *The art of performance management*. Boston: Boston Consulting Group.

KPMG. (2013). People are the real numbers. HR analytis has come of age. http://www.kpmg.com/Global/en/IssuesAndInsights/ArticlesPublications/workforce-analytics/Documents/workforce-analytics-download.pdf. Zugegriffen: 1. Apr. 2015.

Lebrenz, C. (6. August 2012). Führung in die Kennzeichenfalle. *Frankfurter Allgemeine Zeitung*, Nr. 181, S. 12.

Malik, F. (2000). *Führen, leisten, leben: Wirksames Management für eine neue Zeit*. Stuttgart: DVA.

Miles, R., & Snow, C. (1994). *Fit, failure, and the hall of fame: How companies succeed or fail*. New York: The Free Press.

O.V. (30. November 2011). Prüfstelle: Die IFRS-Bilanzen sind unzuverlässig. *Frankfurter Allgemeine Zeitung*, Nr. 279, S. 14.

Paauwe, J. (2004). *HRM and performance: Achieving long-term viability*. Oxford: Oxford University Press.

Paauwe, J., Guest, D., & Wright, P. (2013). *HRM and performance: Achievements and challenges*. Chichester: Wiley.

Phillips, J., Stone, R., & Philips, P. (2001). *The human resource scorecard: Measuring the return on investment*. Woburn: Butterworth-Heinemann.

Schlipat, H., & Martin, M. (2013). An den richtigen Stellschrauben drehen. *Personalwirtschaft, 10*(2013), 67–69.

Schneider, M. (2008). Organisationskapital und Humankapital als strategische Ressourcen. *Zeitschrift für Personalforschung, 22*(1), 12–34.

Stavrou, E., Brewster, C., & Charalambous, C. (2010). HRM and firm performance in Europe through the lens of business systems – best fit, best practice or both. *International Journal of Human Resource Management, 21*(7), 933–962.

Subramony, M. (2009). A meta-analytic investigation of the relationship between HRM bundles and firm performance. *Human Resource Management, 48*, 745–768.

Wright, P., & Nishii, L. (2013). Strategic HRM and organizational behaviour: Integrating multiple levels of analysis. In J. Paauwe, D. Guest, & P. Wright (Hrsg.), *HRM and Performance: Achievements and challenges* (S. 97–110). Chichester: Wiley.

Wright, P. M., Gardner, T., Moynihan, L., & Allen, M. R. (2005). The relationship between HR practices and firm performance: Examining causal order. *Personnel Psychology, 58*, 409–446.

Winkler, S., König, C., & Kleinmann, M. (2012). New insights into an old debate. *Journal of Occupational Psychology, 85*, 503–522.

Zafer, A., & Garvey Berger, J. (2015). Delighting in the possible. *McKinsey Quarterly, 2015*(3), 1–8.

Teil II

Ansätze zur Umsetzung

Butter bei die Fische

Strategische Personalplanung 7

„Prognosen sind schwierig, besonders, wenn sie die Zukunft
betreffen."

Wird u. a. Winston Churchill zugeschrieben.

Zusammenfassung

Die strategische Personalplanung ist ein zentrales Instrument zur Strategieimplementierung, da sie nicht nur konkretisiert, welches Humankapital notwendig ist, sondern auch Hinweise entwickelt, wie dieses Humankapital bereitgestellt wird. Damit beantwortet sie zwei unserer vier zentralen Fragen. Die strategische Personalplanung ist ein dreistufiger Planungsprozess, bestehend aus Erfassung eines Istzustandes, Definition eines Sollzustandes und schließlich der Definition von Maßnahmen, um die Lücke zwischen Ist- und Sollzustand zu schließen. So einfach der Prozess konzeptionell auch ist, so anspruchsvoll ist er in der Umsetzung. Wir betrachten in diesem Kapitel die Szenario-Technik zum Umgang mit der Unsicherheit, genauso wie die Annahmen, auf denen die strategische Personalplanung beruht. Ein Blick in die Praxis zeigt, dass die strategische Personalplanung nicht so verbreitet ist, wie wir es von der Bedeutung des Instrumentes her erwarten dürften. Allerdings stellen wir fest, dass gerade in den letzten Jahren das Interesse an diesem Instrument deutlich gestiegen ist.

7.1 Was ist die Idee hinter der strategischen Personalplanung?

Wie wir bereits aus dem zweiten Kapitel wissen, ist es Aufgabe der Personalstrategie, das für die Umsetzung der Unternehmensstrategie benötigte Humankapital zu bestimmen. Dies bedeutet konkret, die Frage zu beantworten: wie viele Mitarbeiter wann, wo und mit welchen Kompetenzen benötigt werden. Genau diese Fragen zu beantworten, ist die Aufgabe der Personalplanung. Denn Wimmer definiert als Ziel der strategischen Personalplanung, „… dass der Unternehmung die zukünftig benötigten Arbeitnehmer in der erforderlichen Quantität und Qualität, zum richtigen Zeitpunkt, am richtigen Ort

© Springer Fachmedien Wiesbaden GmbH 2017   177
C. Lebrenz, *Strategie und Personalmanagement*,
DOI 10.1007/978-3-658-14330-5_7

und unter Berücksichtigung der zu erwartenden Kosten zur Verfügung stehen" (Wimmer 1991, S. 14). Damit ist die strategische Personalplanung (wie die strategische von der operativen und taktischen Planung abgegrenzt wird, erfahren Sie in Abschn. 7.2) ein Instrument zur Strategieimplementierung. Denn sie ermöglicht es uns, die Personalstrategie zu konkretisieren und damit auch zu operationalisieren. Dies ist die erste Facette der strategischen Personalplanung.

Sie hat aber auch noch eine zweite Facette. Denn die strategische Personalplanung greift auch die Frage auf, *wie* das benötigte Humankapital bereitgestellt wird. Ausgehend von den vorhandenen Mitarbeitern mit ihren jeweiligen Qualifikationen, entwickelt die strategische Personalplanung einen Maßnahmenkatalog, wie die mögliche Lücke zwischen dem benötigten und dem vorhandenen Humankapital zu schließen ist. Damit ist die strategische Personalplanung ein Instrument, das nicht nur die Personalstrategie konkretisieren, sondern auch die Humankapitalstrategie operationalisieren kann. Damit kann die strategische Personalplanung zwei unserer vier zentralen Fragen des strategischen Personalmanagements beantworten und dürfte – bis auf wenige Ausnahmen, auf die wir später noch eingehen werden – das zentrale Instrument zur Strategieimplementierung sein. Zu Recht bezeichnen Sattelberger und Strack die strategische Personalplanung als die „Mutter aller Schlachten" (Sattelberger und Strack 2009, S. 55). Auch unabhängig davon, ob wir die strategische Personalplanung an sich für die Strategieimplementierung einsetzen oder nicht, bildet sie letztendlich die Basis für jedes andere Instrument, mit dem das strategische Personalmanagement in der Umsetzung der Strategie arbeitet (vgl. Scholz 2013, S. 275). Scholz spricht zwar von Personalbedarfsplanung, meint aber letztendlich das Gleiche. Denn nur, wenn wir wissen, welches Humankapital wir benötigen, können die verschiedenen anderen Instrumente sinnvoll greifen.

Die strategische Personalplanung ist ein Planungsprozess. Und wie jeder andere Planungsprozess auch ist er von der Idee her ganz einfach, aber in der Praxis sehr schwierig umzusetzen. Von der Idee her ist die strategische Personalplanung ein in Abb. 7.1

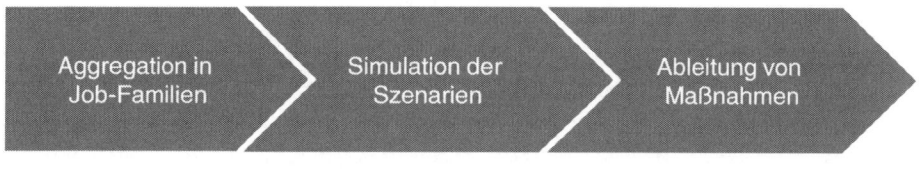

Abb. 7.1 Der Prozess der strategischen Personalplanung

dargestellter dreistufiger Prozess, bei dem im ersten Schritt der Istzustand, also das vorhandene Humankapital, identifiziert wird. Im zweiten Schritt wird dann der Sollzustand, das zukünftig benötigte Humankapital, bestimmt, und im dritten Schritt werden darauf aufbauend Maßnahmen definiert, mit denen die Lücke zwischen dem Ist- und dem Sollzustand geschlossen werden soll. So weit, so gut. In der Praxis führen aber vor allem zwei Gründe dazu, dass dieser Prozess alles andere als einfach ist. Erstens kann eine strategische Planung nicht auf der Ebene der einzelnen Stelle oder Person stattfinden, sondern die einzelnen Stellen müssen sinnvoll aggregiert werden. Sprich, statt einzelner Personen mit ihren Qualifikationen müssen – unternehmens- oder geschäftsfeldweit – passende Cluster für die Tätigkeiten und Qualifikationen gefunden werden, für die geplant werden kann. Diese Aggregation der einzelnen Stellen und Qualifikationen zu Job-Familien bzw. Job-Clustern ist oft problematisch, da eine saubere Trennung zwischen verschiedenen Qualifikationsprofilen alles andere als einfach ist. (Auch hier finden wir wieder eine Vielzahl von Begrifflichkeiten. Berendes et al. (2011a, b) und Punke und Strack (2013) verwenden den Begriff der Job-Familien, andere wie Sattelberger und Strack (2009) den Begriff der Job-Cluster.) Der zweite Grund liegt im langen Planungszeitraum und der daraus resultierenden Unsicherheit. Die Unternehmensstrategie erstreckt sich über den Zeitraum mehrerer Jahre. Auf der einen Seite kommt das dem Personalmanagement entgegen, da auch viele der Personalinstrumente, die zur Bereitstellung des geforderten Humankapitals eingesetzt werden, einen mehrjährigen Vorlauf haben. Auf der anderen Seite wird aber auch mit zunehmendem Planungszeitraum immer ungewisser, welches Personal zukünftig vorhanden sein bzw. benötigt wird. Für die wenigsten Firmen sind die interne Entwicklung und das externe Umfeld so stabil, dass sich die Entwicklungen in den nächsten drei oder fünf Jahren recht gut prognostizieren lassen. Mit dem Ergebnis, dass die strategische Personalplanung auf einer sehr unsicheren Informationsbasis aufsetzt, gleichzeitig aber aufgrund der langen Vorlaufzeit vieler Maßnahmen schon früh Entscheidungen treffen und Weichenstellungen vornehmen muss.

Im zweiten Teil des Kapitels werden wir uns zuerst den Aufbau der strategischen Personalplanung als dreistufigen Prozess genauer anschauen. Was sind die einzelnen Schritte der strategischen Personalplanung, wie wird ein sinnvoller Detaillierungsgrad für die Planung gefunden, und wie wird bei der Planung mit der vorhandenen Unsicherheit umgegangen? Dazu wird in erster Linie die Szenario-Technik eingesetzt (vgl. Chermack und Swanson 2008; Ebert 2010). Im dritten Teil des Kapitels werden wir die Rahmenbedingungen untersuchen, die erfüllt sein müssen, damit das Instrument im Unternehmen sinnvollerweise eingesetzt werden kann. Einerseits benötigen wir für die strategische Personalplanung eine Unternehmensstrategie, die so weit definiert und auch kommuniziert ist, dass wir daraus eine Personalstrategie ableiten können. Zweitens darf die Unsicherheit über die internen und externen Rahmenbedingungen nicht zu groß werden. Sonst kann der Ansatz der strategischen Personalplanung nicht greifen. Im vierten Teil gehen wir auf die Verbreitung der strategischen Personalplanung in der Praxis ein. Bei der Bedeutung des Instruments für die Strategieimplementierung würde man erwarten, dass die strategische Personalplanung ein fester Bestandteil der Personalarbeit in den meisten Unternehmen ist. Dies ist aber nicht der Fall. Im fünften Teil des Kapitels werden wir die Vor- und Nachteile der strategischen Personalplanung bewerten und nach Ursachen für die bisher sehr geringe Verbreitung des Instruments suchen.

7.2   Wie ist die strategische Personalplanung aufgebaut?

Was macht die strategische Personalplanung strategisch?
Bei der Personalplanung müssen wir zwei Aspekte berücksichtigen. Erstens die Art der Planung, zweitens die Ebene der Planung. Denn wenn wir das Humankapital planen, geht es einmal um die Menge des benötigten Humankapitals. Diese zu bestimmen ist die Aufgabe der *quantitativen* Personalplanung. Die *qualitative* Personalplanung versucht zu prognostizieren, welche Qualifikationen und Kompetenzen das Unternehmen zukünftig benötigt (vgl. beispielsweise Gutmann und Terschüren 2004). Dabei ist es in vielen Fällen schon schwierig genug, die Menge des zukünftig benötigten Humankapitals zu bestimmen. Die benötigten Qualifikationen zu prognostizieren, gestaltet sich oft als noch schwieriger, mit dem Ergebnis, dass die qualitative Personalplanung seltener stattfindet als die quantitative Personalplanung (vgl. Knorr und Wickel-Kirsch 2009, S. 48 ff.). Aus verschiedenen Gründen ist aber die qualitative Personalplanung mindestens so wichtig wie die quantitative Planung. Erstens sind die qualitativen Veränderungen zwar schwieriger zu prognostizieren, ihre Auswirkungen für die Firma sind aber meist gravierender (vgl. Howes 2013, S. 184). Zweitens weist Bechet zu Recht darauf hin, dass es sehr schwierig ist, Mengengerüste für die benötigten Positionen zu bestimmen, wenn unklar ist, welche Aufgaben in der jeweiligen Position zu erfüllen sind. Daher plädiert er dafür, die qualitative Planung vor der quantitativen Planung durchzuführen (vgl. Bechet 2008, S. 88).

Neben der Art der Planung müssen wir auch die verschiedenen Ebenen der Personalplanung unterscheiden. In den meisten Fällen wird die strategische Personalplanung von der operativen Personalplanung abgegrenzt, manchmal wird auch noch die taktische Personalplanung als dritte Ebene eingezogen (vgl. Scholz 2013, S. 279 f.). Nach Scholz liegt die taktische Personalplanung sowohl vom Zeitraum als auch vom Detaillierungsgrad her zwischen operativer und strategischer Personalplanung. Jung (2008, S. 119) spricht bei der Dreiteilung von kurz-, mittel- und langfristiger Personalbedarfsplanung. Die Übergänge zwischen den Ebenen sind fließend, sodass sich eine eindeutige Abgrenzung oft als schwierig gestaltet. Die zwei bzw. drei Ebenen unterscheiden sich im *Detaillierungsgrad* der Planung und in der *Länge des Planungszeitraums*. Während sich die operative Personalplanung meist nur auf die nächsten ein oder zwei Jahre erstreckt, ist der Zeitraum der strategischen Personalplanung deckungsgleich mit dem Zeitraum der gesamten strategischen Planung. Bei einem Automobilunternehmen, das in Modellzyklen von bis zu acht Jahren denkt, kann auch die strategische Personalplanung über einen dementsprechend langen Zeitraum stattfinden. Bei anderen Unternehmen, deren Umfeld dynamischer ist, kann die strategische Planung des Unternehmens eventuell nur ein oder zwei Jahre betragen. So wird eine Internet-Agentur aufgrund der sich schnell ändernden technischen Rahmenbedingungen und Geschäftsmodelle den Personalbedarf kaum länger als zwei Jahre quantitativ und qualitativ planen können.

Neben dem Zeithorizont ist der Grad der Detaillierung der zweite Punkt, in dem sich die Ebenen unterscheiden. Wie erwähnt, wäre eine strategische Personalplanung auf der Ebene des einzelnen Mitarbeiters bzw. der einzelnen Stelle zu detailliert. Gleichzeitig dürfen wir nicht zu viele Mitarbeiter zu Gruppen zusammenfassen. Denn wenn wir mit zu wenigen Gruppen arbeiten, dann können wir keine sinnvollen Maßnahmen für die Gewinnung bzw. Qualifizierung der einzelnen Gruppen des Humankapitals ergreifen. Wir müssen bei der Aggregation der Mitarbeiter zu einer Job-Familie einen Kompromiss finden. Wie dieser Kompromiss zur Aggregation des Humankapitals aussehen soll, ist eine der zentralen Fragen des strategischen Personalmanagements und bildet den ersten Schritt des Planungsprozesses. Daher werden wir ihn uns im nächsten Abschnitt genauer anschauen. Wichtig ist, dass wir neben den heute schon vorhandenen Tätigkeiten auch diejenigen Tätigkeiten und Qualifikationen berücksichtigen, die im Laufe des Planungshorizontes neu im Unternehmen benötigt werden. In der Automobilbranche lässt sich dieser Punkt aktuell gut beobachten. Ähnlich wie in der Luft- und Raumfahrtindustrie halten Faserverbundstoffe auch in der Großserienproduktion im Automobilbau verstärkt Einzug. Während bisher im Automobilbau Techniken der Metallbearbeitung wie Zerspanung und Schweißen im Vordergrund standen, erfordert die Verwendung von Kohlefasern den viel stärkeren Einsatz von Klebetechniken und macht die Zerspanung überflüssig. Die Zahl der beschäftigten Produktionsmitarbeiter mag konstant bleiben, die zukünftig benötigten Qualifikationen aber nicht.

Neben der Aggregationsebene und dem Zeithorizont werden in der Literatur noch andere Aspekte aufgeführt, die die Unterscheidung von operativer und strategischer Personalplanung verdeutlichen. Ein Unterscheidungsmerkmal zur operativen Personalplanung ist die explizite Einbettung der strategischen Personalplanung in den gesamten Strategie- und Planungsprozess des Unternehmens (vgl. Berendes et al. 2011a, S. 75 ff.). Berendes und seine Koautoren betonen auch noch die Wirkungsverzögerungen einzelner Maßnahmen als Konsequenz des langen Zeitraums. Da zwischen Beginn einer Maßnahme und ihrem Ende teilweise Jahre vergehen können, erschwert dieser lange Vorlauf die Planung in besonderem Maße. Der Einsatz von Szenarien zur Beherrschung der Unsicherheit wird ebenso als besonderes Merkmal der strategischen Personalplanung angeführt (vgl. Berendes und Werner 2011, S. 10 ff.).

Der Prozess der strategischen Personalplanung
Nachdem wir die strategische Personalplanung von anderen Formen der Personalplanung abgegrenzt haben, wollen wir uns den Prozess genauer anschauen. Dessen idealtypischer Verlauf in drei Stufen ist in Abb. 7.1 dargestellt. Andere Autoren brechen den Prozess in kleinere Schritte herunter. So sprechen beispielsweise Sattelberger und Strack (2009, S. 55) von einem fünfstufigen Prozess. Der Unterschied liegt darin, dass der zweite und

dritte Schritt in unserem Modell bei Sattelberger und Strack in jeweils zwei Schritte unterteilt werden. An der Logik ändert sich nichts.

Schritt1: Die Aggregation in Job-Familien
Wie bereits erwähnt, ist der einzelne Mitarbeiter nicht die relevante Detaillierungsebene für die strategische Personalplanung, sondern die Job-Familie. Zu Job-Familien werden jene Tätigkeits- und Qualifikationsprofile zusammengefasst, die sich so weit ähneln, dass das Erlernen einer anderen Tätigkeit in der gleichen Job-Familie innerhalb eines überschaubaren Zeitraums möglich ist (vgl. Phillips und Gully 2014, S. 98). Der Zeitraum, der notwendig ist, um von einer Tätigkeit zur anderen innerhalb der Job-Familie zu wechseln, kann auch genutzt werden, um die Job-Familie zu untergliedern bzw. auch Job-Familiengruppen zu bilden. So unterscheiden Berendes und seine Koautoren drei Job-Familiengruppen, die in Abb. 7.2 am Beispiel einer Job-Familiengruppe für Elektriker dargestellt sind. Tätigkeiten in Job-Familiengruppen der ersten Ebene ähneln sich so weit, dass bei einem Wechsel innerhalb einer Job-Familiengruppe kein weiterer Qualifizierungsbedarf besteht oder der Wechsel nach einer Einarbeitungszeit von weniger als drei Monaten möglich ist. Dies ist die Job-Familie im eigentlichen Sinne. Zu Job-Familiengruppen der zweiten Ebene gehören Tätigkeiten, bei denen bei einem Wechsel innerhalb dieser Job-Familiengruppe ein geringer Qualifizierungsbedarf besteht, sodass der

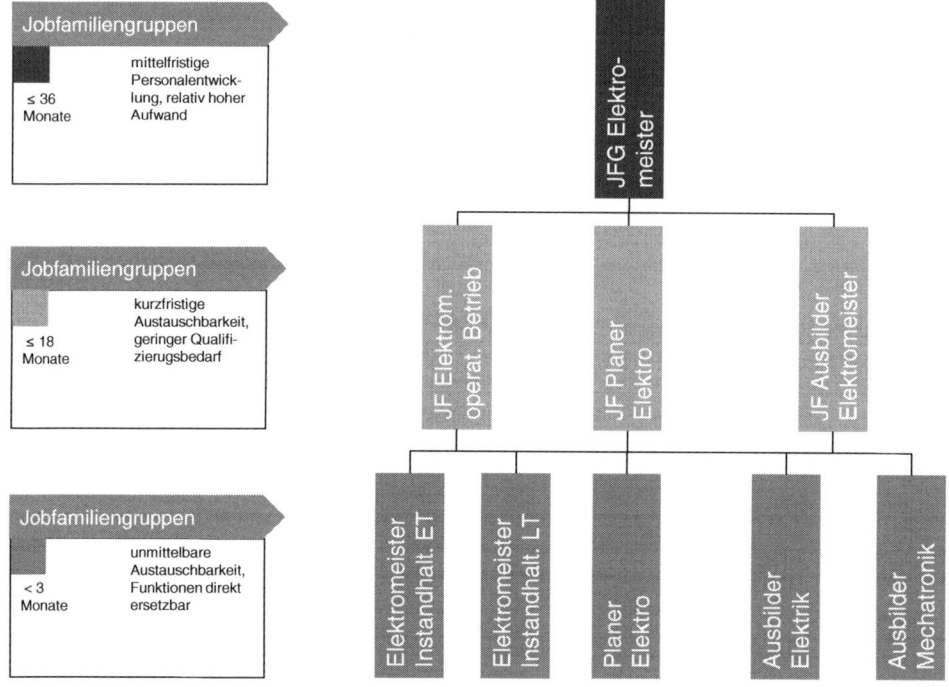

Abb. 7.2 Hierarchieebenen von Job-Familiengruppen. (in Anlehnung an Berendes, Kittel Renner und Schmitz, S. 22)

Wechsel in weniger als eineinhalb Jahren erfolgen kann. Zu den Job-Familiengruppen der dritten Ebene gehören nach dieser Klassifizierung dann Tätigkeiten, bei denen im Falle eines Wechsels innerhalb dieser Job-Familiengruppen ein relativ hoher Qualifizierungsbedarf besteht und dementsprechend auch ein Vorlauf von bis zu drei Jahren nötig ist, um einen Wechsel vorzubereiten (vgl. Berendes et al. 2011b, S. 22). Diese Abstufung der Job-Familien bzw. Job-Familiengruppen verschafft nicht nur einen strukturierten Überblick, welches Humankapital dem Unternehmen grundsätzlich zur Verfügung steht. Sie erlaubt auch einzuschätzen, welcher Aufwand für die Anpassung innerhalb der Job-Familiengruppen anfällt: sowohl der zeitliche Aufwand als auch der durch die Qualifikation der betroffenen Mitarbeiter verbundene finanzielle Aufwand. Gleichzeitig gibt uns diese Hierarchie auch einen Anhaltspunkt, welche Detaillierung für unser Unternehmen bei der Planung sinnvoll ist. Liegt der Zeitraum unserer strategischen Personalplanung bei fünf oder mehr Jahren, mag die Zusammenfassung von Tätigkeiten zu Job-Familiengruppen der dritten Ebene sinnvoll sein. Bei einem kürzeren Zeitraum aber nicht. Der Zeitraum, den wir benötigen würden, um Mitarbeiter von einer Tätigkeit in einer Job-Familiengruppe der dritten Ebene zu einer anderen Tätigkeit zu entwickeln, wäre länger als der uns zur Verfügung stehende Planungszeitraum!

Durch die Zusammenlegung der Tätigkeiten zu Job-Familien oder Job-Familiengruppen wird die Komplexität in der Planung verringert und eine mehrjährige Prognose über den Personalbedarf überhaupt erst ermöglicht. So beschreiben beispielsweise Punke und Strack das Vorgehen eines Nutzfahrzeugherstellers, der in einem seiner Werke über 240 im Tarifvertrag festgehaltene Tätigkeitsprofile und mehr als 500 Qualifikationsprofile definiert hatte. Diese wurden in ca. 130 Job-Familien und dann in 50 Job-Familiengruppen zusammengefasst (vgl. Punke und Strack 2013, S. 28). In einem anderen Beispiel gruppierte ein mittelständischer Konzern seine weltweit über 2000 Job-Bezeichnungen in 13 Job-Familiengruppen mit 140 Job-Familien (vgl. Cornus 2014, S. 15). Dabei wurden auch die Job-Bezeichnungen weltweit auf Englisch vereinheitlicht, um überhaupt erst einmal die sprachlichen Voraussetzungen zu haben, das Humankapital in den jeweiligen Job-Familien an den unterschiedlichen Standorten weltweit zu erfassen. Gleichzeitig stellt sich auch die Frage, auf welcher Ebene das Unternehmen seine Planung durchführt. Im eben angeführten Beispiel findet die Planung konzernweit statt. Dies hat den Vorteil, dass man einen Überblick über das gesamte im Unternehmen zur Verfügung stehende Humankapital bekommt und ggf. Mitarbeiter aus einem Werk oder einem Land in ein anderes versetzen könnte, um dort Lücken zu schließen. Demgegenüber wird eine Prognose, welches Humankapital wir zukünftig benötigen, umso schwieriger, je größer die Organisationseinheiten sind, für die wir planen. Für die Präzision der Planung ist eine dezentrale Planung sinnvoller. Wie bei anderen Planungsprozessen auch brauchen wir eine Kombination aus Top-down- und Bottom-up-Planung mit den dazugehörigen Kriterien und Standards, um beide Planungsströme zu integrieren. Die im nächsten Kapitel diskutierten Kompetenzmodelle sind ein zentrales Element, um die Planung zu vereinheitlichen.

Bei der Einteilung der Job-Familien stellt sich die Frage, ob die gesamte Belegschaft bei der Planung berücksichtigt werden muss oder ob es ausreicht, sich auf wenige, kritische Gruppen zu konzentrieren. Scholz (2013, S. 294) unterscheidet dabei „elementaristische Ansätze", die auf Schlüsselpositionen fokussieren, und „holistische Ansätze", die das gesamte Humankapital in der Planung berücksichtigen. Wie diese Frage beantwortet wird, hängt stark von den vorhandenen Ressourcen ab. Die Berücksichtigung der gesamten Belegschaft macht die Ergebnisse des Planungsprozesses deutlich aussagefähiger. Der Preis, der für die erhöhte Aussagefähigkeit gezahlt werden muss, ist der deutlich höhere Planungsaufwand, der betrieben werden muss, wenn das gesamte Humankapital des Unternehmens berücksichtigt wird. Daher wird es in vielen Fällen wirtschaftlicher sein, sich auf die zukünftigen Schlüsselpositionen zu fokussieren (vgl. beispielsweise Boudreau und Ramstad 2007; Bechet 2008; Lebrenz und Völk 2012).

Schritt 2: Simulation der Szenarien
Der Umgang mit Unsicherheit
Nachdem wir eine sinnvolle Detaillierungsebene für unsere Planung gefunden haben, beginnt im zweiten Schritt die Planung an sich. Hier soll prognostiziert werden, welches Humankapital zukünftig benötigt wird bzw. dem Unternehmen zur Verfügung steht. Dieses Angebot an Humankapital und der Bedarf an Humankapital werden von einer Vielzahl an Faktoren beeinflusst (vgl. Jung 2008, S. 115 für eine Auflistung der wichtigsten Faktoren). Einige dieser Faktoren, etwa die konjunkturelle Entwicklung, technologische Veränderungen, der politische bzw. rechtliche Rahmen des Unternehmens und gesellschaftliche Trends, die Entwicklungen innerhalb der Branche und die Aktivitäten der Wettbewerber, liegen außerhalb der Organisation. Diese Faktoren sind vom Unternehmen gar nicht oder nur sehr mittelbar beeinflussbar. Andere Faktoren liegen innerhalb der Organisation und können daher auch direkt vom Management beeinflusst werden: Neben der aus der Unternehmensstrategie abgeleiteten Personalstrategie sind es Organisationsstrukturen, das Betriebsklima und die damit verbundene Fluktuation sowie die Investitionen in das eigene Humankapital. Alle internen und externen Faktoren müssen bei der strategischen Personalplanung berücksichtigt werden. Schon dies allein macht die strategische Personalplanung anspruchsvoll. Mit wachsender Unternehmensgröße steigt die damit verbundene Komplexität. Aber diese Komplexität ist noch nicht einmal das Hauptproblem.

Idealerweise kann ein Unternehmen im Rahmen seiner Personalstrategie das Humankapital, das es in den kommenden Jahren benötigt, sowohl von der Zahl der Mitarbeiter als auch den jeweiligen Qualifikationen genau vorhersagen. In der Realität jedoch ist jegliche Planung – auch die Personalplanung – mit einem hohen Maß an Unsicherheit behaftet. Und je länger der Zeithorizont, über den sich die Planung erstreckt, desto größer der Grad der Unsicherheit, der berücksichtigt werden muss. Genauso tut sich ein Unternehmen deutlich leichter, wenn es seine bestehende Strategie lediglich leicht anpasst, statt einen kompletten Strategiewechsel zu vollziehen. Der im zweiten Kapitel beschriebene Wechsel IBMs – weg vom Hardware-Produzenten zum Anbieter von Systemlösungen – brachte natürlich ein viel höheres Maß an Unsicherheit mit sich, als wenn es nur um den Auf- oder Abbau von einzelnen Hardware-Sparten gegangen wäre. Es ist diese Unsicherheit, wie sich die verschiedenen Einflussfaktoren entwickeln werden, die die strategische Personalplanung so anspruchsvoll macht. Die Unsicherheit, mit der die Unternehmen bei ihrer Planung konfrontiert werden, nimmt unterschiedliche Formen an. Erstens ist es die zunehmende Vernetzung von Märkten. Wie die Finanzkrise 2008 gezeigt hat, kann sich eine ursprünglich lokale Immobilienkrise in den USA auf die Realwirtschaft weltweit auswirken und zu massiven Umsatzrückgängen im deutschen Maschinenbau führen. Die deutsche Automobilbranche hängt mittlerweile nicht nur von den europäischen Märkten, sondern immer mehr vom chinesischen Markt ab. Mit zunehmender Vernetzung steigt auch die Zahl der politischen und wirtschaftlichen Ereignisse, die das Unternehmen und seine Planung betreffen könnten. Zweitens steigt die Geschwindigkeit, mit der sich die Märkte und ihre Produkte verändern. In vielen Fällen kann man die Veränderungen noch halbwegs abschätzen und die bisherige Entwicklung extrapolieren, in anderen Fällen aber treten Brüche auf, und die Spielregeln am Markt verändern sich. Die Verbreitung von Tauschbörsen für Musik-Downloads brachte das bisherige Geschäftsmodell der Plattenfirmen, die auf den Verkauf von CDs setzen, komplett durcheinander. Nassim Taleb prägte für sehr seltene, aber in ihren Konsequenzen sehr weitreichende Ereignisse den Begriff des ‚Schwarzen Schwans‘ (vgl. Taleb 2010). Ereignisse wie die Erfindung des Internets oder auch die Terrorangriffe am 9. September 2001 sind extrem selten, verändern aber die Rahmenbedingungen für die Beteiligten grundlegend. Die Eintrittswahrscheinlichkeit einer Innovation wie die des Internets ist sehr gering. Die Folgen für die verschiedensten Branchen sind aber enorm und in vielen Fällen noch gar nicht richtig absehbar. Solche Entwicklungen können – buchstäblich über Nacht – die gesamte bisherige Planung über den Haufen werfen. Die deutsche Energiebranche kämpft immer noch mit den Folgen der 2011 als Antwort auf den Reaktorunfall in Fukushima eingeleiteten Energiewende. Komplett geänderte Rahmenbedingungen der Energieversorger innerhalb kürzester Zeit ließen Unternehmensstrategie und damit auch die strategische Personalplanung obsolet werden.

Szenario-Technik als Antwort auf die Unsicherheit
All diese Formen von Unsicherheit müssen bei der strategischen Personalplanung berücksichtigt werden. Mit dem Problem der Unsicherheit hat auch das Unternehmen bei seiner Strategieentwicklung zu kämpfen. Darum braucht es uns nicht überraschen, wenn das gängigste Instrument, das zur Berücksichtigung der Unsicherheit benutzt wird, aus dem Bereich der strategischen Planung kommt: die Szenario-Technik. Diese wurde ursprünglich beim britisch-niederländischen Unternehmen Shell in den 1960er-Jahren entwickelt. Ziel war es, den strategischen Planungsprozess des Unternehmens zu unterstützen. Für einen guten Überblick über die Entwicklung und die Einsatzmöglichkeiten der Szenario-Technik bieten sich Wilkinson und Kupers (2013) oder auch van der Merve (2008) an. Grundidee der Szenario-Technik ist es, statt einer möglichst genauen Prognose der Zukunft eine Reihe von möglichen zukünftigen Zuständen – die Szenarien – zu

entwickeln. Jedes dieser Szenarien beschreibt, wie die Umgebung des Unternehmens in einigen Jahren, z. B. in fünf Jahren, aussehen könnte. Dabei geht es nicht in erster Linie darum, dass die Szenarien besonders genau, sondern dass sie plausibel sind (vgl. Wilkinson und Kupers 2013, S. 121). Ausgehend von einem Szenario werden dann die Konsequenzen dieser zukünftigen Situation für das Handeln heute abgeleitet: Welche Auswirkungen hätte dieses Szenario auf die Marktentwicklung? Welche Risiken würden das Unternehmen besonders treffen? Welche Kompetenzen wären in diesem Szenario besonders wichtig, welche würden an Bedeutung verlieren? Eines der bekanntesten Beispiele ist das 1971 entwickelte – und damals als sehr unwahrscheinlich erachtete – Szenario drastisch gestiegener Erdölpreise (vgl. Wilkinson und Kupers 2013, S. 119). Die Szenarien helfen den Beteiligten, ihr implizites Wissen über die Organisation und ihre Umgebung zu nutzen, genauso wie sie helfen, die impliziten Annahmen über diese ‚offizielle Sicht' der Zukunft zu hinterfragen (vgl. van der Merve 2008, S. 219; Burt und Chermak 2008).

Wenn Unternehmen Szenarien in ihrer Planung einsetzen, dann betreiben sie selten den Aufwand, den Shell betreibt. In den meisten Fällen sind die Szenarien deutlich konkreter. Ein Maschinenbauunternehmen könnte beispielsweise folgende Szenarien für seine Strategieentwicklung einsetzen:

- Szenario 1: 3 % durchschnittliches Umsatzwachstum über fünf Jahre
- Szenario 2: 8 % Umsatzwachstum durch einen Einstieg in das Servicegeschäft und den Aufbau des Afrika-Geschäfts
- Szenario 3: Umsatzverlust von insgesamt 10 % über fünf Jahre durch den Marktanteilsgewinn chinesischer Konkurrenten
- Szenario 4: 3 % durchschnittliches Umsatzwachstum bei Verringerung der Wertschöpfungstiefe durch Schließung der Gießerei.

Natürlich wäre es sinnvoll, die Personalabteilung direkt in die Entwicklung der Szenarien einzubinden. Dies ist eine der Situationen, in der das Personalmanagement als Partner des Business auftreten kann – und auch sollte –, um schon früh in der Planung sicherzustellen, dass das erfolgskritische Humankapital auch bereitgestellt werden kann. Die Erfahrung zeigt aber, dass diese frühe Einbindung nicht immer selbstverständlich ist. Aber egal, ob die Personalabteilung direkt in die Entwicklung der Szenarien eingebunden ist oder ob sie die Szenarien erst zu Gesicht bekommt, nachdem diese von der Geschäftsleitung für die weitere Planung abgesegnet worden sind, jedes dieser Szenarien hat unterschiedliche Auswirkungen auf die einzelnen Funktionen im Unternehmen und stellt unterschiedliche Anforderungen an das benötigte Humankapital. Bis auf das zweite Szenario sind in unserem Beispiel die Szenarien aus Sicht einer qualitativen Personalplanung unkritisch. Für die skizzierten Szenarien werden dieselben Kompetenzen und Qualifikationen benötigt wie bisher. Lediglich das zweite Szenario erfordert mit dem Einstieg in das Servicegeschäft neue Qualifikationen. Dies bedeutet, dass in diesen

Szenarien der Schwerpunkt der Planung auf der Abschätzung des mengenmäßigen Bedarfs in den einzelnen Job-Familien liegen wird.

Berücksichtigung der Angebots- und Nachfrageseite

Bei der Entwicklung der Szenarien müssen wir darauf achten, dass wir nicht nur den zukünftigen Bedarf an Humankapital – die Nachfrageseite –, sondern auch die Angebotsseite berücksichtigen (vgl. Cappelli 2009). Die Personalstrategie definiert die Nachfrage: Welche Mitarbeiter benötigen wir in einem bestimmten Szenario wo in welcher Menge mit welchen Qualifikationen? Für die Angebotsseite müssen wir sowohl innerhalb als auch außerhalb der Firma suchen, je nachdem, inwieweit wir eher einen Investment- oder einen Markt-Ansatz beim Humankapital verfolgen. Die Daten zu den internen Faktoren sind die Zahl der Mitarbeiter in den jeweiligen Job-Familien, die Altersstruktur der Belegschaft, die Fluktuation etc. Wichtig ist, dass die Recherche auf der Ebene der einzelnen Job-Familie stattfindet, da sich Altersstruktur und Fluktuation zwischen den Job-Familien stark unterscheiden können. Bei den externen Faktoren ist es in erster Linie die Situation am Arbeitsmarkt. Hier müssen wir nicht nur nach dem Angebot an Arbeitskräften in den jeweiligen Job-Familien unterscheiden, sondern ggf. auch regionale Unterschiede berücksichtigen. So stellen viele Unternehmen im ländlichen Raum fest, dass es zwar grundsätzlich Fachkräfte gibt, von denen aber nur ein geringer Teil bereit ist, aufs Land zu ziehen.

Das Grundszenario

Das erste Szenario, das wir entwickeln müssen, ist das Grundszenario. Dieses beschreibt, wie sich das Humankapital in den nächsten Jahren entwickelt, wenn keine zusätzlichen Maßnahmen ergriffen werden – frei nach dem Motto: weiter so wie bisher. Daher nennen Punke und Strack dieses Szenario auch das „Do-nothing-Szenario" (Punke und Strack 2013, S. 28). Dabei wird unter Einsatz der vorhandenen Daten zur Altersstruktur der Belegschaft in den jeweiligen Job-Familien und mithilfe von Erfahrungswerten zu den Fluktuationsraten und Produktivitätsfortschritten für den Planungszeitraum – z. B. fünf Jahre – extrapoliert, wie sich das Humankapital des Unternehmens entwickeln wird. Es ist die Beschreibung des Zustandes, der entstehen würde, wenn wir die heutige Personalmanagement-Praxis fortschreiben und die Rekrutierung, Aus- und Weiterbildung, das Vergütungsmodell etc. unverändert lassen würden. Das Grundszenario dient als Referenz für die Alternativszenarien, die wir im Folgenden entwickeln müssen. Da wir über die benötigten Daten für die Entwicklung des Grundszenarios im Unternehmen verfügen und die jetzigen Personalpraktiken und -instrumente bekannt sind, ist die Entwicklung des Grundszenarios mit relativ wenig Aufwand verbunden.

Die Alternativszenarien

Die Erstellung der Alternativszenarien ist dagegen deutlich aufwendiger. Hier muss überlegt werden, welche Auswirkungen die unterschiedlichen Szenarien auf die einzelnen

Job-Familien haben. Dabei geht es sowohl um Zahl der Beschäftigten in der einzelnen Job-Familie als auch um die benötigten Qualifikationen. Der im Szenario 2 geplante Markteintritt in einem afrikanischen Land führt nicht nur zu zusätzlich benötigten Vertriebsmitarbeitern, sondern erfordert auch den Aufbau landespezifischen Know-hows. Für die Abschätzung der quantitativen und qualitativen Auswirkungen auf den Humankapitalbedarf in den jeweiligen Job-Familien bieten sich verschiedene Instrumente an. Dies können Schätzverfahren, wie z. B. einfache Schätzungen, aber auch Experten-Befragungen bzw. Delphi-Befragungen sein. Oder statistische Verfahren, wie etwa Trendextrapolationen, aber auch Regressionsverfahren (vgl. z. B. Jung 2008, S. 123 ff.) für die verschiedenen Instrumente. Diese Instrumente können einzeln oder aber auch kombiniert eingesetzt werden. So schlägt beispielsweise Scholz einen mehrstufigen Prozess vor, der in einem ersten Schritt mit weniger aufwendigen Instrumenten wie Expertenbefragungen und statistischen Methoden kritische Bereiche identifiziert, die in einem zweiten Schritt durch aufwendigere Delphi-Studien gezielt untersucht werden (vgl. Scholz 2013, S. 299). Am Ende dieses – selbst mit Software-Unterstützung recht aufwendigen – Prozesses steht für jede Job-Familie ein bestimmter Bedarf an Mitarbeitern fest. Dabei kann es durchaus der Fall sein, dass für ein Szenario Job-Familien benötigt werden, die aktuell noch gar nicht im Unternehmen vorhanden sind (vgl. Berendes et al. 2011b, S. 20). Wie am Anfang des Kapitels beschrieben, könnte dies der Einsatz neuer Werkstoffe und der damit verbundenen neuen Produktionstechnologien sein oder – wie in Szenario 2 dargestellt – der Einstieg in das Servicegeschäft, das neue Beratungskompetenzen benötigt.

Auswahl der Szenarien

Nach der Entwicklung der verschiedenen Szenarien werden wir wieder mit dem zentralen Problem der Unsicherheit konfrontiert: Welches der bisher simulierten Szenarien nehmen wir denn nun als Basis für die zu entwickelnden Maßnahmen? In der Regel ist es schlichtweg zu teuer, alles Humankapital, das in den unterschiedlichen Szenarien prognostiziert wird, zu entwickeln bzw. vorzuhalten. Daher müssen wir aus den verschiedenen Szenarien *eine* Planungsgrundlage ableiten. Eine Möglichkeit ist es, das Szenario herauszufiltern, das uns am wahrscheinlichsten erscheint, und auf Basis dieses Szenarios weiter zu planen. Eventuell können auch zwei Szenarien als Planungsgrundlage gewählt werden (vgl. Ebert 2010, S. 25). Dies setzt voraus, dass die Unsicherheit über die zukünftige Entwicklung nicht zu groß ist und wir uns die Prognose zutrauen, in welche Richtung es wohl gehen wird.

Falls die Unsicherheit aber zu groß ist bzw. die verschiedenen Szenarien zu unterschiedliche Ansprüche an das Humankapital stellen, schlägt Boudreau den Einsatz eines Portfolio-Ansatzes vor (vgl. Boudreau 2010, S. 57 ff.). Der Grundgedanke ist, dass die Festlegung auf ein einziges Szenario ein zu großes Risiko darstellen kann. Wenn nicht das erwartete Szenario, sondern ein anderes Szenario eintritt, kann die Festlegung auf ein bestimmtes Szenario problematisch werden: Tritt das erwartete Szenario nicht ein, haben wir eventuell Humankapital mit Kompetenzen an Bord, das wir nun gar nicht benötigen. Dafür fehlt dann unter Umständen kritisches Humankapital in anderen Job-Familien. Der

Umstand, dass der Aufbau des benötigten Humankapitals oft einen langen Vorlauf hat, verschärft die Situation noch mehr. Wie kann dieses Risiko verringert werden?

Vor der Frage, welche Option die richtige ist, stehen auch Finanzinvestoren bei der Auswahl von Anlagemöglichkeiten. Statt sich auf ein einziges Invest zu beschränken, versucht man, das Risiko durch den Aufbau eines Portfolios mit mehreren Anlageprodukten zu streuen. Selbst wenn ein Invest im Portfolio floppt, ist nicht das gesamte investierte Geld verloren, sondern nur ein Teil. Diese Risikostreuung hat aber ihren Preis: Das Portfolio wird nie die Rendite abwerfen wie ein bestimmtes Anlageprodukt, in das man investiert hat und das sich sehr positiv entwickelt. Diesen Preis nehmen die Investoren in Kauf, um das Risiko zu begrenzen. Boudreau schlägt vor, bei der Auswahl des Szenarios im Rahmen der strategischen Personalplanung analog zu verfahren. Statt auf ein einziges Szenario zu setzen, wird ein Portfolio aus den Szenarien entwickelt. In diesem Fall müssen wir uns nicht für ein bestimmtes Szenario entscheiden, sondern integrieren die verschiedenen Szenarien nach ihren Eintrittswahrscheinlichkeiten. Es ist immer noch anspruchsvoll genug, sich auf bestimmte Eintrittswahrscheinlichkeiten festzulegen, aber längst nicht so schwierig, wie sich für ein einzelnes Szenario entscheiden zu müssen. Vor allem aber sind die Kosten einer Fehlentscheidung deutlich geringer. Die Logik des Ansatzes zeigt Abb. 7.3.

Wir gehen von drei Alternativszenarien zu dem Grundszenario aus. Bei den einzelnen Alternativen haben wir für jede Job-Familie einen Personalbedarf geschätzt. Wir vermuten weiter, dass die Alternative 1 mit einer Wahrscheinlichkeit von 50 %, Alternative 2 mit einer Wahrscheinlichkeit von 15 % und die letzte Alternative mit einer Wahrscheinlichkeit von 35 % eintreten könnte. Bei allen weiteren Diskussionen müssen wir natürlich immer im Hinterkopf behalten, dass es sich hier nur um grobe Schätzungen handelt. Für die Ermittlung des Portfolios multiplizieren wir nun pro Job-Familie den für die drei Alternativszenarien prognostizierten Personalbedarf mit der dazugehörenden Eintrittswahrscheinlichkeit. Die Summe dieser drei Werte ergibt dann den in der letzten Spalte ausgewiesenen Personalbedarf für das Portfolio. Dieser Wert wird nie ‚richtig' sein, sprich, wenn eines der drei skizzierten Szenarien genauso wie prognostiziert

	Grund-szenario	zukünftig	Alternativ-szenario 1 (50 % wahrscheinlich)	Alternativ-szenario 2 (15 % wahrscheinlich)	Alternativ-szenario 3 (35 % wahrscheinlich)	Portfolio
Job-Familie 1	30	?	40 x 0,5	50 x 0,15	30 x 0,35	**38**
Job-Familie 2	40	?	40 x 0,5	50 x 0,15	30 x 0,35	**38**
Job-Familie 3	20	?	30 x 0,5	40 x 0,15	20 x 0,35	**28**
Job-Familie 4	70	?	90 x 0,5	110 x 0,15	60 x 0,35	**82,5**

Abb. 7.3 Der Portfolio-Ansatz zur Auswahl von Szenarien in schematischer Darstellung

eintreten würde, läge unser Portfolio immer daneben. Auf der anderen Seite haben wir mit dem Portfolio ein Humankapital, das auch nicht vollkommen falsch sein wird, wenn die zukünftige Entwicklung näher an einem der anderen Szenarien liegen würde. Der Portfolio-Ansatz ermöglicht daher gerade in Situationen, in denen die zukünftige Entwicklung mit sehr großer Unsicherheit behaftet ist, einen Weg, das aus der Unsicherheit resultierende Planungsrisiko zu verringern.

Je nachdem, wie kritisch einzelne Job-Familien sind bzw. auch wie schwierig es ist, für bestimmte Job-Familien extern Mitarbeiter zu rekrutieren, könnte es Sinn machen, dass wir in diesen kritischen Job-Familien eher großzügig mit der Planung sind. Die Opportunitätskosten, falsch zu liegen und zu wenig Personal in diesen Job-Familien zu haben, sind unter Umständen zu groß. Cappelli (vgl. Cappelli 2013, S. 12) argumentiert zwar, dass es besser wäre, lieber etwas weniger Humankapital vorzuhalten. Er geht aber auch von einem reichlich vorhandenen Talent-Pool auf dem externen Arbeitsmarkt aus. Für viele Fachpositionen bzw. Funktionen, die ein detailliertes Wissen über die internen Abläufe des Unternehmens erfordern, treffen diese Annahmen aber immer weniger zu. Auf jeden Fall müssen wir uns vergegenwärtigen, dass die Planung immer mit Opportunitätskosten behaftet ist: Je genauer wir planen, desto höher sind zwar die Kosten und der Aufwand der Planung, dafür aber umso geringer – hoffentlich – die Kosten bei einer Fehlplanung.

Schritt 3: Die Ableitung der Maßnahmen
Die Gap-Analyse
Nachdem wir das Grundszenario und die Alternativszenarien erläutert haben, können wir nun zum dritten Schritt übergehen: der Gap-Analyse und der Ableitung der Maßnahmen, die ergriffen werden sollen, um die identifizierte Lücke zu schließen. Die Gap-Analyse stellt die Differenz zwischen dem Grundszenario und dem Alternativszenario für die einzelnen Job-Familien dar. Die Abweichung zwischen Grundszenario und Alternativszenario kann eine Überdeckung sein. In diesem Fall haben wir für die Job-Familie zukünftig zu viel Personal. Im entgegengesetzten Fall, der Unterdeckung, prognostizieren wir einen Mangel an Personal in der Job-Familie. Die Gap-Analyse lässt sich numerisch darstellen oder auch grafisch. Eine beliebte Form der Visualisierung der Gap-Analyse ist dabei die Heatmap. Bei dieser Darstellungsform wird einerseits für Unter- und Überdeckung jeweils eine andere Farbe gewählt. In Anlehnung an topografische Karten wird andererseits je nach Intensität der Abweichung ein entweder hellerer oder dunklerer Farbton verwendet. Abb. 7.4 zeigt die Heatmap für eine Prognose.

In Abb. 7.4 wird nicht nur mit einem Blick ersichtlich, wie stark die Über- bzw. Unterdeckung sein wird. In diesem Falle wurde die Planung der Szenarien nicht nur für das jeweilige Endjahr des Planungszeitraumes durchgeführt, sondern auch für die Jahre bis dorthin. Dies liefert die zusätzliche – und sehr wichtige – Information, wie lange wir Zeit für unsere Maßnahmen haben, bis die Unter- oder Überdeckung auftritt. Da Maßnahmen, wie etwa die verstärkte Berufsausbildung in einer bestimmten Job-Familie, die Umschulung von Personen in Job-Familien mit prognostiziertem Überhang etc., einen langen zeitlichen Vorlauf

Job-Funktionen	2008	2009	2010	2011	2012	2013	2014	2015
Manager Technical Infrastructure	18%	16%	-12%	-27%	-27%	-29%	-29%	-53%
Team Leader	9%	13%	12%	-14%	-16%	-22%	-24%	-31%
Abstractor Technical Infrastructure	17%	16%	19%	15%	-25%	-33%	-42%	-42%
Administrator	15%	15%	12%	-25%	-23%	-20%	-16%	-15%
Manager Production Control	0%	9%	8%	0%	-8%	-11%	-13%	-15%
Application Manager Documentation	9%	5%	0%	2%	5%	9%	13%	15%
Specialist Technical Infrastructure	-19%	-18%	-19%	-18%	-20%	-21%	-25%	-31%

Abb. 7.4 Heatmap zur Darstellung der Gap-Analyse. (in Anlehnung an Sattelberger und Strack 2009:55)

haben, ist diese jahrweise Darstellung hilfreich, um den Zeitpunkt besser identifizieren zu können, an dem die einzelnen Maßnahmen beginnen müssen. Falls in einzelnen Job-Familien Personal abgebaut werden muss, kann die in Schritt 1 vorgestellte Hierarchie von Job-Familiengruppen helfen, aufzuzeigen, welche Möglichkeiten des Transfers in andere Job-Familien über den Planungszeitraum möglich wären. Genauso können diese Migrationspfade aber auch genutzt werden, um aufzuzeigen, in welchem Umfang es grundsätzlich möglich wäre, Unterdeckungen in einer Job-Familie durch Überdeckungen in anderen Job-Familien zu kompensieren. Sie legen also offen, wie ergiebig der interne Arbeitsmarkt für das Unternehmen hier wäre. Gleichzeitig geben die Migrationspfade auch den zeitlichen Horizont vor, der für Transfers auf dem internen Arbeitsmarkt notwendig wäre.

Die Maßnahmenplanung
Der letzte Schritt der strategischen Personalplanung ist die Entwicklung eines Maßnahmenkatalogs, mit dem einerseits eine erwartete Überdeckung an Humankapital abgebaut werden soll und andererseits die identifizierten Lücken beim Humankapital geschlossen werden können. Diese Lücken können durch die Rekrutierung auf dem externen Arbeitsmarkt, durch interne Entwicklung, Umschulungen etc. geschlossen werden. Welche Maßnahmen werden dazu ausgewählt? Das war ja genau die Frage der Humankapitalstrategie: Wie wird das benötigte Humankapital bereitgestellt? Und wie wir im fünften Kapitel gesehen haben, beeinflusst eine Vielzahl von Faktoren, welche Maßnahmen wir letztendlich auswählen wollen und können.

Mit der Abarbeitung des Maßnahmenkatalogs bewegen wir uns dann vom strategischen Personalmanagement hin zum taktischen bzw. operativen Personalmanagement. Durch die Ausrichtung der einzelnen Maßnahmen an den in der strategischen Personalplanung identifizierten Lücken stellen wir aber sicher, dass die einzelnen Maßnahmen auf die Humankapitalstrategie einzahlen und somit die Verbindung zur Unternehmensstrategie hergestellt wird.

7.3   Welche Rahmenbedingungen benötigt die strategische Personalplanung?

Wie wir eben gesehen hatten, bildet die strategische Personalplanung die Basis für alle anderen Instrumente zur Implementierung der Humankapitalstrategie. Dies hat zur Folge, dass die strategische Personalplanung ein unerlässliches Instrument ist, das grundsätzlich in jedem Unternehmen eingesetzt werden sollte. Ist dies aber realistisch? Oder anders herumgefragt: Unter welchen Umständen ist eine strategische Personalplanung überhaupt möglich? Damit eine strategische Personalplanung funktionieren kann, müssen zwei grundlegende Faktoren gegeben sein. Erstens benötigen wir ein Mindestmaß an Vorhersehbarkeit. Die Unsicherheit im Umfeld darf nicht zu groß sein, es dürfen keine zu großen Brüche in der zukünftigen Entwicklung auftreten (vgl. Abschn. 7.2). Gerade nach der Finanzkrise 2008/2009 mehrten sich die Stimmen, dass die für eine Planung notwendige Vorhersehbarkeit nicht mehr gegeben wäre. So argumentiert u. a. Cappelli, dass bei aktuellen, großen Turbulenzen eine Personalplanung obsolet sei (vgl. Cappelli 2013, S. 27). Die Unsicherheit mag in vielen Branchen in den letzten Jahren durchaus gestiegen sein. In einigen Branchen eventuell auch so weit gestiegen, dass eine strategische Personalplanung prinzipiell unmöglich geworden ist. Nur weil es einen Anstieg der Unsicherheit in bestimmten Branchen gibt, bedeutet dies aber nicht, dass wir nun grundsätzlich und überall einen Grad der Unsicherheit erreicht haben, der sich selbst mit dem Instrumentarium der Szenario-Technik nicht mehr abdecken ließe. Eine Schwarz-Weiß-Zeichnung, wie sie Autoren wie Cappelli betreiben, greift zu kurz. Sicher, für den Buchhandel und Handy-Hersteller haben sich die Märkte in den letzten zehn Jahren grundlegend verändert. Und es gibt auch noch eine Reihe von anderen Branchen, die in tief greifenden Umwälzungen stecken. Aber hat sich der Markt für Tankstellen, der Markt für Nahrungsmittel, für Fernreisen – auch hier ließen sich noch viele weitere Beispiele finden – in den letzten zehn Jahren wirklich so radikal geändert, dass selbst mithilfe der Szenario-Technik eine belastbare Planung nicht mehr möglich ist? Wohl kaum.

Zweitens benötigen wir als Rahmenbedingung für die strategische Personalplanung eine zumindest halbwegs erkennbare Unternehmensstrategie, aus der sich die Personalstrategie ableiten lässt. Die Strategieentwicklung muss einem Planungsprozess so weit folgen, dass am Ende eine mehr oder weniger konkrete Strategie steht und kommuniziert werden kann. Dies hat natürlich auch mit der Unsicherheit zu tun, mit der die Unternehmen konfrontiert sind. Wenn die Strategie nicht geplant wird, dann wird es sehr schwierig, auch das dafür benötigte Humankapital zu planen. Wie wir im zweiten Kapitel gesehen haben, verfolgt aber auch eine Reihe von Unternehmen einen eher emergenten Ansatz der Strategieentwicklung und -implementierung.

Wenn wir uns die Rahmenbedingungen anschauen, die für eine funktionierende strategische Personalplanung vorhanden sein müssen, stellen wir auf der externen Seite eine für das Personalmanagement kritische Entwicklung fest. Die Voraussetzung für eine strategische Personalplanung, eine ausreichend stabile Planungsgrundlage, ist immer seltener gegeben. Gleichzeitig führt ein zunehmender Mangel an Spezialisten dazu, dass die

Alternative zu einer strategischen Personalplanung, die Ad-hoc-Rekrutierung des benötigten Humankapitals, immer schwieriger wird. Diese Entwicklung macht auf der internen Seite eine klare Definition der Unternehmensstrategie umso wichtiger. Allerdings ist
die Reaktion vieler Unternehmen auf die wachsende externe Unsicherheit, dass sie selbst
ihren Planungszeitraum verkürzen bzw. die Zahl der strategischen Optionen möglichst
groß zu halten versuchen. Schauen wir uns die Entwicklungen extern und intern an, so
müssen wir die Situation so zusammenfassen, dass sich die strategische Personalplanung
in vielen Unternehmen in einem Dilemma befindet. Während die Rahmenbedingungen
für die strategische Personalplanung in immer mehr Unternehmen schwieriger werden,
steigt in einem noch größeren Maße die Notwendigkeit der strategischen Personalplanung: Gerade weil der Bedarf an Humankapital sowohl mengenmäßig als auch von den
geforderten Kompetenzen her immer weniger klar prognostizierbar ist, die Bedeutung
des Humankapitals für den Unternehmenserfolg aber immer größer wird, steigt auch die
Notwendigkeit, die zukünftige Verfügbarkeit dieser Schlüsselressource systematisch zu
erfassen.

Wie kann man als Unternehmen mit der Situation umgehen, dass eine strategische
Personalplanung nicht möglich ist? Letztendlich bleibt in diesem Fall nur die Möglichkeit, auf dem externen Arbeitsmarkt das benötigte Humankapital kurzfristig zu akquirieren, sobald – meist sehr kurzfristig – absehbar ist, welche Mitarbeiter mit welchen
Qualifikationen benötigt werden. Dieses Vorgehen funktioniert aber nur unter zwei Voraussetzungen. Erstens müssen auf dem Arbeitsmarkt ausreichend viele Fachkräfte zur
Verfügung stehen, und zweitens muss das Unternehmen als Arbeitgeber so bekannt und
attraktiv sein, dass es die große Zahl von benötigten Spezialisten auch kurzfristig und zu
vertretbaren Kosten rekrutieren kann. In dieser Situation ist nicht jedes Unternehmen.
Auch aus diesem Grund wird für viele Unternehmen das Employer Branding an Bedeutung gewinnen. Da aber die strategische Personalplanung auch die Basis für die meisten
anderen Personalinstrumente ist, wird es in diesem Fall für ein Unternehmen schwierig,
seine Personalarbeit effektiv zu gestalten: Die Orientierung für die eigene Personalarbeit
fehlt. Wenn wir nicht wissen, was auf uns zukommt, hilft nur noch Flexibilität. Aber Flexibilität benötigt das Vorhalten von zusätzlichen Ressourcen, damit wir auch auf unvorhergesehene Ereignisse und Entwicklungen reagieren können. Aber nur die wenigsten
Unternehmen werden in der komfortablen Situation sein, diese zusätzlichen Ressourcen
vorhalten zu können (vgl. Cappelli 2009, S. 11 für die Diskussion der Opportunitätskosten, die sich aus dem Vorhalten von nicht benötigtem Humankapital ergeben).

7.4 Wie sieht es mit der Verbreitung der strategischen Personalplanung aus?

Capelli weist darauf hin, dass die Personalplanung bis in die 1960er-Jahre weitverbreitet
war, in den Jahrzehnten danach aber zunehmend an Bedeutung verlor. Dies zeigt sich
auch an der Literatur zur Personalplanung. Bis in die 1980er- und 1990er-Jahre gab es

eine Reihe von Veröffentlichungen zur Personalplanung, danach wurde deutlich weniger zu diesem Thema publiziert (beispielsweise Mag 1986; Drumm und Scholz 1988; Wimmer 1991 und Rationalisierungs-Kuratorium der Deutschen Wirtschaft e. V. 1996). Der Grund für das nachlassende Interesse war einfach: Am Arbeitsmarkt war ein so großes Angebot an Fachkräften vorhanden, dass die Unternehmen jederzeit ausreichend Humankapital extern akquirieren konnten. Dies machte eine Personalplanung und das kostspielige Vorhalten von Humankapital überflüssig. Capelli bringt es auf den Punkt, wenn er schreibt: „An absence of planning worked okay as long as the problem was just having too much talent" (Cappelli 2009, S. 8). Erst mit der aus Sicht der Arbeitgeber schwieriger werdenden Situation am Arbeitsmarkt gewinnt die Personalplanung wieder an Bedeutung. Unter dem Anglizismus „Strategic Workforce Planning" feiert die strategische Personalplanung in den letzten Jahren ein Comeback. Die Einstellung, Humankapital möglichst bedarfsgetrieben auf dem externen Markt zu beschaffen, statt intern vorzuhalten und zu entwickeln, deckt sich mit dem eingangs beschriebenen Markt-Ansatz zum Umgang mit dem Humankapital. Aber auch in Deutschland hat die strategische Personalplanung gerade vor dem Hintergrund des viel diskutierten Fachkräftemangels (vgl. Regnet und Lebrenz 2014 zu der Frage, inwieweit dieser Fachkräftemangel wirklich so verbreitet ist, wie in der Öffentlichkeit diskutiert wird) und des als Auslöser dafür genannten demografischen Wandels eine Renaissance erlebt. In den Jahren davor waren viele Unternehmen eher damit beschäftigt, überzählige Mitarbeiter ‚sozialverträglich' abzubauen, als sich darüber Gedanken zu machen, wo zukünftig Personal ggf. fehlen könnte. Es ist bezeichnend, dass das derzeit wohl beste Buch zur strategischen Personalplanung im deutschsprachigen Raum von einer Autorengruppe aus dem Demografie-Netzwerk geschrieben wurde, es beschäftigt sich mit den Auswirkungen des demografischen Wandels auf das Personalmanagement (siehe Berendes et al. 2011a, b).

Die Zahl der Untersuchungen, die sich mit der Verbreitung von Personalplanung – egal ob operativ oder strategisch – beschäftigen, ist, verglichen mit der Bedeutung des Themas, sehr überschaubar. Zu den wenigen Studien gehören beispielsweise Kabst und Giardini (2009); Strack et al. (2009) und Knorr und Wickel-Kirsch (2009). Betrachten wir zwei der wenigen Studien genauer, so fällt auf, dass der größte Teil der Personalplanung operativer Natur ist. In einer Untersuchung von Boston Consulting wurden 2008 über 3300 Personalverantwortliche in ganz Europa befragt (vgl. Strack et al. 2009), während sich die Ergebnisse von Kabst & Giardini auf die Befragungsergebnisse von gut 350 Personalverantwortlichen in Deutschland im Jahr 2005 beziehen (vgl. Kabst und Giardini 2009). Beide in Abb. 7.5 dargestellten Studien zeigen, dass der größte Teil der befragten Unternehmen maximal bis zu drei Jahre im Voraus plant. Die Untersuchung von Boston Consulting stand ganz unter dem Eindruck der Finanz- und Wirtschaftskrise 2008/2009. Die zu dem Zeitpunkt ausgeprägte starke Unsicherheit könnte den kurzfristigen Fokus der Personalplanung erklären. Aber auch die Ergebnisse der anderen Befragung, die im wirtschaftlich relativ stabilen Jahr 2005 stattfand, zeigen keinen wirklich längeren Planungszeitraum. Auch ist der Planungszeitraum für die strategische Unternehmensplanung des Unternehmens in den meisten Fällen länger als

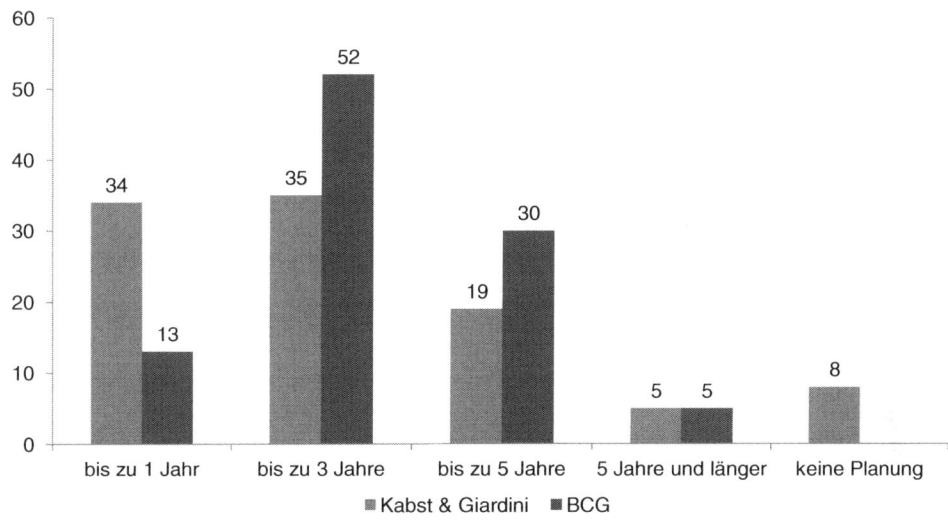

Abb. 7.5 Vergleich der Planungszeiträume für die Personalplanung. (Angaben in Prozent)

der Planungszeitraum für die strategische Personalplanung: Während nur bei 4 % der befragten Unternehmen der Zeitraum für die Personalplanung länger war als der Zeitraum für die Unternehmensplanung, war bei über der Hälfte der Unternehmen (53 %) der Zeitraum für die Unternehmensplanung länger als der Zeitraum für die Personalplanung. Teilweise sogar deutlich länger: Allein bei 7 % fünf oder mehr Jahre länger! Nur bei knapp der Hälfte der Firmen waren die Planungshorizonte deckungsgleich (vgl. Strack et al. 2010, S. 24). Viele Unternehmen tun sich offenbar sehr schwer damit, die Planungszyklen zu harmonisieren. Ein weiteres Indiz dafür, dass die Personalplanung eher kurzfristiger Natur ist, sind die Instrumente, die für die Personalplanung eingesetzt werden. Knapp 80 % der Unternehmen in Deutschland setzten im Jahr 2005 zur Personalplanung Schätzungen auf der Basis von Erfahrungswerten, etwas über 51 % der Unternehmen Kennzahlenmodelle in der Personalplanung ein. Lediglich 19 % wandten Szenario-Techniken an – und weniger als 1 % nutzten Delphi-Studien (vgl. Kabst und Giardini 2009, S. 23). Wenn sich Unternehmen mit der strategischen Personalplanung schwertun, so gilt dies – gerade bei kleineren Unternehmen – umso mehr für die qualitative Personalplanung (vgl. Knorr und Wickel-Kirsch 2009).

Die Ergebnisse sind beunruhigend. Bei der Bedeutung, die die strategische Personalplanung für die Verknüpfung von Unternehmensstrategie und Personalarbeit hat, müssen wir die geringe Verbreitung der strategischen Personalplanung als ein starkes Indiz dafür werten, dass eine auf die Unternehmensstrategie abgestimmte Personalarbeit in der Mehrzahl der Unternehmen faktisch nicht erfolgt. Da die Studie schon etwas älter ist, können wir nur hoffen, dass sich zwischenzeitlich die Situation gebessert hat. Ohne aktuelle Zahlen wissen wir dies aber nicht. Aussagen von Personalern, dass sie in die Entwicklung der Unternehmensstrategie intensiv eingebunden sind und die Unternehmen über eine Personalmanagementstrategie verfügen, sind daher mit Skepsis zu genießen. So gaben bei Kabst und Giardini 71 % der Unternehmen an, eine Personalmanagementstrategie zu haben. Die Vermutung drängt sich auf, dass ein Großteil der Befragten bei der Personalmanagementstrategie an eine HR-Funktionalstrategie, sprich eine Strategie für die Organisation der Personalfunktion, dachte, aber nicht an die Überbrückung der Schnittstelle zwischen Unternehmensstrategie und Personalmanagement. Die im zweiten Kapitel diskutierte babylonische Sprachverwirrung lässt grüßen!

7.5   Strategische Personalplanung – eine Bewertung

Im Rahmen der Strategieimplementierung nimmt die strategische Personalplanung eine zentrale Rolle ein. Genauso, wie die Personalplanung auf der operativen Ebene zu Beginn des gesamten Personallebenszyklus liegt und damit die Grundlage für alle weitere Aktivitäten des Personalmanagements legt (vgl. Scholz 2013, S. 275), leitet die strategische Personalplanung die Humankapitalstrategie aus der Personalstrategie ab. Damit ist eine strategische Personalplanung in den meisten Fällen die unerlässliche Basis für eine erfolgreiche Verknüpfung zwischen Unternehmensstrategie und dem Personalmanagement. Umso mehr wundert es auf den ersten Blick, dass die strategische Personalplanung nicht so weitverbreitet ist, wie man es bei der Bedeutung des Instruments erwarten würde. Welche Faktoren sprechen gegen eine weitere Verbreitung der strategischen Personalplanung? Wir können drei Gründe für die relativ geringe Verbreitung identifizieren.

Der erste Grund liegt in den impliziten Annahmen, die die strategische Personalplanung zum strategischen Management trifft. Auch wenn dies meist unerwähnt bleibt, ist die strategische Personalplanung im MBV verankert und die Strategieentwicklung wird als geplanter Prozess aufgefasst. Für eine Unternehmensstrategie, die dem RBV folgt und bei der das vorhandene Humankapital die Grundlage für die Strategieentwicklung liefert, macht die in dieser Form beschriebene strategische Personalplanung keinen Sinn. Denn beim ressourcenbasierten Ansatz stellt sich nicht die Frage, welches Humankapital ich benötige, um die Unternehmensstrategie umzusetzen, sondern die Frage lautet stattdessen: Welche Unternehmensstrategie bietet sich für das vorhandene Humankapital an? Genauso fehlen bei einem emergenten Ansatz des strategischen Managements die Zielvorgaben, an der sich die Personalstrategie orientieren kann. Wie wir im zweiten Kapitel gesehen haben, wird in den meisten Unternehmen das strategische Management nicht in einer reinen Form praktiziert, sondern beinhaltet das Strategieprofil verschiedene Ansätze. Oft mit der Konsequenz, dass die Unternehmensstrategie nicht so präzise formuliert und kommuniziert wird, dass daraus eine Personalstrategie abgeleitet werden kann. Der strategischen Personalplanung fehlt dann eine belastbare Basis, auf der sie aufsetzen kann.

Der zweite Grund für die relativ geringe Verbreitung der strategischen Personalplanung liegt im Grad der Unsicherheit, der in der Planung berücksichtigt werden muss.

Wie jede andere mittel- bis langfristige Planung auch benötigt die strategische Personal-planung ein Mindestmaß an Planungssicherheit und stößt bei zu hoher Unsicherheit an ihre Grenzen. Selbst Instrumente wie die Szenario-Technik helfen uns bei sehr großer Unsicherheit nicht mehr weiter. Der dritte Grund liegt in dem hohen Aufwand, der für eine strategische Personalplanung betrieben werden muss. Und je größer das Unterneh-men und je detaillierter die Planung, desto größer ist dieser Aufwand. Der Prozess erfor-dert eine intensive Kommunikation zwischen den Fachseiten, der Geschäftsführung und dem Personalmanagement. Je nach Rollenverständnis und Akzeptanz der Personalabtei-lung findet dieser Dialog nicht in der notwendigen Intensität statt. Falls sich das Per-sonalmanagement zu sehr auf administrative Aspekte konzentriert und ein zu geringes Verständnis für die Anforderungen des eigentlichen Geschäfts des Unternehmens hat, kann das Personalmanagement nicht als Sparringspartner für den Planungsprozess fun-gieren. Sowohl die Aggregation der Tätigkeiten zu Job-Familien als auch die Entwick-lung und Simulation der Szenarien sowie die Ableitung des Maßnahmenplans erfordern viele Daten und viel Zeit. Als besonders problematisch erweist sich gerade die qualita-tive Planung mit ihren oft diffusen Anforderungen an die Qualifikationen des zukünfti-gen Humankapitals. Daher suchen Unternehmen oft nach Möglichkeiten, den Aufwand der strategischen Personalplanung zu verringern. Eine Möglichkeit besteht darin, die strategische Planung auf bestimmte Job-Familien und Schlüsselpositionen zu beschrän-ken (vgl. Scholz 2013, S. 294; Lebrenz und Völk 2012).

Die strategische Personalplanung ist kein Universalinstrument, das immer und über-all eingesetzt werden kann. Manchmal fehlen die Rahmenbedingungen. Aber wenn wir uns anschauen, wie selten eine strategische Personalplanung aktuell durchgeführt wird, dann liegt das kaum daran, dass für die meisten Firmen das Umfeld zu turbulent und unsicher ist. In vielen Fällen scheuen die Unternehmensleitung bzw. die Personalabtei-lung den Aufwand, der mit einer strategischen Personalplanung verbunden ist. Sicher, der Aufwand, der notwendig ist, ist sehr hoch. Doch gleichzeitig ist dieser hohe Auf-wand mehr als gerechtfertigt. Schließlich geht es darum, einen der größten Kostenblöcke für das Unternehmen zu planen, gleichzeitig auch einen für immer mehr Unternehmen kritischen Erfolgsfaktor zu prognostizieren: das Humankapital. Wenn wir eine Verbin-dung zwischen der Unternehmensstrategie und der Humankapitalstrategie – und damit eine strategieorientierte Personalarbeit – schaffen wollen, dann ist die strategische Perso-nalplanung ein ganz zentrales Instrument. Die Kosten der strategischen Personalplanung sind hoch, die Kosten, eine strategische Personalplanung zu *unterlassen,* dürften in der Regel um ein Vielfaches höher sein. Die Frage ist nicht, ob wir es uns leisten können, eine strategische Personalplanung zu betreiben, sondern ist, ob wir es uns leisten können, *keine* strategische Personalplanung durchzuführen. Diese Erkenntnis scheint sich derzeit bei immer mehr Firmen durchzusetzen, und so gesehen ist das in den letzten Jahren zu beobachtende wieder gestiegene Interesse an der strategischen Personalplanung ein posi-tives Zeichen.

Literatur

Bechet, T. (2008). *Strategic staffing. A comprehensive system for effective workforce planning* (2. Aufl.). New York: AMACOM.

Berendes, K., & Werner, C. (2011). Kern und Zweck der strategischen Personalplanung. In K. Berendes & C. Werner (Hrsg.), *Das Demographie Netzwerk. Strategische Personalplanung. Die Zukunft heute gestalten* (S. 9–19). Bremerhaven: Wirtschaftsverlag NW.

Berendes, K., Düning, R., Renner, L., & Schulte, M. (2011a). Einbettung in den gesamtunternehmerischen Planungsprozess. In K. Berendes & C. Werner (Hrsg.), *Das Demographie Netzwerk. Strategische Personalplanung. Die Zukunft heute gestalten* (S. 75–84). Bremerhaven: Wirtschaftsverlag NW.

Berendes, K., Kittel, P., Renner, L., & Schmitz, M. (2011b). Jobfamilien – die Basis. In K. Berendes & C. Werner (Hrsg.), *Das Demographie Netzwerk. Strategische Personalplanung. Die Zukunft heute gestalten* (S. 20–27). Bremerhaven: Wirtschaftsverlag NW.

Boudreau, J. (2010). *Retooling HR: Using proven business tools to make better decisions about talent*. Boston: Harvard Business School Publishing.

Boudreau, J., & Ramstad, P. (2007). *Beyond HR: The new science of human capital*. Boston: Harvard Business School Press.

Burt, G., & Chermack, T. (2008). Learning with scenarios – summary and critical issues. *Advances in Developing Human Resources, 10*(2), 285–295.

Cappelli, P. (2009). A supply chain approach to workforce planning. *Organizational Dynamics, 38*(1), 8–15.

Cappelli, P. (2013). HR for neophytes. *Harvard Business Review, 10,* 25–27.

Chermack, T., & Swanson, R. (2008). Scenario planning: Human resource development's strategic learning tool. *Advances in Developing Human Resources, 10*(2), 129–146.

Cornus, A. (2014). *Effektiver strukturieren. Personalwirtschaft Sonderheft, 2014*(06), 14–15.

Drumm, H., & Scholz, C. (1988). *Personalplanung: Planungsmethoden und Methodenakzeptanz*. Bern: Haupt.

Ebert, F. (2010). *Szenarien in der Personalplanung. personalmagazin, 2010*(05), 22–25.

Gutmann, J., & Terschüren, M. (2004). *Personalplanung*. Freiburg: Haufe.

Howes, P. (2013). Wisdom on workforce planning. In P. Ward & R. Tripp (Hrsg.), *Positioned: Strategic workforce planning that gets the right person in the right job* (S. 165–185). New York: AMACOM.

Jung, H. (2008). *Personalwirtschaft* (8. Aufl.). München: Oldenbourg.

Kabst, R., & Giardini, A. (2009). Die deutsche Cranet-Erhebung 2005: Empirische Befunde und Ergegnisbericht. In R. Kabst, A. Giardini, & M. Wehner (Hrsg.), *International komparatives Personalmanagement. Evidenz, Methodik, /Klassiker des „Cranfield Projects on International Human Resource Management"* (S. 11–57). München: Rainer Hampp.

Knorr, E., & Wickel-Kirsch, S. (2009). Qualitative Planung kommt zu kurz. *Personalmagazin, 2009*(11), 48–50.

Lebrenz, C., & Völk, S. (2012). Damit die Richtung stimmt. *Personalmagazin, 2012*(9), 24–26.

Mag, W. (1986). *Einführung in die betriebliche Personalplanung*. Darmstadt: Wissenschaftliche Buchgesellschaft.

Merwe, L van der. (2008). Scenario-based strategy in practice a framework. *Advances in Developing Human Resources, 10*(2), 216–239.

Phillips, J., & Gully, S. (2014). *Strategic staffing* (2. Aufl.). Harlow: Pearson.

Punke, F., & Strack, R. (2013). Mit Weitblick „on the road". *Personalwirtschaft, 2013*(08), 28–30.

Rationalisierungs-Kuratorium der Deutschen Wirtschaft e. V. (Hrsg.). (1996). RKW-Handbuch Personalplanung. 3. Aufl. Neuwied: Luchterhand.

Regnet, E., & Lebrenz, C. (2014). Arbeitgeberattraktivität und Fachkräftesicherung. In L. v. Rosenstiel, E. Regnet, & M. Domsch (Hrsg.), *Führung von Mitarbeitern* (7. Aufl., S. 64–72). Stuttgart: Schäffer-Poeschel.

Sattelberger, T., & Strack, R. (2009). Strategische Personalplanung. *Personalmagazin, 2009*(06), 54–56.

Scholz, C. (2013). *Personalmanagement: Informationsorientierte und verhaltenstheoretische Grundlagen* (6. Aufl.). München: Vahlen.

Strack, R., Caye, J.-M., Thurner, R., & Haen, P. (2009). *Creating people advantage in times of crisis. How to address HR challenges in the recession.* Boston: Boston Consulting Group.

Strack, R., Bhalla, V., Caye, J.-M., Espinosa, E., Francoeur, F., Lassen, S., Haen, P. & Pucket, J. (2010). *Creating people advantage 2010: How companies can adapt their HR practices for volatile times.* Boston: Boston Consulting Group.

Taleb, N. N. (2010). *The black swan. The impact of the highly improbable* (2. Aufl.). New York: Random House.

Wilkinson, A., & Kupers, R. (2013). Living in the futures. *Harvard Business Review, 5,* 118–127.

Wimmer, P. (1991). *Personalplanung: Problemorientierter Überblick – theoretische Vertiefung.* Stuttgart: Thieme.

Strategisches Kompetenzmanagement

8

Zusammenfassung

In Kap. 8 beschäftigen wir uns mit dem strategischen Kompetenzmanagement, dem zweiten Ansatz zur Strategieimplementierung. Wir können in erster Linie drei Gründe dafür ausmachen, dass dieser Ansatz in den letzten 15 Jahren signifikant an Bedeutung gewonnen hat. Erstens hat die zunehmende Beliebtheit des Resource Based View – und hier besonders der Begriff der Kernkompetenzen – dazu geführt, dass das Interesse am Thema Kompetenzen stark gestiegen ist. Der zweite Grund liegt in der Unzufriedenheit mit der qualitativen Seite der strategischen Personalplanung. Drittens haben die Kompetenzmodelle durch die gemeinsame Sprache eine Klammerfunktion und ermöglichen damit eine Integration der verschiedenen Personalinstrumente, beispielsweise im Personalmarketing, in der Rekrutierung, der Personalentwicklung und auch dem Performance Management. Wir werden in diesem Kapitel erfahren, inwieweit das strategische Kompetenzmanagement den Erwartungen gerecht werden kann, welche Rahmenbedingungen es erfordert und wie verbreitet das Instrument in der Praxis ist.

Im letzten Kapitel haben wir gesehen, dass sich Unternehmen bei der strategischen Personalplanung besonders mit der qualitativen Personalplanung schwertun. Jochmann argumentiert, dass es bisher an den notwendigen Konzepten und Instrumenten fehlte, um qualitative Personalplanung effektiv mit der Unternehmensstrategie verbinden zu können (vgl. Jochmann 2007, S. 3). Genau diese Lücke zu schließen, ist der Ansatzpunkt des strategischen Kompetenzmanagements. In diesem Kapitel wollen wir diesen Ansatz näher betrachten. Im Abschn. 8.1 gehen wir wieder der Frage nach, welche Idee hinter diesem Instrument steht, und in Abschn. 8.2 erläutern wir den Aufbau und den Ablauf des strategischen Kompetenzmanagements. Die Abschn. 8.3 und 8.4 beschäftigen sich mit den notwendigen Rahmenbedingungen für das Instrument sowie seiner Verbreitung in der Praxis. Das Kapitel schließt mit einer Bewertung des strategischen Kompetenzmanagements.

© Springer Fachmedien Wiesbaden GmbH 2017   201
C. Lebrenz, *Strategie und Personalmanagement*,
DOI 10.1007/978-3-658-14330-5_8

8.1 Was ist die Idee hinter dem strategischen Kompetenzmanagement?

In der kurzen Übersicht der verschiedenen Ansätze des strategischen Managements im zweiten Kapitel kam die Diskussion auch auf die Gegenüberstellung von MBV und RBV. Während der Market Based View das externe Umfeld und die Branchenstrukturen als Haupteinflussfaktoren auf die Strategieentwicklung ansieht, liegt beim Resource Based View der Fokus auf den unternehmensinternen Ressourcen als Ansatzpunkt, einen Wettbewerbsvorteil zu erlangen. Prahalad und Hamel machten den Begriff der Kernkompetenzen populär (vgl. Hamel und Prahalad 1994). Mit der raschen Verbreitung des RBV in den 1990er-Jahren gewann auch das Kompetenzmanagement eine ganz neue Bedeutung: Wenn Kompetenzen die Grundlage für den eigenen Wettbewerbsvorsprung bilden, dann können wir die Entwicklung der unternehmensinternen Kompetenzen nicht dem Zufall überlassen, sondern müssen diese aktiv managen (vgl. Lawler 1994). Während in der Vergangenheit im Personalmanagement Kompetenzen eher auf der Ebene der einzelnen Mitarbeiter ein Thema waren, schwenkte nun der Fokus auf die Ebene der gesamten Organisation, das Kompetenzmanagement nahm damit eine ‚strategische' Dimension an (vgl. Shippmann et al. 2000, S. 712). Kompetenzen wurden zu einem ähnlich wichtigen Asset wie die Finanzen und sollten ähnlich aktiv gemanagt werden (vgl. Sparrow 1995, S. 173 und die dort zitierte Literatur). Zum Management können Kompetenz-Portfolios eingesetzt werden (vgl. Krüger und Homp 1997, S. 110). Sparrow denkt den Ansatz konsequent zu Ende, wenn er argumentiert, dass eine auf Kompetenzen basierende Personalstrategie nicht den einzelnen Mitarbeiter, sondern die jeweilige Kompetenz als Ansatzpunkt für ihre Maßnahmen betrachtet, besonders dann, wenn es sich um strategisch relevante Kompetenzen handelt (vgl. Sparrow 1995, S. 175). Es geht nicht mehr darum, bestimmte Mitarbeiter zu gewinnen oder zu entwickeln, sondern benötigte Kompetenzen aufzubauen bzw. einzukaufen.

Ein weiterer Faktor, der die Bedeutung von Kompetenzen erhöht, sind die Veränderungen in vielen Aufgabenbereichen. Es gibt einerseits Tätigkeiten, wie z. B. die eines Lokführers[1], die stark standardisiert sind, bei denen die erforderlichen Fähigkeiten und Kenntnisse gut abprüfbar sind und die Leistungsschere zwischen Normal- und Spitzenleistung gering ist. Diesen ‚industriellen' Tätigkeiten stehen andererseits stark ‚wissensbasierte' Tätigkeiten, wie etwa die eines Software-Entwicklers, gegenüber: Ein großer Teil der entscheidenden Fähigkeiten wie Analytik und Kreativität ist schwer abprüfbar und es besteht eine große Leistungsschere zwischen Normal- und Spitzenleistung. Durch diese große Leistungsschere lässt sich der Bedarf an Humankapital bei wissensbasierten Tätigkeiten viel schwieriger in Kopfzahlen ausdrücken, da wenige brillante Entwickler mehr leisten können als ein Dutzend mäßiger Entwickler. Anders bei der Position des Lokführers, wo der Bedarf – vorgegeben hier sogar durch den Fahrplan des Unternehmens – sich selbst mittel- und langfristig sehr gut planen lässt. Bei den wissensbasierten

---

[1]Die Beispiele und die Gegenüberstellung der beiden Tätigkeiten gehen auf Raimund Birri zurück.

Tätigkeiten ist die Bedeutung der schwer abprüfbaren Fähigkeiten – sprich der Kompetenzen – deutlich höher. Und da wissensbasierte Tätigkeiten im Vergleich zu industriellen Tätigkeiten für die Wettbewerbsfähigkeit vieler Unternehmen eine immer größere Rolle spielen, steigt auch die Bedeutung der Kompetenzen – und diese müssen daher aktiv gemanagt werden.

Von der Idee her gleicht das strategische Kompetenzmanagement stark der strategischen Personalplanung. Der entscheidende Unterschied liegt im engeren Fokus des strategischen Kompetenzmanagements. Während die strategische Personalplanung in einem dreistufigen Prozess das vorhandene Humankapital mit dem zukünftig benötigten Humankapital vergleicht und die prognostizierten Lücken zu schließen versucht, vergleicht das strategische Kompetenzmanagement die vorhandenen mit den zukünftig benötigten Kompetenzen. Wir werden uns gleich noch verschiedene Definitionen anschauen, aber erst einmal greifen wir auf die Definition von Krumm und seinen Koautoren zurück, die Kompetenz folgendermaßen definieren: „… ein Set von Fähigkeiten, Fertigkeiten und anderen Merkmalen, das ursächlich dazu beiträgt, dass eine Person in der Lage ist, komplexe Situationen effektiv zu bewältigen" (Krumm et al. 2012, S. 3). Damit konzentrieren sie sich auf den qualitativen Aspekt des zukünftig benötigten Humankapitals, während der quantitative Aspekt ausgeklammert wird. Das strategische Kompetenzmanagement ist damit die Idee, die Strategie in erster Linie über die Personalentwicklung bzw. das Talentmanagement umzusetzen. Kompetenzen extern zu gewinnen, das steht für die meisten Autoren kaum zur Debatte. So definiert Leinweber auch das Instrument folgendermaßen:

> Das strategische Kompetenzmanagement befasst sich dabei nicht nur mit dem vorhandenen Kompetenzportfolio, sondern vielmehr mit der Veränderung des Verhaltens der Mitarbeiter hin zum strategischen Zielkompetenzportfolio. Dies ermöglicht wiederum die kompetenzbasierte Besetzung von Stellen durch HR-Instrumente im Zuge der Personaldiagnostik und Personalentwicklung. So kann strategisches Kompetenzmanagement zum Motor der Strategieumsetzung und zum Motor von Veränderung werden (Leinweber 2010, S. 146).

Die Idee hinter dem strategischen Kompetenzmanagement ist, dass das Personalmanagement dann die Strategie erfolgreich umsetzt, wenn es die Mitarbeiter mit den zukünftig benötigten Kompetenzen ausstattet. Wichtig ist, dass es hierbei grundsätzlich um die Kompetenzen der gesamten Belegschaft geht, nicht nur um eine besondere Gruppe wie High Potentials oder Führungskräfte. Wir werden gleich sehen, dass das strategische Kompetenzmanagement ähnlich wie eine strategische Personalplanung recht aufwendig ist. Daher schlagen auch beim strategischen Kompetenzmanagement einige Autoren vor, sich aus Kosten- und Zeitgründen ggf. auf Schlüsselpositionen bzw. die Führungskräfte zu konzentrieren (vgl. Jochmann 2007, S. 17).

Das Konzept der Kompetenz

Sehen wir uns aber erst einmal das zentrale Konzept des Kompetenzmanagements an: die Kompetenz. Die Fokussierung auf die Bedeutung der Kompetenz für die

Personal- und Organisationsentwicklung geht auf einen Aufsatz von McClelland zurück, der die Kompetenz statt der Intelligenz als die zentrale Befähigung für die erfolgreiche Erledigung der Arbeit ansieht (vgl. McClelland 1973). Den Unterschied zwischen Kompetenzen und den verwandten Begriffen Wissen und Qualifikationen können wir am Beispiel von Abb. 8.1 beschreiben. Die Grundlage von Kompetenzen bildet Wissen im engeren Sinne bzw. bestimmte Fähigkeiten oder Fertigkeiten. Dieses Wissen und diese Fertigkeiten ermöglichen es den Mitarbeitern, in *bekannten* Situationen routinemäßig Aufgaben zu erledigen. Dieses Wissen und diese Fertigkeiten lassen sich auch direkt überprüfen und standardisiert als bestimmte Qualifikationen erfassen (vgl. Heyse und Erpenbeck 2009; Scherm 2014, S. 19). Dies kann ein Gabelstapler-Führerschein genauso sein wie ein Bachelor-Abschluss. Der entscheidende Unterschied der Kompetenzen liegt darin, dass – geleitet durch die Werte, Normen und Regeln der Person bzw. der Organisation – die Kompetenzen es den Mitarbeitern ermöglichen, auch in *unerwarteten* oder auch chaotischen Situationen selbstständig zu handeln und zu lernen. Diese Selbstorganisationsfähigkeit anhand der gegebenen Werte, Normen und Regeln ist letztendlich der entscheidende Unterschied (vgl. Erpenbeck und v. Rosenstiel 2007, S. XII). Die Mitarbeiter sollen dabei in der neuen oder unstrukturierten Situation nicht nur handeln können, sondern den Erwartungen der Organisation entsprechend handeln können (vgl. Bergmann und Daub 2008, S. 79). Den engen Zusammenhang zwischen den Begriffen macht auch die angelsächsische Kompetenz-Literatur deutlich. Dort wird statt von ‚competencies‘ meist von ‚knowledge, skills, ability, other characteristics: KSAO‘ gesprochen (vgl. beispielsweise Campion et al. 2011, S. 226 und die darin zitierte Literatur).

Ob uns eine so differenzierte Unterscheidung in der Praxis wirklich weiterbringt, ist fraglich. Manchmal mag es reichen, diese verschiedenen Konzepte aufzuteilen in den Bereich, der direkt abprüfbar ist (Wissen und Qualifikationen), und den Teil, der darüber hinausgeht und wo eine direkte Prüfung nicht möglich ist (die Einstellungen und Werte) oder wir sogar unter Kompetenzen einfach alles zusammenfassen, was der Mitarbeiter

Abb. 8.1 Die Abgrenzung von Wissen, Qualifikationen und Kompetenzen. (Erpenbeck und v. Rosenstiel 2007, S. XIII)

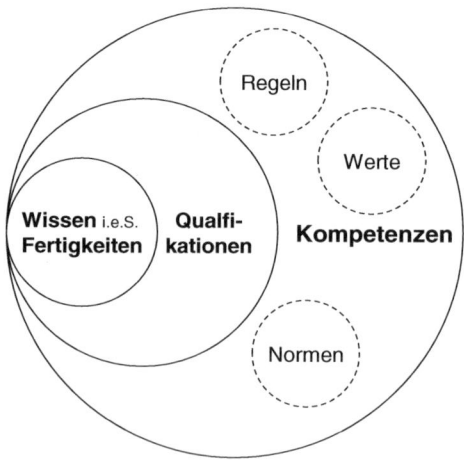

braucht, um seine Aufgaben erfüllen zu können. Im letzteren Falle wären Kompetenzen und Humankapital weitestgehend identisch. Egal, wie stark wir hier ausdifferenzieren wollen, entscheidend ist, dass die Effektivität der Mitarbeiter zu einem großen Teil von etwas abhängt, was nicht wie die Qualifikationen direkt abprüfbar ist. Im dritten Kapitel haben wir mit der Unterscheidung in Human-, Sozial- und Organisationskapital eine weitere Klassifizierung getroffen, die diesen Unterschied herausarbeiten will. Im Kompetenzmanagement wird diese Unterscheidung unter anderem Namen und einer etwas anderen Perspektive angegangen.

Wenn Kompetenzen gemanagt werden sollen, dann müssen sie sich auch verändern bzw. beeinflussen lassen. D. h., es wird grundsätzlich davon ausgegangen, dass sich Kompetenzen erlernen lassen (vgl. Scherm 2014, S. 20 f.). Allerdings können sie nicht so einfach vermittelt werden wie Wissen oder Fähigkeiten. Von Rosenstiel fasst es folgendermaßen zusammen: „Kompetenzen lassen sich nun nicht – auch wenn man bei den Mitarbeitern und MitarbeiterInnen spezifische Defizite diagnostiziert – in einer zielorientierten und institutionalisierten Weise im Rahmen der herkömmlichen Fort- und Weiterbildung entwickeln. Sie werden, wie bereits betont, in informeller Weise im Prozess der Arbeit und im sozialen Umfeld selbstorganisiert erworben." Für das Kompetenzmanagement bedeutet dies, dass das Unternehmen durch bestimmte Maßnahmen den Rahmen schaffen muss, in dem die Mitarbeiter die benötigten bzw. geforderten Kompetenzen erwerben können. Und dies sind nicht notwendigerweise klassische Schulungen und Trainings. Mit der Einführung des Kompetenzmanagements steigt damit nicht nur die Bedeutung der Personalentwicklung, sondern es steigen auch die Anforderungen an die Personalentwicklung deutlich.

Ebenen der Kompetenz
Wenn wir von Kompetenzen sprechen, dann müssen wir zwei Ebenen unterscheiden, auf denen Kompetenzen im Unternehmen verankert sind: einerseits die Ebene der Organisation, wo wir es dann mit dem Sozial- und vor allem dem Organisationskapital zu tun haben, andererseits die Ebene des einzelnen Mitarbeiters. Leinweber spricht von der ersten Ebene als ‚ressourcenorientiert‘, von der zweiten Ebene als ‚lernorientiert‘ (vgl. Leinweber 2010, S. 48). Die ressourcenorientierten Kompetenzen werden Top-down aus der Unternehmensstrategie abgeleitet und in das später noch genauer diskutierte Kompetenzmodell gegossen. Jochmann (2014, S. 24) spricht bei den Kompetenzen, die aus der Strategie abgeleitet werden, von ‚Organisationskompetenz‘. Hier wird definiert, welche Kompetenzen und Verhaltensweisen von den Mitarbeitern erwartet werden, damit die Strategie umgesetzt werden kann. Dieser „Soll-Vorgabe" (vgl. Leinweber 2010, S. 40) muss aber auch gegenübergestellt werden, welche Kompetenzen tatsächlich im Unternehmen vorhanden sind. Dies geschieht in einem Bottom-up-Prozess, in dem die lernorientierten Kompetenzen der einzelnen Mitarbeiter anhand des aus der Strategie abgeleiteten Kompetenzmodells erfasst werden. Die eventuell identifizierten Lücken müssen dann beispielsweise durch die gezielte Weiterentwicklung der Kompetenzen einzelner Mitarbeiter geschlossen werden (vgl. Leinweber 2010, S. 48).

Die Strategieumsetzung durch das Kompetenzmanagement basiert also darauf, dass ein Top-down-Prozess und ein Bottom-up-Prozess ineinandergreifen. Top-down werden die benötigten Kompetenzen durch die Strategie definiert und durch ein Kompetenzmodell vorgegeben. Bottom-up findet die Erfassung der vorhandenen Kompetenzen statt. Die im Zusammenspiel der beiden Prozesse identifizierten Lücken müssen dann im dritten Schritt durch ein Maßnahmenpaket geschlossen werden. North und seine Koautoren sprechen hier von einer Synchronisation der einerseits durch die Strategie geforderten und andererseits im Unternehmen vorhandenen Kompetenzen (vgl. North et al. 2013, S. 241). Hier sehen wir wieder deutliche Parallelen zur strategischen Personalplanung.

Strategieumsetzung durch das Kompetenzmanagement

Die Synchronisation kann über verschiedene Wege erfolgen. Ein Weg ist die Personal-entwicklung (vgl. North et al. 2013, S. 241). Über die Qualifikation der Mitarbeiter, die Positionierung auf die passenden Stellen im Rahmen von Nachfolge- und Karri-ereplanung können die benötigten Kompetenzen aufgebaut und an die richtige Position im Unternehmen gebracht werden. Ein weiterer Weg ist das organisationale Lernen im Rahmen einer Organisationsentwicklung (vgl. v. Rosenstiel 2007, S. 53). Personal- und Organisationsentwicklung haben gemeinsam, dass es sich um interne Formen des Kom-petenzaufbaus handelt. Die benötigten Kompetenzen können aber genauso gut auf dem externen Arbeitsmarkt beschafft werden. So argumentieren Personalberater oft, dass es für ein Unternehmen, das international agieren will, sinnvoller ist, einen in der Interna-tionalisierung erfahrenen Manager von außen ins Unternehmen zu holen, statt für den internen Aufbau der dazu notwendigen Kompetenzen teures Lehrgeld zu zahlen. Statt einzelner Mitarbeiter können wir auch genauso gut ganze Teams anwerben. Rechtsan-waltskanzleien oder Investmentbanken machen hin und wieder von sich reden, wenn sie ganze Teams eines Konkurrenten abwerben oder ein Partner die Kanzlei wechselt und eine Gruppe von Mitarbeitern mitnimmt. Bei diesen Wechseln geht es einerseits darum, den Kundenstamm der Anwälte oder Berater zu gewinnen, andererseits aber auch darum, die Expertise für bestimmte Geschäftsfelder – beispielsweise Know-how im Kartell- oder Insolvenzrecht – auf- bzw. auszubauen.

   Die radikalere Variante der externen Gewinnung von Kompetenzen ist der Kauf einer ganzen Firma, um so schnell an die gewünschten Kompetenzen zu kommen. Im zwei-ten Kapitel haben wir das Beispiel von IBM erwähnt, die die Beratungssparte von PWC erwarb, um Beratungskompetenzen in der nötigen Menge und Qualität zügig an Bord zu holen. Eine Analyse hatte ergeben, dass die für den Strategieschwenk benötigte Bera-tungskompetenz nicht ausreichend schnell intern aufgebaut werden konnte bzw. der Einkauf einzelner Berater nicht zu den notwendigen Prozessen und Strukturen führen würde. Die Übernahme des gesamten Unternehmensteils brachte IBM neben den Kom-petenzen der einzelnen Mitarbeiter auch das Organisationskapital in Form von etablier-ten Strukturen und Prozessen.

Beispiel

Das Ziel, die für die Strategie benötigten Kompetenzen extern zu erwerben, war auch der Hintergrund für den – letztendlich gescheiterten – Übernahmeversuch der Continental AG durch die Schaeffler-Gruppe im Jahr 2008. Schaeffler verfügt als Automobilzulieferer über viel Know-how im Bereich der mechanischen Komponenten, wie beispielsweise Kugel- und Walzlager. Diese aktuell starke Position ist aber mittelfristig gefährdet, da mechanische Komponenten im Auto eine immer geringere Rolle spielen. Stattdessen steigt die Bedeutung elektronischer Komponenten wie ABS, ESP oder diverser Assistenzsysteme. Schaeffler kam zu dem Ergebnis, dass es zu lange dauern würde, das Know-how bzw. die Kompetenzen für die Entwicklung elektronischer Fahrzeugkomponenten intern aufzubauen. So entschied auch Schaeffler sich dafür, die Kompetenzen extern, durch den Kauf einer Firma, die schon über diese Kompetenzen verfügte, aufzubauen. Die Wahl fiel auf die viel größere Continental AG. Die – technisch brillant eingefädelte – Übernahme der Continental AG durch die Schaeffler-Gruppe scheiterte zwar am Ausbruch der Finanzkrise Mitte 2008. Die Logik hinter dem Übernahmeversuch, durch den Kauf eines anderen Unternehmens die für die Strategie benötigten Kompetenzen schnell und massiv aufzubauen, bleibt davon unberührt.

Die Frage, ob Kompetenzen in erster Linie intern aufgebaut oder extern eingekauft werden sollen, hängt, wie so oft, vom Personalmanagement-Ansatz des Unternehmens ab. Bei einem Investment-Ansatz wird man eher zu einem internen Aufbau tendieren als bei einem Markt-Ansatz. Wir hatten eine ähnliche Diskussion ja auch im letzten Kapitel, bei der Frage, ob man das Humankapital intern planen und entwickeln oder sich eher auf den externen Arbeitsmarkt verlassen sollte. Dem in Deutschland verbreiteten Investment-Ansatz kommt der interne Kompetenzaufbau sicher entgegen.

Arten der Kompetenzen

Welche Kompetenzen gibt es überhaupt? Je nach Autor gibt es unterschiedliche Klassifizierungen. Einige davon sind in Abb. 8.2 aufgelistet. Der Blick auf die Tabelle zeigt, dass in der Literatur (und auch in der Praxis) keine Einigkeit darüber herrscht, wie detailliert die Kompetenzen voneinander abgegrenzt werden sollen. Der Umstand, dass die Klassifizierungen so unterschiedlich ausfallen, hat ihnen auch den Vorwurf der mangelnden Trennschärfe bzw. der Beliebigkeit eingebracht (vgl. Eck und Rietiker 2010, S. 198). Solange klare Kriterien für die Abgrenzung der einzelnen Kompetenzen fehlen, wird sich diese Kritik halten. Eck und Rietiker merken aber auch an, dass die Kritik der Popularität dieser Klassifizierungen, und hier besonders der von den beiden Autoren aufgelisteten Vierteilung, keinen Abbruch getan hat (vgl. Eck und Rietiker 2010, S. 198).

Einige Autoren argumentieren (vgl. Briscoe und Hall 1999, S. 49; Dimitrova 2008), dass zunehmende Dynamik und Veränderungsgeschwindigkeit im Wirtschaftsleben dazu führen, dass die Mitarbeiter immer wieder neue Kompetenzen erwerben müssen, um den geänderten Anforderungen im Berufsleben gerecht zu werden. Dazu benötigen die Mitarbeiter neben den bisher diskutierten Kompetenzen eine weitere Kompetenz,

Autor	Bartram (2005)	Von Rosenstiel (2007)	Knoll (2001)	Eck & Rietiker (2010)
Kompetenzen	• Leading and Deciding • Supporting and Cooperating • Interaction and Presenting • Analyzing and Interpreting • Creating and Conceptualizing • Organizing and Executing • Adapting and Coping • Enterprising and Performing	• Fachkompetenz • Methodenkompetenz • Sozial-kommunikative Kompetenz • Personale Kompetenz • Aktivitäts- und Handlungskom-petenz	• Selbstkompetenz • Sozialkompetenz • Schnittmengen-kompetenz • Methodenkompetenz • Medienkompetenz • Systemkompetenz • Kulturkompetenz • Wertekompetenz • Durchsetzungs-kompetenz • Sachkompetenz	• Fachkompetenz • Methodenkompetenz • Sozialkompetenz • Selbstkompetenz

Abb. 8.2 Verschiedene Typologien von Kompetenzen

die *Metakompetenz*. Diese definiert Dimitrova folgendermaßen: „Metakompetenz wurde als eine der Kompetenz übergeordnete, subjektspezifische, jedoch kontextunabhängige Fähigkeit zur bedarfsgerechten, selbstorganisierten Weiterentwicklung der individuellen Kompetenzen aufgefasst" (Dimitrova 2008, S. 213). Genauso, wie wir lernen müssen, zu lernen, müssen wir dementsprechend die Kompetenz erwerben, Kompetenzen zu erwerben. Wenn wir den Ansatz der Metakompetenz weiterdenken, bedeutet dies auch, dass die in Abb. 8.2 exemplarisch dargestellten Klassifizierungen an Bedeutung verlieren, da die Kompetenzen immer mehr im Fluss sind.

8.2 Wie ist das strategische Kompetenzmanagement aufgebaut?

Kompetenzmodelle

Das zentrale Instrument zur Umsetzung des strategischen Kompetenzmanagements ist das Kompetenzmodell, in dem die für die Strategieumsetzung benötigten Kompetenzen strukturiert dargestellt werden. So beschreibt Steinweg ein Kompetenzmodell als „systematische Ansammlung von unternehmensspezifischen Kompetenzbeschreibungen" (Steinweg 2009, S. 60), während Campion und seine Koautoren es so beschreiben: „Competency models refer to collections of knowledge, skills, abilities, and other characteristics (KSAOs) that are needed for effective performance in the jobs in question" (Campion et al. 2011, S. 226). Die beiden Definitionen verdeutlichen den unterschiedlichen Fokus, mit dem Kompetenzmodelle eingesetzt werden. Für Steinweg steht die Ebene der Organisation im Vordergrund, für Campion und seine Kollegen ist es die Ebene des einzelnen Mitarbeiters. Die Frage, inwieweit ein Kompetenzmodell für das gesamte Unternehmen gültig ist und inwieweit es auf einzelne Stellen zugeschnitten ist, ist eine der Fragen, die uns bei der Entwicklung von Kompetenzmodellen noch begleiten werden.

Wie in Abb. 8.3 zu erkennen ist, bildet das Kompetenzmodell das Bindeglied zwischen der Unternehmens- bzw. Geschäftsfeldstrategie auf der einen Seite und den verschiedenen Personalinstrumenten auf der anderen Seite. Für die Umsetzung der Strategie werden die benötigten Kompetenzen identifiziert und dann die Personalinstrumente im Unternehmen dahin gehend abgestimmt, um die benötigten Kompetenzen zu erwerben. Damit erfüllt das Kompetenzmodell – neben seiner Funktion als Kommunikationsinstrument – eine Koordinationsfunktion. Wie genau soll die Ableitung des Kompetenzmodells aus der Unternehmensstrategie aussehen? Jochmann schlägt einen dreistufigen Prozess vor (vgl. Jochmann 2007, S. 11): Erstens wird die Unternehmensstrategie in einzelne Elemente zerlegt. Jochmann spricht hier von ‚Bausteinen‘. Die Kompetenzen werden dann jeweils mit Bezug auf die einzelnen Bausteine abgeleitet. Im zweiten Schritt werden die ‚HR Driver‘ identifiziert, sprich, es wird gefragt, welches Humankapital notwendig ist, um den jeweiligen Strategiebaustein umsetzen zu können. Im dritten Schritt wird dieses Humankapital anhand einzelner Kompetenzen beschrieben: Wie wichtig sind bestimmte Kompetenzen, wie stark müssen sie ausgeprägt sein, damit uns das für die Strategieumsetzung benötigte Humankapital zur Verfügung steht? Auch wenn nicht ausdrücklich erwähnt, müssen dann in einem vierten Schritt die für die einzelnen Strategiebausteine identifizierten Kompetenzen zusammengeführt werden, damit ein einheitliches Kompetenzmodell entsteht. Da es in der Praxis nicht einfach sein dürfte, die einzelnen Elemente der Strategie sauber zu trennen, werden wir auch bei den benötigten Kompetenzen mit Überlappungen rechnen müssen.

North und seine Koautoren (North et al. 2013, S. 245) schlagen die in Abb. 8.4 dargestellte Kurzanalyse als Ausgangspunkt für die Ableitung des Kompetenzmodells aus der Strategie vor. Auch hier wird durch den Fragenkatalog versucht, die verschiedenen

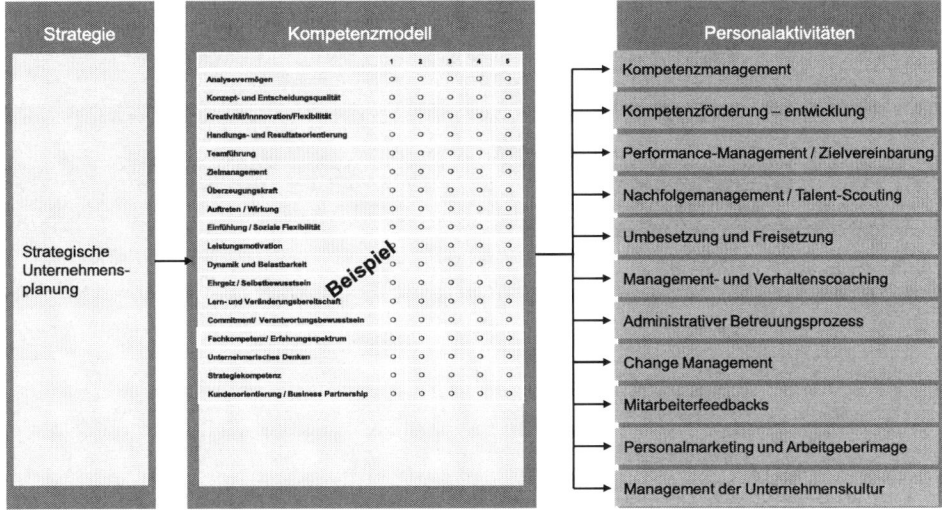

Abb. 8.3 Die Verknüpfungsfunktion der Kompetenzmodelle. (Bondorf 2009, S. 287)

☑	**Strategische Kompetenzanalyse**
☐	Welche Kompetenz(-en) erwarten unsere Kunden von uns in den nächsten drei Jahren?
☐	Welche Technologien müssen wir in der Zukunft beherrschen?
☐	Welche Kompetenzen müssen wir dafür erwerben?
☐	Was machen wir besser als unsere Konkurrenten?
☐	Wie können wir diese Kompetenzen ausbauen?
☐	Was machen unsere Konkurrenten besser als wir?
☐	Was können wir daraus lernen?

Abb. 8.4 Kurzdiagnose zur strategischen Kompetenzmodelle. (North et al. 2013, S. 245)

Kompetenzen zu identifizieren, die zur Strategieumsetzung notwendig sind. Angelehnt an die Logik der SWOT-Analyse wird sowohl extern in Richtung Wettbewerber und Kunden geschaut, welche Kompetenzen zukünftig benötigt werden, als auch intern, welche Kompetenzen gebraucht werden, um die eigenen Prozesse und Technologien beherrschen zu können. Birri plädiert bei der Entwicklung eines Kompetenzmodells für eine Kombination aus Top-down- und Bottom-up-Analyse (vgl. Birri 2013, S. 69 f.). Top-down werden – basierend auf den identifizierten Kernkompetenzen des Unternehmens – bestimmte Kompetenzen zur Differenzierung vom Wettbewerb vorgegeben. Gleichzeitig werden Bottom-up über Instrumente wie der Anforderungsanalyse oder *Critical Incidents Technique* die derzeit erfolgskritischen Kompetenzen erfasst. Durch die Kombination des Bottom-up-Prozesses mit dem Top-down-Prozess wird sichergestellt, dass auch diejenigen Kompetenzen berücksichtigt werden, die zwar noch nicht heute, aber zukünftig notwendig sind.

Wie wir in Abb. 8.5 sehen können, ist ein Kompetenzmodell hierarchisch aufgebaut. Auf der obersten Ebene befinden sich Oberbegriffe, unter denen ähnliche Kompetenzen zusammengefasst werden. Für die oberste Ebene sind – wie so oft – je nach Autor unterschiedliche Begriffe verwendet worden. Dies kann der Begriff Kompetenzfeld (vgl. beispielsweise Eichler und Anic' 2012) oder auch der Begriff Kompetenz-Cluster (vgl. beispielsweise Steinweg 2009, S. 61) sein. In der zweiten Ebene befinden sich dann die Einzelkompetenzen. Auf der dritten Ebene findet dann die Operationalisierung der Kompetenz statt, wo durch einzelne Verhaltensanker die Kompetenz beobachtbar und damit auch bewertbar gemacht wird (vgl. Steinweg 2009, S. 62). So wird z. B. die Kompetenz ‚Kundenorientierung‘ durch die Beschreibung ‚berücksichtigt die Bedürfnisse der verschiedenen internen und externen Kunden‘ konkretisiert. Allerdings ist es alles andere als trivial, die Kompetenzen zu definieren und auch sauber voneinander zu trennen (vgl. beispielsweise Liebenow et al. 2014 und die darin zitierte Literatur).

Bei der Entwicklung des Kompetenzmodells ergibt sich zwangsläufig die Frage nach der Zahl der zu verwendenden Kompetenzen (vgl. Campion et al. 2011, S. 247). Hier

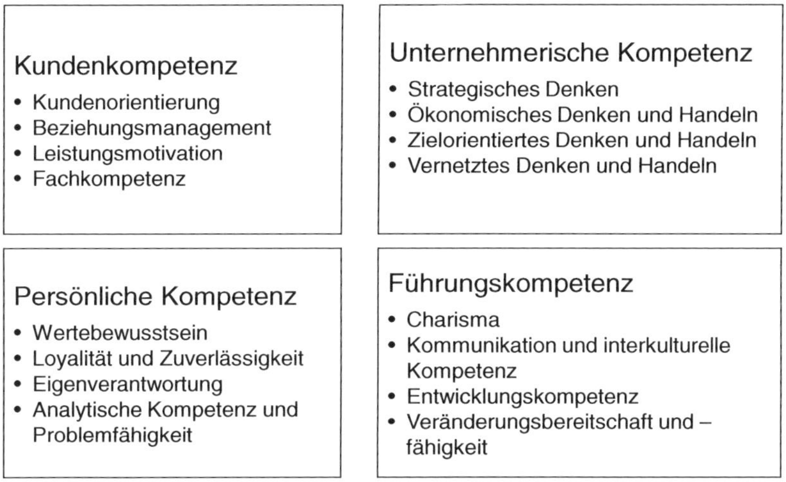

Kundenkompetenz • Kundenorientierung • Beziehungsmanagement • Leistungsmotivation • Fachkompetenz	**Unternehmerische Kompetenz** • Strategisches Denken • Ökonomisches Denken und Handeln • Zielorientiertes Denken und Handeln • Vernetztes Denken und Handeln
Persönliche Kompetenz • Wertebewusstsein • Loyalität und Zuverlässigkeit • Eigenverantwortung • Analytische Kompetenz und Problemfähigkeit	**Führungskompetenz** • Charisma • Kommunikation und interkulturelle Kompetenz • Entwicklungskompetenz • Veränderungsbereitschaft und – fähigkeit

Abb. 8.5 Das Kompetenzmodell eines Logistikdienstleisters. (Lebrenz 2009, S. 57)

sind wir wieder mit einem Dilemma konfrontiert. Je mehr Kompetenzen wir im Modell aufnehmen, desto detaillierter lassen sich das gewünschte Verhalten und die Fähigkeiten der Mitarbeiter beschreiben. Mit jeder zusätzlichen Kompetenz, die wir berücksichtigen, wird es aber schwieriger, das Kompetenzmodell mit der Strategie zu verzahnen (vgl. Bondorf 2009, S. 277), und es steigt gleichzeitig auch die Komplexität des Modells. Eine theoretische Grundlage für die Entscheidung, wie viele Kompetenzen denn idealerweise in ein Modell integriert werden sollen, gibt es nicht. Dementsprechend groß ist auch die Spannbreite der Zahl der Kompetenzen, die Firmen in ihre Modelle integrieren. Im Rahmen einer anderen Untersuchung (vgl. Lebrenz 2009) befragte ich im Jahr 2010 Personalverantwortliche in 50 der 100 größten Arbeitgeber in Deutschland zu deren Kompetenzmodellen. Die Zahl der in die Modelle integrierten Kompetenzen reichte von zwei bis 27! Allerdings enthielten die meisten Modelle zwischen fünf und zehn Kompetenzen. Einige Firmenvertreter begründeten die große Zahl der enthaltenen Kompetenzen als Reaktion auf die Wünsche des Managements, konkretere Ansatzpunkte für die Beurteilung ihrer Mitarbeiter zu haben. Andere hingegen gaben an, dass die ursprüngliche Zahl der Kompetenzen reduziert worden sei bzw. sie gerade damit beschäftigt seien, die Zahl zu reduzieren, um das Kompetenzmodell übersichtlicher zu machen. Nicht nur in der Theorie, auch in der Praxis ist keine optimale Anzahl an Kompetenzen zu beobachten.

Die Beliebtheit von Kompetenzmodellen basiert auf den Vorteilen, die dieses Instrument verspricht. Erstens ermöglicht ein Kompetenzmodell die Verzahnung der Personalentwicklung und des Talent Managements mit der Unternehmensstrategie und ermöglicht die Strategieimplementierung durch die Personalarbeit (vgl. Steinweg 2009, S. 70; Campion et al. 2011, S. 227; Krumm et al. 2012, S. 24). Dies ist der Fokus, unter dem wir uns das Instrument anschauen. Zweitens schaffen Kompetenzmodelle eine gemeinsame Sprache und legen Begrifflichkeiten unternehmensweit fest (vgl. Briscoe

und Hall 1999, S. 39). Auf diese Art und Weise wird die Zusammenarbeit zwischen den
Mitarbeitern, den Linienvorgesetzten und den Mitarbeitern der Personalfunktion verbessert. Alle haben ein gemeinsames Verständnis davon, was mit Begriffen wie Kundenorientierung, Eigenverantwortung oder strategischem Denken gemeint ist. Drittens
erleichtern Kompetenzmodelle die Verzahnung der verschiedenen Personalinstrumente
untereinander. Wenn Stellenausschreibungen auf demselben Kompetenzmodell aufbauen
wie die Potenzialanalyse oder Leistungsbeurteilungen, steigt der horizontale Fit der Instrumente.

Die Entwicklung eines Kompetenzmodells ist sehr aufwendig. Dies gilt umso mehr,
wenn das Modell sich nicht, wie in Abb. 8.5 dargestellt, auf alle Mitarbeiter des Unternehmens bezieht. Aber es ist offensichtlich, dass das Kompetenzfeld ‚Führungskompe-
tenz' nicht für Mitarbeiter ohne Führungsfunktionen gelten kann. Gleichzeitig können
je nach Job-Familie oder Hierarchieebene die Anforderungen unterschiedlich ausgelegt
werden (vgl. Campion et al. 2011, S. 240). Die Kundenorientierung eines Geschäfts-
führungsmitglieds dürfte gänzlich anders aussehen als die Kundenorientierung eines
Fahrers, der bei einem Logistikunternehmen angestellt ist. Wie stark muss nun ein Kompetenzmodell ausdifferenziert werden, um den verschiedenen Anforderungen gerecht zu
werden? Wenn ein Modell nicht auf die Besonderheiten einer Funktion oder einer Job-
Familie eingeht, dann ist das Modell aus Sicht der Anwender nur von eingeschränktem
Nutzen (vgl. Mansfield 1996, S. 10). Wird cs aber zu stark ausdifferenziert, dann steigt
nicht nur der mit der Erstellung verbundene Aufwand beträchtlich, sondern es besteht
auch die Gefahr, dass die Klammerfunktion zur Vereinheitlichung der Sprache und die
Integration der Personalinstrumente verloren gehen.

Steinweg stellt vier grundsätzliche Varianten vor, die möglich sind. Die in Abb. 8.6
aufgezeigten Varianten unterscheiden sich dahin gehend, inwieweit sie bei der Gestaltung des Kompetenzmodells nach Funktion bzw. Hierarchieebene differenzieren. In der
Variante A gibt es ein einziges Modell, das für alle Funktionen und Hierarchieebenen
identisch ist. Die Einfachheit dieses Modells, der geringe Aufwand bei der Erstellung,

	Hierarchieebene wird berücksichtigt?		
		Nein	**Ja**
Funktionen werden berücksichtigt?	**Nein**	Kompetenzmodell für alle berücksichtigten Mitarbeiter gleich (Variante A)	Kompetenzmodell mit Ebenenbeschreibungen (Variante C)
	Ja	Kompetenzmodell mit verschiedenen Funktionszugehörigkeiten (Variante B)	Kompetenzmodell mit Ebenenbeschreibungen je Funktionszugehörigkeit/ Jobfamilie (Variante D)

Abb. 8.6 Varianten von Kompetenzmodellen. (Steinweg 2009, S. 79)

wird mit einer geringen Trennschärfe erkauft. Dafür ist aber die Klammerfunktion dieser Variante groß. Die Variante D mit einer Ausdifferenzierung des Kompetenzmodells sowohl nach Funktionen und Hierarchieebenen erfordert den höchsten Aufwand in der Entwicklung und der Betreuung dieses Modells. Im Gegenzug können die jeweiligen Kompetenzen viel stärker an einzelnen Job-Familien mit ihren unterschiedlichen Anforderungen angepasst werden. Dafür ist die Klammerfunktion dieser stark ausdifferenzierten Variante vergleichsweise gering. Die Varianten B und C liegen bei der Ausdifferenzierung zwischen den Varianten A und D und stellen bezüglich Aufwand und Klammerfunktion einen Kompromiss dar. Eine pauschale Antwort, welche Variante ein Unternehmen bei der Entwicklung seines Kompetenzmodells wählen sollte, gibt es nicht. Dafür sind die Rahmenbedingungen in den Firmen zu unterschiedlich.

Wenn wir vom strategischen Kompetenzmanagement ausgehen, dann hat Mansfield recht, dass wir für die Verzahnung von Unternehmensstrategie und Kompetenzen ein allgemeingültiges Kompetenzmodell benötigen. Denn wenn die Strategie verbindlich für das gesamte Unternehmen oder das gesamte Geschäftsfeld ist, dann müssen auch die benötigten Kompetenzen allgemeingültig sein (vgl. Mansfield 1996, S. 10). Gleichzeitig zeigen die Erfahrungen der Praxis (vgl. beispielsweise Berlin 2013, S. 14 f.), wie schwierig es sein kann, die Anforderungen unterschiedlicher Unternehmensbereiche an die Kompetenzen ihrer Mitarbeiter in ein gemeinsames Modell zu gießen. Grundsätzlich gilt aber für die Einführung eines Kompetenzmodells, dass es einfacher ist, erst mit einem wenig ausdifferenzierten Modell zu beginnen und ggf. später weiter auszudifferenzieren. Wenn wir gleich mit einem sehr differenzierten Modell einsteigen, laufen wir Gefahr, die Organisation zu überfordern. Dieser Kritikpunkt dürfte für die meisten Praktiker der entscheidende Punkt sein.

Der zweite Kritikpunkt bezieht sich auf die Validität der Kompetenzmodelle: Können wir die gewünschten Kompetenzen sowohl ausreichend genau operationalisieren als auch genau genug messen? (Vgl. Markus et al. 2005, S. 119 f.). Gerade weil sich Kompetenzen im Gegensatz zu Qualifikationen nicht auf standardisierte Anforderungen beschränken, sondern sich vor allem in neuen, unstrukturierten Situationen zeigen. Hier als Beobachter ausreichend präzise und objektiv zu bewerten, ist kein leichtes Unterfangen. Allerdings zeigt uns die Literatur zur Validität von Assessment-Centern, dass sich Verhaltens-Kompetenzen durchaus mit vertretbarem Aufwand überprüfen lassen (vgl. beispielsweise Obermann 2013 und die darin zitierte Literatur für die Diskussion der Validität). Drittens zielt der letzte – und auch mitentscheidende – Kritikpunkt auf den Zusammenhang zwischen dem Kompetenzniveau einzelner Mitarbeiter und der Leistung des Unternehmens hin. Die gesamte Logik des Kompetenzmanagements baut darauf auf, dass ein höheres Kompetenzniveau der einzelnen Mitarbeiter zu einer höheren Leistung der gesamten Organisation führt. Markus und ihre Koautoren weisen aber darauf hin, dass es kaum Belege für diesen Zusammenhang gibt (vgl. Sparrow 1995, S. 169; Markus et al. 2005, S. 124). Aber wie wir schon im sechsten Kapitel gesehen haben, ist es mehr als schwierig, diesen direkten Zusammenhang herzustellen. Die Wirkungsmechanismen bleiben hier meist diffus.

Schaut man sich die Vor- und Nachteile der Kompetenzmodelle an, so ergibt sich ein durchwachsenes Bild. Auf der einen Seite kann ein Kompetenzmodell eine gemeinsame Sprache und Systematik für eine integrierte Personalarbeit schaffen. Gleichzeitig kann über das Kompetenzmodell die Personalarbeit auf die Unternehmensstrategie ausgerichtet werden. Demgegenüber steht das grundsätzliche Problem jeden Modells, eine angemessene Ebene der Abstraktion zu erreichen: Einerseits muss das Modell so weit abstrahieren, dass es unternehmensweit (oder zumindest geschäftsfeldweit) eingesetzt werden kann, andererseits muss es noch so detailliert bleiben, um etwaige Unterschiede in den Tätigkeiten und den Hierarchieebenen berücksichtigen zu können. Diesen Spagat zu bewältigen, ist kein leichtes Unterfangen. Auch muss uns immer bewusst sein, dass jegliche Messung menschlichen Verhaltens, das über stark strukturierte und standardisierte Tätigkeiten hinausgeht, mit einem hohen Maß an Unsicherheit behaftet ist. Daher müssen wir berücksichtigen, dass auch Kompetenzmodelle nicht die Präzision und Messgenauigkeit an den Tag legen werden, die wir uns in einem stark zahlengetriebenen Unternehmenskontext oft wünschen würden.

Hält man all diese Punkte im Hinterkopf, dann können wir den Entwicklungsprozess eines Kompetenzmodells anhand des Vorgehens von Campion und seiner Koautoren zusammenfassen, die diesen Entwicklungsprozess idealtypisch darstellen (vgl. Campion et al. 2011, S. 31 ff.). Den Startpunkt der Modellentwicklung bildet die aus der Vision und Mission abgeleitete Strategie des Unternehmens (bzw. des Geschäftsfeldes). Die Strategie benötigt bestimmte Kompetenzen. Einige davon sind grundlegend und gelten für alle Mitarbeiter. Diese werden in einem unternehmensweiten Kompetenzmodell festgeschrieben. Campion und seine Koautoren sprechen hier vom Rahmen der Kernkompetenzen *(Core Competency Framework)* als der obersten Stufe des Kompetenzmodells. Neben diesen generell benötigten Kompetenzen gibt es dann auf der nächsten Stufe Kompetenzen, die je nach Job-Familie unterschiedlich sind bzw. die sich je nach Job-Familie in der Ausprägung unterscheiden. Kundenorientierung und Innovation sind Kompetenzen, die ein Unternehmen in einer Innovationsstrategie grundsätzlich immer benötigt. Allerdings ist für einen Servicetechniker die Kundenorientierung von höherer Bedeutung als die Innovation. Bei einem Mitarbeiter der Entwicklungsabteilung ist dies wahrscheinlich andersherum (auch wenn man von ihm erwartet, dass er Produkte und Dienstleistungen entwickelt, die an den Kundenbedürfnissen ausgerichtet sind). Im nächsten Schritt gehen Campion und seine Koautoren auf einen Schwachpunkt vieler Kompetenzmodelle ein, welche die fachlichen Qualifikationen und Anforderungen ausblenden (vgl. Mansfield 1996, S. 10). Dies geschieht, indem explizit die fachlichen und die anderen Kompetenzen definiert und mit Verhaltensindikatoren hinterlegt werden. Ziel ist es, dass jede der geforderten Kompetenzen erfasst und gemessen werden kann. Nur wenn die Kompetenzen so weit konkretisiert sind, dass sie auch gemessen werden können, ist eine aktive Steuerung der Kompetenzen, ein Kompetenz*management,* möglich.

Wir waren weiter oben auf die Frage gestoßen, ob wir ein generisches Kompetenzmodell entwickeln sollen oder ob es sinnvoller ist, die Modelle nach Mitarbeitergruppen zu differenzieren. In dem hier vorgestellten Ansatz wird beides gemacht. Dies ist einerseits erstrebenswert, weil auf diese Art und Weise das Kompetenzmodell die Klammerfunktion für eine einheitliche Personalarbeit im Unternehmen ermöglicht. Andererseits dauert es natürlich länger, und es wird teurer, wenn zusätzlich zu dem einheitlichen Modell noch differenzierte Kompetenzmodelle entwickelt werden. Die Frage, wie mit diesem Dilemma umgegangen wird, muss jede Firma für sich entscheiden – je nach Größe und Ressourcenlage.

Bei der Entwicklung eines Kompetenzmodells treffen wir wieder auf die Diskussion des ‚Best Fit' oder ‚Best Practice', die wir im fünften Kapitel ausführlich betrachtet haben. Denn auch hier stellt sich die Frage, ob ein Unternehmen auf verschiedene am Markt erhältliche Modelle zurückgreift oder besser beraten ist, sein eigenes Modell bzw. seine eigenen Modelle zu entwickeln. Der Einsatz vorhandener Kompetenzkataloge (siehe beispielsweise der im deutschsprachigen Raum recht verbreitete ‚Kompetenzatlas' von Heyse und Erpenbeck 2009 oder auch die ‚Great Eight Competencies' von Bartram 2005) oder Kompetenzmodelle ist schneller und eventuell aufgrund der geringeren Ressourcen, die intern eingesetzt werden müssen, auch kostengünstiger (vgl. Campion et al. 2011, S. 245; oder Strothmann 2014, S. 123 ff.). Auf der anderen Seite haben generische Kompetenzmodelle zwei Nachteile. Erstens besteht die Gefahr, dass vorhandene Kompetenzmodelle nicht wirklich zum Unternehmen und seiner Situation passen. Zweitens müssen wir mit Akzeptanzproblemen seitens der Mitarbeiter und des Managements rechnen, wenn der Organisation ein fremdes Modell übergestülpt wird (vgl. Campion et al. 2011, S. 246). Um die Vorteile beider Ansätze zu kombinieren, schlagen Campion und seine Koautoren ganz pragmatisch vor, externe Kompetenzmodelle bzw. Kompetenzkataloge als Ausgangspunkt zu nehmen, dann aber diese Modelle sorgfältig an die Belange des eigenen Unternehmens anzupassen (vgl. Campion et al. 2011, S. 247).

8.3 Welche Rahmenbedingungen benötigt ein strategisches Kompetenzmanagement?

Die Parallelen zwischen der strategischen Personalplanung und dem strategischen Kompetenzmanagement setzen sich auch bei den benötigten Rahmenbedingungen fort. Da beide Instrumente vom Ansatz und vom Zeithorizont ähnlich, ggf. sogar identisch sind, können wir unter Hinweis auf Abschn. 7.3 die Diskussion hier sehr kurz halten. Dort haben wir zwei Faktoren identifiziert, die sich eins zu eins auch auf das strategische Kompetenzmanagement übertragen lassen. Erstens benötigen wir ein Mindestmaß an Vorhersehbarkeit der zukünftigen Entwicklungen. Nur so können wir im Rahmen einer geplanten Strategie ein belastbares Zielportfolio der benötigten Kompetenzen entwickeln. Ist die Unsicherheit bezüglich der zukünftigen Strategie zu groß, können die benötigten Kompetenzen nur so vage beschrieben werden, dass eine Umsetzung in konkrete Maßnahmen schwerfallen dürfte. Zweitens benötigen wir eine Unternehmensstrategie, die so klar definiert ist, dass sich eine Personalstrategie und damit mittelbar auch ein Zielportfolio der Kompetenzen entwickeln lassen. Ein emergenter Ansatz der

Strategieentwicklung würde uns die dazu notwendigen Informationen nicht liefern. Wir sind auch für das strategische Kompetenzmanagement auf eine geplante Strategie angewiesen.

Beim strategischen Kompetenzmanagement kommt noch ein weiterer Aspekt hinzu. Solange wir die zukünftig benötigten Kompetenzen in erster Linie intern aufbauen bzw. weiterentwickeln, benötigen wir eine Personalentwicklung im Unternehmen, die so leistungsfähig und professionell ist, dass sie die Kompetenzen der Mitarbeiter auch systematisch entwickeln kann. Im Gegensatz zur strategischen Personalplanung fällt die Last – und auch die Chance zur eigenen Profilierung – viel stärker auf eine spezifische Funktion des Personalmanagements.

8.4   Wie sieht es mit der Verbreitung des strategischen Kompetenzmanagements aus?

Während Jochmann 2007 noch von einer geringen Verbreitung der Kompetenzmodelle sprach (vgl. Jochmann 2007, S. 17), scheint die Zahl derjenigen Unternehmen und Organisationen, die Kompetenzmodelle einsetzen, in den vergangenen Jahren stark gestiegen zu sein; nicht nur bei Großunternehmen, sondern auch im Mittelstand. Genaues wissen wir aber nicht. Denn Beispiele für Kompetenzmodelle im Unternehmen gibt es zwar viele (siehe beispielsweise die Kompetenzmodelle in Grote et al. 2012; Erpenbeck et al. 2013), Studien zur Verbreitung eines strategischen Kompetenzmanagements hingegen nur sehr wenige. Zu den wenigen gehören Markus et al. (2005), Bondorf (2009) und Krumm et al. (2012, S. 24). Eine dieser wenigen Studien ist die von Bondorf (2009). Er kommt bezüglich der Verbreitung des strategischen Kompetenzmanagements bei der Befragung von 201 Firmen in Deutschland zu dem ernüchternden Ergebnis:

> In der betrieblichen Praxis zeigen sich unabhängig von Branche, Größe oder Standort der Unternehmen stark heterogene Verständnisse vom Konstrukt des strategischen Kompetenzmanagements; auch die mit dem Kompetenzmanagement verfolgten Ziele variieren stark – in Deutschland existiert derzeit kein einheitliches Kompetenzmanagement. Unternimmt man den Versuch, die zahlreichen unterschiedlichen Verständnisse und Ansätze zu kategorisieren, so ist erkennbar, dass Kompetenzmanagement in der betrieblichen Praxis größtenteils auf rein operative Personalaktivitäten reduziert wird (Bondorf 2009, S. 267).

Zwar leiten 24 % der befragten Unternehmen ihre Kompetenzen aus der Unternehmensstrategie ab (vgl. Bondorf 2009, S. 250), aber nur die wenigsten Unternehmen haben eine konsequente Verknüpfung zwischen Unternehmensstrategie und dem Kompetenzmanagement.

Bondorf nutzt eine Typologie von Entwicklungsstufen, um die verschiedenen Ausprägungen des Kompetenzmanagements zu beschreiben (vgl. Bondorf 2009, S. 248 ff.). In der ersten Stufe ist das Kompetenzmanagement rein operativ und auf die Kompetenzen der einzelnen Mitarbeiter ausgerichtet. Wie in Abb. 8.7 zu sehen, macht mit ca.

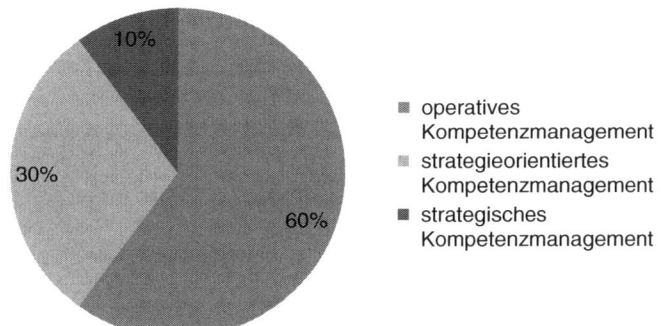

Abb. 8.7 Bondorfs Entwicklungsstufen des Kompetenzmanagements

60 % diese Stufe den größten Teil der befragten Unternehmen aus. Die zweite Stufe, die Bondorf ‚strategieorientiertes Kompetenzmanagement' nennt, stellt die Klammer- funktion des Kompetenzmanagements bzw. des Kompetenzmodells in den Vordergrund. Hier geht es in erster Linie darum, durch das Kompetenzmanagement die verschiede- nen Personalinstrumente aufeinander abzustimmen und zu koordinieren. Auf dieser Stufe befindet sich knapp ein Drittel der untersuchten Unternehmen. Die dritte Stufe, bei der die Unternehmen das Kompetenzmanagement mit dem Ziel einsetzen, damit ihre Wettbewerbsfähigkeit zu erhöhen und eine konsequente Verbindung zwischen der Unternehmensstrategie und dem Kompetenzmanagement herzustellen, erreichen nur die wenigsten Unternehmen. Gerade einmal 10 % der befragten Unternehmen praktizie- ren dieses strategische Kompetenzmanagement. Da es sich bei der Klassifizierung von Bondorf um ein evolutionäres Modell handelt, wäre zu erwarten bzw. auch zu hoffen, dass sich in der Zwischenzeit mehr Unternehmen zur dritten Stufe hin entwickelt haben. Ohne aktuelle Daten bleibt diese Frage aber offen. Ähnlich wie bei der Personalplanung im letzten Kapitel müssen wir auch hier wieder feststellen, dass das Gros der Unterneh- men das Instrument in erster Linie operativ und selten strategisch einsetzt.

Wenn sie die Modelle überhaupt einsetzen. Denn die zunehmende Verbreitung von Kom- petenzmodellen sagt noch nichts darüber aus, wie stark diese Modelle auch wirklich genutzt werden. Briscoe und Hall schrieben 1999, dass im Rahmen ihrer damaligen Studie viele Unternehmen zwar ein Kompetenzmodell besaßen, oft aber relativ viel Zeit darauf verwandt wurde, diese Modelle zu entwickeln, und relativ wenig Zeit und Energie dafür eingesetzt wurde, diese Modelle auch anzuwenden (vgl. Briscoe und Hall 1999, S. 50). Wir können nur hoffen, dass sich in der Zwischenzeit diese Gewichtung verschoben hat. Es wäre bedau- erlich, wenn Unternehmen den Aufwand für die Entwicklung der Kompetenzmodelle betrei- ben, aber nicht den Nutzen aus den entwickelten Modellen ziehen.

8.5   Strategisches Kompetenzmanagement – eine Bewertung

Das strategische Kompetenzmanagement ist das zweite Instrument zur Strategieimplementierung, das wir uns angeschaut haben. Dieses Instrument hat seit Ende der 1990er-Jahre stark an Bedeutung gewonnen. Wir können in erster Linie drei Gründe für das in den letzten 15 Jahren sprunghaft gestiegene Interesse am strategischen Kompetenzmanagement festmachen. Der erste Grund liegt im Aufstieg des RBV und hier besonders in dem Begriff der Kernkompetenzen. Dieses Konzept hat das Interesse am Thema Kompetenzen stark erhöht. Denn wenn Unternehmen sich nicht nur durch die Positionierung am Markt, sondern gerade durch den Einsatz bestimmter Kompetenzen und Fähigkeiten einen Wettbewerbsvorsprung verschaffen können, dann muss ein Unternehmen diese Kompetenzen auch aktiv managen. Ein Kompetenzmanagement ist die logische Konsequenz des ressourcenbasierten Ansatzes. Parallel dazu führt auch die Zunahme von wissensbasierten Tätigkeiten dazu, dass die Bedeutung der Kompetenzen steigt. Denn im Gegensatz zu industriellen Tätigkeiten, wo Wissen und Qualifikationen leicht abprüfbar sind, sind es bei wissensbasierten Tätigkeiten gerade die schwer abprüfbaren Kompetenzen, welche die großen Leistungsunterschiede der Mitarbeiter ausmachen. Der zweite Grund liegt in der Unzufriedenheit mit der qualitativen Seite der strategischen Personalplanung. Wir haben schon im letzten Kapitel gesehen, dass sich viele Unternehmen bei der Identifikation der zukünftigen Fähigkeiten, Qualifikationen und Kompetenzen schwertun. Vertreter des strategischen Kompetenzmanagements treten mit dem Anspruch auf, mit diesem Instrument die Schwächen der strategischen Personalplanung überwinden zu können (vgl. Jochmann 2007, S. 3). Und die im siebten Kapitel diskutierte geringe Verbreitung einer qualitativen strategischen Personalplanung spricht dafür, dass diese Kritik an dem Instrument durchaus begründet ist. Der dritte Grund liegt in der Klammerfunktion, die Kompetenzmodelle durch die gemeinsame Sprache haben. Kompetenzmodelle ermöglichen somit eine Integration der verschiedenen Personalinstrumente, beispielsweise im Personalmarketing, in der Rekrutierung, der Personalentwicklung und auch dem Performance Management.

Die Frage bleibt nun, ob das strategische Kompetenzmanagement den Erwartungen, die in das Instrument gesetzt werden, gerecht werden kann. Wenn das strategische Kompetenzmanagement versucht, die Schwächen der strategischen Personalplanung zu kompensieren, dann müssen wir uns im Klaren darüber sein, dass das strategische Kompetenzmanagement keine Alternative zur strategischen Personalplanung darstellt. Denn auch wenn es mit der Entwicklung von Kompetenzmodellen gelingt, das für die Strategieumsetzung benötigte Humankapital *qualitativ* besser zu beschreiben, so fehlt doch jegliche Aussage über die Menge des benötigten Humankapitals. Die *quantitative* Personalplanung kann ein strategisches Kompetenzmanagement nicht leisten. Von der Grundlogik eines dreistufigen Prozesses und den Annahmen einer geplanten Unternehmensstrategie her ähneln sich die strategische Personalplanung und das strategische Kompetenzmanagement sehr. Doch unter den Aspekten des Humankapitals, die beide Instrumente abdecken, unterscheiden sie sich. Ein strategisches Kompetenzmanagement kann daher ggf. die strategische Personalplanung im Unternehmen ergänzen, aber sie kann sie nicht ersetzen. Dazu fehlen die Informationen über die Mengengerüste des jeweils benötigten Humankapitals.

Neben der dreistufigen Grundstruktur können wir eine weitere Parallele zur strategischen Personalplanung beobachten: den hohen Aufwand, den die Einführung eines strategischen Kompetenzmanagements mit sich bringt. Gerade die Entwicklung eines mehr oder weniger stark ausdifferenzierten Kompetenzmodells ist sehr aufwendig. Eine Konsequenz, die Unternehmen aus dem hohen Aufwand ziehen, ist es, die Kompetenzmodelle nur für die oberen Managementebenen oder Schlüsselpositionen zu entwickeln. Eine weitere Konsequenz liegt darin, dass Unternehmen grundsätzlich den Aufwand eines Kompetenzmodells scheuen und Kompetenzmodelle deshalb nicht so häufig anzutreffen sind, wie man es erwarten würde. Oder die Modelle bleiben, um den Aufwand überschaubar zu halten, sehr generisch und erscheinen wenig an die Strategie des Unternehmens angepasst (vgl. Eck und Rietiker 2010, S. 195). Man könnte aber auch andersherum argumentieren. Vergleicht man die Strategien vieler Unternehmen, so sind die Strategien oft sehr generisch. Welcher deutsche Mittelständler will nicht durch Technologie- und Qualitätsführerschaft und Entwicklung kundenspezifischer Lösungen punkten und gleichzeitig neben den etablierten Märkten stark in den Schwellenländern expandieren? Wenn die Strategien sich sehr ähneln, dann ist es eigentlich nur konsequent, wenn sich auch die Kompetenzmodelle ähneln. Die Kritik an generischen Kompetenzmodellen trifft dann mit den Personalern die Falschen. Zu hinterfragen ist eher die Fantasielosigkeit der Strategen, nicht die der Personaler, die ihre Arbeit an einer generischen Strategie ausrichten (müssen).

Kritiker des strategischen Kompetenzmanagements bezweifeln, dass dieser Aufwand gerechtfertigt ist. Dabei argumentieren sie sowohl auf der konzeptionellen Ebene als auch auf der operativen Ebene. Konzeptionell bemängeln sie, dass die Validität von Kompetenzmodellen und die Verbindung zwischen individuellen Kompetenzen und der organisationalen Leistungsfähigkeit nicht belegt sind (vgl. Markus et al. 2005, S. 119 f.). Auf der operativen Ebene argumentieren sie, dass man dieselben Ergebnisse auch mit weniger aufwendigen Instrumenten erreichen kann. So können persönliche Eigenschaften – die leichter zu messen sind als Kompetenzen – als guter Indikator für die zukünftige Leistung der Mitarbeiter dienen (vgl. Markus et al. 2005, S. 119 f.). Auch tun sich Unternehmen mit der Umsetzung der Kompetenzmodelle in konkrete Maßnahmen schwer. Dies liegt einerseits daran, dass Kompetenzen sowohl auf der organisationalen Ebene als auch auf der individuellen Ebene berücksichtigt werden müssen. Für Kompetenzmodelle ist es schwer, diesen Spagat zu bewältigen (vgl. North et al. 2013, S. 26).

Das Grundproblem für den Einsatz von Kompetenzmodellen liegt in der abstrakten Natur der Kompetenzen. Weil es gerade kein direkt abprüfbares Wissen ist, kein direkt beobachtbares Verhalten, gestaltet sich das Managen von Kompetenzen schwierig. Von Rosenstiel bringt es wie erwähnt so auf den Punkt: „Kompetenzen lassen sich nun nicht – auch wenn man bei den Mitarbeitern und MitarbeiterInnen spezifische Defizite diagnostiziert – in einer zielorientierten und institutionalisierten Weise im Rahmen der herkömmlichen Fort- und Weiterbildung entwickeln. Sie werden, wie bereits betont, in informeller Weise im Prozess der Arbeit und im sozialen Umfeld selbstorganisiert erworben" (Von Rosenstiel 2007, S. 54). Dieses selbst organisierte Lernen gezielt zu steuern und die Ergebnisse des Lernprozesses adäquat zu messen, ist ein schwieriges Unterfangen. Es wäre unrealistisch, wenn wir erwarten, den weichen Faktor Kompetenz präzise messen zu können, und wir müssen uns im Klaren darüber sein, dass der Versuch, Kompetenzen möglichst präzise zu messen, auch mit einem hohen Aufwand verbunden ist. Verglichen mit dem hohen Aufwand, den die Entwicklung und Umsetzung eines Kompetenzmodells mit sich bringt, stehen wenige messbare Ergebnisse gegenüber. In einem Umfeld, das stark auf die Messbarkeit von Aktivitäten ausgerichtet ist, ist ein Kompetenzmanagement unter Umständen schwer zu verargumentieren. Genau bei der geringen Messbarkeit setzt die HR Scorecard an, die wir uns im nächsten Kapitel anschauen werden. Damit soll sichergestellt werden, dass durch die Entwicklung von Kennzahlen die Umsetzung des Kompetenzmodells möglichst präzise gemessen werden kann.

Dem hohen Aufwand für die Entwicklung und Umsetzung eines Kompetenzmodells stehen aber auch handfeste Vorteile für das Unternehmen gegenüber. Die gemeinsame Sprache, die durch das Kompetenzmodell geschaffen wird, die Klammerfunktion, die ein Kompetenzmodell für die verschiedenen Personalinstrumente bildet, können eine große Hilfe sein, das Personalmanagement im Unternehmen zu koordinieren und auf die Unternehmensziele auszurichten. Auch wenn diese Effekte kaum messbar sind, ändert dies nichts an ihrem Nutzen!

Wenn wir uns die Literatur und die Diskussionen zum strategischen Kompetenzmanagement anschauen, dann fallen noch zwei weitere Dinge auf. Erstens die starke Innenorientierung des Ansatzes und zweitens das Ausblenden der Unsicherheit. Mit der Innenorientierung ist gemeint, dass sehr viele Akteure beim Kompetenzaufbau in allererster Linie den internen Aufbau von Kompetenzen im Blick haben. Dies verwundert nicht, da sich beim Kompetenzmanagement in erster Linie die Vertreter der Personalentwicklung und des Talentmanagements angesprochen fühlen. So wichtig die Weiterentwicklung der vorhandenen Mitarbeiter auch ist, so müssen wir jedoch aufpassen, andere Möglichkeiten zur Kompetenzgewinnung nicht aus den Augen zu verlieren. Ggf. macht es Sinn, die benötigten Kompetenzen extern zu beschaffen. Entweder in Form einzelner Mitarbeiter mit den individuellen Kompetenzen oder auch ganzer Firmen, um neben individuellen Kompetenzen auch Prozesse und organisationale Kompetenzen mit zu erwerben.

In der strategischen Personalplanung hat der Umgang mit der Unsicherheit einen sehr großen Raum eingenommen. Durch den Einsatz der im siebten Kapitel diskutierten Instrumente wie Szenario-Technik oder Portfolio-Ansatz versucht die strategische Personalplanung die mit der langfristigen Planung verbundene Unsicherheit zu berücksichtigen. Diese Unsicherheit und die sich daraus ergebenden Folgen für den zukünftigen Bedarf an Humankapital und Kompetenzen tauchen in der Literatur zum strategischen Kompetenzmanagement kaum auf. Da – gerade der interne – Kompetenzaufbau einen langen zeitlichen Vorlauf hat und der damit verbundene lange Planungszeitraum zu hoher

Unsicherheit führt, würde man erwarten, dass die Unsicherheit stärker thematisiert wird. Bei all den oben diskutierten Parallelen zur strategischen Personalplanung ist diese Diskrepanz verwunderlich. Einerseits kann dies daran liegen, dass die Planungsunsicherheit bei der strategischen Personalplanung sich in erster Linie auf die Menge des benötigten Humankapitals bezieht, nicht aber auf die Kompetenzen. Und eine mengenmäßige Betrachtung findet beim strategischen Kompetenzmanagement nicht statt. Aber je nach zukünftiger Entwicklung kann die tatsächliche Unternehmensstrategie auch unterschiedliche Kompetenzen erfordern. Dies greift das strategische Kompetenzmanagement nicht auf. Hier hat das Instrument einen blinden Fleck.

Ein weiterer Aspekt, den das strategische Kompetenzmanagement ausblendet, ist die Frage, ob die vorhandenen Kompetenzen auch tatsächlich angewandt werden. Wenn man Leistung als Kombination aus ‚Können‘, ‚Wollen‘, und ‚Dürfen‘ beschreibt (vgl. Gessler 2008, S. 53; Boxall und Purcell 2016, S. 155 f.), dann konzentriert sich das strategische Kompetenzmanagement eindeutig auf das ‚Können‘. Die Fragen, ob die Mitarbeiter die erworbenen Kompetenzen anwenden *dürfen* und ob sie so motiviert sind, dass sie diese Kompetenzen auch einsetzen *wollen,* werden im Rahmen des strategischen Kompetenzmanagements nicht angesprochen. Hier gehen Ansätze wie das Human Capital Management, das wir im zehnten Kapitel eingehender betrachten werden, weiter. Denn dort wird das Engagement der Mitarbeiter explizit mit zu den Steuerungsgrößen der Strategieimplementierung aufgenommen.

Das strategische Kompetenzmanagement ist mit dem Anspruch angetreten, einige der Schwächen der strategischen Personalplanung zu beheben. Wir haben gesehen, dass ein strategisches Kompetenzmanagement die strategische Personalplanung ergänzen, aber nicht gänzlich ersetzen kann. Wie alle anderen Instrumente zur Strategieimplementierung ist ein strategisches Kompetenzmanagement mit einem hohen Aufwand verbunden. Dieser Aufwand ist aber aus zwei Gründen gerechtfertigt. Erstens bildet das strategische Kompetenzmanagement mit dem Kompetenzmodell eine Klammer für die unterschiedlichen Personalinstrumente, liefert mit den Kompetenzen eine gemeinsame Sprache für die Personalarbeit und ermöglicht eine klare Kommunikation der erwarteten Kompetenzen innerhalb des Unternehmens. Zweitens trägt das strategische Kompetenzmanagement dem Umstand Rechnung, dass die Kompetenzen der Mitarbeiter bei wissensbasierten Tätigkeiten eine immer entscheidendere Rolle bei der Leistungsfähigkeit der Mitarbeiter spielen. Gleichgültig, ob wir den MBV oder den ressourcenbasierten Ansatz verfolgen. Mit der Bedeutung der Kompetenzen steigt auch die Notwendigkeit, die Kompetenzen aktiv zu managen.

Literatur

Bartram, D. (2005). The great eight competencies: A criterion-centric approach to validation. *Journal of Applied Psychology, 90*(6), 1185–1203.
Bergmann, G., & Daub, J. (2008). *Systemisches Innovations- und Kompetenzmanagement*. Wiesbaden: Gabler.

Berlin, W. (2013). Kompetenzmanagement in der Airbus Operations GmbH. In J. Erpenbeck, L. von Rosenstiel, & S. Grote (Hrsg.), *Kompetenzmodelle von Unternehmen* (S. 33–43). Stuttgart: Schäffer-Poeschel.

Birri, R. (2013). *Human Capital Management: Ein praxisorientierter Ansatz mit strategischer Ausrichtung* (2. Aufl.). Wiesbaden: SpringerGabler.

Bondorf, C. (2009). *Strategisches Kompetenzmanagement im Unternehmenskontext: Theoretische Zugänge, empirische Umrisse und konzeptionelle Entwürfe*. Köln: Dissertation Universität.

Boxall, P., & Purcell, J. (2016). *Strategy and human resource management* (4. Aufl.). Basingstoke: Palgrave Macmillan.

Briscoe, J. P., & Hall, D. T. (1999). Grooming and picking leaders using competency frameworks: Do they work? An alternative approach and new guidelines for practice. *Organizational Dynamics, 9,* 37–51.

Campion, M., Fink, A., Ruggerberg, B., Carr, L., Philipps, G., & Odman, R. (2011). Doing competencies well. Best practice in competency modeling. *Personnel Psychology, 64,* 225–262.

Dimitrova, D. (2008). *Das Konzept der Metakompetenz*. Wiesbaden: Gabler.

Eck, C., & Rietiker, J. (2010). Kompetenzen und Anforderungsanalysen. In B. Werkmann-Karcher & J. Rietiker (Hrsg.), *Angewandte Psychologie für das Human Resource Management* (S. 179–214). Heidelberg: Springer.

Eichler, D., & Anic, D. (2012). Kompetenzmanagement bei Audi: Analyse, Entwicklung und Einsatz von Kompetenzen. In S. Grote, S. Kauffeld, & E. Frieling (Hrsg.), *Kompetenzmanagement: Grundlagen und Praxisbeispiele* (S. 57–72). Stuttgart: Schäffer-Poeschel.

Erpenbeck, J., & von Rosenstiel, L. (Hrsg.). (2007). *Handbuch Kompetenzmessung: Erkennen, verstehen und bewerten von Kompetenzen in der betrieblichen, pädagogischen und psychologischen Praxis* (2. Aufl.). Stuttgart: Schäffer-Poeschel.

Erpenbeck, J., von Rosenstiel, L., & Grote, S. (Hrsg.). (2013). *Kompetenzmodelle in Unternehmen*. Stuttgart: Schäffer-Poeschel.

Gessler, M. (2008). Das Kompetenzmodell. In R. Bröckermann & M. Müller-Vorbrüggen (Hrsg.), *Handbuch Personalentwicklung* (2. Aufl., S. 47–63). Stuttgart: Schäffer-Poeschel.

Grote, S., Kauffeld, S., & Frieling, E. (Hrsg.). (2012). *Kompetenzmanagement: Grundlagen und Praxisbeispiele*. Stuttgart: Schäffer-Poeschel.

Hamel, G., & Prahalad, C. K. (1994). *Competing for the future*. Boston: Harvard Business School Press.

Heyse, V., & Erpenbeck, J. (2009). *Kompetenztraining* (2. Aufl.). Stuttgart: Schäffer-Poeschel.

Jochmann, W. (2007). Von unternehmerischen Erfolgsfaktoren zu personalwirtschaftlichen Kompetenzmodellen. In W. Jochmann & S. Gechter (Hrsg.), *Strategisches Kompetenzmanagement* (S. 3–24). Heidelberg: Springer.

Jochmann, W. (2014). Steuerungseinheit auf Augenhöhe. *Personalwirtschaft, 2014*(6), 22–25.

Krüger, W., & Homp, C. (1997). *Kernkompetenz-Management*. Wiesbaden: Gabler.

Krumm, S., Mertin, I., & Dries, C. (2012). *Kompetenzmodelle*. Göttingen: Hogrefe.

Lawler, E. (1994). From job-based to competency-based organizations. *Journal of Organizational Behavior, 15,* 3–15.

Lebrenz, C. (2009). Wege zum Führungsmonitoring. *Personalführung, 09*(2009), 54–59.

Leinweber, S. (2010). Kompetenzmanagement. In M. Meifert (Hrsg.), *Strategische Personalentwicklung* (3. Aufl., S. 145–180). Heidelberg: Springer.

Liebenow, D., Haase, C., Bernstorff, C. v., & Nachtwei, J. (2014). Bestehen im War for Talent: Methodische Qualität des Kompetenzmodells als Überlebensstrategie. *Wirtschaftspsychologie, 2014*(1), 25–38.

Mansfield, R. S. (1996). Building competency models: Approaches for HR professionals. *Human Resource Management, 35*(1), 7–18.

Markus, L., Cooper-Thomas, H., & Allpress, K. (2005). Confounded by competencies? An eva-luation of the evolution and use of competency models. *New Zealand Journal of Psychology,* *34*(2), 117–125.

McClelland, D. (1973). Testing for competence rather than for intelligence. *American Psycholo-gist, 28,* 1–14.

North, K., Reinhardt, K., & Sieber-Suter, B. (2013). *Kompetenzmanagement in der Praxis* (2. Aufl.). Wiesbaden: SpringerGabler.

Obermann, C. (2013). *Assessment Center* (5. Aufl.). Wiesbaden: Gabler.

Rosenstiel, L. v. (2007). Rollen in Organisationen aus psychologischer Sicht. In J. Erpenbeck & L. v. Rosenstiel (Hrsg.), *Handbuch Kompetenzmessung: Erkennen, verstehen und bewerten* *von Kompetenzen in der betrieblichen, pädagogischen und psychologischen Praxis* (2. Aufl., S. 94–113). Stuttgart: Schäffer-Poeschel.

Scherm, M. (2014). *Kompetenzfeedbacks: Selbst- und Fremdbeurteilung beruflichen Verhaltens.* Göttingen: Hogrefe.

Shippmann, J., Ash, R., Battista, M., Carr, L., Eyde, L., Hesketh, B., Kehoe, J., Pearlman, K., & Prien, E. (2000). The practice of competency modeling. *Personnel Psychology, 53,* 703–740.

Sparrow, P. (1995). Organizational competencies: A valid approach for the future? *International* *Journal of Selection and Assessment, 3*(3), 168–177.

Steinweg, S. (2009). *Systematisches Talent Management: Kompetenzen strategisch einsetzen.* Stuttgart: Schäffer-Poeschel.

Strothmann, P. (2014). Innovationsorientiertes Kompetenzmanagement. In B. Schültz & P. Stroth-mann (Hrsg.), *Innovationsorientierte Personalentwicklung* (S. 117–134). Wiesbaden: Springer Fachmedien.

HR Scorecards

9

Zusammenfassung

In Kap. 9 befassen wir uns ausführlich mit HR Scorecards, die den Ansatz der populären Balanced Scorecards aufgreifen und ihn in den Bereich des Personalmanagements übertragen. Balanced Scorecards stellen einerseits nicht die Strategieentwicklung in den Vordergrund, sondern deren Implementierung. Andererseits erheben sie den Anspruch, neben harten Faktoren auch weiche Faktoren in die Unternehmenssteuerung zu integrieren. HR Scorecards wollen gleich eine Reihe von grundlegenden Problemen der Personaler und des Personalmanagements lösen. So versprechen sie die erfolgreiche Verbindung von Unternehmensstrategie und Personalarbeit und damit eine gelungene Umsetzung der Strategie durch das Personalmanagement. Darüber hinaus will die HR Scorecard den Wertbeitrag des Humankapitals und des Personalmanagements transparent machen. Daher ist gerade für die Personalfunktion der Ansatz der HR Scorecard von größtem Interesse. HR Scorecards versprechen, ein hohes Maß an Transparenz in die im sechsten Kapitel diskutierte Blackbox zu bringen. Um diesem Anspruch gerecht zu werden, stellen HR Scorecards sehr hohe Anforderungen an alle Beteiligten. In diesem Kapitel untersuchen wir neben den Rahmenbedingungen und Anforderungen der HR Scorecards auch deren Verbreitung.

Wie wir aus Kap. 2 wissen, steht für die meisten Schulen des strategischen Managements die Strategie*entwicklung* im Vordergrund. Andere Autoren legen den Schwerpunkt auf die Umsetzung der Strategie. Diesen Fokus verfolgen auch Kaplan und Norton. Sie haben mit ihrer Balanced Scorecard ein Konzept vorgestellt, das den Unternehmen helfen soll, den Prozess der Strategieimplementierung zu unterstützen (vgl. Kaplan und Norton 1996). Kaplan und Norton argumentieren, dass für die erfolgreiche Umsetzung einer Strategie neben der Steuerung harter Faktoren, also finanzieller Größen oder Produktivitätskennzahlen, auch die Steuerung von weichen Faktoren notwendig ist. Die Kombination von harten und weichen Faktoren – daher die *Balanced* Scorecard – ist für

© Springer Fachmedien Wiesbaden GmbH 2017   225
C. Lebrenz, *Strategie und Personalmanagement*,
DOI 10.1007/978-3-658-14330-5_9

die beiden Autoren der entscheidende Punkt für die erfolgreiche Umsetzung einer Strategie.

Die Balanced Scorecard wurde zu einem der einflussreichsten Managementinstrumente der letzten 20 Jahre. Dieser Einfluss erstreckte sich auch auf das Personalmanagement und das strategische Personalmanagement. Es wurden einige Varianten der Balanced Scorecard entwickelt, die auf die Besonderheiten des Personalmanagements bzw. des Humankapitals eingehen (vgl. Yeung und Berman 1997; Becker et al. 2001; Paauwe 2004; Huselid et al. 2005a), bzw. es wurden auch einige ältere Instrumente mit dem aktuellen Label der *HR Scorecard* recycelt (vgl. Phillips et al. 2001). Daher wollen wir uns in diesem Kapitel die Balanced Scorecard und zwei der an das strategische Personalmanagement angepassten Varianten dieser Scorecard als Ansätze zur Strategieimplementierung anschauen. Dabei werden wir vieles von dem, was wir im sechsten Kapitel zum Thema Verbindung des Personalmanagements mit dem Unternehmenserfolg besprochen haben, wieder antreffen. Zunächst schauen wir uns die Idee hinter den verschiedenen Scorecards sowie ihren Aufbau an und beschäftigen uns dann im zweiten Teil des Kapitels mit den für den erfolgreichen Einsatz der Scorecards notwendigen Rahmenbedingungen. Das Kapitel schließt mit einem Überblick über die Verbreitung des Instruments und einer kurzen Bewertung.

9.1   Was ist die Idee hinter den Scorecards?

Vom Controlling zur Balanced Scorecard
Die Umsetzung von Strategien und Maßnahmen anhand von Kennzahlen zu messen, ist nicht neu. Das ganze Controlling dient letztendlich diesem Zweck. Und im Controlling geht es ja nicht nur um den Blick zurück auf Vergangenheitswerte, sondern der Controller soll auch Prognosen für die Zukunft erstellen, um – im Sinne eines Navigators – der Unternehmensleitung dabei zu helfen, das gewählte Ziel zu erreichen (vgl. Deyhle et al. 1992). Bis hierhin unterscheidet sich der von Kaplan und Norton entwickelte Ansatz nicht weiter von anderen Controlling-Instrumenten. Was sich unterscheidet, ist die Perspektive, mit der Kaplan und Norton an das Thema herangehen. Ihr Schwerpunkt liegt, wie eingangs erwähnt, in erster Linie auf der Strategieumsetzung. Sie starten mit der Frage, warum viele an sich gute Strategien daran scheitern, dass sie nur teilweise oder gar nicht umgesetzt werden. Aus Sicht von Kaplan und Norton erschwert in vielen Fällen ein mangelndes Strategieverständnis der Mitarbeiter die Umsetzung. Und zwar krankt es weniger am Verständnis der Strategie an sich, sondern an der Frage, welchen Beitrag denn der eigene Bereich konkret zur Strategie liefern soll. Um die Kommunikation und damit die Umsetzung der Strategie zu vereinfachen, schlagen Kaplan und Norton ihr Kennzahlensystem, die Balanced Scorecard, vor.

Der entscheidende Punkt für eine erfolgreiche Strategieimplementierung aus Sicht von Kaplan und Norton ist, dass neben den – einfach zu messenden – harten Faktoren wie Umsatz oder Rentabilität auch weiche Faktoren wie Kundenzufriedenheit und Mitarbeiterkompetenzen gemessen werden müssen, um ein ausgewogenes Bild über den Stand des Unternehmens abzugeben. Wir haben uns im sechsten Kapitel schon ausführlich mit der Problematik auseinandergesetzt, diese weichen Faktoren zu erfassen. Weil es so viel aufwendiger ist, weiche statt harte Faktoren zu messen, besteht in vielen Organisationen die Tendenz, die weichen Faktoren zu ignorieren. Frei nach der Devise: Wir können nur managen, was wir auch messen können. Aus heutiger Sicht mag diese Forderung, weiche und harte Faktoren zu berücksichtigen, nicht besonders überraschend sein, zum Zeitpunkt der Entwicklung der Balanced Scorecard vor gut 20 Jahren war dies aber ein wichtiger Schritt.

Der Anspruch, weiche *und* harte Faktoren als Kennzahlen für die Messung der Strategieimplementierung zu nutzen, ist der eine wichtige Punkt der Balanced Scorecard. Der zweite Punkt ist der Ansatz, die Konsequenzen der Strategieumsetzung für das Unternehmen aus verschiedenen Blickwinkeln zu untersuchen. Dabei wenden Kaplan und Norton vier Perspektiven an: die Finanzperspektive, die Kundenperspektive, die Perspektive der internen Prozesse und die Lern- und Entwicklungsperspektive. Die letztgenannte Perspektive ist aus Sicht des Personalmanagements von besonderer Bedeutung, da es hier um die Frage geht, inwieweit das vorhandene Humankapital mit seinen Kompetenzen in der Lage ist, die verabschiedete Strategie zu verwirklichen.

Für jede der vier Perspektiven werden dann in der Balanced Scorecard Ziele, Maßnahmen und Kennzahlen identifiziert, die uns darüber Aufschluss geben sollen, inwieweit die zur Strategieimplementierung ergriffenen Maßnahmen umgesetzt wurden. Durch die Beschränkung der Balanced Scorecard auf wenige Kennzahlen ist es möglich, die Strategie und den Beitrag der einzelnen Bereiche klar zu kommunizieren. Und nur wenn die Strategie klar kommuniziert werden kann, haben wir gute Chancen, dass die Strategie von der Belegschaft verstanden und umgesetzt wird. So die Idee der Balanced Scorecard.

Messen als zentrales Element

Neben der Kommunikation ist die Messung der Faktoren der zentrale Punkt der Balanced Scorecard und aller ihrer Derivate. Und zwar in zweifacher Ausprägung. Erstens mit der Frage, wie wir messen, und zweitens mit der Frage, was wir messen. Die erste dieser Fragen, wie wir gerade die für das Humankapital interessanten weichen Faktoren messen, haben wir schon ausführlich im sechsten Kapitel zur Blackbox diskutiert. Dabei haben wir gesehen, dass wir uns nicht nur sehr genaue Gedanken darüber machen müssen, *wie* die verschiedenen Inputs zu messen sind, sondern auch darüber, ob die gewählte Messgröße (beispielsweise Fluktuation) wirklich ein Indikator für das von uns zu untersuchende Konzept (Mitarbeiterzufriedenheit) ist. Auch Kaplan und Norton sind sich dieser Schwierigkeit bewusst. Sie selbst kommen zu der Feststellung, dass aufgrund der Schwierigkeit, weiche Faktoren zu messen, in den meisten Unternehmen Messgrößen für die Lern- und Entwicklungsdimension zu kurz kommen (vgl. Kaplan und Norton 1996,

S. 144 f.). Allerdings hat sich in den letzten 20 Jahren seit dem Erscheinen der Balanced Scorecard viel getan, was die Messbarkeit weicher Faktoren angeht. Ansätze wie das Human Capital Management und auch die im sechsten Kapitel beschriebene Literatur zeigen, dass hier allen Widrigkeiten zum Trotz deutliche Fortschritte gemacht wurden (vgl. Scholz et al. 2011; Birri 2013). Daher brauchen wir diese Diskussion nicht wieder aufzugreifen. Stattdessen konzentrieren wir uns auf die zweite Frage: *Was* wird gemessen? Hier müssen wir eine Auswahl aus den möglichen Messgrößen treffen, um nicht von der Vielzahl der möglichen Kennzahlen erschlagen zu werden.

Wenn wir die Strategieumsetzung messen, dann laufen wir Gefahr, dass wir zu viel messen. Einerseits zu viel, weil es – gerade bei den harten Faktoren – eine Unmenge an Zahlen gibt, die sich aus SAP oder einem anderen ERP-Programm ziehen lassen. Und da Excel geduldig ist, lässt sich aus der Vielzahl der Messgrößen eine noch viel größere Anzahl von Kennzahlen ableiten. Zweitens besteht – trotz SAP – in vielen Unternehmen keine einheitliche Struktur, wie die verschiedenen Kennzahlen definiert und gebildet werden. Dementsprechend werden schnell Kennzahlen doppelt oder in inkompatiblen Formaten erhoben (vgl. Kotzen et al. 2015, S. 3). Es besteht daher die Gefahr, zu viel an Daten zu generieren, die letztendlich eine gezielte Steuerung der Strategieumsetzung eher verschleiern als ermöglichen. Es gilt also, eine Scorecard zu entwickeln, die mit möglichst wenigen Kennzahlen auskommt, aber dennoch in der Lage ist, den Status der Strategieumsetzung ausreichend klar darzustellen. Um diesen Spagat bewältigen zu können, ist es von zentraler Bedeutung, sich darüber klar zu werden, wo gemessen werden muss. Welches sind die zentralen Stellen in der Strategieumsetzung, auf die wir unser Augenmerk richten müssen?

Um aus der Vielzahl von möglichen Kennzahlen auswählen zu können, nutzen Kaplan und Norton eine interessante Definition der Unternehmensstrategie: „A strategy is a set of hypotheses about cause and effect" (Kaplan und Norton 1996, S. 149). Eine mögliche Wirkungskette kann sein: Der Gewinn steigt, wenn der Umsatz steigt. Der Umsatz steigt unter anderem, wenn die Kunden zufriedener sind. Die Kunden sind zufriedener, wenn sie von den Mitarbeitern freundlicher und kompetenter beraten werden. Die Mitarbeiter sind dann kompetenter, wenn sie besser ausgebildet sind, und freundlicher, wenn sie selbst zufriedener sind. Diese Wirkungskette hat zur Folge, dass Investitionen in die Kompetenzen der Mitarbeiter (beispielsweise Schulungen) und Maßnahmen zur Steigerung der Mitarbeiterzufriedenheit (beispielsweise ein verbessertes Betriebsklima, eine bessere Vereinbarkeit von Beruf und Familie) sich mittelbar Gewinn steigernd auswirken. Wenn wir die Strategie als eine Wirkungskette – oder eher als ein Wirkungsnetz – verschiedener Maßnahmen verstehen, dann müssen wir uns für die Auswahl der Messgrößen die zentralen Punkte in diesem Wirkungsnetz heraussuchen. Wenn wir dann dort messen, können wir sehen, ob die Strategie wie geplant implementiert wird. Kaplan und Norton formulieren dies so:

> A properly constructed scorecard should tell the story of the business unit's strategy through such a sequence of cause-and-effect- relationships. The measurement system should make the relationships (hypotheses) among objectives (and measures) in the various perspectives

explicit so that they can be managed and validated … Every measure selected for a Balanced Scorecard should be an element of a chain of cause-and-effect relationships that communicates the meaning of the business unit's strategy to the organization (Kaplan und Norton 1996, S. 149).

Kaplan und Norton argumentieren, dass wir die Zahl der Messgrößen auf weniger als 20 Kennzahlen beschränken können, solange wir uns auf die zentralen Punkte konzentrieren (vgl. die verschiedenen Beispiele in Kaplan und Norton 1996, S. 150 ff.). Wichtig ist, dass diese Kennzahlen sowohl rückwärtsgerichtete Spätindikatoren *(lagging variables)* als auch Frühindikatoren für die zukünftige Leistung *(leading indicators)* beinhalten sollen. Und nach dem Motto „what gets measured gets done" wird die Aufmerksamkeit der Mitarbeiter und des Managements auf diese Kennzahlen und die damit verbundenen Maßnahmen gelegt. Damit führt die Entscheidung, an wichtigen Punkten entlang der Wirkungsketten zu messen, dazu, dass sich Management und Mitarbeiter auf diese entscheidenden Punkte und die damit verbundenen Prozesse konzentrieren (vgl. Birri 2013, S. 226). Mit der Folge, dass die Organisation ihre Aufmerksamkeit auf die Umsetzung der Strategie konzentriert. Diese Wirkungskette bzw. dieses Wirkungsnetz bezeichnen Kaplan und Norton als eine ,*Strategy Map'* (vgl. Kaplan und Norton 2004).

Mit der Strategy Map soll aufgezeigt werden, wie sich die Veränderungen in den einzelnen Perspektiven auf die Strategie und damit auf den Unternehmenserfolg auswirken. Entscheidend dabei ist, dass sich Veränderungen in einer Perspektive auf verschiedene

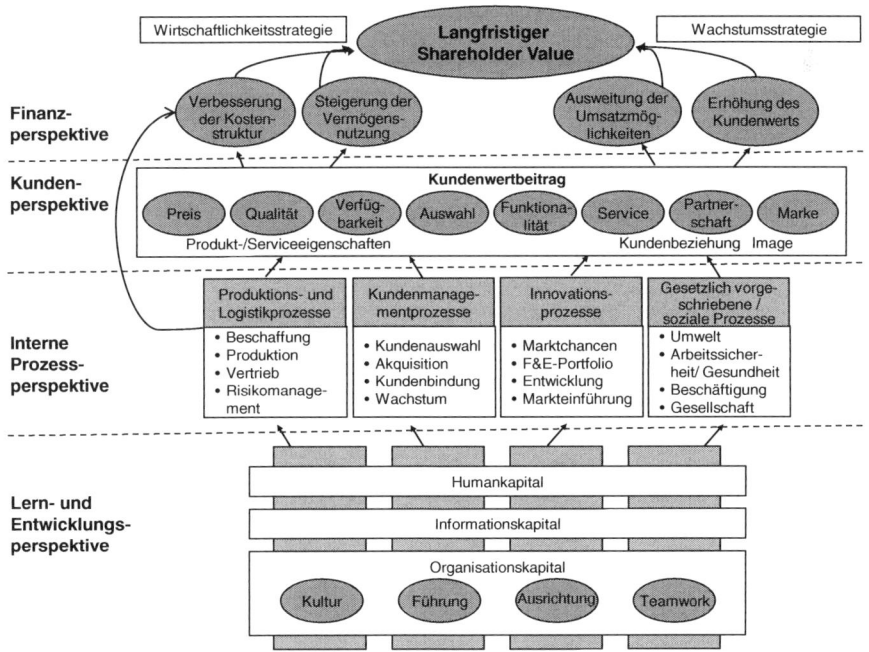

Abb. 9.1 Die Strategy Map von Kaplan und Norton. (2004, S. 10)

andere Perspektiven und Bereiche auswirken können. Die im Blackbox-Kapitel diskutierten Wechselwirkungen werden mit der Strategy Map aufgezeigt.

Ein Beispiel dafür zeigt Abb. 9.1. Hier wird dargestellt, wie Veränderungen in der Lern- und Entwicklungsperspektive sich auf die einzelnen internen Prozesse auswirken. Wie beispielsweise verbesserte IT-Prozesse die Beschaffungsprozesse verbessern und damit Bestellzeiten verkürzen und Lagerbestände optimieren. Oder wie durch verbesserte Teamarbeit die Innovationsprozesse beschleunigt werden können. Dies wirkt sich durch eine verbesserte Kostenstruktur auf die Profitabilität und damit auf die Finanzperspektive direkt aus oder indirekt über eine höhere Kundenzufriedenheit oder -bindung. Zusammen sollen diese Maßnahmen dazu beitragen, den Erfolg des Unternehmens, hier gemessen am langfristig gesteigerten Unternehmenswert, zu erhöhen. Und je nach gewählter Strategie werden unterschiedliche Punkte besonders wichtig sein. Für ein Unternehmen, das die Kostenführerschaft in seinem Markt anstrebt, werden Verbesserungen der Logistik- und Produktionsprozesse eine viel größere Bedeutung haben als höhere Innovationsraten. Daher werden Kennzahlen zu den Innovationsprozessen weniger prominent in der Scorecard dieses Unternehmens auftauchen als in einem Unternehmen, das sich durch Technologie- oder Innovationsführerschaft differenzieren will.

Hier werden die Parallelen zur Diskussion im sechsten Kapitel deutlich. Dort ging es um den Zusammenhang zwischen Personalmanagement und Unternehmenserfolg. In der Strategy Map geht es aber nicht nur um den Beitrag des Humankapitals, sondern auch um den Beitrag anderer Bereiche des Unternehmens an der Strategieumsetzung und damit mittelbar am Erfolg des Unternehmens. Dementsprechend sind wir hier auch mit all den Problemen konfrontiert, die wir schon im sechsten Kapitel diskutiert haben. Einerseits die Komplexität der Wechselwirkungen zwischen den verschiedenen Faktoren und andererseits die Frage nach der Kausalität zwischen den einzelnen Faktoren. Bei der Entwicklung der Strategy Maps sind sich die Autoren der Problematik der Kausalität durchaus bewusst. Einige von ihnen gehen auf den ersten Blick recht hemdsärmelig mit der Thematik um, indem sie die Frage nach der Kausalität als Luxusproblem betrachten: So schreiben Becker und seine Koautoren: „Two variables are related when they *vary* together, but you may not know for sure what one actually *causes* the other. You don't have the luxury of arguing over such nuances, though" (Becker et al. 2001, S. 121). Ob es sich bei der Frage, ob die Mitarbeiterzufriedenheit den Unternehmensgewinn beeinflusst oder andersherum ein gestiegener Unternehmensgewinn zu höherer Mitarbeiterzufriedenheit führt, wirklich nur um eine Nuance handelt, darf aber bezweifelt werden. Denn je nachdem, in welche Richtung die Wirkung geht, kann eine ganze Reihe von (teuren) Maßnahmen zur Erhöhung der Mitarbeiterzufriedenheit überflüssig sein. Allerdings relativieren Becker und seine Kollegen ihre hemdsärmelige Aussage wieder, indem sie später schreiben: „… At some point, your job requires you to draw a causal inference about the relationship between a decision and its results" (Becker et al. 2001, S. 121). Hier sind wir wieder bei der Diskussion der Intuition aus dem sechsten Kapitel, dass wir als Manager Annahmen treffen müssen, wie sich die Dinge zueinander verhalten. Sonst verharren wir in einer endlosen Analyseschleife, die uns nicht weiterbringt. Um die relevanten Messgrößen bestimmen zu können, benötigen wir ein sehr genaues Verständnis davon, wie das Business funktioniert.

Letztendlich verfolgt die Balanced Scorecard den Ansatz, die Verbindung zwischen den einzelnen Aktivitäten im Unternehmen und dem Unternehmenserfolg aufzuzeigen. Dadurch, dass der mittelbare und unmittelbare Beitrag der Mitarbeiter zur Strategieumsetzung und damit letztendlich zum Unternehmenserfolg transparent gemacht wird, soll die Umsetzung der Strategie erleichtert werden. Durch die Berücksichtigung weicher wie auch harter, rückblickender und vorausschauender Faktoren soll der Komplexität im Unternehmen Rechnung getragen werden. Durch die Visualisierung der Wechselwirkungen in der Strategy Map erhalten wir einen Überblick darüber, wo die zentralen Knotenpunkte in diesen Wirkungsketten liegen. Wenn die wichtigsten Knotenpunkte identifiziert sind, können wir mit der Messung an wenigen zentralen Knotenpunkten mit einer überschaubaren Zahl von Messgrößen nachhalten. Die Balanced Scorecard verspricht, die Komplexität der Blackbox auf wenige, sorgsam gewählte Messgrößen zu reduzieren.

9.2   Wie sind HR Scorecards aufgebaut?

Die Balanced Scorecard von Kaplan und Norton

Die bekannteste Scorecard ist die Balanced Scorecard von Kaplan und Norton. Diese liefert mit ihren vier Perspektiven und der späteren Ergänzung der Strategy Maps die Grundlage der verschiedenen Scorecards, die sich stärker auf die Rolle des Humankapitals bzw. des Personalmanagements konzentrieren. In Abb. 9.2 können wir das Zusammenspiel der Balanced Scorecard mit der vorgelagerten Strategy Map und dem nachgelagerten Aktionsplan sehen. Im hier dargestellten Beispiel geht es um den Beitrag, den die Boden-Crew zur Umsetzung der Strategie einer Fluggesellschaft leisten soll. Ziel der Strategie ist es, sowohl den Umsatz zu erhöhen als auch gleichzeitig die Kostenstruktur des Unternehmens zu verbessern. Um diese Ziele zu erreichen, werden im ersten Schritt die Wirkungsketten definiert, wie sich der Prozess der Bodenabfertigung auf die Strategie des Unternehmens auswirkt.

Der Beitrag der Boden-Crew zur Strategieumsetzung liegt darin, dass die Flugzeuge möglichst schnell abgefertigt werden und damit schnell wieder einsatzbereit sind. Wenn dies gelingt, dann wirkt sich dies einerseits durch die Pünktlichkeit auf die Kundenzufriedenheit aus. Weil zufriedene Kunden öfter fliegen bzw. durch Mund-zu-Mund-Propaganda andere Kunden werben, steigt in Folge der Umsatz. Gleichzeitig sinkt durch die schnellere Abfertigung die Zahl der Flugzeuge, die das Unternehmen benötigt, um seinen Flugplan zu bedienen. Dies verbessert die Kostenstruktur. Um den schnellen Turnaround am Boden erreichen zu können, müssen in der Lern- und Entwicklungsperspektive sowohl das für den Prozess kritische Humankapital als auch die kritischen Systeme und das benötigte Organisationskapital definiert werden. In unserem Beispiel ist die kritische

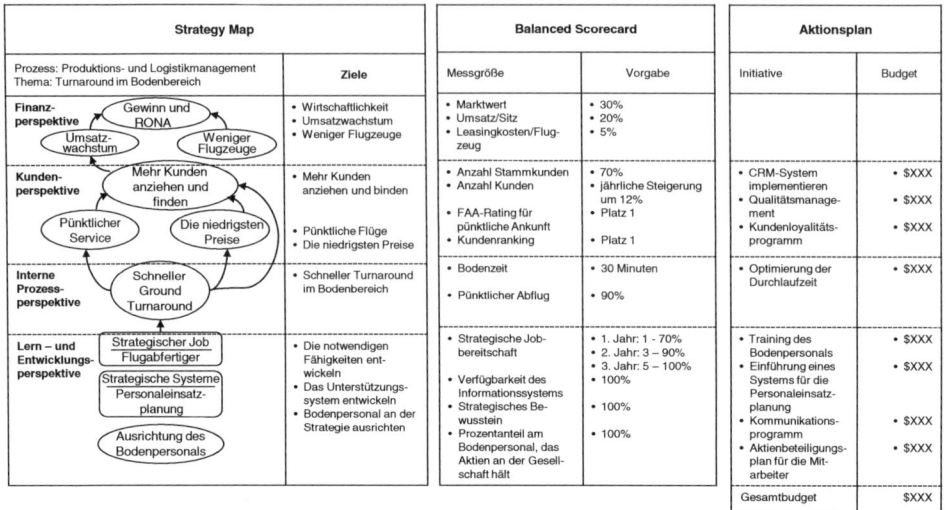

Abb. 9.2 Das Zusammenspiel von Strategy Map, Balanced Scorecard und Maßnahmen am Beispiel einer Fluggesellschaft. (Kaplan und Norton 2004, S. 47)

Tätigkeit die des Flugabfertigers, das kritische System die Personaleinsatzplanung, die sicherstellt, dass immer eine optimale Anzahl von Personen der kritischen Tätigkeit einsatzbereit ist. Das benötigte Organisationskapital sind die verschiedenen Mitarbeiter, die als Team agieren, das sich ergänzt und unterstützt, damit das Flugzeug schnell abgefertigt und flugbereit gemacht werden kann.

Jeder dieser in den vier Perspektiven beschriebenen Punkte drückt ein (Zwischen-) Ziel aus, das es zu erreichen gilt. Und die Strategy Map ist damit – der eben diskutierten Logik von Kaplan und Norton folgend – eine Kette von Ursache und Wirkung, die die Tätigkeit der Boden-Crew mit den Unternehmenszielen verbindet. Im zweiten Schritt wird jedem der in der Strategy Map definierten 13 Ziele in der Balanced Scorecard eine Messgröße zugeordnet, mit der die Zielerreichung gemessen werden kann. Und für jede Messgröße wird ein Zielwert definiert, den es zu erreichen gilt. Der dritte Schritt ist dann die Ableitung eines Aktionsplans, mit dem die in der Balanced Scorecard definierten Zielwerte erreicht werden sollen. In der vereinfachten Darstellung in Abb. 9.2 sind nur die Budgets aufgeführt, die für die einzelnen Maßnahmen des Aktionsplans benötigt werden. Dazu gehören natürlich auch eine Terminplanung und die Bestimmung von Verantwortlichen für die einzelnen Maßnahmen. Zur Darstellung, inwieweit die einzelnen Maßnahmen im Plan liegen, dient in vielen Fällen die Ampellogik.

Bei der Betrachtung müssen wir allerdings berücksichtigen, dass in der Darstellung nur ein einziger Prozess bzw. ein Teilprozess betrachtet wird. Die hier dargestellte Balanced Scorecard mit ihren 13 Messgrößen ist damit nicht die Balanced Scorecard des Unternehmens, sondern eine von vielen Balanced Scorecards. Die Messgrößen der Finanz- und der Kundenperspektive mögen zwar für die meisten oder gar alle Prozesse im Unternehmen identisch sein, in der internen Prozessperspektive und der Lern- und Entwicklungsperspektive hingegen werden es in Summe viele Messgrößen sein. Es ist der Anspruch der Balanced Scorecard, den Mitarbeitern ihren Beitrag zum Unternehmenserfolg aufzuzeigen. Dies ist ein wichtiges Ziel. Allerdings ist der Preis für diese Orientierungsfunktion für die Mitarbeiter, dass mit der Vielzahl an unterschiedlichen Funktionen und Job-Familien die Zahl der Messgrößen und Kennzahlen steigt. Damit steigt dann in Folge auch die Komplexität der Scorecard. Ganz so schlank, wie die Autoren den Ansatz der Balanced Scorecard darstellen, ist er bei näherem Hinsehen dann doch nicht. Diesen Punkt werden wir noch einmal aufgreifen, wenn wir später die Verbreitung des Ansatzes diskutieren.

Schon im sechsten Kapitel haben wir gesehen, dass Kaplan und Norton bei der Entwicklung der Strategy Maps die Kontextabhängigkeit der immateriellen Vermögenswerte – und hier gerade des Humankapitals – betonen. In den Strategy Maps wird deutlich, dass eine bestimmte Form des Human- oder Organisationskapitals für einen bestimmten Prozess von großer Bedeutung ist, in einem anderen Prozess hingegen wertlos oder gar schädlich. Die Kreativität, die wir in einer Werbeagentur für die Entwicklung eines Werbespots so schätzen, wäre in der Küche eines McDonald's-Restaurants schädlich. Hier sollen die Mitarbeiter standardisierte Produkte herstellen, nicht durch extravagante Burger-Kreationen brillieren. Für die Wahl der Messgrößen bedeutet dies, dass Messgrößen von der Stange wenig Sinn machen. Was für ein Unternehmen und seinen Kontext von entscheidender Bedeutung ist, ist für andere Unternehmen unwichtig. Um die geeigneten Messgrößen auswählen zu können, benötigen wir ein sehr gutes Verständnis davon, wie das Unternehmen funktioniert, welche Elemente für das Gelingen der Strategie entscheidend sind.

Spezifische HR Scorecards
Auf der einen Seite sind Scorecards aus Sicht des Personalmanagements von großem Interesse, weil sie die Bedeutung weicher Faktoren wie die des Human-, Sozial- und Organisationskapitals für die erfolgreiche Strategieumsetzung betonen. Damit bieten Scorecards die Möglichkeit, den Wertbeitrag des Humankapitals und damit mittelbar auch des Personalmanagements für die Unternehmensstrategie aufzuzeigen. Gleichzeitig haben aber auch schon Kaplan und Norton selbst die Lern- und Entwicklungsperspektive und damit die Einbindung des Humankapitals als Schwachpunkt in der Entwicklung von Scorecards identifiziert. Um diese Lücke zu schließen, wurde eine Reihe von Scorecards entwickelt, die konkret auf die Rolle des Humankapitals in der Strategieumsetzung eingehen (vgl. Yeung und Berman 1997; Becker et al. 2001; Paauwe 2004; Huselid et al. 2005a; Beatty et al. 2007). Dabei wurden teilweise unterschiedliche Schwerpunkte gewählt. So versucht Paauwe mit seiner *4logic HRM scorecard* neben den Eigentümern auch noch die Interessen der anderen Stakeholder in die Entwicklung der Scorecard zu integrieren. Den größten Einfluss haben die Scorecards verschiedener Autoren um das Duo Becker und Huselid. Sie entwickelten erst ihre *HR Scorecard* (vgl. Becker et al. 2001) und dann drei Jahre später ihre *Workforce Scorecard* (vgl. Huselid 2005a; Beatty

et al. 2007). Diese beiden Derivate der Balanced Scorecard wollen wir uns im Folgenden näher anschauen. Weil die Workforce Scorecard auf die HR Scorecard aufbaut, lohnt es sich, mit der HR Scorecard zu beginnen.

Die HR Scorecard

Um mit einer Scorecard sowohl das Humankapital als auch das Personalmanagement in die Strategieumsetzung zu integrieren, schlagen Becker und seine Koautoren einen siebenstufigen Prozess vor (vgl. Becker et al. 2001, S. 27 ff.), der sich über weite Strecken an die Balanced Scorecard von Kaplan und Norton anlehnt. Im ersten Schritt muss die Unternehmensstrategie klar definiert werden. Damit verankern die Autoren der HR Scorecard ihren Ansatz klar im Planungsansatz des strategischen Managements. Auf diesen Punkt werden wir später im Abschnitt zu den erforderlichen Rahmenbedingungen näher eingehen. Der zweite Schritt ist die Forderung, einen Business Case für die strategische Rolle des Personalmanagements zu entwickeln. Diese Forderung basiert auf der Überlegung, dass sich die Personalfunktion endlich legitimieren, ihren ‚seat at the table' erhalten kann, wenn es dem Personalmanagement gelingt, die Personalarbeit an der Strategie auszurichten und auch den Beitrag des Personalmanagements an der Strategieumsetzung zu messen. Eigentlich sollte dieser zweite Schritt losgelöst vom gewählten Ansatz zur Strategieimplementierung sein, egal, ob diese Implementierung über ein strategisches Kompetenzmanagement, die Entwicklung der firmenspezifischen HR-Architektur etc. geschieht. Während die ersten beiden Schritte letztendlich unabhängig von der Logik einer Scorecard sind, knüpft der dritte Schritt mit der Entwicklung einer Strategy Map direkt an den Ansatz von Kaplan und Norton an. Da wir uns die Strategy Map schon angeschaut haben, brauchen wir auf diesen Schritt nicht weiter einzugehen.

Im vierten Schritt weicht dann die HR Scorecard von der Balanced Scorecard ab. In diesem Schritt sollen innerhalb der Strategy Map diejenigen Inputs identifiziert werden, die das Personalmanagement für die Strategieumsetzung liefern muss. Diese Inputs nennen Becker und seine Koautoren *Strategic HR Deliverables*. Bei diesen Inputs geht es darum, nachzuhalten, welche Maßnahmen zur Strategieumsetzung beitragen. Die Autoren unterscheiden bei diesen Inputs zwischen Leistungstreibern (*performance driver*) und Befähigern (*enabler*). Bei den Leistungstreibern geht es um die Faktoren wie Mitarbeiterzufriedenheit oder auch Mitarbeiterproduktivität, sprich die Faktoren, die im Wirkungsnetz der Strategy Map dazu führen, dass die Strategie mit dem vorhandenen Humankapital umgesetzt werden kann. Auch wenn diese Deliverables recht generisch klingen, so betonen Becker und seine Koautoren, dass diese an die spezifische Situation der Firma angepasst werden müssen. Befähiger (*enabler*) sind Instrumente, die die Leistungstreiber unterstützen bzw. diese überhaupt erst möglich machen. Als Beispiel führen die Autoren Veränderungen in der Form der Vergütung an, um bestimmte Verhaltensmuster zu belohnen. So können im Rahmen einer Zielvereinbarung die Boni an die Erreichung der für die Leistungstreiber relevanten Kennzahlen gekoppelt werden. So kann bei dem oben angeführten Beispiel einer Fluggesellschaft die Betonung von präventiver

Wartung einer Maschine als Punkt in der Zielvereinbarung den Leistungstreiber ,hohe Verfügbarkeit der Flugzeuge' unterstützen.

Nachdem im vierten Schritt die Leistungstreiber und Befähiger identifiziert werden, folgt im fünften Schritt eine Ausrichtung der HR-Architektur mit den einzelnen Instrumenten auf die Leistungstreiber und Befähiger. Es ist letztlich die Frage nach der Humankapitalstrategie, die in diesem Schritt beantwortet werden soll: Welche Instrumente werden ausgewählt, damit die Mitarbeiter sich wie gewünscht verhalten und über die benötigten Kompetenzen verfügen? Erst im sechsten Schritt werden entlang der Wirkungsketten innerhalb der Strategy Map Messgrößen entwickelt, um die Implementierung zu überprüfen. Auch Becker und seine Koautoren betonen wie Kaplan und Norton die Notwendigkeit, sowohl Früh- als auch Spätindikatoren als Messgrößen zu verwenden. Die Systematik der Messgrößen unterscheidet sich nicht nennenswert vom Ansatz der Balanced Scorecard. Im siebten und letzten Schritt geht es um die Implementierung der HR Scorecard und den damit verbundenen Change-Prozess.

Wenn wir die HR Scorecard mit der Balanced Scorecard vergleichen, so sind die Unterschiede gering. Der Fokus der HR Scorecard ist deutlich enger gehalten als bei der Balanced Scorecard, die Terminologie unterscheidet sich in bestimmten Bereichen, aber die Logik ist identisch. Lediglich der Beitrag des Humankapitals wird durch das Konzept der *Strategic HR Deliverables* stärker ausdifferenziert. Während Kaplan und Norton den Einfluss und die Messung der immateriellen Güter und damit auch des Humankapitals über die Lern- und Entwicklungsperspektive angehen, nehmen Becker und seine Koautoren die als *Strategic HR Deliverables* bezeichneten Leistungstreiber und Befähiger, um die Verbindung zum Humankapital herzustellen und zu bewerten. Ebenso soll durch den Einsatz der HR Scorecard die Verbindung zwischen dem Personalmanagement und der Strategieumsetzung auf eine logisch nachvollziehbare Basis gestellt werden. Diese Verbindung geschieht über die Wirkungsketten innerhalb der Strategy Maps.

Workforce Scorecard

Während die HR Scorecard im Vergleich zur Balanced Scorecard selbst wenig neue Impulse liefert, integriert die wenig später entwickelte Workforce Scorecard eine Reihe von wichtigen zusätzlichen Aspekten (vgl. Huselid et al. 2005a). Einerseits integriert die Autorengruppe in die Workforce Scorecard ausdrücklich die Idee der Segmentierung des Humankapitals (vgl. Huselid et al. 2005b; Becker et al. 2009). Die Autoren argumentieren, dass es unwirtschaftlich sei, wenn ein Unternehmen ausschließlich über Top-Leute verfügt. Und es sei auch unrealistisch. Dafür ist der intern und extern zur Verfügung stehende Talent-Pool in der Regel einerseits zu begrenzt, andererseits ist es auch schlichtweg zu teuer, zwar notwendige, aber nicht wirklich entscheidende Positionen mit Spitzenleuten zu besetzen. Stattdessen sollte ein Unternehmen die Dreiteilung der Positionen in A-, B- und C-Positionen vornehmen, die wir uns schon im vierten Kapitel angesehen haben. Laut Becker und Koautoren ist es für die Strategieumsetzung entscheidend, dass sich die Scorecard mit ihrer Messung auf die entscheidenden A-Positionen beschränkt. Wenn diese Positionen mit leistungsstarken Mitarbeitern besetzt sind, dann reicht es auch für die Scorecard aus, sich auf Messgrößen für diese A-Positionen zu konzentrieren.

Andererseits differenzieren Huselid und seine Koautoren mit der Workforce Scorecard das Konzept der Scorecard weiter aus. Denn die von ihnen vorgestellte Workforce Scorecard ersetzt weder eine Balanced Scorecard noch eine HR Scorecard. Die Workforce Scorecard lässt diese beiden Scorecards als individuelle Scorecards bestehen und bildet das Bindeglied zwischen HR Scorecard und Balanced Scorecard.

Die Kombination der drei Scorecards ist für uns auch deswegen so interessant, da dieser Ansatz eines der ganz wenigen Modelle ist, das alle vier Fragen anspricht, die wir für die Verbindung von Unternehmensstrategie und Personalmanagement beantworten müssen. Daher wollen wir uns nun den Ansatz einmal näher ansehen. Ausgangspunkt in der Logik ist die Balanced Scorecard. Huselid und seine Koautoren nennen die vier Perspektiven von Kaplan und Norton um und sprechen von *Erfolg* statt von *Perspektive* und bezeichnen dementsprechend auch die Lern- und Entwicklungsperspektive von Kaplan und Norton als *Workforce Success*. Dieser Mitarbeitererfolg ist dann gegeben, wenn die Mitarbeiter in der Lage und willens sind, die Strategie umzusetzen. Damit beschreibt der Mitarbeitererfolg das für die Strategieumsetzung benötigte Humankapital. Mit den Begriffen, die wir im zweiten Kapitel eingeführt haben, ist dies die Frage nach der Personalstrategie. Dieser Mitarbeitererfolg ist das Bindeglied zwischen der Balanced Scorecard und der Workforce Scorecard. Um das benötigte Humankapital bereitstellen zu können, differenziert die eigentliche Workforce Scorecard die Anforderungen an das Humankapital weiter aus. Einerseits werden die Kompetenzen – gerade für die kritischen A-Positionen – definiert. Andererseits wird aber auch das Verhalten des Managements und der Mitarbeiter beschrieben, wobei hier die Rolle des Topmanagements in seiner Vorbildfunktion besonders hervorgehoben wird. Mit den Einstellungen und der Unternehmenskultur heben die Autoren zwei Aspekte des Humankapitals heraus, die aus ihrer Sicht gezielt beeinflusst werden müssen. Wenn wir aber an die Diskussion im letzten Kapitel zurückdenken, dann sind die Parallelen zwischen den dort beschriebenen Kompetenzmodellen und dem, was hier als Mitarbeitererfolg definiert wird, groß. Letztendlich entspricht die Workforce Scorecard einem Kompetenzmodell, über das die Unternehmensstrategie implementiert werden soll. Der Unterschied zu einem Kompetenzmodell liegt in erster Linie darin, dass bei der Workforce Scorecard der Frage nach den Messgrößen ein größerer Raum gegeben wird.

Um das mit den Dimensionen Kompetenz, Verhalten, Einstellung und Kultur beschriebene Humankapital bereitstellen zu können, leitet sich aus der Workforce Scorecard im dritten Schritt eine HR Scorecard ab. Während es bei der Workforce Scorecard um das Humankapital der gesamten Belegschaft geht, liegt der Fokus der HR Scorecard auf der Personalabteilung. In ihrem früheren Buch sprechen die Autoren auch von einer HR Scorecard, meinten in der neuen Terminologie aber eher eine *Workforce Scorecard*. Die babylonische Sprachverwirrung lässt wieder einmal grüßen. Diese ‚neue' HR Scorecard liefert aber sowohl eine Antwort auf unsere Frage, wie das benötigte Humankapital bereitgestellt wird, als auch auf die Frage, wie sich die HR-Funktion organisieren sollte, um die Humankapitalstrategie umsetzen zu können. Die Frage, wie das Humankapital bereitgestellt wird, wird einerseits über die Instrumente, in der Terminologie des Modells *People Management Tools,* angesprochen, andererseits über die eingangs schon erwähnte Segmentierung der Mitarbeiter in A-, B- und C-Positionen.

Die Frage, wie sich die HR-Funktion aufstellen soll, wird darüber angesprochen, welche Managementsysteme die HR-Funktion einsetzt, um das benötigte Humankapital bereitzustellen. Um die Strategieumsetzung erfolgreich unterstützen zu können, müssen diese Managementsysteme und -prozesse drei Bedingungen erfüllen: Erstens müssen die Instrumente auf die Unternehmensstrategie ausgerichtet sein. Zweitens müssen diese Instrumente so miteinander verknüpft sein, dass sie sich sowohl gegenseitig verstärken als auch eine unternehmensspezifische Kombination ergeben. Dies haben wir als HR-Architektur bezeichnet. Damit geht das Modell der Workforce Scorecard bei der Humankapitalstrategie sowohl auf die Ebene der Instrumente als auch auf die Ebene der HR-Architektur ein. Zusätzlich werden in der HR Scorecard die Kompetenzen bzw. die Rollen der Mitarbeiter der Personalabteilung beschrieben. Hier werden die von Ulrich propagierten Rollen aufgegriffen und implizit das damit verbundene HR-Business-Partner-Modell (vgl. Ulrich 1997, S. 24 und die Diskussion in Kap. 5).

Dann bleibt nur noch unsere vierte Frage nach der Verbindungslogik zwischen Personalstrategie und Humankapitalstrategie. In diesem Modell wird das benötigte Humankapital aus der Unternehmensstrategie abgeleitet, die Mitarbeiter selbst bilden aber keine Basis für den Wettbewerbsvorteil. Die Workforce Scorecard folgt damit dem MBV. Mit diesem Modell schaffen es Huselid und seine Kollegen, alle unsere vier Fragen zu beantworten. Dafür, dass das Modell so umfassend ist, zahlt es einen Preis. Dieser liegt in der Vielzahl der Messgrößen, die wir erheben müssen, um alle Aspekte abzudecken. Der Forderung von Kaplan und Norton, sich mit einer Balanced Scorecard auf ca. 20 Messgrößen zu beschränken, wird jede einzelne der hier vorgestellten drei Scorecards vielleicht gerecht werden können. Die Summe der drei Scorecards aber kaum.

Exkurs: Strategie-Implementierungs-Score

Der Aufbau der HR Scorecards lässt erahnen, dass HR Scorecards in der Konzeption und Umsetzung sehr aufwendig sind. Wie wir im kommenden Abschnitt sehen werden, sind sie selbst für viele größere Unternehmen zu aufwendig. Vor diesem Hintergrund stellt sich die Frage, ob es gerade für kleinere und mittlere Unternehmen eine Möglichkeit gibt, wenigstens teilweise die Informationen zu gewinnen, die eine HR Scorecard liefert. Aufgrund der meist begrenzten Ressourcen müssen die eingesetzten Instrumente jedoch einfach zu handhaben sein und mit geringem Zeitaufwand angewandt werden können. Um diesen Anforderungen gerecht zu werden, wurde an der Hochschule Augsburg der Strategie-Implementierungs-Score (SIS) entwickelt (vgl. Lebrenz und Völk 2012). Dabei ist es das Ziel des SIS, eine Bestandsaufnahme zum Fit zwischen Personalarbeit und Unternehmensstrategie zu erstellen, statt ein Steuerungsinstrument zu sein, mit dem wir kontinuierlich die Strategieimplementierung überprüfen können. Darin unterscheidet sich der SIS von der Balanced Scorecard und der eben diskutierten HR Scorecard.

Der Strategie-Implementierungs-Score

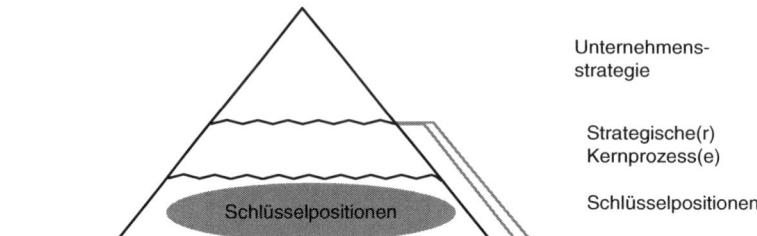

Grundgedanke des SIS ist, dass als Ergebnis der Humankapitalstrategie das für die Unternehmensstrategie benötigte Humankapital durch das Personalmanagement bereitgestellt wird. Um aber den Aufwand für das Unternehmen überschaubar zu halten, wird nicht das gesamte Humankapital des Unternehmens betrachtet, sondern nur diejenigen Mitarbeiter, die auf Schlüsselpositionen im Unternehmen arbeiten. Darin folgt der SIS dem Ansatz von Huselid und Sparrow mit ihren jeweiligen Koautoren (vgl. Huselid et al. 2005b; Sparrow et al. 2011), sich bei der Strategieimplementierung auf die ‚A-Positionen' zu konzentrieren.

Der SIS basiert auf folgender Logik: Jedes Unternehmen verfügt über einige wenige strategische Kernprozesse, die über den Erwerb bzw. Erhalt des eigenen Wettbewerbsvorteils entscheiden. Bei einem Hersteller von Sondermaschinen können dies die Entwicklung und der Vertrieb der Maschinen sein; bei einer Anwaltskanzlei ist es in der Regel der Beratungsprozess am Mandanten, nicht aber irgendwelche Backoffice-Prozesse. In diesem Kernprozess sind es wiederum nicht alle Mitarbeiter, die eine gleich hohe Bedeutung für den Prozess haben. Oft sind nur wenige Mitarbeiter, wie im Beispiel des Sondermaschinenherstellers einige der erfahrenen Entwickler oder im Vertrieb die Key-Account-Manager, für den jeweiligen Prozess entscheidend. Wie wir schon im vierten Kapitel bei der Frage der Segmentierung erfahren haben, sind es in den meisten Fällen nicht mehr als 20 % der Mitarbeiter, die auf Schlüsselpositionen arbeiten. Nach der Pareto-Logik sind diese 20 % der Mitarbeiter aber zu 80 % für den Erfolg der Strategie verantwortlich. Wenn es also dem Personalmanagement gelingt, diese Schlüsselpositionen zu identifizieren und sicherzustellen, dass durch geeignete Personalinstrumente – der unteren Ebene der Pyramide – die Stellen jetzt und in absehbarer Zukunft mit qualifizierten Mitarbeitern besetzt werden können, dann hat das Personalmanagement einen großen Beitrag zur Strategieimplementierung geleistet.

Der SIS erfasst in halbtätigen Workshops mit der Personalleitung und der Geschäftsführung anhand eines strukturierten Fragebogens, wie weit Unternehmensstrategie, Kernprozesse und Schlüsselpositionen für heute und für die kommenden

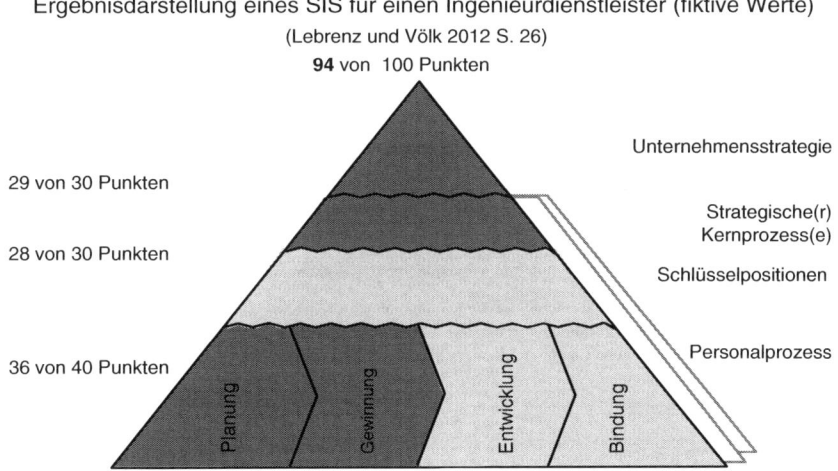

Ergebnisdarstellung eines SIS für einen Ingenieurdienstleister (fiktive Werte)
(Lebrenz und Völk 2012 S. 26)

Jahre identifiziert sind. Im zweiten Teil erfasst der Fragebogen, inwieweit die Personalinstrumente auf die Besetzung der Schlüsselpositionen und die Bindung der Mitarbeiter auf den Schlüsselpositionen ausgerichtet sind. Das Ergebnis der Analyse wird dann mit einem Score von maximal 100 Punkten versehen und für die einzelne Bereichen nach der Ampellogik dargestellt.

Die Abbildung zeigt die beispielhafte Auswertung für einen Ingenieurdienstleister. In diesem Fall ergab die Analyse, dass im Unternehmen die Unternehmensstrategie klar definiert und vorbildlich intern kommuniziert war. Ebenso waren die Kernprozesse im Unternehmen eindeutig bestimmt. Hier – wie auch bei den anderen dunkel gefärbten Bereichen – gab es keinen Handlungsbedarf. Eine gewisse Unsicherheit bestand aber darüber, welches die Schlüsselpositionen in den Kernprozessen waren. Während im Unternehmen die Personalplanung ebenso wie die Gewinnung von neuen Mitarbeitern für die Schlüsselpositionen unkritisch waren, zeigte sich in der Analyse, dass in den Bereichen Mitarbeiterentwicklung und -bindung Handlungsbedarf bestand. Zu oft wurden erfahrene Mitarbeiter auf den Schlüsselpositionen von den Kunden, für die die Ingenieure die Projekte bearbeiteten, abgeworben. Bei den Kunden bestanden aus Sicht der Wechsler bessere Entwicklungsmöglichkeiten. Als Ergebnis der Analyse wurde bei dem Ingenieurdienstleister u. a. ein Personalentwicklungsprogramm mit internen Schulungen aufgesetzt, um hier die Mitarbeiter – besonders auf den Schlüsselpositionen – binden zu können.

Der SIS ist ein einfaches und robustes Analyseinstrument für die Bestandsaufnahme. Mit überschaubarem Aufwand kann der SIS aufzeigen, inwieweit das Personalmanagement auf die Mitarbeiter auf den Schlüsselpositionen ausgerichtet ist
und damit die Strategieumsetzung im Unternehmen unterstützt. Der SIS hat sich
mittlerweile in Unternehmen aus verschiedensten Branchen und auch dem Non-Pro-
fit-Bereich bewährt. Dem geringen Aufwand in der Anwendung steht auch ein einge-
schränktes Leistungsspektrum des Instruments gegenüber. Erstens erfolgt die Analyse
nicht für die gesamte Belegschaft, sondern nur für diejenigen, die Schlüsselpositionen innehaben. Zweitens eignet sich der SIS für eine Bestandsaufnahme, nicht aber
für ein kontinuierliches Monitoring der Strategieumsetzung. Zwar bietet es sich an,
den SIS in regelmäßigen Abständen zu wiederholen oder auch nach einem Strategiewechsel einzusetzen, um sicherzustellen, dass die Ausrichtung auf die Schlüsselpositionen weiterhin gegeben ist. Um die gesamte Belegschaft zu berücksichtigen und
statt einer Momentaufnahme einen kontinuierlichen Überblick zu erhalten, ob die
Humankapitalstrategie erfolgreich ist, sind größere Systeme, wie die eben diskutierten
HR Scorecards oder auch das Human Capital Management, das im folgenden Kapitel
vorgestellt wird, notwendig.

9.3 Welche Rahmenbedingungen benötigen HR Scorecards?

Für die HR Scorecard sind zwei Rahmenbedingungen entscheidend, von denen eine stillschweigend vorausgesetzt, die andere offen angesprochen wird (vgl. Becker et al. 2001,
S. 36 ff.). Stillschweigend vorausgesetzt wird – wie auch beim strategischen Kompetenzmanagement – ein Umfeld, das so stabil ist, dass die aufwendige Entwicklung der Strategy Map und der Messgrößen durchgeführt und die verabschiedete Strategie umgesetzt
werden kann. Die Unsicherheit, die bei der strategischen Personalplanung eine so große
Rolle spielt, wird bei der HR Scorecard ausgeklammert.

Ausdrücklich angesprochen wird die Notwendigkeit einer klar definierten Unternehmensstrategie. Damit ist die HR Scorecard – genauso wie die strategische Personalplanung und das strategische Kompetenzmanagement – im Planungsansatz des
strategischen Managements verhaftet. Da sich die Anforderungen der HR Scorecard mit
denen des strategischen Kompetenzmanagements decken, können wir die Diskussion
hier mit dem Hinweis auf den Abschn. 8.3 kurz halten.

9.4 Wie sieht es mit der Verbreitung von Scorecards aus?

Die Balanced Scorecard von Kaplan und Norton wurde Ende der 1990er-Jahre zu einem
der am meisten diskutierten Managementinstrumente. Um die Jahrtausendwende wurde
geradezu von einem ‚Hype‘ um die Scorecard gesprochen (vgl. Schäfer und Matlachowsky 2008, S. 219). Selbst zu diesem Zeitpunkt war die tatsächliche Verbreitung der

Scorecards aber nicht so hoch, wie wir es bei dem hohen medialen Interesse am Instrument vermuten würden: Studien von Speckacher und Schachner mit ihren jeweiligen
Kollegen kommen auf 24 % der größten börsennotierten und 35 % der mittelständischen
Unternehmen in Deutschland zu Beginn des letzten Jahrzehnts (vgl. Speckbacher et al.
2003). Die geringe Verbreitung zeigt sich auch in einzelnen Branchen wie im Kranken-
haussektor. Dies verwundert eigentlich, denn Krankenhäuser sind Organisationen, die
durch die verschiedenen betriebswirtschaftlichen und medizinischen Ziele für Scorecards mit ihren unterschiedlichen Perspektiven prädestiniert wären. Aber auch hier ist
die Verbreitung gering: Niesner und seine Koautoren kommen in ihrer Untersuchung von
39 deutschen Krankenhäusern im Jahre 2006 auf eine Verbreitung von lediglich 28 %
(vgl. Niesner et al. 2008, S. 371). Und selbst bei den wenigen Krankenhäusern, die eine
Balanced Scorecard einsetzten, hatten gerade einmal 46 % die Personalfunktion an der
Einführung der Scorecard beteiligt (vgl. Niesner et al. 2008, S. 374). Daher darf bezweifelt werden, dass diese Balanced Scorecards dazu genutzt wurden, um das Personalmanagement an der Unternehmensstrategie auszurichten. Nicht nur ist die Verbreitung
der Balanced Scorecard geringer als erwartet. Selbst in den Unternehmen, in denen das
Instrument angewandt wurde, wurde es oft nicht im Sinne eines strategischen Manage-
mentsystems eingesetzt, sondern eher zur operativen Steuerung genutzt (vgl. Schäfer und
Matlachowsky 2008, S. 208). Zwischenzeitlich entsteht der Eindruck, dass das Interesse
an der Balanced Scorecard deutlich nachgelassen hat. Nicht nur in Deutschland, sondern
auch international (vgl. Marr 2005).

Während es für die Balanced Scorecard eine Reihe – wenn auch etwas ältere –
Untersuchungen zur Verbreitung des Ansatzes gibt, sind mir zur Verbreitung von HR
Scorecards keine Studien bekannt. Was es gibt, ist eine Vielzahl von Beispielen für die
Einführung von HR Scorecards in einzelnen Unternehmen (vgl. beispielsweise Rhodes
et al. 2008; Cunningham und Kempling 2011; Douthitt und Mondore 2013; Loof 2014).
Am Rande einer anderen Studie befragte ich selbst im Jahr 2010 50 der 100 größten
Arbeitgeber in Deutschland, ob sie in irgendeiner Form eine HR Scorecard einsetzen wür-
den. Gerade einmal 20 % dieser Großunternehmen setzten zum damaligen Zeitpunkt das
Instrument ein. Hauptgrund, das Instrument nicht zu nutzen, war der zu hohe Aufwand,
der mit dem Instrument verbunden ist. Wenn schon für Großunternehmen das Instrument
zu aufwendig ist, dann können wir davon ausgehen, dass kleinere Unternehmen dieses
Instrument noch weniger einsetzen. Die dafür notwendigen Ressourcen dürften noch seltener vorhanden sein und damit den Einsatzbereich dieses Ansatzes weiter einschränken.

9.5   HR Scorecards – eine Bewertung

Die HR Scorecard als Derivat der Balanced Scorecard ist der dritte Ansatz zur Strategieimplementierung, mit dem wir uns beschäftigt haben. Das Instrument tritt mit dem
Versprechen an, gleich eine Reihe von grundlegenden Problemen der Personaler und
des Personalmanagements zu lösen. Dies beginnt mit der erfolgreichen Verbindung von

Unternehmensstrategie und Personalarbeit und damit einer gelungenen Umsetzung der Strategie durch das Personalmanagement. Darüber hinaus will die HR Scorecard den Wertbeitrag des Humankapitals und des Personalmanagements transparent machen. Der Umstand, dass wir zwar immer die Kosten, selten aber den Nutzen der Personalarbeit in harten Zahlen ausdrücken können, ist ein Thema, das uns immer wieder begleitet hat. Daher ist gerade für die Personalfunktion der Ansatz der HR Scorecard von größtem Interesse. Genauso wie der RBV den Personaler sexy macht, verspricht die HR Scorecard, die Arbeit der Personaler quantifizierbar zu machen. Die Personaler könnten endlich ihren Wertbeitrag für das Unternehmen klar nachweisen und damit den oft gewünschten ,seat at the table' faktenbasiert einfordern. Darüber hinaus adressiert die Workforce Scorecard alle vier unserer Fragen, mit denen wir die Schnittstelle zwischen Unternehmensstrategie und Personalmanagement bestimmen wollen. Damit sind die Voraussetzungen für eine erfolgreiche Umsetzung gegeben. Kaum ein anderer Ansatz zur Strategieumsetzung ist konzeptionell so umfassend und elegant.

Diese Transparenz will die HR Scorecard dadurch schaffen, dass sie Licht in die Black Box bringt. Das Instrument dazu sind die Strategy Maps, mit denen die HR Scorecard die Wirkungsketten zwischen einzelnen Instrumenten und Maßnahmen der Personalarbeit und dem Unternehmenserfolg aufzeigen will. Wenn wir an die Diskussion im sechsten Kapitel zur Blackbox zurückdenken, dann verspricht die HR Scorecard, die gesamte Problematik, die wir dort angesprochen haben, mit einem einzigen Instrument zu lösen. Ein in der Tat faszinierendes Versprechen. Da wundert es wenig, dass dieser Ansatz in der Praxis auf sehr hohes Interesse gestoßen ist und die Balanced Scorecard und ihre Derivate um die Jahrtausendwende viel diskutiert und in einer Reihe von Unternehmen eingesetzt worden sind.

Die Diskussion im sechsten Kapitel hat aber auch gezeigt, wie komplex und vielschichtig es ist, die Verbindung zwischen Humankapital und Unternehmenserfolg abzubilden und bei all den beteiligten weichen Faktoren zu quantifizieren. Nicht umsonst ist nach über 20 Jahren intensiver Forschung zur Black Box die Zahl der wirklich belastbaren Zusammenhänge überschaubar. Einige Autoren haben zwar sehr pragmatisch argumentiert, dass Manager sich beim Schritt von Korrelation zu Kausalität auf ihre Erfahrung verlassen sollten, aber dies verringert die Anforderungen, die die HR Scorecard an die Beteiligten stellt, nur bedingt.

Die HR Scorecards verfolgen den hohen Anspruch der Transparenz. Um diesem hohen Anspruch gerecht zu werden, sind die Anforderungen, die eine HR Scorecard an die Beteiligten stellt, immens. Zum einen, was die Identifikation der Wirkungsketten zwischen dem Humankapital und den anderen Perspektiven der Scorecard angeht. Denn dies setzt neben einem hohen Maß an Zeit auch ein tiefes Verständnis der Geschäftslogik des Unternehmens voraus. Und im zweiten Kapitel sind wir schon auf Stimmen gestoßen, die bei vielen Personalern diese intensive Kenntnis der Geschäftslogik und einen strategischen Weitblick vermissen. Nur wenn dieses tiefe Verständnis der Geschäftslogik vorhanden ist, können die wenigen, aber zentralen Kennzahlen identifiziert werden, die notwendig sind, um mit wenigen Kennzahlen den Zusammenhang zwischen

Humankapital und Unternehmenserfolg aufzuzeigen. Ebenso setzt eine HR Scorecard ein hohes Maß an Disziplin voraus, sich wirklich auf diese wenigen, entscheidenden Größen zu konzentrieren. Nur das zu messen, was entscheidend ist, statt doch lieber eine paar mehr Zahlen in die Scorecard aufzunehmen. Umso mehr dann, wenn die entscheidenden Dinge nur mit großem Aufwand erfasst werden können, während SAP doch auf Knopfdruck viele andere Zahlen zur Verfügung stellt. Und weil die entscheidenden Kennzahlen oft so schwierig zu messen sind, verschlingt eine Scorecard trotz der idealerweise recht wenigen Kennzahlen viel Zeit und Ressourcen.

Vor dem Hintergrund der Anforderungen, die eine gut entwickelte HR Scorecard an ein Unternehmen stellt, überrascht es wenig, dass die anfängliche Euphorie einem hohen Maß an Ernüchterung gewichen ist. Vielleicht gerade weil die HR Scorecard konzeptionell so mächtig ist, scheint sie viele Organisationen zu überfordern. Beim Blick auf den Umstand, dass viele Firmen, die formal eine Balanced Scorecard nutzen, diese aber als ein reines Reporting-Tool einsetzen, vermuten Schäfer und Matlachowsky, dass die Lücke zwischen dem bisherigen Status quo in der Firma und dem Wunsch nach strategischer Steuerung einfach zu groß ist (vgl. Schäfer und Matlachowsky 2008, S. 227). Anspruch und Wirklichkeit klaffen zu weit auseinander, als dass sich die Scorecards nachhaltig in den Unternehmensalltag integrieren lassen. Gleiches dürfte auch für die Firmen gelten, die HR Scorecards einsetzen.

Praktiker berichten, dass sie ihre HR Scorecard mit 50 Werten auf ein Dashboard mit fünf HR-Kennzahlen reduzieren, da dem Management die Komplexität der Scorecard mit den Dutzenden von Werten einfach zu groß war und diese Vielzahl an Kenngrößen schlussendlich doch nicht im Managementalltag genutzt wurde. Einen anderen Hinweis für das nachlassende Interesse an den Scorecards finden wir in der akademischen Literatur. Paauwe hatte 2004 in seinem Buch noch eine eigene HR Scorecard propagiert. Knapp zehn Jahre später, im an das Buch von 2004 anknüpfenden Werk, taucht die HR Scorecard nicht einmal mehr im Stichwortverzeichnis auf (vgl. Paauwe 2004; Paauwe et al. 2013, S. 239 ff.). Ein weiterer Grund für das stark nachlassende Interesse an der HR Scorecard mag sein, dass dieses Instrument – genau wie die Balanced Scorecard, von der sie abgeleitet wurde – das Thema der Unsicherheit de facto ausblendet. Und gerade nach der Finanzkrise 2008 und den massiven Verwerfungen, die diese ausgelöst hat, passt dieses statische Instrument wenig.

Die HR Scorecard scheint im Unternehmensalltag ihrem hohen Anspruch nicht gerecht werden zu können, sie ist für die meisten Organisationen sowohl konzeptionell als auch von den benötigten Ressourcen her zu anspruchsvoll. Dabei bietet gerade die Diskussion der Strategy Maps eine gute Möglichkeit, das implizite Wissen der einzelnen Manager explizit und abgleichbar zu machen. Doch dieser Vorteil des Instruments reicht für viele Unternehmen offensichtlich nicht aus, um den hohen Ressourcenbedarf zu rechtfertigen.

Literatur

Beatty, R., Huselid, M., & Schneier, C. (2007). New HR metrics: Scoring on the business score-card. In R. Schuler & S. Jackson (Hrsg.), *Strategic human resource management* (2. Aufl., S. 352–365). Malden: Blackwell.

Becker, B., Huselid, M., & Beatty, R. (2009). *The differentiated workforce: Translating talent into strategic impact*. Boston: Harvard Business School Press.

Becker, B., Huselid, M., & Ulrich, D. (2001). *The HR scorecard: Linking people, strategy, & performance*. Boston: Harvard Business School Press.

Birri, R. (2013). *Human Capital Management: Ein praxisorientierter Ansatz mit strategischer Ausrichtung* (2. Aufl.). Wiesbaden: Springer Gabler.

Cunningham, J. B., & Hempling, J. (2011). Promoting organizational fit in strategic HRM: Applying the HR scorecard in public service organizations. *Public Personnel Management, 40*(3), 193–213.

Deyhle, A., Gill, D., & Blazek, A. (1992). *Controlling & the controller*. Gauting: Management Service Verlag.

Douthitt, S., & Mondore, S. (2013). Creating a business-focused HR function with analytics and integrated talent management. *People & Strategy, 36*(4), 16–21.

Huselid, M., Becker, B., & Beatty, R. (2005a). *The workforce scorecard: Managing human capital to execute strategy*. Boston: Harvard Business School Press.

Huselid, M., Beatty, R., & Becker, B. (2005b). "A players" or "A positions?" The strategic logic of workforce management. *Harvard Business Review 12*, 110–117.

Kaplan, R., & Norton, D. (1996). *The balanced scorecard: Translating strategy into action*. Boston: Harvard Business School Press.

Kaplan, R., & Norton, D. (2004). *Strategy Maps: Der Weg von immateriellen Werten zum materiellen Erfolg*. Stuttgart: Schäffer-Poeschel.

Kotzen, J., Nolan, T., Plaschke, F., Tucker, J., & Ghesquieres, J. (2015). *The art of performance management*. Boston: Boston Consulting Group.

Lebrenz, C., & Völk, S. (2012). Damit die Richtung stimmt. *Personalmagazin, 2012*(9), 24–26.

Loof, U. (2014). Strategy Map: So wirken weiche Faktoren auf harte Finanzkennzahlen. In B. Rosenberger (Hrsg.), *Modernes Personalmanagement: Strategisch – operativ – systemisch* (S. 283–291). Wiesbaden: Springer Gabler.

Marr, B. (2005). Business performance measurement: An overview of the current state of use in the USA. *Measuring Business Excellence, 9*(3), 56–62.

Niesner, H., Friedl, G., & Demirezen, M. (2008). Verbreitung und Nutzung der Balanced Score-card in deutschen Krankenhäusern. *Betriebswirtschaftliche Forschung und Praxis, 2008*(4), 363–386.

Paauwe, J. (2004). *HRM and performance: Achieving long-term viability*. Oxford: Oxford University Press.

Paauwe, J., Guest, D., & Wright, P. (2013). *HRM and performance: Achievements and challenges*. Chichester: Wiley.

Phillips, J., Stone, R., & Philips, P. (2001). *The human resource scorecard: Measuring the return on investment*. Woburn: Butterworth-Heinemann.

Rhodes, J., Walsh, P., & Lok, P. (2008). Convergence and divergence issues in strategic management – Indonesia's experience with the balanced scorecard in HR management. *International Journal of Human Resource Management, 19*(6), 1170–1185.

Schäffer, U., & Matlachowsky, P. (2008). Warum die Balanced Scorecard nur selten als strategisches Managementsystem genutzt wird. Eine fallstudienbasierte Analyse der Entwicklung von

Balanced Scorecards in deutschen Unternehmen. *Zeitschrift für Planung & Unternehmenssteuerung, 19*, 207–232.

Scholz, C., Stein, V., & Bechtel, R. (2011). *Human Capital Management: Wege aus der Unverbindlichkeit* (3. Aufl.). Neuwied: Luchterhand.

Sparrow, P., Hird, M., & Balain, S. (2011). *Talent management: Time To question the tablets of stone*. Lancaster: University Working Paper.

Speckbacher, G., Bischof, J., & Pfeiffer, T. (2003). A descriptive analysis on the implementation of balanced scorecards in German-speaking countries. *Management Accounting Research, 14*(4), 361–387.

Ulrich, D. (1997). *Human resource champions: The next agenda for adding value and delivering results*. Boston: Harvard Business School Press.

Yeung, A. K., & Berman, B. (1997). Adding value through human resources: reorienting human resource measurement to drive business performance. *Human Resource Management, 36*(3), 321–335.

Human Capital Management

10

Raimund Birri, Zürich.

Zusammenfassung

Der in diesem Kapitel unter dem Namen Human Capital Management vorge-stellte Ansatz zur Strategieimplementierung basiert auf dem Talentmanagement. Im Gegensatz zu den bisher diskutierten Ansätzen ist das Human Capital Management kein generelles Konzept, sondern die konkrete Umsetzung des strategischen Talent-managements bei einer Schweizer Großbank. Das Human Capital Management beschreibt eine generische HR-Architektur, die Mitarbeitern und Führungskräften Orientierung darüber geben kann, welche Instrumente seitens des Personalmanage-ments zu welchem Zweck eingesetzt werden. Anknüpfend an den Gedanken der HR Scorecards ist es auch für das Human Capital Management eine zentrale Annahme, dass das Humankapital des Unternehmens mess- und überprüfbar ist: Nur wenn es gemessen werden kann, kann es auch aktiv gesteuert werden. Wie diese Messung durchgeführt wird und wie die Messgrößen und Instrumente dazu entwickelt bzw. integriert werden müssen, das sind die zentralen Themen dieses Kapitels. Ob und inwieweit der Ansatz auf andere Unternehmen übertragen werden kann, diskutieren wir abschließend.

In den Kap. 7 bis 9 sind Wege bzw. Instrumente zur Unterstützung der Umsetzung von Unternehmens- bzw. Personalstrategie beschrieben und diskutiert worden. Ein weiterer Lösungsansatz, der unter dem Begriff des Talentmanagements weitverbreitet ist, versucht primär, die oberen Managementpositionen mit geeigneten und passenden Führungskräf-ten zu besetzen (vgl. Ritz und Thom 2011), und geht danach davon aus, dass diese die richtigen Mitarbeiter einstellen, entwickeln und (be-)fördern sowie allenfalls eine geeig-nete Führungs-/Unternehmenskultur etablieren. Welche Managementinstrumente diese

© Springer Fachmedien Wiesbaden GmbH 2017
C. Lebrenz, *Strategie und Personalmanagement*,
DOI 10.1007/978-3-658-14330-5_10

ausgewählten Führungskräfte als ‚Kulturträger' für ihre Personalentscheidungen einsetzen bzw. zur Verfügung gestellt bekommen, ist damit aber noch nicht geklärt. Der im Folgenden beschriebene Ansatz eines strategischen Talentmanagements unterscheidet sich von den anderen hier im Buch beschriebenen Ansätzen dadurch, dass er Ergebnis eines Prozesses in einem einzelnen Unternehmen ist. Unter dem Namen Human Capital Management (HCM) ist er über mehrere Jahre in iterativen Entwicklungsschritten in der Credit Suisse entstanden. Er ist im Detail im Buch ‚Birri: Human Capital Management. Ein praxiserprobter Ansatz für ein strategisches Talent Management' (2. Auflage, 2013) dokumentiert. Seine theoretische und konzeptionelle Basis hat dieser Ansatz allmählich und eher im Nachhinein erhalten, unter anderem durch eine vertiefte Auseinandersetzung mit dem hier in diesem Buch beschriebenen strategischen Personalmanagement.

10.1   Welche Idee steckt hinter dem Human Capital Management?

Der Begriff Human Capital Management (HCM) wird vielseitig eingesetzt. Gerade auch, um verschiedene Ansätze zur Bewertung des Humankapitals mit unterschiedlichen – meist finanziellen – Messgrößen zu beschreiben (vgl. u. a. Scholz et al. 2011). Im Gegensatz dazu versucht das HCM der Credit Suisse unter anderem, die bisher beschriebenen Ansätze und Instrumente zur Strategieumsetzung in einem durchgängigen Rahmen (Architektur) zu positionieren und zu kombinieren, sodass sowohl Führungskräfte als auch Mitarbeiter schnell verstehen, welche Ziele das Personalmanagement mit welchen Mitteln verfolgt, worauf Personalentscheide basieren und wer dabei welche Aufgabe und Entscheidungsbefugnis hat. In diesem Sinne ist HCM eine Art generische HR-Architektur, die aufzeigt, welche Instrumente in welchen Humankapitalsegmenten sinnvoll sind und wie diese kombiniert und koordiniert werden müssen. Der Begriff ‚Human Capital Management' anstelle von ‚Personalmanagement' weist jedoch darauf hin, dass dabei primär der Investment-Ansatz unterstützt wird und weniger der Markt-Ansatz. HCM ist also der Versuch einer generischen HR-Architektur insbesondere für die Personalsegmente, wo ein Investment-Ansatz angezeigt ist bzw. wo das Humankapital das Potenzial hat, einen Wettbewerbsvorteil zu schaffen. Wie weit diese Architektur dennoch unternehmensspezifische und segmentspezifische bzw. einzigartige Lösungen unterstützt, wird weiter unten erklärt und thematisiert. HCM verfolgt grundsätzlich zwei wesentliche Ziele: erstens, das benötigte Humankapital effizient und nachhaltig bereitzustellen sowie auf die Unternehmensstrategie auszurichten. Zweitens verfolgt HCM das Ziel, ein Organisationskapital bzw. eine organisatorische Fähigkeit *(capability)* zu schaffen, die im Sinne des RBV als Alleinstellungsmerkmal einen Wettbewerbsvorteil generieren kann, mit anderen Worten: ein schwer imitierbares *‚Talent for Talent'* aufbauen kann.

Vier Prämissen liegen dem hier vorgeschlagenen HCM-Ansatz zugrunde: Erstens sind die *Führungskräfte* aller Stufen die verantwortlichen Akteure für Personalentscheidungen und folglich die *Hauptakteure* und Stakeholder des HCM – und nicht etwa die HR-Funktion (vgl. dazu auch die Diskussion der unterschiedlichen Verständnisse von Personalmanagement in Abschn. 2.3). HCM im Alltag ist primär eine Führungsaufgabe. Die HR-Funktion erhält neu die anspruchsvolle Aufgabe, in der Rolle als HCM-Architekt zusammen mit den Führungskräften ein für das Unternehmen und seine Humankapitalsegmente passendes HCM zu entwerfen, zu kommunizieren und entsprechende Prozesse, Instrumente und Steuergrößen zu definieren, mit denen die Führungskräfte aller Ebenen, also bis hin zum Teamleiter, effizient ihre Aufgabe als Human Capital Manager wahrnehmen können. Eine Delegation der Verantwortung für Personalentscheide und für die Wahl geeigneter Personalinstrumente auf die tiefstmögliche hierarchische Stufe macht alle Führungskräfte für ihr Humankapital verantwortlich und fördert ein gemeinsames Verständnis für HCM. Zweitens ist Humankapital *mess-* und *überprüfbar*. Auch wenn Kompetenzen, Motivation, Potenzial, generell menschliche Faktoren bei der Verrichtung von Arbeit (Humankapital eben) vergleichsweise weiche Konzepte und Faktoren sind, so ist es erstens unabdingbar und zweitens mit entsprechenden Anstrengungen, Maßnahmen und Instrumenten möglich, ausreichende Verlässlichkeit bei der Erhebung von zentralen Messgrößen des Humankapitals zu erreichen. Eine besondere Bedeutung erhalten hierbei die Auswahl, Definition und Standardisierung der grundlegenden Messgrößen. Einen vergleichsweise großen Platz nehmen auch Überlegungen ein, unter welchen Bedingungen Humankapitalmessungen möglichst effizient objektive Ergebnisse liefern und von den Betroffenen auch verstanden und akzeptiert werden. Wie eingangs erwähnt, ist dabei nicht Ziel, das Humankapital als Ganzes zu ‚bewerten‘ (z. B. in Form eines Dollar-Betrages), sondern Steuergrößen zu definieren, auf die bei Personalentscheiden (individueller und kollektiver Art) überprüfbar und verlässlich abgestellt werden kann. Drittens zählt letztlich der *Unternehmenserfolg*[1]. Aus ethisch-moralischer Sicht sind Investitionen in die Leistungsfähigkeit und für das Wohlergehen der Mitarbeiter grundsätzlich positiv zu bewerten und müssen nicht weiter begründen werden. Das Überleben und der Erfolg eines Unternehmens oder eines Unternehmensbereichs und damit auch der Arbeitsplätze hängen jedoch von betriebswirtschaftlichen Zahlen bzw. vom nachhaltigen Geschäftserfolg ab. HCM-gestützte Personalentscheide und Investitionen in das Humankapital müssen folglich immer mit deren Beitrag zum Unternehmenserfolg begründet werden können. Erst ein Evidenzbasiertes Personalmanagement schafft es, der Ressource Humankapital und der für das Design eines HCM zuständigen Funktion (HR) einen Platz in strategischen Entscheidungsgremien einer Organisation zu verschaffen.

Vierte Prämisse ist, dass ein *integriertes HCM* effizienter und wirkungsvoller ist als die Summe einzelner lokal optimierter Instrumente. Integration meint dabei Verschiedenes:

---

[1]Siehe dazu auch die Stakeholder-Diskussion in Abschn. 2.2.

Einerseits eine inhaltliche Konsistenz: Es gelten überall im HCM die gleiche Sprache (z. B. Kompetenzen im Kompetenzmodell), die gleichen Begrifflichkeiten (z. B. was versteht man unter ‚Engagement') und Definitionen (z. B. welche Kriterien bestimmen das Potenzial eines Mitarbeiters) und die gleichen Regeln (z. B. Nachfolgeentscheide basieren auf einer Kombination von Leistungs- und Potenzialeinschätzung). Dies reduziert den Lernaufwand und die Kommunikation unter den Beteiligten. Die HR-Funktion erhält dadurch auch mehr Glaubwürdigkeit. Andererseits führt Integration dazu, dass sich die einzelnen Prozesse und Instrumente gegenseitig verstärken und sich nicht widersprechen oder behindern. Output eines Instrumentes wird als Input für einen anderen Prozess benutzt. Des Weiteren bedeutet Integration, dass der Aufbau aller Elemente des HCM in seiner Gestalt einfach darstell- und nachvollziehbar ist. Führungskräfte sind in der Personalführung Teil eines harmonischen Konzerts von Prozessen, Messgrößen und Interventionen und sehen sich nicht wie heute oft üblich mit einem undurchsichtigen Mess- und Maßnahmenhaufen konfrontiert. Personalführung als eine Managementfunktion ist sinnvoll eingebettet in einen Management-Jahreszyklus. Prozesse wie Zielvereinbarungs- und Zielerreichungsgespräche passen z. B. terminlich zu Prozessen der Geschäfts- und Budgetplanung. Schließlich führt Integration zu Transparenz über Hierarchiestufen und Organisationseinheiten hinweg. Genauso wie Geschäftszahlen (z. B. Umsatz, Verkauf, Betriebskosten etc.) zwischen Organisationseinheiten vergleichbar dargestellt werden und bei der Interpretation dieser Zahlen ein internes Benchmarking erfolgt, so erleichtert eine Transparenz bezüglich Humankapitalzahlen und -interventionen die Interpretation und stimuliert intern einen ‚HCM-Wettbewerb' zwecks Optimierung der HCM-Aktivitäten.

Basierend auf diesen Prämissen versucht das HCM, eine Struktur, eine Architektur zu entwickeln, mit der Personalentscheide strategisch ausgerichtet sowie transparenter und faktenbasierter getroffen werden können.

10.2 Wie ist das Human Capital Management aufgebaut?

Personalinstrumente erscheinen zumindest aus Sicht der Führungskräfte oft zufällig bis erratisch ausgewählt und zusammengesetzt. Ein integriertes HCM ist ohne ein ganzheitliches und stabiles Modell weder erreichbar noch kommunizierbar. Mit diesem Modell soll den Führungskräften der Zweck des HCM dargelegt werden: nämlich die Bereitstellung und Steigerung des gemäß Personalstrategie benötigten Humankapitals nachweislich zu unterstützen. Gerade dieser Punkt ist nicht zu unterschätzen, denn insbesondere Führungskräfte ‚leiden' oft unter der Komplexität ihrer Aufgabe insgesamt und schätzen deswegen kohärente Begrifflichkeiten und integrierte, standardisierte Prozesse bei der Personalführung.

HCM-Architektur

Der Begriff ‚Architektur' ist aussagekräftiger und bildhafter als der Begriff ‚Modell' oder ‚Rahmen'. Deshalb sprechen wir hier in der Folge von der ‚HCM-Architektur', wohl wissend, dass darunter nicht genau das Gleiche zu verstehen ist wie unter der in Kap. 4 detailliert erläuterten ‚HR-Architektur'. Die hier vorgestellte HCM-Architektur verfolgt folgende fünf Ziele: Erstens soll sie einen *Gesamtüberblick* über das „Gebäude" HCM geben, seine Eckwerte, Funktionen und seinen Zweck übersichtlich darstellen. Zweitens soll sie den HR-Spezialisten in einem Unternehmen aufzeigen, welche Bestandteile schon gebaut sind, welche noch fehlen und wo sie warum welche Verbesserungen und Ergänzungen anbringen sollen. Drittens soll die HCM-Architektur dem HR-Leiter und der Gesamtleitung eines Unternehmens aufzeigen, wie das fertige HCM künftig aussehen wird und was dafür noch zu tun ist. Damit sollen *Planungssicherheit* und *Zielklarheit* im Bereich HCM erhöht werden. Als viertes Ziel soll die HCM-Architektur aufzeigen, welche Bestandteile der Architektur zwingend sind bzw. zum Pflichtprogramm gehören (z. B. „tragende Wände"), welche warum eng standardisiert sind und wo in der Gestaltung und Nutzung von Bauteilen auch Freiräume sind bzw. wo die Kür beginnt. Als fünftes Ziel kann die HCM-Architektur darstellen, welche Elemente bzw. Räume der Architektur welche *Relevanz* und *Verbindlichkeit* für welche Segmente des Humankapitals haben. Nicht jeder Raum eines Gebäudes ist für alle Nutzer gleich relevant: Beispielsweise mag ein Portfoliomanagement nur für obere Hierarchiestufen als verbindlich erklärt werden, das Performance Management jedoch wird auf allen Ebenen etabliert.

Das sind natürlich hehre Ansprüche, die verschiedentlich mehr als Wegweiser denn als sichere Häfen oder konkrete Anleitungen dienen werden. Grundsätzlich ist auch zu fordern, dass die HCM-Architektur genauso unternehmensspezifisch sein muss wie die Unternehmensstrategie. Dabei sind im Wesentlichen drei Möglichkeiten zu unterscheiden, wie eine Unternehmensspezifität erreicht werden kann. Erstens über die unternehmensspezifische inhaltliche Präzisierung der Messgrößen (z. B. Kompetenzmodell, siehe strategisches Kompetenzmanagement in Kap. 8), zweitens in der konkreten Ausgestaltung und Auswahl der Interventionen (z. B. Wahl des Vergütungssystems) und drittens in der Professionalität und Qualität der Durchführung von HCM-Prozessen und HC-Entscheidungen. Der formale Rahmen bleibt dabei jedoch immer der gleiche und kann so helfen, unterschiedliche Unternehmensstrategien umzusetzen. Die bei der Credit Suisse eingesetzte HCM-Architektur baut auf drei wesentliche Schichten: die *Messgrößen, Prozesse* und *Interventionen* sowie zusätzlich auf einzelne Querschnittfunktionen.

Die unterste Schicht der in Abb. 10.1 dargestellten Schichten, die Messgrößen, bildet so etwas wie ein Fundament oder ein Grundraster[2]. Eine Änderung in der Definition und Ausgestaltung der Messgrößen hat essenzielle Folgen für die Prozesse. Diese wiederum stellen sicher, dass Humankapitalentscheide faktenbasiert, vergleichbar und systematisch

---

[2]Siehe auch die Messung ‚personaler Konzepte' in Abschn. 6.2.

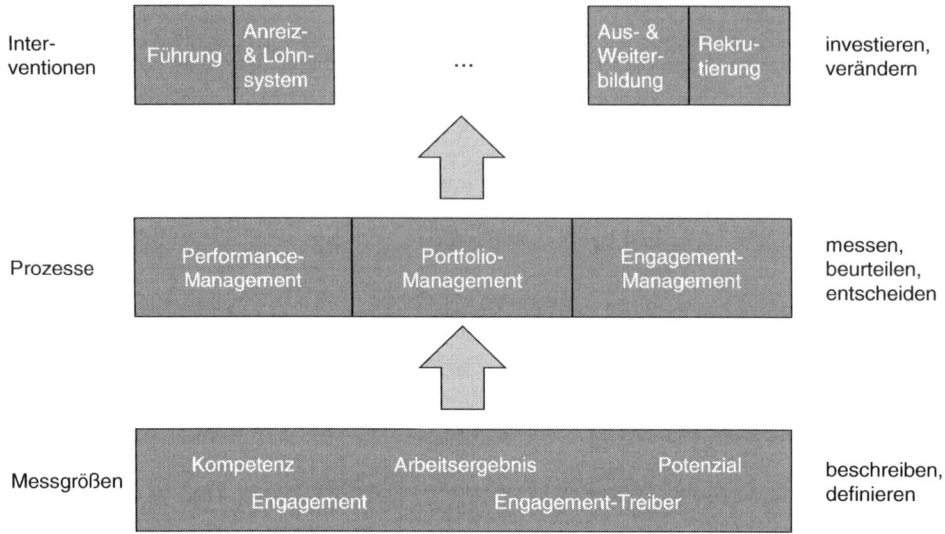

Abb. 10.1 Schichten der HCM-Architektur. (Birri 2013, S. 55)

erfolgen. Humankapitalentscheide ziehen entsprechende individuelle oder organisations-
weite Personalinstrumente – in der Terminologie der Credit Suisse: Interventionen –
nach sich. Dies können z. B. Entwicklungsmaßnahmen oder Entlohnungssysteme sein.
Personalinstrumente ohne den Input aus den Prozessen „hängen in der Luft" bzw. erfolgen bestenfalls intuitiv, meist aber suboptimal oder gar zufällig. Im Folgenden werden
die dargestellte Struktur und ihr Aufbau grob begründet. In Birri (2013) sind die einzelnen Schichten und Elemente im Detail beschrieben, und das Zusammenspiel wird eingehend erläutert.

Messgrößen

Es mag etwas künstlich anmuten, dass zuerst die Messgrößen für sich alleine und so
schwerpunktmäßig thematisiert werden und erst dann auf die Prozesse eingegangen wird,
mit denen diese Messgrößen im unternehmerischen Alltag erhoben und nutzbringend verbunden werden. Die Messgrößen bilden jedoch die Basis für ein zweckgerichtetes, strategie-
geleitetes und integriertes HCM. Die Grundmauern und Pfeiler des HCM müssen sorgfältig
konzipiert werden. Eine begründete Auswahl von Messgrößen, präzise Definitionen und
Standardisierungen tun Not, denn die Praxis zeigt, dass im Bereich Humankapital zu oft
vorschnell Prozesse und Instrumente implementiert werden, ohne dass vorher geklärt worden ist, was hiermit wozu gemessen und erreicht werden soll. Es kann nicht die Lösung
sein, auf Daten abzustellen, die einfach erhältlich, aber wenig relevant sind. Ein einmal
durchdachtes und festgelegtes „Datenmodell" erleichtert später die Integration der Prozesse
und macht das HCM insgesamt effizienter und verständlicher für die Benutzer.

Management bedeutet Analysieren, Planen, Steuern, Entscheiden und Überwachen.
Die gewählten Messgrößen des Human Capital müssen diese Managementaufgaben und

damit die Optimierung des Einsatzes des Human Capital zielführend unterstützen und erleichtern. Beispielsweise braucht es eine Messgröße über die vorhandenen und eingesetzten Fähigkeiten und Fertigkeiten der Mitarbeiter in einem Verantwortungsbereich eines Vorgesetzten, um entscheiden zu können, welche Entwicklungs- und Trainingsmaßnahmen im Hinblick auf neue Herausforderungen nötig sind. „A common framework (or taxonomy) for describing a phenomenon is a first step in building a science. A shared framework permits the sharing of knowledge, the development of measures and benchmarks. It provides a common language for professionals. Today such a framework does not exist to describe human capital" (Norton 2001, S. 11 f.). Die Frage ist also, auf welchen grundlegenden Messgrößen ein systematisches HCM aufgebaut werden soll.

Das hier vorgeschlagene minimale Set an HC-Messgrößen ist zum einen theoretisch beeinflusst (vgl. Ulrich 1997; Davenport 1999 oder Boxall und Purcell 2016), wurde durch die praktische HCM-Arbeit in einem Unternehmen stipuliert und lässt sich aus vier Perspektiven herleiten und begründen. HCM kann sinnvollerweise verstanden werden als Management des Vertrages (Deals) zwischen Mitarbeitern als Träger und Investoren von Humankapital und dem Unternehmen, das dieses Humankapital für seine Zwecke nutzt und dafür den Mitarbeitern eine „Rendite" in Form von Arbeitsbedingungen und monetärer Vergütung garantiert (vgl. Davenport 1999). Die Mitarbeiter investieren ihr Humankapital – und das Unternehmen profitiert davon in Form der erzielten Arbeitsergebnisse. Das Unternehmen „entschädigt" die Mitarbeiter durch Investitionen in die Arbeitsbedingungen (finanzielle Belohnung, intrinsische Befriedigung, Entwicklungsmöglichkeiten, Anerkennung) und erhält dafür als Gegenleistung das Engagement oder Commitment der Mitarbeiter. In Anlehnung an die bei Davenport (vgl. Davenport 1999) eingehend beschriebene Metapher des Deals zwischen Mitarbeitern und Unternehmen lassen sich die dabei relevanten Elemente, wie in Abb. 10.2 gezeigt, als Basis für die Definition der Messgrößen nutzen.

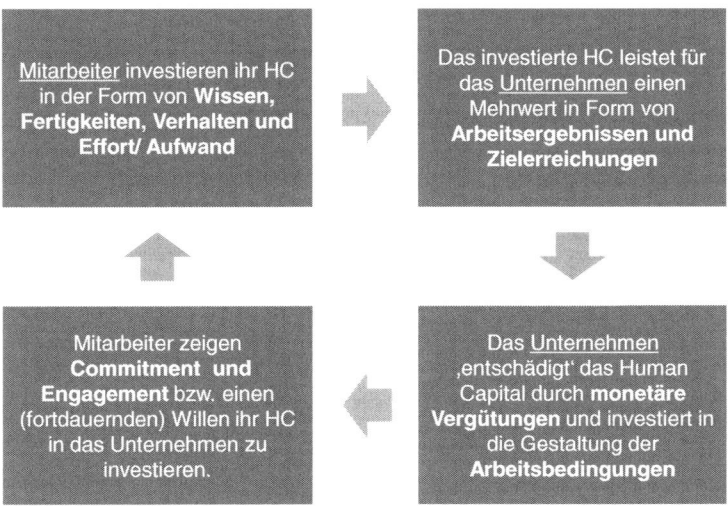

Abb. 10.2   Der „Deal" zwischen Mitarbeitern und Unternehmen. (Birri 2013, S. 59)

Das erste Element in diesem Deal ist das Humankapital der Mitarbeiter, gemessen als Kompetenzen. Die im Kap. 8 diskutierten *Kompetenzen* wurden bei der Credit Suisse als die Summe von Wissen, Fertigkeiten, Verhalten und Aufwand *(effort)* definiert. Im Rahmen eines HCM reicht die Messung von Kompetenzen nicht aus. Es interessiert zusätzlich, welchen Wertschöpfungsbeitrag bzw. welches Ergebnis oder welchen Output diese Kompetenzen eines Mitarbeiters in einem organisatorischen Umfeld erbringen, sprich welche Leistung sie für das Unternehmen erbringen. Das Arbeitsergebnis ist also eine weitere Messgröße. Diese beiden Messgrößen stellen den oberen Teil des Deals dar. Als Gegenleistung für das Arbeitsergebnis erhalten die Mitarbeiter nicht nur eine monetäre Vergütung, sondern auch Investitionen seitens des Unternehmens in die Arbeitsbedingungen. Das Resultat dieser Gegenleistung ist das *Engagement* der Mitarbeiter. Für das Unternehmen ist es aber nicht nur relevant, wie hoch das Engagement der Mitarbeiter ist, sondern genauso wichtig ist die Kenntnis der Faktoren, die das Engagement seitens der Mitarbeiter beeinflussen. Daher bilden die Messgrößen Arbeitsbedingungen bzw. *Engagement-Treiber* und *Engagement* die unteren zwei Elemente dieses Deals ab.

Mitarbeiter als Träger und Investoren von Humankapital wollen und werden sich *entwickeln* bzw. *verändern*. Mitarbeiter sind auch jederzeit frei, das Unternehmen zu verlassen bzw. ihr Humankapital zurückzuziehen und dadurch Lücken im Humankapital zu öffnen. Die Herausforderungen an die Mitarbeiter bzw. das benötigte Humankapital verändern sich ebenfalls, in Abhängigkeit vom Markt bzw. der Unternehmensstrategie. Ein Unternehmen muss folglich in seiner Beurteilung des vorhandenen Humankapitals auch die Zukunft im Auge behalten und abschätzen, wie weit das verfügbare Humankapital geeignet und willens ist, diese Zukunft (z. B. veränderte Marktverhältnisse, neue Wettbewerber) erfolgreich zu bewältigen, und welche Mitarbeiter künftig wo eingesetzt werden können (z. B. um entstandene Kapitallücken zu schließen). Es ist also zusätzlich eine Beurteilung des *Potenzials* der Mitarbeiter für neue, andere oder höhere Aufgaben erforderlich. Talentmanagement, in welcher Form auch immer (vgl. z. B. Ritz und Thom 2011; oder Ennaux und Heinrich 2011), handelt auch von High Potentials, von Nachwuchskandidaten, von Potenzialträgern. Um diese zu identifizieren, wird eine Messgröße gebraucht, nämlich „Potenzial".

Zusammenfassend sind folglich für ein Management des Humankapitals bzw. des Vertrages zwischen Mitarbeitern und Unternehmen die folgenden fünf grundlegenden Messgrößen erforderlich:

Kompetenzen: Wissen, Fertigkeiten, Verhaltensweisen und Effort/Aufwand der einzelnen Mitarbeitern, beobachtbar eingesetzt in einer bestimmten Position in einem Unternehmen (z. B. Teamverhalten, Produktewissen, Beratungskompetenz, Leistungswille etc.). Das ist das Humankapital im engeren Sinne, das ein Mitarbeiter einbringt bzw. investiert.

Arbeitsergebnis: Das Arbeitsergebnis eines Mitarbeiters, geleistet unter Einsatz seiner Kompetenzen und gemessen als Zielerreichungsgrad vorgegebener unternehmerischer Ergebnisziele (z. B. Verkaufsleistung, Anzahl akquirierter Kunden etc.).

Engagement-Treiber: Arbeitsbedingungen (z. B. Anerkennung, Entwicklungsmöglichkeiten, Zweck und Identität der Firma, Arbeitsweise, Gehalt und Incentivierungen etc.) als Treiber, welche die Mitarbeiter dazu motivieren bzw. nicht motivieren, im Unternehmen zu bleiben und ihr Humankapital bestmöglich einzusetzen.

Engagement: Gelebte Überzeugung und Absicht eines Mitarbeiters bezüglich seiner Leistungsbereitschaft und kognitiven/emotionalen Identifikation sowie Bindung an das Unternehmen, beeinflusst durch verschiedene Engagement-Treiber. Absicht und Wille eines Mitarbeiters, sein Humankapital weiterhin bestmöglich in den Dienst des Unternehmens zu stellen.

Potenzial: Wahrscheinlichkeit, dass ein Mitarbeiter in naher Zukunft mehr oder andere Verantwortung/Leistung erfolgreich ausüben kann, unter Verwendung entwickelbarer oder bisher noch nicht gezeigter Kompetenzen.

Diese fünf Größen sind einheitlich auf allen Stufen, Bereichen und in einem Unternehmen anwendbar. Ihre Erfassung ist effizient durchführbar, weil diese Größen u. a. auf bereits bestehende Führungsinstrumente abstellen (z. B. Management by Objectives). Sie sind ergiebig, weil sie erfolgsrelevante Differenzierungen erfassen und darauf aufbauend wichtige Managemententscheidungen und -maßnahmen ergriffen werden können (Nachfolgeentscheidungen, Gehaltsentscheidungen, Investitionen in Weiterbildung und Entwicklung, Gestaltung der Arbeitsbedingungen etc.). Sie berücksichtigen sowohl die Perspektive des Unternehmens als auch die der Mitarbeiter. Sie bilden den aktuellen Zustand ab, liefern aber auch Informationen, die für Veränderungsentscheidungen (z. B. Nachfolgeregelungen) wichtig sind. Deren inhaltliche Ausgestaltung ist (z. B. bezüglich fachlicher Ergebnisziele oder bei der Formulierung der Anforderungen an Verhalten und Motivation der Mitarbeiter) strategiegeleitet. Die Definition einer Messgröße umfasst zwei Aspekte: erstens die formelle Definition, z. B. „Kompetenz" als Fähigkeit, Verhalten und persönliche Leistungsbereitschaft und Motivation. Zweitens die spezifische inhaltliche Ausgestaltung pro Organisation, pro Kontext, in dem diese Messgröße gemessen und verwendet werden soll. Nicht in jedem Unternehmen und an jeder Position sind dieselben Kompetenzen Erfolg versprechend, aber in jedem Unternehmen spielen Kompetenzen an sich eine entscheidende Rolle.

Selbstverständlich gibt es weitere interessante Messgrößen pro Mitarbeiter, wie z. B. „geografische Mobilität", die für gewisse Entscheidungen über das Humankapital wichtig sind. Aber dies sind keine Messgrößen, die für alle Mitarbeiter und alle Positionen benötigt und erhoben werden müssen und für die folglich keine flächendeckenden Prozesse zu etablieren sind. Die fünf oben erwähnten Messgrößen bilden die notwendige und minimale Basis für alle HCM-Entscheidungen. Je nach Mitarbeitersegment, Analysebedarf bzw. Situation können weitere Messgrößen erhoben und zu obigen Messgrößen in Bezug gesetzt werden. Beispielsweise ist „Risk of Leaving" insbesondere bei Mitarbeitern mit hohem Potenzial relevant. Andererseits mag eine Analyse des Zusammenhangs zwischen „Risk of Leaving" und Engagement-Treiber aufzeigen, wie dieses Risiko begrenzt werden kann.

Prozesse

Die zentralen Prozesse des HCM legen fest, wie die oben aufgeführten Messgrößen zuverlässig und objektiv erhoben werden können, wie die Ergebnisse auf unterschiedlichen Stufen zweckgerichtet analysiert werden können und für welche Entscheidungen und Maßnahmen das so erarbeitete Wissen über das Humankapital verwendet werden kann und soll. Die jährliche Erstellung einer Bilanz und einer Erfolgsrechnung eines Unternehmens oder von Unternehmensbereichen basiert auf klar geregelten Prozessen, die sicherstellen, dass die notwendigen Daten durch Verantwortliche standardisiert, zeitgerecht und vollständig erhoben sowie konsolidiert und korrekt interpretiert werden. Genauso wichtig für eine Übersicht über den Zustand des Humankapitals und für die daraus abzuleitenden Entscheidungen sind klar definierte Prozesse zur Erhebung der Daten, zur vergleichenden Analyse und zur stufengerechten Entscheidungsfindung innerhalb eines HCM. Zwei der aufgeführten HCM-Prozesse sind gut bekannt und grundsätzlich weitverbreitet, nämlich „Performance Management" und „Engagement Management". Viele Firmen verlangen von ihren Führungskräften, dass sie jährlich ihren direkt unterstellten Mitarbeitern mehr oder weniger strukturierte Ziele setzen und zum Jahresende die Zielerreichung besprechen und bewerten. Dabei werden die Messgrößen Kompetenzen und Arbeitsergebnis beurteilt. *Performance Management* als Teil des HCM macht grundsätzlich nichts anderes, ist aber klarer positioniert und integriert, d. h., es wird für die Führungskräfte verständlicher und attraktiver, warum sie Performance Management machen müssen. Immer mehr Firmen führen Mitarbeiterbefragungen zur Arbeitszufriedenheit oder zum Engagement durch (vgl. z. B. Winkler 2014; Bock 2015) und verwenden diese Daten in sehr unterschiedlicher Art und Weise. Das *Engagement Management* im HCM legt einerseits begründet fest, was in solchen Mitarbeiterbefragungen erhoben werden soll (nämlich Engagement und Engagement-Treiber), und andererseits regelt es klar die Verwendung der Ergebnisse auf allen Stufen und in den Aktionen und Interventionen.

Das *HC-Portfoliomanagement* ist weniger verbreitet. Teile daraus – wie die Darstellung der Mitarbeiter eines Bereichs in einer Leistungs-Potenzial-Matrix – sind häufiger. Unter dem Begriff Talent-Review hat dieser Prozess in der amerikanischen Literatur in den letzten Jahren vermehrt Beachtung gefunden (vgl. Effron und Ort 2010). Verschiedene Firmen führen diese Art von Reviews in der einen oder anderen Form durch (z. B. ABB, Schweizerische Bundesbahn SBB, Bank of America, PepsiCo, General Electric, McKinsey, Shell etc.). Einen Niederschlag und eine Reflexion hat diese Praxis – wenn sie über eine Identifikation von High Potentials bzw. Talenten hinausgeht – in der aktuellen HCM-Literatur aber bisher kaum gefunden. In einem systematischen und strategisch ausgerichteten HCM spielt das Portfoliomanagement und darin die Beurteilung des Potenzials eine zentrale Rolle. Welche Aspekte des Portfolios dabei wie detailliert analysiert und ausgewertet werden sollen, kann sich von Organisation und von Stufe zu Stufe unterscheiden.

Im Bereich HR gibt es unzählige Prozesse. Die hier getroffene Auswahl stellt auf die oben definierten Messgrößen bzw. auf die Erhebung, Kombination und Nutzung dieser

Größen ab und beschränkt sich auf jene Prozesse, die *flächendeckend* für alle Mitarbeiter – d. h. für das gesamte Humankapital – nötig und sinnvoll sind sowie regelmäßig (z. B. jährlich) geordnet durchgeführt werden. Es sind keine HR-internen Prozesse, sondern Führungsprozesse, und damit sind sie eng verwoben mit den für eine erfolgreiche Führung eines Organisationsbereichs oder eines Unternehmens notwendigen Prozessen (z. B. Business Plan, Budgetierung, Controlling etc.). Führungskräfte aller Stufen sind die Akteure und Verantwortlichen für die regelmäßige und korrekte Durchführung.

Interventionen

„HCM hat immer zwei Aktionsphasen! Zuerst erfolgt eine Messung im Sinne einer HC-Bewertung, und zwar einzelner Mitarbeiter, Abteilungen und Teams bis hin zum HC des Gesamtunternehmens … Danach kommt die HC-Optimierung im Sinne einer HC-Steigerung. Ein sinnvolles HCM muss beide Phasen iterativ immer wieder durchlaufen" (Scholz et al. 2003). Die Resultate und Ergebnisse der HCM-Prozesse liefern die notwendigen Informationen und Entscheidungsgrundlagen für konkrete Personalinstrumente – Interventionen im Sprachgebrauch der Credit Suisse – zur gezielten Beeinflussung und Optimierung des Humankapitals. Beispiele für solche Personalinstrumente sind Vergütungs- und Anreizsysteme, Beförderungen und Nachfolgeentscheidungen, Entlassungen, Aus- und Weiterbildungen, Coachings, organisatorische Maßnahmen, kulturstiftende Anlässe und Kampagnen, gezielte Nachwuchsprogramme, 360°-Feedback oder Development Center, Informationskampagnen, strategische Rekrutierungen etc. Die wohl wirkungsvollste Intervention ist das Führungsverhalten der Vorgesetzten (Richtung vorgeben, Respekt, Feedback, Entscheidungen fällen und Verantwortung übernehmen, Inspiration).

HCM-Prozesse sind für sich genommen auch bereits Interventionen, denn jede Messung in einem sozialen System bewirkt zwangsläufig eine Veränderung dieses Systems (vgl. Birri 2013, S. 254). Beispielsweise hat das Zielvereinbarungsgespräch im Performance-Management-Prozess auch den Zweck, die Motivation des Mitarbeiters für seine Leistung zu erhöhen oder ihn für den Verbleib im Unternehmen zu überzeugen (Engagement). Das Entwicklungsgespräch mit den einzelnen Mitarbeitern nach den Portfolio-Review-Meetings verändert die Erwartungshaltungen der Mitarbeiter und erhöht im Idealfall auch deren Engagement. In einem systematischen HCM sind diese Gespräche bei allen Mitarbeitern angesagt. Der Vorgesetzte muss und kann sich nicht für oder gegen solche Gespräche entscheiden. Wenn wir im Folgenden Personalinstrumente beschreiben, dann meinen wir damit jedoch nur die durch die Vorgesetzten frei wählbaren Interventionen (*,Discretionary Interventions‘*), für die sie auch die Verantwortung übernehmen müssen. Die Personalinstrumente sind Investitionen in das Humankapital in Form von Management- bzw. Führungsaktivitäten (z. B. Coaching-Gespräch) bzw. direkten Kosten (z. B. externe Weiterbildung). Die Personalinstrumente können selbst prozessartig organisiert sein (wie z. B. jährliche Anpassung des Gehalts und der Incentivierungen) oder aus isolierten Einzelaktionen bestehen (z. B. gezielte individuelle Entwicklungsmaßnahmen). Die Entscheidungsgrundlagen für solche Aktionen können in

Form individueller Profile von Mitarbeitern vorliegen, aus aggregierten Humankapital-
statistiken abgleitet werden oder durch weiterführende Analysen erarbeitet sein (‚Human
Capital Analytics‘). Die Entscheidungen bzw. Aktionen und Interventionen können auf
Stufe Mitarbeiter, Organisationseinheit oder aus Sicht Gesamtunternehmen definiert und
eingeleitet werden. Die verfügbare Auswahl und die konkrete Ausgestaltung der Personalinstrumente (z. B. Vergütungspraktiken, Beziehungslernen wie Mentoring oder Coaching) sind unternehmens- und kulturspezifisch.

Wichtig im Sinne eines effektiven HCM ist es, zu formulieren und zu verstehen, wie
man von Analysen und Erkenntnissen aus den HCM-Prozessen zu den wirkungsvolls-
ten Personalinstrumenten zur Steigerung des Humankapitals gelangt, wie diese optimal
zu gestalten sind und wie die Wirkung dieser Aktionen und Investitionen wieder durch
HCM-Analysen überprüft und kontrolliert werden kann. Analog einer Analyse des Portfolios des finanziellen Kapitals, die vor dem Hintergrund strategischer Ziele zu neuen
Investitionsentscheidungen führt, kann ein HCM gewährleisten, dass die richtigen Investitionsentscheidungen gefällt werden und entsprechende Instrumente zur Verfügung stehen sowie genutzt und überwacht werden.

Querschnittsfunktionen
Nebst den obigen drei Schichten des HCM sind drei Querschnittsfunktionen nötig, die
sicherstellen, dass das HCM in einem Unternehmen nachhaltig bleibt und seine volle
Wirkung erzielt. Eine primäre Aufgabe der HR-Funktion. Es sind dies die Planung, das
Controlling und das Marketing des HCM. Bei Planung und Detaildesign geht es um die
kurz-, mittel- und langfristige Planung und Gestaltung des HCM. Beispielsweise sind
dies Anpassungen des Kompetenzmodells an eine neue unternehmerische Ausrichtung
oder ein Plan zur Ausweitung des Portfolio-Prozesses auf tiefere hierarchische Ebenen.
Das Controlling sorgt für eine laufende Analyse der Verbreitung und der Qualität der
HCM-Prozesse und der Personalinstrumente sowie deren Wirkung auf den Geschäftserfolg. Beispielsweise überprüfte es den Zusammenhang zwischen Einführungsgrad
(Prozentzahl von Mitarbeitern mit einem besprochenen Potenzial-Rating) von Portfoliomanagement und geschäftlicher Zielerreichung von vergleichbaren Organisationseinheiten (z. B. Regionen). Das Marketing des HCM liefert internen und externen Zielgruppen
Informationen zur Akzeptanz bei den Betroffenen und zur Schaffung einer Unterneh-
mensattraktivität bei potenziellen Mitarbeitern und Investoren. Dies kann beispielsweise
durch Broschüren über Art und Umfang des HCM für externe Bewerber geschehen.

Besonderheiten dieser Architektur
Einige Besonderheiten dieser Architektur, die zwar oben schon aufgegriffen wurden,
aber erst jetzt konkretisiert werden können, verdienen eine nähere Betrachtung und Wür-
digung. Erstens die Subsidiarität der Architektur. Insbesondere im Portfoliomanagement
ist geregelt, wer auf welcher Stufe über welche HC-Themen entscheiden kann bzw.
welche Investitionen getätigt werden sollen. Beispielsweise diskutiert und entscheidet
das unterste Managementteam (z. B. eine Abteilung mit zwei Führungsstufen [Teams

und Abteilung]) auch, welche lokalen Ausbildungsmaßnahmen Sinn machen, welche Anstrengungen zur künftigen Deckung des Personalbedarfs notwendig sein werden (Personalplanung), wie auf dieser Stufe/in diesem Verantwortungsbereich das Engagement der Mitarbeiter am effektivsten gesteigert werden kann oder welche Mitarbeiter für die Aufnahme in einen Nachwuchspool vorgeschlagen werden. Eine Stufe höher kann beispielsweise in einem Geschäftsbereich (mehrere Abteilungen) auf der Basis eines entsprechenden Budgets die Liste der Teilnehmer einer externen Weiterbildung diskutiert oder über die Zusammensetzung eines Nachwuchspools des Geschäftsbereichs entschieden werden. Oder es können neue Maßnahmen zur Engagement-Förderung entworfen werden. Diese Delegation von Management- und Entscheidungsbefugnissen und Verantwortungen auf die tiefstmögliche Stufe fördert nicht nur die Qualität der Entscheide sondern auch die Identifikation mit und das Verantwortungsbewusstsein für die Konsequenzen dieser Entscheide. Darüber hinaus fördert sie die organisatorische Fähigkeit der Führungskräfte und der Personaler im Umgang mit Human Capital auf allen Stufen.

Zweitens die verbesserte *Transparenz:* Größere Organisationen laufen immer Gefahr, sensible Informationen über wichtige Ressourcen in Silos abzuschotten. Diese Silos gehen teils bis hinunter auf die Ebene von Teams. Zwei Teamleiter tauschen beispielsweise die Performance-Ratings der ihnen unterstellten Mitarbeiter nicht aus, weil sie bei ihren Entscheiden über Lohnerhöhungen oder Beförderungen ihre Autonomie nicht preisgeben wollen. Dies ist jedoch nicht im Sinne einer optimalen Nutzung des Humankapitals und begrenzt den Erfahrungsaustausch und das Lernen in Sachen HCM. Die Kalibrierung im Performance-Management-Prozess oder die gemeinsame Besprechung des Humankapital-Portfolios auf Stufe Abteilung verhindern diese Abschottung bzw. fördern die Zusammenarbeit, Transparenz und das gegenseitige Lernen im Management des Humankapitals. Dank der standardisierten und kalibrierten Potenzial-Einstufung aller Mitarbeiter können Talente über Bereichsgrenzen hinweg bekannt gemacht und Vakanzen durch geeigneten internen Nachwuchs abgedeckt werden. Der interne Markt an Humankapital wird transparenter und liquider. Standardisierte Engagement-Befragungen erlauben ein Benchmarking der Ergebnisse über vergleichbare Organisationsbereiche hinweg und damit eine treffendere Interpretation von Umfrageergebnissen mitsamt einem Erfahrungsaustausch zu geeigneten Maßnahmen. Eine sorgfältige Regelung des Datenschutzes ist jedoch Voraussetzung für die förderlichen Aspekte der Transparenz.

Umsetzung der Humankapitalstrategie

Üblicherweise ist bei der (Neu-)Formulierung einer Unternehmens- und Personalstrategie ein Humankapital, eine Belegschaft, bereits verfügbar bzw. im Einsatz und ein Management dieser Ressource schon etabliert. Eine eingehende Analyse dieses investierten Humankapitals und des etablierten HCM kann erstens Risiken und Opportunitäten für eine neue Unternehmensstrategie aufdecken und zweitens in der Personalstrategie den Handlungsbedarf aufzeigen, um bestehende Lücken zwischen dem heute verfügbaren und dem künftig mit der neuen Strategie benötigten Humankapital treffsicherer zu schließen. Für die Ableitung der (neuen) Personalstrategie ist deshalb eine genaue Kenntnis des aktuell investierten Humankapitals und seines Managements (HCM) notwendig. Nur wenn ich weiß, wo ich stehe und welche Fortbewegungsmittel ich habe, kann ich entscheiden, wie, wodurch und wie schnell ich ans Ziel gelange. Eine strategische Analyse des vorhandenen, investierten Humankapitals kann eher informell und punktuell erfolgen oder aber systematisch geplant und betrieben werden. Die in der HCM-Architektur definierten Messgrößen liefern die „Sprache", in der das aktuell verfügbare und investierte Humankapital beschrieben werden kann. Die Kenntnis über das investierte Humankapital bzw. den Gap zum strategisch benötigten Humankapital beschränkt sich dank standardisierter Messgrößen nicht nur auf vage Annahmen oder kasuistische Evidenzen, sondern basiert beispielsweise auf vergleichbaren Kompetenzprofilen unterschiedlicher Mitarbeitersegmente, auf Muster von Engagement-Treibern, auf Kennzahlen zur Führungsqualität oder Nachfolgeplanung und auf Wirkungsanalysen (ROI) von Personalinstrumenten (z. B. Selektionsverfahren in der Rekrutierung). Ein systematisches HCM mit seinen Messungen und Analysen liefert also wertvolle Beiträge bei der Neuformulierung einer Personalstrategie und macht diese Personalstrategie konkreter und präziser.

Darüber hinaus hat eine HCM-Architektur die Aufgabe, die Unternehmensstrategie und im Speziellen die Personalstrategie im Alltag der Organisation zum Tragen zu bringen. Mit welchen Mitteln nun erreicht die vorgeschlagene Architektur diesen strategischen Fit? Dafür sind folgende strategische Hebel vorgesehen, die es auch teilweise ermöglichen, gleichzeitig Erkenntnisse für ein konstruktives Überdenken oder Neuformulieren der Geschäftsfeld- und der Personalstrategie zu gewinnen.

Die *Zielvereinbarungen* mit den Mitarbeitern bieten den Vorgesetzten ein sehr direktes und mächtiges Mittel, um die Geschäftsfeldstrategie stufengerecht pro Mitarbeiter zu erklären und mit deren Fähigkeiten und Motivationen abzustimmen. Das Performance Management übersetzt die strategischen Ziele in individuelle Vorgaben zum „Arbeitsergebnis". Eine strategische Neuausrichtung wird dazu führen, dass sich die Bedeutung einzelner Ziele verändert oder neue Ziele wichtig werden. Nur eine klare Kommunikation und Erklärung solcher Verschiebungen tragen zur schnellen Umsetzung einer Strategie auf der entsprechenden Stufe bei. Wie weit ein Unternehmen die formulierten geschäftlichen Ziele erreicht hat, wird üblicherweise im Business Performance Management analysiert und berichtet. Darin zeigt sich auch, wie weit ein Unternehmen oder ein Bereich auf dem Weg zur Erreichung der strategischen Ziele in den Bereichen Finanzen, Kunden und Prozesse vorangekommen ist. Die Zielerreichungsgespräche im Performance Management können diese Analyse ergänzen. Systematische Gespräche von Vorgesetzten mit Mitarbeitern können wichtige Hinweise darüber liefern, warum welche Ziele aus Sicht der Mitarbeiter nicht realistisch sind bzw. waren. Auch die Klärung von Faktoren, die eine Zielerreichung fördern oder erschweren (z. B. mangelnde Zusammenarbeit zwischen Bereichen, veränderte Kundenbedürfnisse etc.), kann ein Ergebnis solcher Gespräche sein und die Identifikation des strategisch benötigten Humankapitals beeinflussen.

Wie in Kap. 8 schon vertieft erörtert, sind richtig definierte und formulierte *Kompetenzmodelle* strategiegeleitet und fokussieren die strategisch erfolgsrelevanten Verhaltensweisen und die benötigten Fähigkeiten pro Mitarbeitersegment oder -stufe[3]. Für das Humankapital relevante strategische Neuausrichtungen müssen sich in einer Anpassung des Kompetenzmodells niederschlagen. Die darauf basierenden Vereinbarungen von stufengerechten Kompetenzanforderungen bzw. die Diskussion mit den Mitarbeitern über individuelle Schwerpunkte im Verhalten (Stärken, Schwächen) im Rahmen des Performance Managements liefern den Vorgesetzten eine direkte Gelegenheit, erstens die Bedeutung dieser (neuen) Kompetenzen zu betonen und zweitens mit den individuellen Voraussetzungen abzustimmen. Entwicklungsgespräche mit einem Mitarbeiter, die auf die Erreichung von Kompetenzzielen oder Einhaltung von Kompetenzstandards abstellen, sowie Entscheidungen zur Investition in die Entwicklung persönlicher Kompetenzen beschleunigen die Umsetzung strategischer Ziele bezüglich Verhalten und Werthaltungen der Mitarbeiter. Die enge Verknüpfung von Kompetenzen und Arbeitsergebnis (Leistungsziele) im Performance Management verhilft dem Instrument ‚Kompetenzmodell‘ zu mehr Gewicht und signalisiert den Vorgesetzten wie den Mitarbeitern die Bedeutung einer umfassenden Performance-Beurteilung. Wenn die Erreichung von Kompetenzzielen oder von Kompetenzstandards besprochen wird, kann ebenfalls thematisiert werden, wie klar und verständlich diese Fähigkeits- und Verhaltensziele formuliert sind und welche Kompetenzen welche Bedeutung haben. Aus einem systematischen Vergleich von Kompetenzprofilen mit Leistungskennzahlen kann eruiert werden, ob in der Personalstrategie die richtigen bzw. erfolgsrelevanten Kompetenzen gefordert werden.

Die Personalstrategie (d. h. der Blick in die Zukunft) beeinflusst die Sicht auf das vorhandene Humankapital-Portfolio bzw. auf seine Passung mit den künftigen Anforderungen bzw. dem angestrebten Human Capital. Es gilt abzuschätzen, ob das Portfolio gezielt verändert bzw. umgebaut werden muss, die Zusammenarbeit, Veränderungsbereitschaft und Agilität der Mitarbeiter zu verbessern sind, oder ob das Portfolio genügend diversifiziert ist, um den künftigen Anforderungen gerecht zu werden. Die kaskadierenden *Portfolio-Review-Meetings* fördern und strukturieren die damit verbundenen Diskussionen unter Führungskräften auf allen Stufen über strategisch ausgerichtete Maßnahmen zur Optimierung des Humankapitals. Im positiven Falle können die Portfolio-Reviews auch aufzeigen, wo brachliegende Kompetenzen und Motivationen im bestehenden Humankapital liegen, die beispielsweise für produktivere Arbeitsweisen oder gar neue Produkte oder Angebote genutzt werden können.

Strategie-Diskussionen zum Thema Humankapital verharren durch die Portfolio-Reviews somit nicht auf einer abstrakten und oft unspezifischen allgemeinen Unternehmensebene, sondern werden konkret auf Ebene von Teams und Abteilungen geführt. Die Potenzialeinschätzungen sind wie beschrieben ein Blick in die Zukunft und damit auch strategischer Natur. Hat ein Mitarbeiter die Kompetenzen, die in ein bis zwei Jahren in

---

[3]Siehe auch Kap. 8 ‚Strategisches Kompetenzmanagement‘.

einer höheren Funktion für eine strategisch erfolgreiche Besetzung einer bestimmten Position notwendig sind? Eine klar definierte Personalstrategie beeinflusst die Kriterien für „Potenzial" auch inhaltlich und prägt so die strategische Auswahl der künftig erfolgreichen Nachwuchskräfte. Als Output von Portfolio-Review-Meetings fallen fundierte und strategiegeleitete Entscheidungen über Interventionen in das Humankapital an. Beispielsweise mag eine aktuelle Betrachtung eines bestimmten Segmentes des Humankapitals in einem Unternehmensbereich aufzeigen, dass dort dessen Leistungsträger überaltert sind und mittelfristig mit den vorhandenen Mitteln nicht ersetzt werden können. Der Erfolg einer Geschäftsfeldstrategie, die wesentlich auf diese Leistungsträger abstellt, ist in diesem Unternehmensbereich mittel- bis längerfristig gefährdet. Diese Erkenntnis kann dazu führen, dass die Bereichsziele (z. B. bezüglich Dienstleistungen/ Produkten/Märkten) angepasst werden müssen oder dass besondere Personalinstrumente und Investitionen beschlossen werden, um die sich abzeichnenden Lücken zu schließen.

Nachfolgeentscheidungen, Entscheidungen für Entwicklungs- und Ausbildungsinitiativen oder für Rekrutierungs-Aktionen etc. erfolgen in einem korrekt durchgeführten Portfolio-Review-Meeting immer mit Bezug zur Umsetzung der Unternehmensstrategie. Sorgfältig geplante Interventionen bzw. Investitionen und De-Investitionen in das Humankapital fördern ihre strategische Wirksamkeit. Die Kalibrierung der Potenzialeinschätzungen erfolgt unter Führungskräften und vor dem Hintergrund der künftigen Anforderungen an das Unternehmen und damit an die Mitarbeiter. Die Tatsache, dass solche Kalibrierungen im Managementteam diskutiert und „ausgefochten" werden, fördert das Bewusstsein für die Bedeutung der strategischen Ausrichtung und verbessert das gemeinsame Verständnis des betreffenden Managementteams in Sachen Umsetzung der Unternehmens- und Personalstrategie. Die Kommunikation an die betroffenen Mitarbeiter stellt eine weitere Chance dar, die getroffenen Entscheidungen vor dem Hintergrund der strategischen Ausrichtung zu erläutern.

Die Analyse und Diskussion der Umfrageergebnisse zu *Engagement* und *Engagement-Treiber* machen nur Sinn, wenn gezielte Aktionen abgeleitet werden. Die Definition und Auswahl der befragten Engagement-Treiber werden durch die Personalstrategie mit beeinflusst. Je nach anvisierter Unternehmenskultur und Personalstrategie kann die Auswahl an befragten Engagement-Treibern oder bestimmten Fragen anders ausfallen. Zudem ist die Engagement-Umfrage ein probates Mittel, um ganz grundsätzlich zu überprüfen, ob die Mitarbeiter die (lokal gültige) Geschäftsfeldstrategie kennen und akzeptieren. Wenn die Umfrage beispielsweise zeigt, dass die Mitarbeiter die Geschäftsfeldstrategie auf ihrer Stufe nicht kennen oder zu wenig verstehen oder akzeptieren, ist eine entsprechende Kommunikationsmaßnahme nahe liegend. Auswahl und Formulierung der Engagement-Treiber kommunizieren den Mitarbeitern, welche Themen dem Unternehmen (strategisch) wichtig sind. Dem CEO ergibt sich zudem die Chance, bei der jährlichen Bekanntgabe und Interpretation der übergreifenden Engagement-Ergebnisse mit einer Kommunikation an alle Mitarbeiter nochmals die Zusammenhänge zur Unternehmensstrategie zu betonen und zu erklären. Führungskräfte aller Stufen können ebenfalls bei der Interpretation ihrer lokalen Ergebnisse den Zusammenhang zur angestrebten Unternehmenskultur erklären und betonen.

Die laufende Analyse der Engagement-Treiber kann auch Veränderungen in den Bedürfnissen bestimmter Mitarbeitergruppen identifizieren, die für das Engagement der Mitarbeiter sehr entscheidend sind, bisher aber nicht als strategische Erfolgsfaktoren identifiziert oder betont wurden. Angenommen, eine solche Analyse der Engagement-Treiber fördert zutage, dass insbesondere die jüngere Generation von Mitarbeitern zunehmend sehr viel Wert auf Vereinbarkeit von Beruf und Familie legt und entsprechende Vorkehrungen und Freiheiten wesentlichen Einfluss auf deren Engagement haben. Diese Erkenntnis kann mithelfen, die Humankapitalstrategie anzupassen, insbesondere, wenn sich zeigt, dass davon ein unternehmensstrategisch sehr relevantes Segment von Mitarbeitern (z. B. gut ausgebildete Spezialisten) betroffen ist.

Im *Design von Personalinstrumenten* wie Weiterbildungen, Anreizsystemen oder Rekrutierung gibt es einen großen Gestaltungsspielraum. Strategische Ziele und Vorgaben beeinflussen deren konkrete Ausgestaltung mit. Beispielsweise müssen die Inhalte einer Führungsschulung die Strategieumsetzung thematisieren und direkt unterstützen. Strategische Vorgaben bezüglich sozialer Legitimität des Unternehmens finden ihren Niederschlag in der Auswahl und in der Ausgestaltung der Anreizsysteme (z. B. Boni, Abfindungen etc.). Strategische Rekrutierungsinitiativen beeinflussen das Vorgehen in der Suche und in der Selektion von Kandidaten.

Eine Diskussion und *Wirkungs-Analyse* der bisher lokal getätigten Investitionen in das Humankapital (Rekrutierungen, Weiterbildung, Entwicklung, Führungsaktivitäten etc.) können zudem aufzeigen, welche Interventionen für die Erreichung bestimmter strategischer Geschäftsziele besonders wirkungsvoll waren[4]. Hierzu können Wirkungskettenanalysen die notwendigen Fakten liefern. Wenn sich beispielsweise zeigt, dass bestimmte Kompetenzen bei den Verkäufern (z. B. hohe Problemlösefähigkeit) und eine hohe Ausprägung bestimmter Engagement-Treiber (z. B. Teamwork) die Kundenzufriedenheit deutlich mehr steigern als die variablen Vergütungspraktiken, kann diese Erkenntnis die Ausformulierung der Humankapitalstrategie beeinflussen, beispielsweise in einer Anpassung des Kompetenzmodells oder in gezielten strategischen Initiativen zur Steigerung der bereichsübergreifenden Zusammenarbeit. Solche Anpassungen und Weiterentwicklungen bei den Personalinstrumenten können sich dabei immer auf die Ebenen der Messgrößen und Prozesse stützen, einerseits mit ihren konsistenten Begrifflichkeiten in Sachen HCM und andererseits mit ihren Daten zur Wirksamkeit als Entscheidungsgrundlage bei der Wahl und Weiterentwicklung der einzelnen Personalinstrumente.

Ein systematisches HCM erleichtert die Identifikation von Indikatoren zur *Überwachung* der *Umsetzungsschritte* und liefert dadurch Hinweise, wo in der Umsetzung oder in der Strategie selbst nachgebessert werden muss.

Beispiel

Nach einer grundsätzlichen Neuformulierung der Unternehmensstrategie muss das Engagement der Mitarbeiter und dessen Beeinflussung durch den Engagement-Treiber „Identifikation mit Unternehmensstrategie" sowohl insgesamt wie auch in

---

[4]Siehe die grundlegende Diskussion in Kap. 5.

spezіellen Segmenten (z. B. auf den obersten zwei Führungsebenen) interessieren. Aus einer solchen Analyse kann abgeleitet werden, ob die neue Strategie bei den Mitarbeitern auch „angekommen" ist. Eine Strategie ohne Verständnis und Unterstützung seitens der Mitarbeiter ist nur sehr schwer umsetzbar. Entweder muss die neue Strategie besser kommuniziert oder sie muss gar neu formuliert werden.

Wie wird HCM zu einem Alleinstellungsmerkmal?

Prozesse, Messgrößen und Interventionen können auf dem Papier klar definiert und umschrieben sein, entscheidend ist jedoch, wie sie in einer Organisation gelebt werden. Prozesse können zu bürokratischen, administrativen Routinen werden oder aber in kontinuierlichen Entwicklungsschritten ihre Effizienz und Wirkung optimieren. HCM ist eine *organisationale Fähigkeit,* deren Aufbau oft Jahre braucht, die sozial hochkomplex ist und bei der es für Außenstehende nicht immer nachvollziehbar ist, was warum wie welchen Effekt hat. In diesem Sinne kann HCM als organisationale Fähigkeit schwer imitierbar sein und gemäß RBV zu einem Alleinstellungsmerkmal werden[5]. Beispielsweise tun sich heute viele Unternehmen schwer, das Performance Management so zu betreiben, dass alle Beteiligten (Führungskräfte und Mitarbeiter) davon profitieren und Ergebnisse entstehen, die sinnvoll für weitere Entscheide wie Gehalt, Entwicklung etc. verwendet werden können. Das schrittweise und kontrollierte Optimieren dieses Prozesses und der Aufbau einer vertikalen Konsistenz mit den Interventionen, das sind keine trivialen Angelegenheiten. Fortschritte hierbei differenzieren ein Unternehmen in Sachen HCM entscheidend von Mitbewerbern (vgl. z. B. Bock 2015, Kap. 14).

Dank definierter Standards und klarer Messvorschriften generiert ein HCM verlässliche Informationen und Fakten über das Humankapital. Diese Fakten können für Benchmarking, Entscheidungsfindung und explorative Analysen verwendet werden. Damit ist ein Weg geschaffen, Personalentscheide nicht nur intuitiv und subjektiv zu fällen, sondern das Management des Humankapitals *evidenzbasiert* zu machen. Dies fördert nicht nur die Qualität gängiger Personalentscheide, sondern verbessert grundsätzlich den ROI für die doch oft großen Investitionen in die Ressource Humankapital. Der Aufbau einer hierfür notwendigen analytischen Denkweise und Fähigkeit sowie von flächendeckenden und zeitlich vergleichbaren Datensätzen generiert einen Asset, den nur wenige Firmen im Bereich des Humankapitals haben und dessen Potenzial für verbesserte Managemententscheide exponentiell wächst. Das Erheben der vorgeschlagenen Messgrößen und die Interpretation bzw. Nutzung der Messergebnisse etablieren verschiedene Formen der Zusammenarbeit, zumindest unter Führungskräften aller Stufen. Sei dies bei der Kalibrierung von Leistungs- und Potenzialeinschätzungen im Managementteam, sei dies bei der gemeinsamen Sicht auf die ‚Stars' (‚hohes Potenzial und hohe Leistung') oder bei Diskussionen über notwendige Entwicklungsmaßnahmen im Portfolio-Review-Meeting. Auch Auswertung und Interpretation von Engagement-Werten unter Zuhilfenahme von internen Benchmarks fördern die Transparenz und den Austausch von Informationen

---

[5]Siehe die vertiefte Darstellung des Resource Based View in Kap. 3.

zum Humankapital über Teams hinweg, ganz im Sinne der Steigerung des Sozialkapitals. Führungskräfte unterstützen sich dabei gegenseitig und lernen bezüglich HCM dazu.

Die HCM-Architektur hilft den Mitarbeitern und den Führungskräften, ein gemeinsames mentales Modell für mitarbeiter- bzw. humankapitalbezogene Aktivitäten zu entwickeln und so eine gemeinsame Sichtweise auf diesen Teil der unternehmerischen Realität einzunehmen. Dies führt erstens zu einer Reduktion der wahrgenommenen Komplexität des HCM und so zu weniger Reibungsverlusten. Die so entwickelte gemeinsame Sprache (z. B. Kompetenzmodell, Definition von Potenzial oder von Engagement-Treibern) fördert ein gemeinsames Führungsverständnis (der Mitarbeiterführung) und klärt die Werte, die in einem Unternehmen für den Umgang mit seinem Humankapital gelten sollen. Die in den Prozessen festgelegten Beurteilungs- und Entscheidungsschritte (Kalibrierungs-Meetings, Portfolio-Review) bewirken, dass die betroffenen Mitarbeiter mehr Fairness (prozedural und distributiv) empfinden. Die Tatsache, dass die Mitarbeiterorientierung ein ‚Gesicht' bekommt in Form der gemeinsamen Sprache, der definierten HCM-Prozesse und der aktiven und systematischen Berücksichtigung der Sicht der Mitarbeiter (Engagement Management), verändert implizit das Führungsverständnis weg von der reinen Sach- und Resultatsorientierung hin zu einer Balance zwischen Mitarbeiter- und Sachorientierung. Diese indirekten Formen der Gestaltung eines wesentlichen Teils der *Unternehmenskultur* sind quasi ein Nebeneffekt eines systematischen HCM. Ihre Entstehung und ihre Wirkungsweise sind sozial recht komplex und die HCM-Architektur ist nicht durch (kopierbare) Broschüren, Führungsseminare oder gut gemeinte Appelle der Unternehmensleitung zu ersetzen. Die HCM-Architektur wird so zu einer Facette, über die sich die Kultur eines Unternehmens ausdrückt.

Anforderungen an die Personalfunktion
Der Aufbau und der Unterhalt einer HCM-Architektur mit all seinen inhaltlichen strategiegeleiteten Prägungen (Messgrößen) und Führungsprozessen (z. B. Portfoliomanagement) sowie insbesondere die evidenzbasierte und in sich stimmige Auswahl der Personalinstrumente bzw. Interventionen fordern von der HR-Funktion neue anspruchsvolle Kompetenzen. Einerseits eine *konzeptionelle, architektonische Fähigkeit* und andererseits ein Projektmanagement, eine ‚Bauleitung', die es sowohl versteht, alle Stakeholder (z. B. Linien-Führung) an einen Tisch zu bringen, wie auch ein umfassendes HCM-Gebilde kontinuierlich aufzubauen und zu unterhalten. Zumindest ein Teil der Personaler (am ehesten die HCM-Spezialisten) agieren neu als Architekten, als Prozessgestalter und als Humankapitalanalysten mit dem übergeordneten Ziel der Umsetzung der Unternehmens- und Personalstrategie. HR-Spezialisten, die sich nur auf einzelne Instrumente konzentrieren, sich nicht in einer Gesamtschau untereinander verständigen (z. B. sprechen sich heute Management-Entwickler, Recruiter, Gehaltsspezialisten und Organisationsentwickler kaum ausreichend ab) sowie Ansprüche und Sichtweisen der Führungskräfte, als Verantwortliche für ihr Humankapital, nicht konsequent berücksichtigen, werden es weder schaffen, eine strategische Differenzierung durch HCM zu erreichen noch Investitionen in das Humankapital effizient und effektiv zu tätigen. Die

HR-Business-Partner werden weiterhin die Führungskräfte direkt unterstützen und in Sachen HCM beraten, neu jedoch erstens mit der Unterstützung definierter Prozesse (z. B. Portfoliomanagement) und zweitens im Aufbau einer HCM-Kompetenz (eines ‚Talent for Talent') bei der Linie. Mit HCM erhalten die HR-Business-Partner auch ein Instrumentarium, mit dem sie die personalstrategischen Fragestellungen und Entscheide systematisch bearbeiten und kommunizieren können. Dies verlangt jedoch auch, dass sich die HR-Business-Partner hinter die einmal definierte HCM-Architektur stellen und diese in einer konsistenten und kundengerechten (Linie) Begrifflichkeit erklären und vertreten.

Wie schon erwähnt, gibt es bei der Wahl und Ausgestaltung der Interventionen sinnvollen Spielraum. Hier können sich die Personaler als Humankapitalspezialisten weiterhin lokal und problembezogen ausleben, allerdings neu vermehrt abgestützt auf verlässliche Analysen der Wirksamkeit dieser Interventionen. Ihnen obliegt es vermehrt auch, die Konsistenz, vertikal mit z. B. den Messgrößen und horizontal in der Abstimmung mit anderen Personalinstrumenten, herzustellen. Beispielsweise sollte in einem Managementtraining die Begrifflichkeit aus den Engagement-Treibern wieder aufleben. Mit Blick auf die gesamte HCM-Architektur können diese Instrumente aus Sicht der Führungskräfte verständlicher positioniert werden und der Return on Investment kann vermehrt evidenzbasiert begründet werden. Insofern kann HR die Humankapitalstrategie in Form einer *unternehmensspezifischen Landschaft* von *Personalinstrumenten* umsetzen, die einzigartig sein und in ihrer Integration bzw. Konsistenz (untereinander und bezüglich Prozessen und Messgrößen) ein strategisches Alleinstellungsmerkmal im Umgang mit Humankapital werden kann. Dank standardisierter Messgrößen für das Humankapital und systematischer, breit ausgelegter HCM-Prozesse wird ein zeitlich wachsender Datensatz über das bestehende Humankapital geschaffen. Dieser bietet sich an für Analysen verschiedenster Art, als rein deskriptive Analysen, z. B. als Grundlage für Indikatoren im Rahmen einer Balanced Scorecard, als Plausibilisierungen von Prozessen (z. B. Engagement-Werte von Mitarbeitern in den verschiedenen Quadranten in der Leistungs-Potenzial-Matrix im Portfoliomanagement) oder für die Wirkung von Interventionen (z. B. Leistungskurve neu eingestellter Mitarbeitenden in Abhängigkeit von Selektionsmethoden und Kriterien). Auch das Reporting in die Linie und gegen außen (z. B. an Investoren) von relevanten Humankapitalkenngrößen gehört dazu. ‚HC Analytics' werden zu einer neuen Teil-Funktion des HR und setzen auch ein neues Set an Fähigkeiten (analytische, statistische Skills, Verständnis für die Unternehmenszahlen etc.) voraus.

10.3   Was sind die Rahmenbedingungen für ein Human Capital Management?

HCM setzt eine präzise Formulierung der Personalstrategie voraus. Ohne klare Vorstellungen und Annahmen, welches Humankapital wann wo verfügbar sein muss, um die Unternehmensstrategie erfolgreich umsetzen zu können, hängt ein HCM in der Luft.

Weil HCM die Personalstrategie auch auf der untersten Führungsebene zum Thema macht (z. B. Portfolio-Review), muss die Unternehmens- und die Personalstrategie so formuliert und kommuniziert sein, dass sie für alle Mitarbeiter verständlich ist und die Zusammenhänge mit Personalentscheiden nachvollziehbar werden. Das kann nicht nur durch eine zentrale Strategieabteilung geleistet werden, sondern fordert alle Führungs-stufen auf, für ihre Teilbereiche und Stufen die Unternehmens- und Personalstrategie ‚herunterzubrechen‘ bzw. zu konkretisieren.

Aufbau und Implementierung eines HCM mit all seinen standardisierten Messgrößen und Prozessen sowie dem passenden Angebot an Interventionen brauchen Zeit. Selbst wenn schon einige der Instrumente, wie z. B. ein MbO oder Mitarbeiterbefragungen in einem Unternehmen, eingesetzt sind, so bleibt mit deren Integration und Ausrichtung auf strategiegeleitete Inhalte (Kompetenzmodell, angestrebte Unternehmenskultur) noch viel zu tun. In einer Umgebung, in der eine entsprechende Phase der Planbarkeit und strate-gischen Konstanz nicht gegeben ist, wird es schwierig sein, die Bereitschaft und die Res-sourcen für den Aufbau eines HCM zu erwirken. Andererseits bietet gerade ein HCM, z. B. mit seinem Prozess des Portfoliomanagements, einen Weg und eine Chance, wie emergente Strategieanpassungen stufengerecht und wirkungsvoll reflektiert werden und Personalentscheide sowie Interventionen dynamisch, aber zielgerichtet angepasst werden können. Zudem ist in Zeiten schneller und größerer Veränderungen jede Strukturierungs-hilfe und jedes übergeordnete Modell von zunehmender Bedeutung. HCM als Architek-tur kann einen solchen formalen Rahmen und eine strategieneutrale Sprache für Themen des Personalmanagements schaffen. Dadurch dürfte es einfacher werden, in Personal-fragen klarer zwischen strategiegetriebener Flexibilität und übergreifender Elemente im Sinne von tragenden Mauern zu unterscheiden.

HCM greift tief in den Führungsalltag und in die Aufgaben der Führungskräfte ein. Führungskräfte werden bezüglich der Förderung und Nutzung der Ressource Humanka-pital überprüf- und messbar. Beispielsweise durch ein internes Benchmarking der Enga-gement-Werte. Letztlich können und müssen HCM-Aufwände und HCM-Ziele Teil der Leistungsbeurteilung einer Führungskraft werden (z. B. via KPI's in einer HR Score-card). Die transparente Diskussion von Beurteilungen einzelner Mitarbeiter und daraus folgender Entscheide begrenzt die Autonomie der Führungskräfte. Dies alles zeigt, dass ein HCM ohne Akzeptanz seitens der Linie nicht möglich ist. Eine entsprechende Offen-heit für eine bereichsübergreifende Transparenz und ein Führungsverständnis für einen Investment- bzw. einen RBV-Ansatz müssen vorhanden sein oder zuerst geschaffen wer-den. Andererseits erleichtert ein systematisches HCM das Verständnis und die tägliche Arbeit einer Führungskraft. Aus diesen beiden Gründen wurde das hier beschriebene HCM in der Credit Suisse mehr vonseiten der Linie gefordert als von der HR-Funktion initiiert. In der Praxis wird wohl eine Kombination aus Angebot (seitens HR-Funktion) und Nachfrage (seitens Linie) am erfolgreichsten für den Aufbau eines solchen HCM sein. Die Nachfrage nach HCM bzw. die Attraktivität eines systematischen HCM hängt auch wesentlich davon ab, wie passend und dringend ein Investment- bzw. Commitment-Ansatz für das betroffene Humankapitalsegment oder die Art der Arbeit (z. B. wissens-basiert) ist bzw. bisher gelebt und vom Topmanagement unterstützt wurde.

Der Aufwand für ein systematisches und integriertes HCM erscheint hoch. Weniger bezüglich regelmäßiger Durchführung der Prozesse als vielmehr im Aufbau und in der Verankerung bzw. dem Unterhalt eines solchen integrierten und standardisierten Systems. Einmal aufgebaut, ergeben sich vielerlei aufwandbezogene Vorteile, wie etwa weniger Diskussionen und Missverständnisse über Personalentscheide, weniger Doppelspurigkeiten oder gar Widersprüche bei den Personalinstrumenten sowie konzentriertere, effizientere Prozesse. Insgesamt also geringere Transaktionskosten im Management der Ressource Humankapital. Je größer ein Unternehmen ist, desto größer sind die Einsparungen in den Transaktionskosten im Vergleich zu den initialen Kosten beim Aufbau eines HCM. Die initialen Kosten sind mindestens von zwei Faktoren abhängig: erstens von der Professionalität und Qualität der HR-Funktion in Form von konzeptionellen Skills und zweitens von der Fähigkeit, einfache und effiziente Prozesse bei der Linie zu etablieren. Erfahrungsgemäß wehren sich einige HR-ler auch direkt oder indirekt gegen ein systematisches HCM, weil sie gestalterische (Narren-)Freiheit verlieren bzw. klassische HR-Qualitäten wie persönliches Coaching der Führungskräfte durch geforderte konzeptionelle Fähigkeiten infrage gestellt werden. Zweitens sind die initialen Kosten abhängig davon, welche und wie viele Prozesse und Interventionen schon in welcher Breite und Qualität etabliert sind. Viele wenn nicht die meisten Firmen führen regelmäßig Mitarbeiterbeurteilungen durch (z. B. via Management by Objectives), machen periodische Mitarbeiterumfragen und etablieren Nachwuchs-Pools ab einer bestimmten Führungsebene. Der Aufwand besteht dann ‚nur‘ noch in der Standardisierung und Integration dieser Elemente (konzeptionell wie operativ) sowie in der Kommunikation der gesamten ‚Architektur‘. Ein großer Hebel in der Aufwandsminimierung in der Ausführungsphase bzw. bei den Transaktionskosten ist das Vorhandensein und die Flexibilität einer IT-Unterstützung. Beispielsweise ist ein HC-Portfolio-Review ohne Unterstützung durch passende IT-Tools praktisch nicht machbar. Andererseits erleichtert die Standardisierung der Messgrößen und der Prozesse entscheidend die ‚Digitalisierung‘ eines HCM.

Will und kann sich eine kleine bis mittlere Firma wirklich ein HCM leisten oder ist HCM in der beschriebenen Form nur für größere Organisationen geeignet? Ist beispielsweise eine Engagement-Befragung erforderlich, wenn doch aus alltäglichen Begegnungen und Gesprächen klar wird, was welche Mitarbeiter wirklich motiviert? Wird ein HC-Portfoliomanagement benötigt, wenn firmenübergreifend klar ist, wer die Stars und die Talente sind? Können komplexe Wirkungsanalysen nicht durch Sammlungen kasuistischer Erfahrungen ersetzt werden? Die Antwort ist ein ‚Ja, aber‘: Eine HCM-Architektur macht implizit oder explizit mindestens als Strukturierungshilfe und als HCM-Sprache im Management des Unternehmens Sinn (‚nichts ist praktischer als ein gutes Modell, eine gute Theorie‘). Wie viel davon konkret in der Erhebung von Messgrößen oder in formalen HCM-Prozessen mündet, ist aber eher zweitrangig bzw. abhängig von der Größe und den Skalen-Effekten. Eine HCM-Architektur hat somit auch in kleineren Firmen das Potenzial, Personalentscheide effizienter und transparenter zu machen. Die Personalentscheide können mit weniger Reibungsverlusten getroffen werden und in Teilbereichen sogar die Basis für Wettbewerbsvorteile durch HCM schaffen.

10.4   Wie sieht es mit der Verbreitung des Human Capital Management aus?

Studien von Beratungsfirmen wie BCG (vgl. z. B. Strack et al. 2015) zeigen in den letzten Jahren regelmäßig auf, dass all die Themen im vorgestellten HCM aus Sicht der Unternehmensleitungen eine hohe Bedeutung haben, aber die Fähigkeit dazu noch unterentwickelt ist. Eine große Verbreitung von HCM-Lösungen gibt es also noch nicht und deshalb kaum systematische und vergleichende Erfahrungen damit. In den letzten Jahren wurden zwar verschiedene Modelle mit dem Anspruch auf ein ganzheitliches HCM vorgeschlagen (vgl. z. B. Boudreau und Ramstad 2007; oder Meifert 2010). Diese sind konzeptionell zwar hilfreich und klärend, bleiben aber meist bei recht abstrakten Modellen stehen und beleuchten einseitig die Rolle des HR und kaum die der Linie. In einer Umfrage von Bersin & Associates zeigte sich (vgl. Bersin und Associates 2010), dass weniger als ein Drittel der Unternehmen ein wirklich integriertes Talentmanagement oder Human Capital Management umgesetzt hat, aber dass die Integration der Personalinstrumente mit signifikanten Verbesserungen von Engagement und Fluktuationsraten bei Leistungsträgern verbunden ist. Analog hat eine Studie von Towers Watson (vgl. Towers Watson 2010) festgestellt, dass Firmen mit einem integrierten Ansatz deutlich mehr leistungsstarke Mitarbeiter anziehen und geringere Fluktuationen in kritischen Segmenten haben. Eine neuere Studie von BCG (vgl. Bhalla et al. 2015) zeigt, dass weltweit befragte Firmen mit HCM-typischen organisationalen Fähigkeiten sich sehr unterscheiden und nur circa 25 Prozent echte HCM-Fähigkeiten haben, diese dann aber deutlich erfolgreicher bezüglich Umsatz und Profit sind als jene ohne (die Kausalität des Zusammenhangs ist jedoch nicht thematisiert).

Credit Suisse praktiziert auch heute, acht Jahren seit wirklichem Start des HCM, noch immer ein globales HCM in unterschiedlichsten Bereichen (Retail-Banking Schweiz oder Investment-Banking New York) mit denselben grundlegenden und standardisierten Messgrößen und Prozessen. Andere Firmen (wie UBS oder Novartis) haben wesentliche Teile daraus ‚kopiert‘.

10.5   Human Capital Management – eine Bewertung

Ein systematisches HCM setzt die Latte hoch. Sowohl für die Linie als auch für die HR-Funktion. Dem steht als Nutzen eine effizientere, konsequentere und gezieltere Bereitstellung und Nutzung der Ressource Personal gegenüber. Seitens der HR-Funktion hat HCM zumindest das Potenzial, endlich die interne strategische Bedeutung und Anerkennung zu erlangen, die schon lange gefordert, aber selten erreicht wurde, und indem die Rollenverteilung zwischen HR und Linie besser geklärt wird. Für ein Unternehmen, das klar den Investment-Ansatz in Sachen Humankapital verfolgt und sich dadurch auch einen Wettbewerbsvorteil verspricht, gibt es letztlich kaum eine Alternative zu HCM, auch weil HCM die in den letzten Kapiteln beschriebenen Instrumente zur Umsetzung einer Personalstrategie weitgehend subsumiert und integriert. Im Vergleich zum klassischem Talentmanagement mit Fokus auf Talent-Pools oder im Vergleich zum reinen Kompetenzmanagement integriert HCM auch den Aspekt des Mitarbeiter-Engagements bzw. die Sicht der Mitarbeiter – ‚employee-view' gemäß Boxall & Purcell (vgl. Boxall und Purcell 2016) – in den Engagement-Treibern. Gerade bei hoch wissensbasierten Arbeiten haben das Engagement und das ‚Dürfen' aus Sicht der Mitarbeiter einen großen Einfluss auf die Produktivität (vgl. Winkler 2014).

Erfahrungsgemäß bietet die vorgeschlagene dreischichtige HCM-Architektur Chancen und Risiken, die nicht direkt beabsichtigt oder antizipiert waren, aber in der Praxis eine beträchtliche Bedeutung haben. Zu den Chancen: einmal die Balance zwischen Flexibilität und Standardisierung. HCM schränkt nicht zwanghaft alle Humankapitalaktivitäten in irgendeiner Weise ein, sondern bietet am richtigen Ort entscheidende Gestaltungsfreiheiten, sowohl in der Linie wie in der HR-Funktion. Erstens bei z. B. der Durchführung von Portfolio-Reviews oder der Wahl von Personalinstrumenten. Ein Organisationsbereich ist weitgehend frei darin, wie differenziert und fundiert er einen HC-Portfolio-Review durchführt und ob er dabei alle möglichen Themen auch auf den untersten Stufen aufgreift. In der Praxis hat sich gezeigt, dass solche Reviews teils ein bis zwei Tage dauern oder nur kurz ein bis zwei Stunden und lediglich für die Kalibrierung der Beurteilungen genutzt werden. Zum Zweiten beim Angebot und bei der Ausgestaltung von Personalinstrumenten. Messgrößen und Performance Management sind relativ einfach und sinnvoll standardisierbar, Personalinstrumente – solange sie aufeinander abgestimmt sind – erlauben und rufen sogar nach bereichs- oder unternehmensspezifischer Originalität und Einzigartigkeit. Diese Balance reduziert beträchtlich langwierige Diskussionen zu HR-Themen, z. B. bezüglich Best Fit und Best Practice, und verringert den Aufwand für die Durchsetzung von unternehmensweiten HCM-Praktiken. Zum Dritten bildet ein systematisches HCM die perfekte Basis für das so in Mode gekommene ‚HC Analytics oder Workforce Analytics' (vgl. beispielsweise Fecheyr et al. 2015). Beispiel: Der Beitrag von unterschiedlichen Selektionsmethoden bei der Rekrutierung von neuen Mitarbeitern kann erst systematisch verglichen und evaluiert werden, wenn man mehrjährige vergleichbare Daten zu Leistung, Potenzial und Engagement der rekrutierten und eingestellten Mitarbeiter hat.

Zu den Risiken: Zum einen laufen integrierte Systeme immer Gefahr, zunehmend komplex zu werden. Einfachheit und ein stimmiges verständliches Gesamtbild sind aber wichtiger als die letzte Raffinesse in einem Personalinstrument. Eine periodische und organisierte Überprüfung der Komplexität eines etablierten HCM ist ratsam – mit mutigen Entscheidungen zur Entschlackung (vgl. auch Effron und Ort 2010). Zum Zweiten kann der Fokus auf die Messbarkeit des Humankapitals, von Mitarbeitern, sowie die deutliche Prozessorientierung dazu führen, dass das Menschliche, die Gestaltung von persönlichen Beziehungen (z. B. zwischen Vorgesetzten und Mitarbeitern) und die Berücksichtigung individueller Besonderheiten und Fähigkeiten in den Hintergrund rücken. Wenn Personalentscheide einseitig nur auf kalte Zahlen abstellen und sich Führungskräfte hinter Prozessabläufen und Einstufungen ‚verstecken', dann verfehlt HCM sicherlich sein ursprüngliches Ziel, nämlich zusammen mit den Mitarbeitern die Strategie des Unternehmens erfolgreich umzusetzen. Die soziale Kompetenz und ein gesunder Menschenverstand der Führungskräfte können und sollen durch HCM nicht ersetzt, sondern lediglich ergänzt werden.

Literatur

Bersin, J., & Associates. (2010). Talent management factbook 2010. www.bersin.com.

Bhalla, V., Caye, J.-M., Haen, P., Lovich, D., Ong, C., Rajagopalan, M., & Sharda, S. (2015). *The global leadership and talent index*. Boston: Boston Consulting Group.

Birri, R. (2013). *Human Capital Management: Ein praxisorientierter Ansatz mit strategischer Ausrichtung* (2. Aufl.). Wiesbaden: Springer Gabler.

Bock, L. (2015). *Work rules! Insights from inside google*. London: John Murray.

Boudreau, J., & Ramstad, P. (2007). *Beyond HR: The new science of human capital*. Boston: Harvard Business School Press.

Boxall, P., & Purcell, J. (2016). *Strategy and human resource management* (4. Aufl.). Basingstoke: Palgrave Macmillan.

Davenport, Th O. (1999). *Human capital. What is it and why people invest it*. San Francisco: Jossey-Bass.

Effron, M., & Ort, M. (2010). *One page talent management*. Boston: Harvard Business Press.

Ennaux, C., & Heinrich, F. (2011). *Strategisches talent management*. Freiburg: Haufe.

Fecheyr-Lippens, B., Schaninger, B., & Tanner, K. (2015). Power to the new people analytics. *McKinsey Quarterly, 51*(1), 61–63.

Meiffert, M. (Hrsg.). (2010). *Strategische Personalentwicklung. Ein Programm in acht Etappen* (2. Aufl.). Heidelberg: Springer.

Norton, D. P. (2001). Measuring the contribution of human capital. *Harvard Business Review, 1*, 11–14.

Ritz, A., & Thom, N. (2011). *Talent management*. Wiesbaden: Gabler.

Scholz, C., Stein, V., & Bechtel, R. (2003). *Zehn Postulate für das Human-Capital-Management. Personalwirtschaft, 2003*(5), 50–54.

Scholz, C., Stein, V., & Bechtel, R. (2011). *Human Capital Management: Wege aus der Unverbindlichkeit* (3. Aufl.). Neuwied: Luchterhand.

Strack, R., Caye, J.-M., Gaissmaier, T., Orglmeister, C., Taboto, E., Linden von der, C., Ullrich, S., Haen, P., Quirós, H., & Jauregui, J. (2015). *Creating people advantage 2014–15: How to set up great HR functions: Connect, prioritize, impact*. Boston: Boston Consulting Group.

Ulrich, D. (1997). *Human resource champions: The next agenda for adding value and delivering results*. Boston: Harvard Business School Press.

Watson, Towers. (2010). *Five rules for talent management in the new economy*. Arlington: Watson Wyatt Worldwide.

Winkler, S. (2014). Erste Schweizer Studie zu Mitarbeiterbefragungen. HR-Today. April. https://www.hrtoday.ch/article/erste-schweizer-studie-zu-mitarbeiterbefragungen. Zugegriffen: 28. Aug. 2015.

Wie geht es weiter?

11

Zusammenfassung

In diesem Kapitel fassen wir die Antworten auf die vier zentralen Fragen an der Schnittstelle zwischen Unternehmensstrategie und Personalmanagement zusammen. Wir stellen fest, dass es zwar keine universelle Antwort auf die Fragen gibt, wohl aber viele Modelle und Ansätze existieren, die es den Unternehmen ermöglichen, für jede der vier Fragen firmenspezifische Antworten zu finden. Die Verbindung lässt sich herstellen, die Instrumente sind vorhanden. Allerdings müssen wir erkennen,, dass nur den wenigsten Firmen diese Verbindung gelingt. Was u. a. an der geringen Verbreitung der im zweiten Teil des Buches vorgestellten Ansätze zur Strategieumsetzung liegt. Neben einer Reihe von materiellen – in der Natur des Personalmanagements liegenden – Hindernissen können wir etliche mentale Hindernisse identifizieren, die es dem Management erschweren, die Schnittstelle sauber zu definieren. Auch wenn diese Hindernisse nicht zu unterschätzen sind, so kann diese Verbindung dennoch gelingen.

11.1 Einleitung

Zu Beginn des Buches haben wir festgestellt, dass wir den Faktor 70 der Personalarbeit nur dann verwirklichen können, wenn es uns gelingt, die Effektivität unseres Humankapitals zu steigern. Dies ist aber nur möglich, wenn wir es schaffen, das Humankapital und damit auch das Personalmanagement an der Unternehmensstrategie auszurichten. In diesem Buch wollten wir untersuchen, was uns einerseits die wissenschaftliche Literatur zur so kritischen Schnittstelle zwischen Unternehmensstrategie und Personalmanagement an Lösungsvorschlägen liefert, andererseits schauen, welche Ansätze in den letzten Jahrzehnten in der Praxis propagiert wurden, um die Unternehmens- bzw. Geschäftsfeldstrategie durch das Personalmanagement zu implementieren. Wie können wir den

© Springer Fachmedien Wiesbaden GmbH 2017
C. Lebrenz, *Strategie und Personalmanagement*,
DOI 10.1007/978-3-658-14330-5_11

aktuellen Stand der Diskussion zusammenfassen? Wo stehen wir und was bleibt noch zu tun, um den Faktor 70 zu heben?

Wir haben zu Beginn des ersten Teils des Buches erfahren, dass sich die Schnittstelle zwischen Unternehmensstrategie bzw. strategischem Management auf der einen Seite und Personalmanagement auf der anderen Seite aus zweierlei Gründen schwierig gestaltet. Einerseits, weil es, wie im zweiten Kapitel erläutert, weder *das* strategische Management noch *das* Personalmanagement gibt. Es werden in der Literatur und in der Praxis sowohl beim strategischen Management als auch beim Personalmanagement die unterschiedlichsten Vorgehensweisen und Ansätze favorisiert, die unterschiedlichsten Schwerpunkte gelegt und teilweise auch die unterschiedlichsten Annahmen über das eigene Unternehmen und die Umwelt getroffen. Problematisch wird dies besonders, wenn diese Annahmen nicht offen angesprochen, sondern meist nur implizit getroffen werden und die Unterschiedlichkeit, die auf beiden Seiten der Schnittstelle zu treffen ist, nicht thematisiert wird. Diese Gleichmacherei – verbunden mit der oft beobachteten babylonischen Sprachverwirrung – erschwert die Klärung der Schnittstelle. Diese Schnittstelle ist komplexer als meist vermutet, denn wir müssen für die saubere Definition dieser Schnittstelle insgesamt vier Fragen beantworten. Nur wenn alle vier Fragen geklärt sind, kann die Verbindung zwischen Unternehmensstrategie und Personalmanagement kraftschlüssig erfolgen, das heißt, nur dann „kriegen wir die PS auf die Straße" und erhalten ein wirklich effektives Humankapital. Wir haben auch erfahren, dass – wiederum der Komplexität der Schnittstelle geschuldet – es bislang kein Modell gibt, das befriedigende Antworten auf alle vier Fragen liefert. Befriedigend in dem Sinne, dass alle vier Fragen so konkret beantwortet werden, dass wir die Antworten als Handlungsgrundlage für die Definition unserer eigenen Schnittstelle im Unternehmen zugrunde legen können. Vor den Hintergrund dieser Komplexität ist aber kaum zu erwarten, dass es ein einziges theoretisches Modell gibt, das praktikable Ergebnisse für alle vier Fragen liefert. Stattdessen bleibt uns nichts anderes übrig, als uns diese vier Fragen einzeln anzuschauen.

Antworten auf die vier Fragen

Welche Antworten gibt es auf diese vier Fragen? Die gute Nachricht ist, dass sich für jede der Fragen praktikable Lösungsvorschläge finden lassen und wir damit für unser Unternehmen diese Fragen beantworten können. Die schlechte Nachricht ist, dass diejenigen, die einfache Standardantworten, eine universelle Lösung oder gar irgendwelche geheimen Erfolgsrezepte erwarten, enttäuscht sein werden. Diese gibt es nicht und kann es auch nicht geben. Genauso wenig wie es eine magische Unternehmensstrategie gibt, die immer erfolgreich ist. Dafür sind die Rahmenbedingungen, die Anforderungen innerhalb der Branche, die Reaktionen der Wettbewerber und die eigenen Ressourcen zu unterschiedlich. Stattdessen bietet die Literatur eine Vielzahl von Modellen und Strukturierungshilfen, anhand derer wir unsere eigene Antwort für die Definition der Schnittstelle in unserem Unternehmen erarbeiten können. Das Werkzeug, das wir zur Klärung der Schnittstelle benötigen, ist vorhanden.

Schauen wir uns daher noch einmal kurz an, welche Vorschläge für die Beantwortung der vier Fragen gemacht werden. Unsere erste Frage ist die nach dem für die Umsetzung der Unternehmensstrategie benötigten Humankapital. Hierauf *kann* es keine eindeutige Antwort geben. Es gibt zwar in der Literatur verschiedene Vorschläge für *generische* Unternehmensstrategien (vgl. Porter 1980 und die Diskussion in Abschn. 2.2), aber wir haben beispielsweise bei den Firmen *dm-drogerie markt* und Schlecker gesehen, dass Unternehmen in derselben Branche dieselbe Kostenführerschaftsstrategie mit vollkommen anderem Humankapital umsetzen können. Eine erfolgreiche Strategie bedeutet ja, dass wir gegenüber den Wettbewerbern einen möglichst nachhaltigen Wettbewerbsvorteil erlangen wollen. Dieser kommt ja oft gerade daher, dass wir an entscheidender Stelle irgendetwas anders machen als die Wettbewerber. Und diese entscheidende Stelle kann – muss aber nicht – das Humankapital sein, mit dem wir arbeiten.

Unsere zweite Frage nach der Humankapitalstrategie zielte darauf ab, wie das Personalmanagement das benötigte Humankapital möglichst effizient bereitstellt. Wir haben festgestellt, dass wir diese Frage auf zwei Ebenen beantworten müssen. Einmal auf der Ebene der HR-Architektur und einmal auf der Ebene der einzelnen Personalmanagementinstrumente. Wir haben die HR-Architektur als eine Strukturierungshilfe betrachtet, die uns hilft, die einzelnen Personalinstrumente sinnvoll und stimmig zu koordinieren. Dabei sind wir auf den Punkt gekommen, dass es für das Unternehmen oft Sinn macht, das benötigte Humankapital zu segmentieren und je nach Segment und Bedeutung für die Strategieumsetzung ggf. auch unterschiedliche HR-Architekturen anzuwenden. Dabei geht es nicht nur um das Humankapital der fest angestellten eigenen Mitarbeiter, sondern genauso auch um externes Humankapital, das wir benötigen. Seien es Zeitarbeiter, die für uns tätig sind, oder auch Agenten in einem outgesourcten Callcenter. Die Entscheidung, welche HR-Architektur(en) wir einsetzen, wird in der Mehrzahl der Fälle sehr früh und meist unbewusst im Unternehmen getroffen. Die eigene HR-Architektur ist in der Regel nur mit hohem Aufwand zu verändern, denn die HR-Architektur ist eine Facette der Unternehmenskultur und lässt sich dementsprechend nur langsam und mühsam abändern. Es hat sich zwar im Laufe der Zeit eine Reihe von *generischen HR-Architekturen* herausgebildet, aber genauso wenig, wie es eine generische Unternehmensstrategie gibt, die den Erfolg garantiert, gibt es generische HR-Architekturen, die immer sinnvoll sind. Auch hier haben wir gesehen, dass wir immer wieder Firmen mit einer der Branchenlogik widersprechenden HR-Architektur finden, die erfolgreich am Markt auftreten.

Nach der Wahl der HR-Architektur stellt sich anschließend die Frage nach den Personalinstrumenten, mit denen diese Architektur mit Leben gefüllt werden soll. Auf der Ebene der Instrumente sind wir auf zwei verschiedene Schulen getroffen, die unterschiedliche Vorgehensweisen für die Auswahl der Instrumente vorschlagen. Auf der einen Seite stehen die Vertreter der Best-Practice-Schule, die den Einsatz solcher Instrumente vorschlagen, die sich bei anderen Firmen bewährt haben. Während zwischenzeitlich sehr stark unter dem Stichwort Benchmarking die Instrumente einzelner, besonders erfolgreicher Firmen als Best Practice propagiert wurden, findet unter dem

Stichwort des Evidenzbasierten Managements derzeit wieder eine Rückbesinnung auf Instrumente statt, deren Wirksamkeit durch empirische Studien nicht bei einer einzelnen Firma, sondern einer Vielzahl von Unternehmen nachgewiesen wurde. Wir können das Kriterium, ob ein Instrument als Best-Practice-Instrument identifiziert wurde, als einen ersten Filter betrachten, mit dem wir mögliche Instrumente für unsere HR-Architektur auswählen. Die Best-Fit-Schule liefert uns einen zweiten Filter in Form eines langen Kataloges von Rahmenbedingungen, an die wir unsere Instrumente anpassen müssen. Dies können externe Faktoren wie soziokulturelle Einflüsse oder gesetzliche Regelungen sein – oder auch interne Faktoren wie eben die Unternehmenskultur und die verfolgte Geschäftsfeldstrategie. Wir haben die Idee des Mosaikes bemüht, in dem aus standardisierten Instrumenten ein einzigartiges Bild geschaffen wird. Genauso ist es Aufgabe des Unternehmens, unter Zuhilfenahme einzelner Best-Practice-Instrumente ein Personalmanagement aufzubauen, das genau das Humankapital liefert, das wir für die Strategieumsetzung benötigen. So erstrebenswert dieses Ziel ist, so sehr müssen wir uns aber darüber im Klaren sein, dass es oft mehrere Jahre dauert, bis die einzelnen Instrumente der HR-Architektur angepasst, aufeinander abgestimmt und eingeführt sind. Die Zeit und die Bereitschaft, den Weg dorthin zu gehen, werden nicht viele Unternehmen aufbringen können oder wollen. Diejenigen, die es tun, verfügen dann aber über einen möglicherweise deutlichen Wettbewerbsvorteil.

Die dritte Frage nach der HR-Funktionsstrategie, also die Frage, wie sich die HR-Funktion aufstellen muss, um das benötigte Humankapital bereitstellen zu können, haben wir nur kurz beantwortet. Derzeit wird – trotz aller Schwierigkeiten bei der Umsetzung – das HR-Business-Partner-Modell von Dave Ulrich als Best-Practice-Instrument in vielen Unternehmen umgesetzt. Allerdings bietet sich dieses Modell nur für große Unternehmen an, und selbst dort ist derzeit noch nicht klar, ob dieses Modell diejenigen Probleme beheben kann, die zur Abkehr vom bis dahin weitverbreiteten Referentenmodell geführt haben. Hier ist das Ergebnis noch offen.

Die vierte Frage zielt darauf ab, wie aktiv die Rolle des Humankapitals bei der Strategieentwicklung ist. Die Antwort auf diese Frage hängt in erster Linie von den Wertvorstellungen und Erfahrungen des Topmanagements ab. Dies wird entscheiden, ob das Unternehmen eher dem MBV folgt und das benötigte Humankapital als Ergebnis des Strategieprozesses ansieht. Oder ob es eher dem RBV folgt und das vorhandene Humankapital als einen Ausgangspunkt für die Entwicklung eines Wettbewerbsvorteils betrachtet. Der RBV ermöglicht es dem Unternehmen, sich durch sein Humankapital vom Wettbewerb zu differenzieren und einen nachhaltigen Wettbewerbsvorsprung aufzubauen. Allerdings ist die Umsetzung alles andere als trivial, denn beim Versuch, sich über das Humankapital zu differenzieren, stellt sich die Frage, wie es gelingen kann, aus einzelnen, austauschbaren Mitarbeitern ein Humankapital zu entwickeln, das einzigartig und unternehmensspezifisch ist. Wir haben drei – sich teilweise überlappende – Ansätze identifiziert, wie dies zu bewerkstelligen ist. Einerseits über die HR-Architektur des Unternehmens, andererseits über das Sozial- und Organisationskapital sowie schließlich über die Unternehmenskultur. Die Wechselwirkungen zwischen diesen drei

Ansätzen sind der eine Grund, warum es relativ wenige Firmen schaffen, ihr Humankapital als wirklichen Wettbewerbsvorsprung aufzubauen. Der Prozess, der dahintersteht, ist komplex und nur bedingt zu steuern. Die Entwicklung der eigenen HR-Architektur, des unternehmensspezifischen Sozial- und Organisationskapitals sowie der Unternehmenskultur benötigt viel Zeit und Kontinuität. Über diese Zeit und diese Kontinuität im Topmanagement verfügen nur die wenigsten Unternehmen. Dies ist der zweite Grund, warum es nur wenigen Firmen gelingt, über ihr Humankapital Vorteile im Wettbewerb zu erlangen. Diejenigen aber, die diese Voraussetzungen mitbringen, haben die Möglichkeit, mit ihrem Humankapital einen nachhaltigen Wettbewerbsvorsprung aufzubauen.

Wir sind noch einer fünften Frage nachgegangen, die zwar nicht für die Definition unserer Schnittstelle, wohl aber für die Rechtfertigung unserer Bemühungen im strategischen Personalmanagement wichtig ist. Inwieweit können wir heute den Erfolg unserer Aktivitäten messen? Was bringt unsere Ausrichtung des Personalmanagements auf die Unternehmensstrategie? Stand heute können wir zwar für einzelne Personalinstrumente in vielen Fällen den Wertbeitrag zum Unternehmenserfolg nachweisen. Auf der Ebene der HR-Architektur sind wir heute aber noch nicht so weit. Dies liegt vor allem an dem, was wir messen. Denn wir wollen ja gerade messen, inwieweit unsere Differenzierung von anderen Firmen erfolgreich ist, nicht unsere Gemeinsamkeiten in der Personalarbeit. Diese möglichst einzigartige HR-Architektur statistisch zu erfassen, ist nahezu unmöglich. Daher ist es auch wenig wahrscheinlich, dass wir zukünftig auf der Ebene der HR-Architektur deren Beitrag zum Unternehmenserfolg quantifizieren können. Was wir dagegen zunehmend quantifizieren können, ist der Wertbeitrag einzelner Bündel von Personalinstrumenten. Wie wir im sechsten Kapitel gesehen haben, liegen uns für diese Teilmenge von HR-Architekturen Untersuchungen zum Zusammenhang zwischen diesen Bündeln und dem Unternehmenserfolg vor. Allerdings müssen wir bei allen diesen Ergebnissen berücksichtigen, dass wir weit mehr Aussagen über die Korrelation der Ergebnisse haben als über die Kausalität. Genauso fehlen den wissenschaftlichen Studien noch zu oft ein vergleichbarer theoretischer Rahmen und ein gemeinsames Verständnis dessen, was wirklich gemessen wird. So ist die Vergleichbarkeit der einzelnen Studien immer noch stark eingeschränkt. Auch wenn wir heute immer noch nicht so viel Licht in die Black Box zwischen Personalmanagement und Unternehmenserfolg bringen können, so können wir doch zuversichtlich sein, dass wir zukünftig den Zusammenhang zwischen Personalarbeit und Unternehmenserfolg weiter aufklären können. Nicht unbedingt in dem Maße, in dem es uns lieb wäre, aber zumindest für einzelne Schritte der Wirkungsketten. Dies ist wichtig, denn auch in Zukunft werden Personaler – zu Recht – mit der Anforderung konfrontiert werden, den Nutzen ihrer Arbeiten zu quantifizieren. Wir haben erfahren, dass auch andere Managementfunktionen sich schwertun, ihren Wertbeitrag zum Unternehmenserfolg in Zahlen zu fassen, bzw. dass das Konzept des Unternehmenserfolges bei näherem Hinsehen viel schwieriger zu greifen ist, als es anfänglich den Anschein hat. Daher sollten Personaler sich nicht nach härteren Kriterien messen lassen als andere Managementfunktionen. Aber selbstverständlich auch nicht nach weicheren Kriterien.

Ansätze zur Strategieimplementierung

Im vorigen Abschnitt haben wir herausgefunden, dass die Konzepte und Werkzeuge, die wir für die Definition unserer Schnittstelle benötigen, vorhanden sind. Wie sieht es mit den Ansätzen zur Strategieimplementierung aus? Stehen uns Ansätze zur Verfügung, mit denen wir die Strategie durch das Personalmanagement umsetzen können? Die Diskussion im zweiten Teil hat ergeben, dass die vier diskutierten Ansätze eine Reihe von Gemeinsamkeiten, aber auch entscheidende Unterschiede in der Schwerpunktsetzung haben. Zum besseren Vergleich sind die vier Ansätze in Abb. 11.1 gegenübergestellt.

Fangen wir mit einer Gemeinsamkeit an. Allen vier Ansätzen ist gemeinsam, dass sie auf dem Planungsansatz des strategischen Managements beruhen. Dementsprechend gehen alle Ansätze davon aus, dass wir eine Personalstrategie ableiten und das benötigte Humankapital bestimmen können. Bei der Art und Weise, wie die einzelnen Ansätze die Humankapitalstrategie dann mit der Personalstrategie verknüpfen, sehen wir deutliche Unterschiede. Für die strategische Personalplanung ist es das Bedarfsszenario, das definiert, welches Humankapital zukünftig benötigt wird und welche Lücken dementsprechend geschlossen werden müssen. Beim strategischen Kompetenzmanagement ist es das Kompetenzmodell mit seinen qualitativen Vorgaben zum künftig benötigten Humankapital, welches das Bindeglied darstellt. Die HR Scorecard nutzt die Strategy Map, um die Verbindung herzustellen. Das Human Capital Management hat gleich mehrere Anknüpfungspunkte, nämlich die Zielvereinbarungen, ebenso wie beim strategischen Kompetenzmanagement die Kompetenzen und zusätzlich noch das Portfolio an zukünftig benötigtem Humankapital. Gemeinsam ist allen vier Ansätzen auch, dass sie ein Mindestmaß an Planungssicherheit und Stabilität bezüglich Strategie und Umfeld brauchen, um sinnvoll anwendbar zu sein. Da Personalinstrumente in den meisten Fällen einen langen Vorlauf haben, ist auch der Planungszeitraum lang und die daraus folgende Unsicherheit hoch. Interessanterweise wird aber die Unsicherheit als Rahmenbedingung

	Strategische Personalplanung	Strategisches Kompetenzmanagement	HR Scorecards	Human Capital Management
Planungsansatz	✓	✓	✓	✓
Verbindung zur Strategie über	• Bedarfsszenario	• Kompetenzmodell	• Strategy Map	• Zielvereinbarungen • Kompetenzen • HC-Portfolio
Zentrale Themen	• Unsicherheit • Segmentierung in Job-Familien	• Kompetenzmodell • Personalentwicklung	• Strategy Map • Messung	• HC-Architektur • Messung
Betrachtete Aspekte				
• Unsicherheit	✓	✗	✗	✗
• qualitatives Humankapital	✓	✓	?	✓
• quantitatives Humankapital	✓	✗	?	✓
• Leistung	✗	✗	?	✓
• Engagement	✗	✗	?	✓
• Strategie-kommunikation	✗	✓	✓	✓

Abb. 11.1 Vergleich der vier Implementierungsansätze aus Teil 2

nur in der strategischen Personalplanung thematisiert, bei allen anderen Ansätzen wird dieser wichtige Aspekt ausgeklammert. Bei der Länge des Planungszeitraums und vor dem Hintergrund der allgemeinen Klagen über die zunehmende Dynamik der Wirtschaft eine überraschende Tatsache. Eine weitere Gemeinsamkeit sind die Kompetenzen der Mitarbeiter. Sie tauchen in allen Modellen auf, teils explizit oder – wie im neunten Kapitel erläutert – im Falle der HR Scorecard mit der Workforce Scorecard als implizites Kompetenzmodell.

Neben diesen Gemeinsamkeiten sehen wir auch deutliche Unterschiede in der Vorgehensweise bzw. in den Themen, die beim jeweiligen Ansatz im Vordergrund stehen. Teilweise werden auch Dinge, die für den einen Ansatz zentral sind, in anderen Ansätzen schlichtweg ignoriert oder spielen nur eine sehr untergeordnete Rolle. So liegen die Schwerpunkte bei der strategischen Personalplanung einmal auf der Segmentierung des Humankapitals in die relevanten Job-Familien und auf der Frage, wie wir mit der Unsicherheit umgehen, die sich aus dem langen Planungszeitraum ergibt. Während die Job-Familien zur Segmentierung des Humankapitals auch in den anderen Ansätzen eine wichtige Rolle spielen, taucht der wichtige Faktor Unsicherheit, wie eben schon angesprochen, bei den anderen Ansätzen gar nicht auf. Im strategischen Kompetenzmanagement geschieht die Strategieumsetzung in erster Linie durch die Personalentwicklung, die dafür sorgen soll, dass die Mitarbeiter über die benötigten Kompetenzen verfügen. Auch wenn grundsätzlich Kompetenzen extern eingekauft werden können, so ist doch die Sicht des strategischen Kompetenzmanagements sehr stark auf das bereits im Unternehmen vorhandene Humankapital mit seinen derzeitigen Kompetenzen gerichtet. Für die HR Scorecard ist die Identifikation der neuralgischen Punkte in der Strategy Map, an denen die entscheidenden Stellgrößen gemessen werden können, das erste zentrale Thema. Wenn diese Punkte identifiziert sind, kann die Strategieumsetzung auch überprüft und nachgehalten werden. Der zweite zentrale Punkt ist die konsequente Messung des Humankapitals und der Personalinstrumente. Diesen zweiten Punkt betont auch das Human Capital Management, genauso wie die Rolle der HR-Architektur, an der sich die einzelnen Instrumente im Personalmanagement ausrichten sollen.

Die Menge des benötigten Humankapitals wird in der strategischen Personalplanung über das Bedarfsszenario und im Human Capital Management über das HC-Portfolio erfasst. Beim strategischen Kompetenzmanagement fehlt diese quantitative Betrachtung, bei den HR Scorecards hängt es von der Ausgestaltung der Strategy Map ab, wie stark die mengenmäßige Komponente berücksichtigt wird. Den ersten beiden Instrumenten ist gemeinsam, dass es ihnen darum geht, das benötigte Humankapital so *bereitzustellen,* dass es *potenziell* in der Lage ist, die geforderten Leistungen zu erbringen. Ob diese Leistung auch *tatsächlich* erbracht wird, überprüft weder die strategische Personalplanung noch das strategische Kompetenzmanagement. Hier geht das Human Capital Management weiter, da auch die tatsächliche Leistung und zusätzlich auch das Engagement der Mitarbeiter erfasst werden. Bei der HR Scorecard können wir nicht pauschal sagen, ob die Leistung tatsächlich berücksichtigt wird. Denn HR Scorecards sind in dem Sinne sehr flexibel, dass sie kaum Kriterien oder Elemente vorgeben, die in der

Scorecard nachgehalten werden sollen. Welche Elemente aufgenommen und mit Mess-größen hinterlegt werden, hängt von der jeweiligen Strategy Map ab. Dies erschwert uns etwas den Vergleich mit den anderen Ansätzen. Was aber bei den HR Scorecards defini-tiv berücksichtigt wird und ein zentrales Element des Ansatzes ist, ist die Kommunikati-onsfunktion des Ansatzes. Dadurch, dass die Mitarbeiter anhand der HR Scorecard ihren Beitrag zur Strategie nachvollziehen können, soll ja gerade die Umsetzung der Strategie erleichtert werden. Auch die Kompetenzmodelle im strategischen Kompetenzmanage-ment und im Human Capital Management sollen den Mitarbeitern verdeutlichen, welche Kompetenzen, welches Verhalten von ihnen zukünftig erwartet werden. Darüber hinaus bilden die Kompetenzmodelle eine Klammer, mit der die verschiedenen Personalinstru-mente koordiniert werden, und durch die auch hier mit einer gleichen Sprache gespro-chen wird. Der strategischen Personalplanung fehlt diese Kommunikationsfunktion für die Mitarbeiter weitestgehend. Lediglich für die interne Kommunikation in der Personal-abteilung bei der Entwicklung des Maßnahmenkataloges, mit dem die Lücke zwischen Ist- und Sollbestand des Humankapitals geschlossen werden soll, taucht dieser Aspekt auf.

Allen vier Ansätzen ist gemeinsam, dass sie Antworten auf unsere zweite Frage geben wollen: Wie wird das benötigte Humankapital bereitgestellt? Während wir im Rahmen dieses Buches die vier Instrumente getrennt betrachtet haben, sind die Übergänge in der Praxis oft mehr als fließend. Das fängt – wie schon so oft – bei den Begrifflichkeiten an, wo wir allein schon unter dem Begriff HR Scorecard die verschiedensten Konzepte selbst bei denselben Autoren angetroffen haben (vgl. Becker et al. 2001, 2005). Genauso wird beispielsweise unter dem strategischem Talentmanagement einmal ein strategi-sches Kompetenzmanagement verstanden, ein anderes Mal der hier von Birri vorgestellte Ansatz des Human Capital Management. Aber auch konzeptionell sind die Übergänge fließend. Wir können das strategische Kompetenzmanagement als eine Teilmenge der strategischen Personalplanung auffassen, die Workforce Scorecard als Ansatz, ein Kom-petenzmodell über die Strategy Maps aus der Unternehmensstrategie abzuleiten. Gleich-zeitig sehen wir aber auch große Unterschiede sowohl in der Spannbreite der Aspekte, die die verschiedenen Ansätze abdecken, bzw. auch bei den Schwerpunkten, die gesetzt werden. So kombiniert beispielsweise das HCM sowohl Elemente des Kompetenzma-nagements als auch der strategischen Personalplanung und der HR Scorecard und geht mit seiner Berücksichtigung des Engagements über die anderen Ansätze hinaus. Alle vier Ansätze sind unterschiedliche Wege, um das Ziel zu erreichen. Wenn es unterschiedliche Wege sind, welchen Weg sollen wir gehen? Ist einer der Wege ‚besser‘ bzw. passt er bes-ser zu den Rahmenbedingungen unseres Unternehmens? Im siebten Kapitel sind wir auf das Argument gestoßen, dass die strategische Personalplanung als „Mutter aller Schlach-ten" (vgl. Sattelberger und Strack 2009, S. 55) unerlässlich wäre, um eine Basis für die Koordination der verschiedenen Personalinstrumente zu schaffen. Bedeutet dies, dass es damit Wege gibt, die wir gehen *müssen?*

Wenn wir über das für die Strategieumsetzung benötigte Humankapital reden, das durch die Personalarbeit bereitgestellt werden soll, dann hat dieses Humankapital immer eine quantitative und eine qualitative Komponente. Wir werden also nicht darum herumkommen, in irgendeiner Form eine strategische Personalplanung durchzuführen. Wie detailliert diese betrieben und inwieweit auf die Szenario-Technik zurückgegriffen wird, mag von Unternehmen zu Unternehmen variieren. Was auch je nach Unternehmen verschieden sein wird, ist die Bedeutung der qualitativen Planung. In Unternehmen mit überwiegend industriellen – also stark genormten und formalisierten – Tätigkeiten wird die Bedeutung der Kompetenzen und damit der qualitativen Planung möglicherweise eine geringere Rolle spielen als bei Unternehmen mit eher wissensbasierten Tätigkeiten. Für ein Software-Unternehmen ist die Zahl der Entwickler weniger entscheidend als die Kompetenzen der Mitarbeiter. Qualität schlägt hier Quantität.

Wir haben im zweiten Teil des Buches ebenfalls beobachtet, dass die unterschiedlichen Ansätze teilweise zeitlich versetzt entstanden sind bzw. einige Ansätze nach anfänglicher Begeisterung kaum noch eingesetzt werden. So haben wir im neunten Kapitel erfahren, dass die anfängliche Begeisterung für Balanced Scorecards und HR Scorecards einer großen Ernüchterung gewichen ist. Diese Ansätze haben sich für die meisten Unternehmen als letztendlich doch zu aufwendig, zu anspruchsvoll erwiesen, als dass sie von der Organisation umgesetzt werden können. Während die strategische Personalplanung zwischenzeitlich an Popularität verloren hat, beobachten wir bei diesem Instrument in den letzten Jahren ein gewisses Comeback. Vor dem Hintergrund der Bedeutung dieses Instrumentes für die Strategieimplementierung eine ermutigende Entwicklung. Das strategische Kompetenzmanagement hat sich im letzten Jahrzehnt einer hohen Beliebtheit erfreut. Allerdings dürfte dieser Ansatz allein für die wenigsten Unternehmen ein gangbarer Weg sein, da das Kompetenzmanagement die quantitative Seite des benötigten Humankapitals ausblendet. Dies ist der eine Grund, warum ein Human Capital Management für viele Unternehmen der nahe liegendste Weg sein dürfte, die Strategie durch das Personalmanagement zu implementieren. Denn sowohl die quantitative als auch die qualitative Seite des Humankapitals werden berücksichtigt. Zweitens bestehen in vielen Unternehmen schon einige der Prozesse, auf denen das Human Capital Management aufbaut. Sowohl Performance-Management-Prozesse als auch die Erfassung des Potenzials im Rahmen des Talentmanagements sind häufig vorhanden, oft auch Mitarbeiterbefragungen zur Ermittlung des Engagements. Der Aufwand der Integration der vorhandenen Prozesse ist dann deutlich geringer als der Aufwand, diese Prozesse neu aufzusetzen. Drittens erfüllt ein Human Capital Management mit seiner Betonung der Messbarkeit der Personalinstrumente auch die Forderung, die Wirksamkeit des Personalmanagements nachweisen zu können. Selbst wenn das Human Capital Management für viele Unternehmen ein sinnvoller Weg sein dürfte, ist auch dieser Ansatz kein Universalmittel. Denn es wird genug Unternehmen geben, für die die Rahmenbedingungen, auf denen ein Human Capital Management aufbaut, nicht gegeben sind. Sei es die Planungssicherheit oder auch das Vorhandensein einer Unternehmensstrategie. Auf diesen Punkt werden wir im folgenden Abschnitt noch zurückkommen.

Egal, welchen Weg wir in unserem Unternehmen gehen, wir müssen uns darüber im Klaren sein, dass jeder Weg mit einem sehr hohen Aufwand verbunden ist. Es geht in allen Fällen um die Planung und Steuerung des Humankapitals. Und wie wir im folgenden Abschnitt noch einmal diskutieren werden, ist diese Planung und Steuerung des Humankapitals nun einmal viel aufwendiger als die Steuerung des Finanzkapitals. Wir werden aber im folgenden Abschnitt auch sehen, dass wir an diesem Aufwand nicht vorbeikommen, wenn wir die Effektivität des Humankapitals und damit die Wettbewerbsfähigkeit des Unternehmens steigern wollen.

11.2   Was bleibt zu tun?

Wir stehen heute vor der Situation, dass einerseits die konzeptionellen Werkzeuge zur Definition der Schnittstelle zwischen Unternehmensstrategie und Personalmanagement vorhanden sind, andererseits auch eine Reihe von Ansätzen, um die Strategie durch das Personalmanagement umsetzen zu können. Diese Ansätze mögen nicht perfekt sein, aber doch so robust, dass sie sich einsetzen lassen. Allerdings werden diese Ansätze meist operativ statt strategisch eingesetzt. Dies haben wir im zweiten Teil des Buches zumindest in den Fällen gesehen, wo uns zur Verbreitung der jeweiligen Ansätze empirische Daten vorliegen. Dies gilt sowohl für die Personalplanung als auch für das Kompetenzmanagement. Dies bedeutet, dass das Instrumentarium für die Verbindung von Unternehmensstrategie und Personalmanagement vorhanden ist, aber sehr selten eingesetzt wird. Gerade vor dem Hintergrund, dass der Wunsch nach Verbindung von Strategie und Personalmanagement immer wieder zum Ausdruck gebracht wird, ist dieses Ergebnis verwunderlich. Die Notwendigkeit des Handelns wird gesehen, wir haben die Werkzeuge, um zu handeln, aber in vielen Fällen bleibt der nächste Schritt aus. Dies, obwohl sich für diejenigen Firmen, die diesen Weg gehen, die Möglichkeit eröffnet, einen nachhaltigen Wettbewerbsvorteil zu erlangen. Der Wettbewerbsvorteil ist umso größer, je weniger Wettbewerber ebenfalls diesen Weg verfolgen. Die Chance für eine nachhaltige Differenzierung ist also groß, wird aber kaum genutzt. Was sind mögliche Gründe für diese sonderbare Situation? Unkenntnis über die Werkzeuge und die Ansätze zur Strategieimplementierung mag es in einigen Fällen sein, aber ich vermute, dass es eine Reihe von anderen Gründen gibt, die uns von der Umsetzung abhalten. Einige dieser Gründe können wir als *materielle* Hindernisse bezeichnen, andere als *mentale* Hindernisse. Schauen wir uns zuerst die materiellen Hindernisse an.

Das erste materielle Hindernis sind die *Eigenheiten des Humankapitals* im Vergleich zum Finanzkapital. Während uns das Finanzkapital – zumindest das Eigenkapital des Unternehmens – gehört, gehört uns mit Ausnahme des Organisationskapitals das Humankapital nicht. Wir müssen immer wieder mit unseren Mitarbeitern darüber verhandeln, inwieweit wir über dieses Humankapital verfügen dürfen. Darüber hinaus ist das Humankapital im Gegensatz zum Finanzkapital sehr heterogen. Ohne Probleme lassen sich 1000 EUR von einem Konto auf ein anderes transferieren, in eine andere Tochtergesellschaft schicken. Es sind immer noch 1000 EUR. Das Humankapital ist nicht so homogen, sondern kommt in verschiedenen Formen vor und lässt sich nur sehr bedingt innerhalb des Unternehmens verschieben. Der Entwickler, der in seinem Team hoch effektiv und wertvoll ist, dürfte als Kundenberater oder Service-Ingenieur oft weit weniger wertvoll sein. Wenn er überhaupt diesem Transfer zustimmen würde. Diese Eigenheiten des Humankapitals führen dazu, dass das Management dieser Ressource deutlich anspruchsvoller und komplexer ist als die Steuerung der Ressource Finanzkapital. Hier haben wir den einen Grund, warum sich Unternehmen bisher lieber darum gekümmert haben, den Einsatz des Finanzkapitals zu optimieren. Die zu pflückenden Früchte hingen hier bisher deutlich niedriger. Der zweite Grund liegt im *langen Vorlauf,* den Veränderungen am Humankapital benötigen. Während ich Maschinen oder IT-Systeme recht schnell einkaufen und aufstellen kann, dauert es oft sehr viel länger, bis ich das benötigte Humankapital ausgesucht, eingearbeitet oder ausgebildet habe. Und wie wir gesehen haben, sind der Aufbau einer unternehmensspezifischen HR-Architektur, die Entwicklung des firmeneigenen Sozial- und Organisationskapitals Prozesse, die mehrere Jahre benötigen. Dies gilt in noch stärkerem Maße für die Unternehmenskultur, deren Aufbau eher Jahrzehnte als wenige Jahre benötigt. Und diese Zeit – und mehr noch die ebenfalls erforderliche Kontinuität im Management – fehlt in sehr vielen Fällen.

Das dritte materielle Hindernis ist der Umstand, dass Personalmanagement eben gerade *nicht materiell* ist. Diese zunächst einmal widersprüchliche Aussage soll bedeuten, dass wir für all unsere Bemühungen im Personalmanagement herzlich wenig vorzeigen können. Das Ergebnis eines Entwicklungsprozesses bei einem Maschinenbauer ist ein neuer Prototyp, den man sehen und anfassen kann. Später kann man die Umsätze und Deckungsbeiträge dieser einen Maschine berechnen. Auch in der Produktion können wir die neue Produktionsstraße sehen und anfassen. Im Marketing gibt es wenigstens eine neue Werbekampagne, die wir sehen können. Und im Personalmanagement? Ist der neue Talentmanagement-Prozess ebenso greifbar? Welche Unterschiede an einem Mitarbeiter können wir vor und nach dem Durchlaufen dieses Prozesses erkennen? Dies ist alles sehr wenig greifbar und erschwert wiederum das Management des Humankapitals. Eng damit verbunden ist ein viertes Hindernis: die schon mehrfach angesprochene *Schwierigkeit, die Investitionen in das Humankapital zu berechnen.* Wie wir im sechsten Kapitel gesehen haben, tun sich gerade Personaler schwer, quantitativ zu argumentieren. Gleichzeitig erliegen auch viele Geschäftsführungen der Versuchung, sich auf die Aspekte des Personalmanagements zu konzentrieren, die zu messen sind. Und als Folge haben wir dann oft den viel zu kurz greifenden Fokus auf die Kostenseite des Personalmanagements. Es werden dann letztendlich die falschen Fragen an das Personalmanagement gestellt (vgl. Lebrenz 2011).

Ein fünftes – und in vielen Fällen entscheidendes – materielles Hindernis ist die *Strategielosigkeit* vieler Unternehmen. Wenn ein Unternehmen keine klare Strategie verfolgt bzw. sich die verkündete Strategie mit der gelebten Strategie nicht deckt, dann ist es schlichtweg unmöglich, das Personalmanagement an der Unternehmensstrategie auszurichten. Wenn wir uns anschauen, wie oft die Deutsche Bank in den letzten 15 Jahren ihre Strategie im deutschen Privatkundengeschäft geändert hat, es erst ausgegliedert, danach wieder eingegliedert hat, dann die Postbank zur Stärkung des

Privatkundengeschäfts gekauft und diese dann wieder verkauft hat (vgl. Spiegel Online 18. August 2015), dann wird es beim langen Vorlauf des Personalmanagements schwierig, sich konsequent an die Strategie des Unternehmens anzupassen. In diesem Fall bleibt dem Personalmanagement nur die erste Option des Modells von Scholz in Abschn. 2.5: durch möglichst hohe Flexibilität des Humankapitals sich möglichst viele Optionen offenzuhalten. Im Sinne der Effektivität des Humankapitals bestimmt keine befriedigende Reaktion, aber unter den gegebenen Umständen dann wohl die einzig realistische.

Alle diese materiellen Hindernisse sind bedeutsam. Entscheidender dürften aber die drei mentalen Hindernisse sein, die, um es etwas plastischer auszudrücken, Scheren im Kopf der Beteiligten. Beim ersten Hindernis handelt es sich um den *Tunnelblick* der Beteiligten. Sowohl seitens der Geschäftsführung als auch seitens des Personalmanagements wird die Schnittstelle zwischen der Geschäftsfeldstrategie und dem Personalmanagement zu eng definiert. In den meisten Fällen werden nur eine oder zwei der vier Fragen beantwortet und das Ergebnis bleibt damit fragmentarisch. Dies ist auch der Sprachverwirrung geschuldet, die wir in der Diskussion der Schnittstelle immer wieder beobachtet haben. Aber nur, wenn wir die Schnittstelle in ihrer ganzen Komplexität verstehen, können wir eine umfassende Lösung entwickeln. Sonst bleibt es bei Stückwerk und der betriebsamen Ratlosigkeit, die wir allerorten erleben. Hier die Perspektive zu erweitern, ist Aufgabe sowohl der Geschäftsführung als auch des Personalmanagements. Von welcher Seite der Impuls ausgeht, ist letztendlich egal. Entscheidend ist, dass die Schnittstelle in ihrer Gänze angegangen wird.

Die zweite Schere im Kopf ist oft der *Fokus auf die falschen Dinge.* Dieser falsche Fokus äußert sich bei Geschäftsführungen und Personalern unterschiedlich. Bei den Geschäftsführern ist es in vielen Fällen der Fokus auf das leicht zu berechnende Finanzkapital statt auf das Humankapital. Es ist oft geradezu erschreckend, mit welcher Akribie sich das Management eines Unternehmens mit der Anschaffung einer Maschine im Wert von 500.000 EUR auseinandersetzt. Es werden detaillierte Pflichtenhefte erstellt, die verschiedenen Angebote aufwendig geprüft und verglichen. Der Prozess kann schnell Dutzende von Mann-Tagen binden. Geht es dagegen um die Einstellung einer Gruppenleiterin im Controlling, die im Laufe ihrer durchschnittlich fünfjährigen Betriebszugehörigkeit das Unternehmen auch locker eine halbe Million Euro kostet, dann wird das Pflichtenheft, sprich die Stellenausschreibung, in wenigen Stunden zusammengeschrieben, die Prüfung der Angebote, der Bewerbungsunterlagen geschieht zwischen Tür und Angel, genauso wie viele Bewerbungsgespräche. Die die Investitionssumme ist ähnlich hoch wie bei der Anschaffung der Maschine und der Leistungsunterschied bei den verschiedenen Bewerbern ist oft viel größer als die Leistungsunterschiede der infrage kommenden Maschinen. Dennoch wird nur ein Bruchteil des Aufwandes bei der Auswahl der Mitarbeiterin betrieben wie bei der Auswahl der Maschine. Einige Ebenen höher können wir dies auch beim Kauf von Firmen beobachten. In den meisten Fällen ist der Aufwand für die finanzielle Bewertung des Kaufobjektes, für die Berechnung der möglichen – und dann selten erwirtschafteten – Synergien um ein Vielfaches höher als der Aufwand für die Beantwortung der Frage, ob das Humankapital zum Unternehmen passt, ob die

Unternehmenskulturen kompatibel sind. Die Zahl der Unternehmen und Branchen, bei denen das Finanzkapital, der Maschinenpark, wichtiger für den Unternehmenserfolg ist, nimmt ab. Was nicht weniger wird ist die Zahl der Fälle, in der wie diese Schere im Kopf, diesen übertriebenen Fokus auf das Finanzkapital beobachten. (vgl. Bartlett und Ghosal 2002). Das Lippenbekenntnis vieler Unternehmen, dass ihre Mitarbeiter, ihr Humankapital, ihr wichtigstes Gut wären, deckt sich in vielen Fällen nicht mit dem gelebten Managementalltag.

Aufseiten der Personaler äußert sich diese Schere im Kopf in Form einer ausgeprägten *Instrumentalitis*. Damit ist der übertriebene Fokus auf einzelne Instrumente im Personalmanagement gemeint. Die meisten Vertreter der Personaler-Zunft verbringen viel lieber Zeit damit, ein einzelnes Personalinstrument zu optimieren, dort State of the Art zu sein, als sich Gedanken darüber zu machen, wie das jeweilige Instrument zu den anderen Instrumenten passt, oder gar darüber, wie dieses Instrument auf die Anforderungen der Unternehmensstrategie eingeht. Sich lieber um den Recruiting-Prozess zu kümmern, lieber an einem Führungskräfteentwicklungsprogramm zu feilen, die Bewertungsskalen für den Zielvereinbarungsbogen zu optimieren, das entspricht eher dem Selbstverständnis der Akteure. Die meisten Personaler sehen sich zu sehr als Recruiter, als Personalentwickler, als Compensation-&-Benefits-Spezialist, als jemand, der auf Ebene der HR-Architektur oder auf Ebene der Unternehmensstrategie denkt. So wichtig all diese einzelnen Instrumente auch für ein erfolgreiches Personalmanagement sind, so wenig hilft der Fokus auf die Ebene der einzelnen Instrumente uns weiter, um Strategie und Personal miteinander zu verbinden. Genauso wie die Geschäftsführung die Bedeutung des Humankapitals nicht nur mit Lippenbekenntnissen bezeugen, sondern durch entsprechende Auseinandersetzung mit dem Humankapital auch leben muss, müssen Personaler einen Perspektivenwechsel vom Instrument hin zur HR-Architektur und zur Strategie vornehmen. In beiden Fällen basieren die Formen dieses mentalen Hindernisses auf einem tief verwurzelten Selbstverständnis der eigenen Aufgabe. Die Schere sitzt tief.

Das dritte mentale Hindernis ist der *hohe Aufwand,* der betrieben werden muss, um Humankapital und Personalmanagement an der Unternehmensstrategie auszurichten. Gerade bei der Diskussion der verschiedenen Ansätze zur Strategieentwicklung im zweiten Teil des Buches ist offensichtlich geworden, dass alle vorgeschlagenen Wege sehr viel Zeit kosten und viele Management-Ressourcen binden. Dieser hohe Aufwand ist nicht verwunderlich. Schließlich geht es beim Humankapital nicht nur um einen sehr großen Block des firmeneigenen Kapitals, sondern, wie wir immer wieder gesehen haben, um einen schwer zu steuernden Teil des Kapitals. Und viele Unternehmen scheuen daher den großen Aufwand, den sie betreiben müssen, um dieses Humankapital systematisch zu managen. Sie betrachten diese Steuerung des Humankapitals als einen Luxus, den sie sich nicht leisten können. Gleichzeitig haben diese Unternehmen ausgeklügelte Controlling-Systeme und große Controlling-Abteilungen, um die anderen Formen des Kapitals zu steuern. Hier scheuen wir den Aufwand nicht, obwohl ja das Humankapital oft als die entscheidendere Ressource dargestellt wird. Sicher, es gibt eine ganze Reihe von Branchen und Unternehmen, in denen das Humankapital keine besonders große Rolle für den Unternehmenserfolg spielt. Aber in immer mehr Branchen und Unternehmen spielt das Humankapital eine entscheidende Rolle für die Wettbewerbsfähigkeit des Unternehmens. Und die Bedeutung des Humankapitals wird in immer mehr Unternehmen zukünftig weiter steigen. Statt zu fragen, ob wir uns den Luxus leisten können, den Aufwand für ein systematisches Management des Humankapitals zu betreiben, wird für immer mehr Firmen die Frage sein: Können wir uns zukünftig den Luxus noch leisten, kein systematisches Management unseres Humankapitals zu betreiben? Die Konzepte und Instrumente sind vorhanden. Was eher fehlt, sind Willen und Bereitschaft, sie konsequent anzuwenden.

Literatur

Bartlett, C., & Ghoshal, S. (2002). Building competitive advantage through people. *Sloan Management Review, 43,* 34–41.

Becker, B., Huselid, M., & Ulrich, D. (2001). *The HR scorecard: Linking people, strategy, & performance*. Boston: Harvard Business School Press.

Huselid, M., Becker, B., & Beatty, R. (2005). *The Workforce Scorecard: Managing Human Capital to Execute Strategy*. Boston: Harvard Business School Press.

Lebrenz, C. (2011). Bessere Mitarbeiter als Wettbewerbsvorsprung. *Frankfurter Allgemeine Zeitung* 22.8.2011, Nr. 194, S. 12.

Porter, M. (1980). *Competitive strategy: Techniques for analyzing industries and competitors*. New York: Free Press.

Spiegel Online. (18. August 2015). Privatkundengeschäft: Deutsche Bank trennt sich von Postbank. http://www.spiegel.de/wirtschaft/unternehmen/deutsche-bank-trennt-sich-von-postbank-a-1030611. html. – Zugegriffen 18. Aug. 2015.

Sattelberger, T., & Strack, R. (2009). *Strategische Personalplanung. Personalmagazin, 2009*(6), 54–56.

Stichwortverzeichnis

© Springer Fachmedien Wiesbaden GmbH 2017
C. Lebrenz, *Strategie und Personalmanagement*,
DOI 10.1007/978-3-658-14330-5